원리 이해력 향상! 체계적 실력 향상!
연마
중학수학
1·2

중학 수학의 특징

01 스스로 원리를 터득하는 계산력 시스템
· 풀이 과정을 채워 가면서 스스로 수학의 연산 원리를 이해할 수 있습니다.
· 쉽고 재미있는 문제들을 통해 개념을 이해하고 다양한 문제 접근 방법으로
  어떠한 문제도 스스로 해결할 수 있습니다.
· 빠르고 정확한 계산능력을 키울 수 있습니다.

02 연산 드릴을 통한 개념 완성 시스템
· 탄탄한 기본 연산력이 수학 실력 향상의 밑거름이 될 수 있습니다.
· 매일 반복하는 연산 학습으로 자연스럽게 개념을 이해할 수 있습니다.
· 주제별, 유형별로 묻는 문제를 반복하여 풀면서 기본 원리를 완성할 수 있습니다.
· 수학의 기초인 연산 부분을 강화하여 학교 수업에 자신감을 가질 수 있습니다.

03 교과 단원별로 구성한 보충 학습 시스템
· 단원별, 유형별 다양한 문제 접근 방법으로 부족한 부분을
  집중 학습할 수 있습니다.

이 책은 수학의 가장 기본이 되는 연산 능력뿐 아니라 확실하게 개념을 잡을 수 있도록 하여 수학의 기본 실력이 향상 되도록 하였습니다.
다음과 같이 본 책을 학습하면 효과를 극대화 할 수 있습니다.

01. 개념, 연산 원리 이해
글과 수식으로 표현된 개념을 창(Window)을 통해 시각적으로 표현하여 직관적으로 개념을 익히고, 구체적인 예시와 함께 연산 원리를 이해합니다.

02. 연산 반복 훈련
동일한 주제의 문제를 반복하여 손으로 풀어 봄으로써 풀이 방법을 익힙니다. 유형별로 문제를 제시하여 약한 유형이 무엇인지 파악할 수 있어 약한 부분에 대한 집중 학습을 합니다.

03. 학교시험 대비
연산 반복 훈련을 통해 개념과 원리를 터득하고, 학교시험 필수예제 문항을 통해 실제 학교 시험 문제에 적용하여 풀어 봅니다. 또한 교과서 수준의 개념을 한눈에 확인 할 수 있도록 빈칸 채우기 형식의 문제로 대단원 기본 개념 CHECK를 통해 전체적인 개념과 흐름을 확인합니다.

연마 중학 수학의 구성

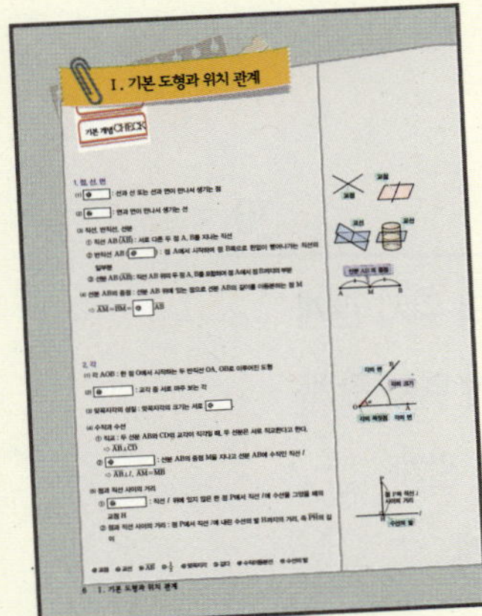

대단원 기본 개념 CHECK
문장력 강화와 서술형 대비를 위해 문장 속 네모박스 채우기로 개념을 정리하며,
단원을 체계적, 종합적으로 볼 수 있습니다.

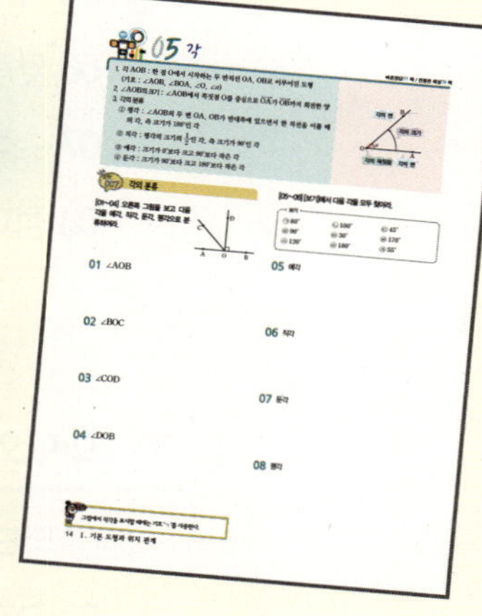

• 학교시험 필수예제
연산 반복 훈련을 통해 터득한 개념과 원리를 확인 합니다. 각 유형별로 배운 내용을 정리하고 스스로 문제를
해결함으써 학교 시험에 대비할 수 있습니다.

• 개념정리
핵심 내용정리는 단원에서 꼭 알아야 하는 기본적인 개념과 원리를 창(Window) 형태로 이미지화하여 제시함
으로 이해하기 쉽고, 기억이 잘됩니다.

• 개념 적용/연산 반복 훈련
기본 원리를 적용하여 같은 유형의 문제를 반복적으로, 스몰스텝으로 단계화하여 풀게함으로써 실력을 키울
수 있습니다. 직접 풀이 과정을 쓰면서 개념을 익힐 수 있습니다. 개념을 이해하고 문제풀이를 스스로 하면서
수학에 대한 자신감을 가질 수 있습니다.

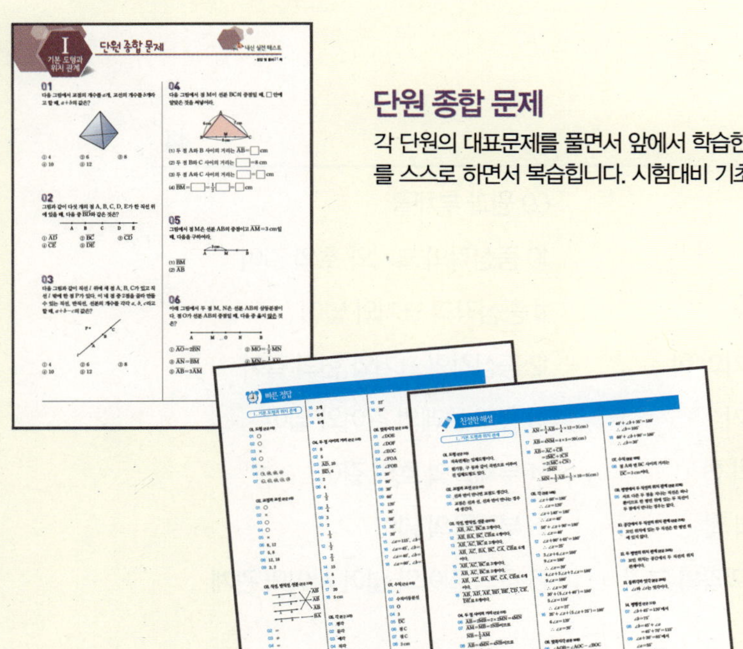

단원 종합 문제
각 단원의 대표문제를 풀면서 앞에서 학습한 내용을 복습합니다. 개념을 이해하고 문제풀이
를 스스로 하면서 복습합니다. 시험대비 기초 문제로 활용할 수 있습니다.

빠른정답 & 친절한 해설
가독성을 고려하여 빠른 정답을 세로로 배치하여 빠르게 정답을 체
크할 수 있도록 구성하였습니다.
또한 자세한 해설이 필요한 문항들은 학생들 스스로 해설을 보고 문
제를 해결할 수 있도록 친절하게 풀이하였습니다.

 차례

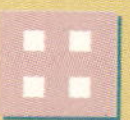

1. 점, 선, 면

(1) **❶** [______] : 선과 선 또는 선과 면이 만나서 생기는 점

(2) **❷** [______] : 면과 면이 만나서 생기는 선

(3) 직선, 반직선, 선분

  ① 직선 AB ($\overleftrightarrow{AB}$) : 서로 다른 두 점 A, B를 지나는 직선

  ② 반직선 AB (**❸** [______]) : 점 A에서 시작하여 점 B쪽으로 한없이 뻗어나가는 직선의 일부분

  ③ 선분 AB ($\overline{AB}$) : 직선 AB 위의 두 점 A, B를 포함하여 점 A에서 점 B까지의 부분

(4) 선분 AB의 중점 : 선분 AB 위에 있는 점으로 선분 AB의 길이를 이등분하는 점 M

  ⇨ $\overline{AM} = \overline{BM} =$ **❹** [______] $\overline{AB}$

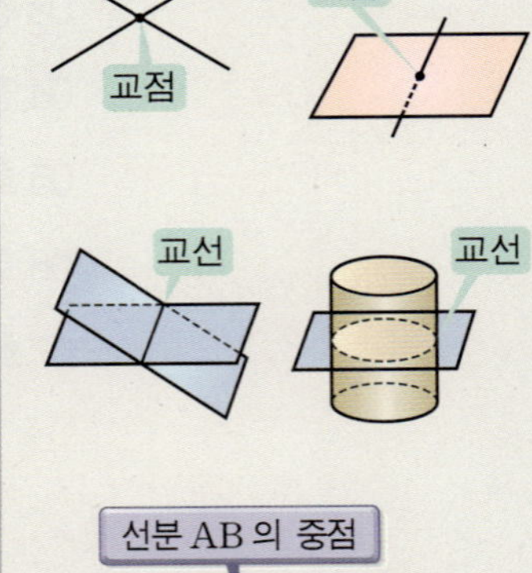

2. 각

(1) 각 AOB : 한 점 O에서 시작하는 두 반직선 OA, OB로 이루어진 도형

(2) **❺** [______] : 교각 중 서로 마주 보는 각

(3) 맞꼭지각의 성질 : 맞꼭지각의 크기는 서로 **❻** [______] .

(4) 수직과 수선

  ① 직교 : 두 선분 AB와 CD의 교각이 직각일 때, 두 선분은 서로 직교한다고 한다.

    ⇨ $\overline{AB} \perp \overline{CD}$

  ② **❼** [______] : 선분 AB의 중점 M을 지나고 선분 AB에 수직인 직선 l

    ⇨ $\overline{AB} \perp l$, $\overline{AM} = \overline{MB}$

(5) 점과 직선 사이의 거리

  ① **❽** [______] : 직선 l 위에 있지 않은 한 점 P에서 직선 l에 수선을 그었을 때의 교점 H

  ② 점과 직선 사이의 거리 : 점 P에서 직선 l에 내린 수선의 발 H까지의 거리, 즉 $\overline{PH}$의 길이

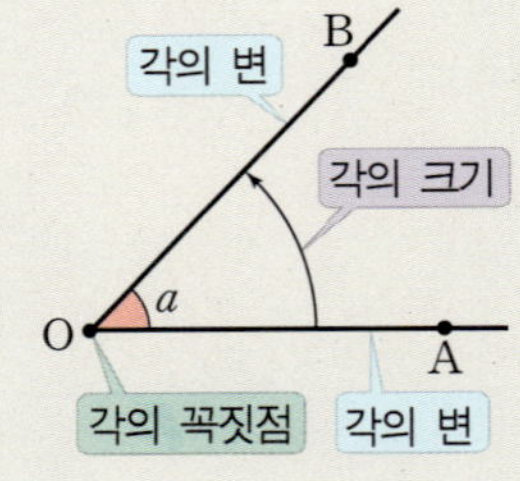

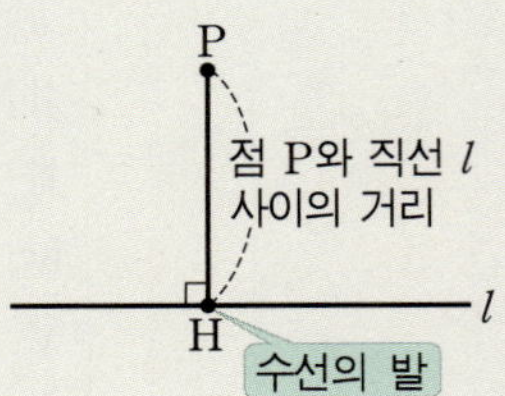

❶ 교점　❷ 교선　❸ $\overrightarrow{AB}$　❹ $\frac{1}{2}$　❺ 맞꼭지각　❻ 같다　❼ 수직이등분선　❽ 수선의 발

3. 위치 관계

(1) 점과 직선의 위치 관계

　① 점 A는 직선 l 위에 있다.　　② 점 B는 직선 l 위에 있지 않다.

(2) 점과 평면의 위치 관계

　① 점 A는 평면 P 위에 있다.　　② 점 B는 평면 P 위에 있지 않다.

(3) 평면에서 두 직선의 위치 관계

　① 한 점에서 만난다.　　② ❾ ＿＿＿＿＿＿.　　③ 일치한다.

(4) 공간에서 두 직선의 위치 관계

　① 한 점에서 만난다.　　② 평행하다.　　③ ❿ ＿＿＿＿＿에 있다.

(5) 직선과 평면의 위치 관계

　① 포함된다.　　② 한 점에서 만난다.　　③ 평행하다.

(6) 직선과 평면의 수직 : 직선 l이 평면 P와 한 점 H에서 만나고 직선 l이 점 H를 지나는 평면 P 위의 모든 직선과 수직일 때, 직선 l과 평면 P는 수직이라고 한다. ⇨ $l \perp P$

(7) 두 평면의 위치 관계

　① 한 직선에서 만난다.　　② ⓫ ＿＿＿＿＿.　　③ 일치한다.

(8) 두 평면의 수직 : 평면 P가 평면 Q에 수직인 직선 l을 포함할 때, 평면 P는 평면 Q에 수직이라고 한다. ⇨ $P \perp Q$

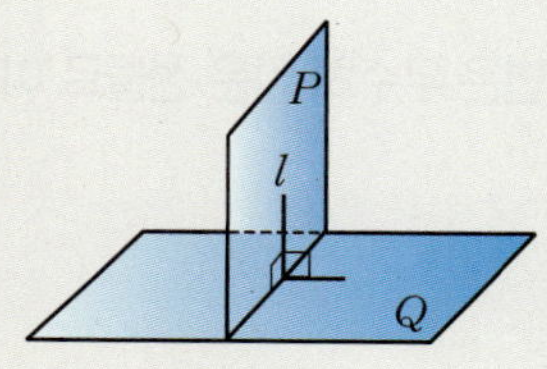

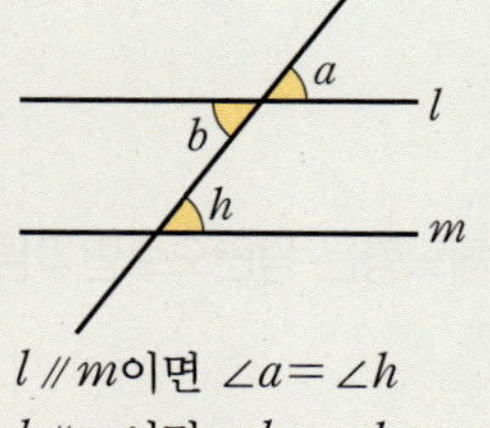

4. 평행선의 성질

(1) ⓬ ＿＿＿＿＿ : 서로 다른 두 직선이 다른 한 직선과 만나서 생기는 각 중에서 서로 같은 위치에 있는 각

(2) ⓭ ＿＿＿＿＿ : 서로 다른 두 직선이 다른 한 직선과 만나서 생기는 각 중에서 서로 엇갈린 위치에 있는 각

(3) 평행선의 성질 : 평행한 두 직선이 한 직선과 만날 때

　① 동위각의 크기는 서로 같다.

　② 엇각의 크기는 서로 같다.

(4) 평행선이 되기 위한 조건 : 서로 다른 두 직선 l, m이 다른 한 직선과 만날 때

　① 동위각의 크기가 같으면 두 직선 l, m은 ⓮ ＿＿＿＿.

　② 엇각의 크기가 같으면 두 직선 l, m은 ⓯ ＿＿＿＿.

❾ 평행하다　❿ 꼬인 위치　⓫ 평행하다　⓬ 동위각　⓭ 엇각　⓮ 평행하다　⓯ 평행하다

 # 01 도형

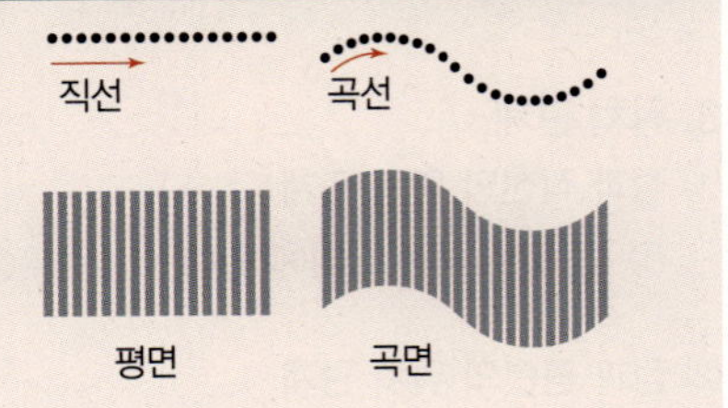

1. 도형을 이루는 점, 선, 면을 도형의 기본 요소라고 한다.
2. 선은 무수히 많은 점으로 이루어져 있고, 면은 무수히 많은 선으로 이루어져 있다.
3. 평면도형 : 삼각형, 원과 같이 한 평면 위에 있는 도형
4. 입체도형 : 정육면체, 원기둥과 같이 한 평면 위에 있지 않은 도형

유형 001 도형의 이해

[01~05] 다음 중 옳은 것에는 ○표, 옳지 않은 것에는 ×표를 하여라.

01 점이 움직인 자리는 선이 된다. ( )

02 면은 무수히 많은 선들로 이루어진다. ( )

03 사각형, 원, 직육면체는 모두 평면도형이다. ( )

04 입체도형은 점, 선, 면으로 이루어져 있다. ( )

05 입체도형은 평면으로만 이루어져 있다. ( )

[06~07] 다음 그림을 보고 물음에 답하여라.

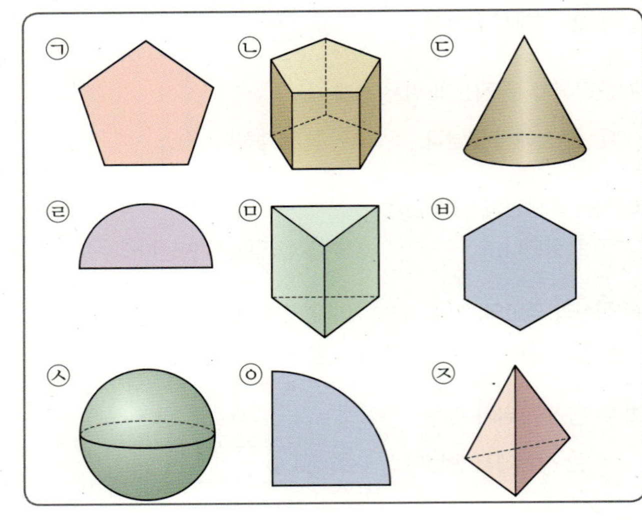

06 평면도형을 모두 찾아라.

07 입체도형을 모두 찾아라.

 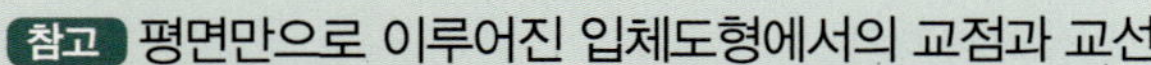

02 교점과 교선

1. 교점 : 선과 선 또는 선과 면이 만나서 생기는 점
2. 교선 : 면과 면이 만나서 생기는 선

참고 평면만으로 이루어진 입체도형에서의 교점과 교선
① 한 입체도형에서 교점의 개수는 꼭짓점의 개수와 같다.
② 한 입체도형에서 교선의 개수는 모서리의 개수와 같다.

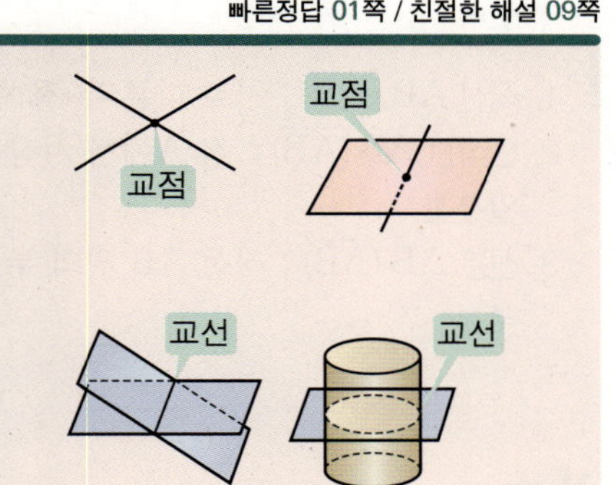

유형 002 교점과 교선

[01~05] 다음 중 옳은 것에는 ○표, 옳지 않은 것에는 ×표를 하여라.

01 교점은 선과 선이 만나서 생기는 점이다. ( )

02 선과 면이 만나면 교선만 생긴다. ( )

03 교선은 면과 면이 만나서 생기는 선이다. ( )

04 면과 면이 만나서 생기는 교선은 곡선도 있다.
( )

05 선과 선이 만나는 경우에만 교점이 생긴다. ( )

[06~09] 다음 입체도형을 보고 □ 안에 알맞은 수를 써넣어라.

06
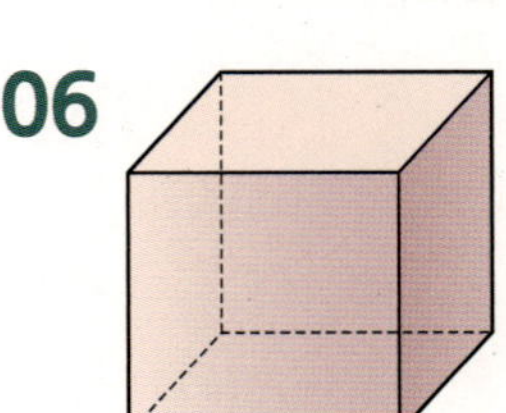
교점의 개수 : □ 개
교선의 개수 : □ 개

07
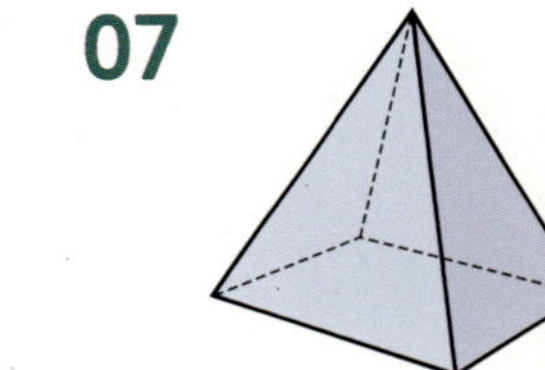
교점의 개수 : □ 개
교선의 개수 : □ 개

08
 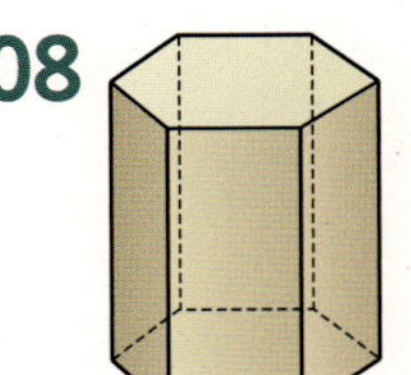
교점의 개수 : □ 개
교선의 개수 : □ 개

09
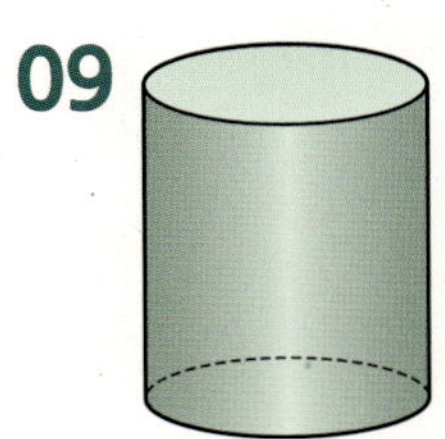
면의 개수 : □ 개
교선의 개수 : □ 개

# 03 직선, 반직선, 선분

1. 직선 AB ($\overleftrightarrow{AB}$) : 서로 다른 두 점 A, B를 지나는 직선
2. 반직선 AB ($\overrightarrow{AB}$) : 점 A에서 시작하여 점 B쪽으로 한없이 뻗어나가는 직선의 일부분
3. 선분 AB ($\overline{AB}$) : 직선 AB 위의 두 점 A, B를 포함하여 점 A에서 점 B까지의 부분

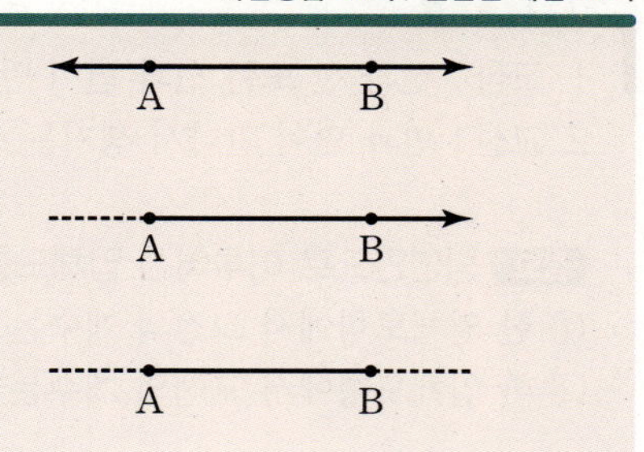

 **유형 003 직선, 반직선, 선분**

01 다음 도형과 기호를 옳게 연결하여라.

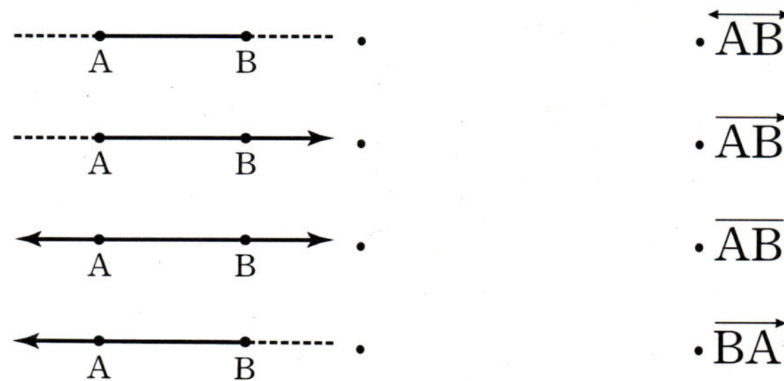

- · $\overleftrightarrow{AB}$
- · $\overrightarrow{AB}$
- · $\overline{AB}$
- · $\overrightarrow{BA}$

[02~04] 다음 □ 안에 = 또는 ≠를 써넣어라.

02 $\overleftrightarrow{AB}$ □ $\overleftrightarrow{BA}$

03 $\overrightarrow{AB}$ □ $\overrightarrow{BA}$

04 $\overline{AB}$ □ $\overline{BA}$

[05~10] 다음 그림과 같이 한 직선 위에 세 점 A, B, C가 있다. □ 안에 = 또는 ≠를 써넣어라.

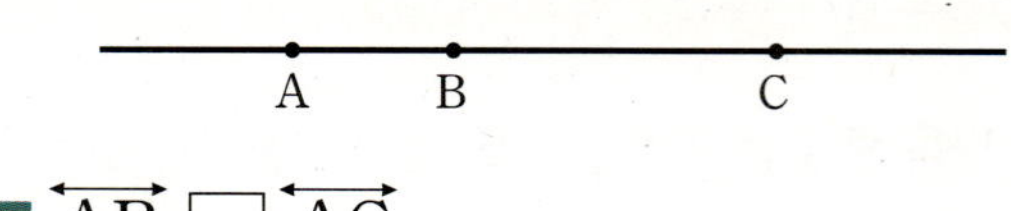

05 $\overleftrightarrow{AB}$ □ $\overleftrightarrow{AC}$

06 $\overrightarrow{BA}$ □ $\overrightarrow{BC}$

07 $\overleftrightarrow{CA}$ □ $\overleftrightarrow{CB}$

08 $\overrightarrow{BA}$ □ $\overrightarrow{BC}$

09 $\overrightarrow{CA}$ □ $\overrightarrow{CB}$

10 $\overline{AC}$ □ $\overline{CA}$

 **Tip**
$\overrightarrow{AB}$와 $\overrightarrow{BA}$는 서로 다른 반직선이고 방향이 반대이다.

 유형 **004**　**직선, 반직선, 선분의 개수**

[11~12] 오른쪽 그림과 같이 한 직선 위의 세 점에 대하여 다음을 구하여라.

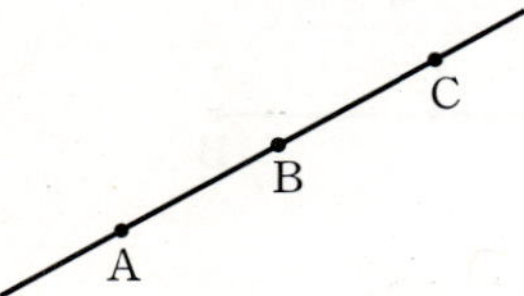

11 선분의 개수

12 반직선의 개수

[13~14] 오른쪽 그림과 같이 한 직선 위에 있지 않은 세 점에 대하여 다음을 구하여라.

13 직선의 개수

14 반직선의 개수

[15~17] 오른쪽 그림과 같이 원 위의 세 점에 대하여 다음을 구하여라.

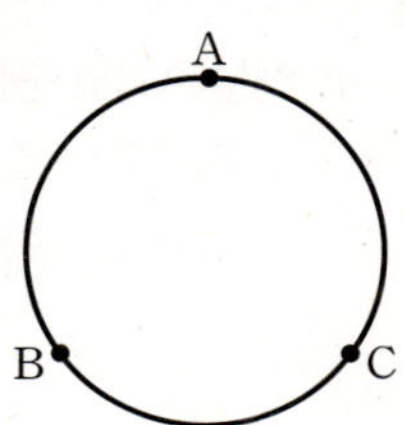

15 직선의 개수

16 선분의 개수

17 반직선의 개수

 **학교시험 필수예제**

18 오른쪽 그림과 같이 반원 위의 5개의 점에 대하여 두 점을 이어서 만들 수 있는 서로 다른 직선의 개수를 구하여라.

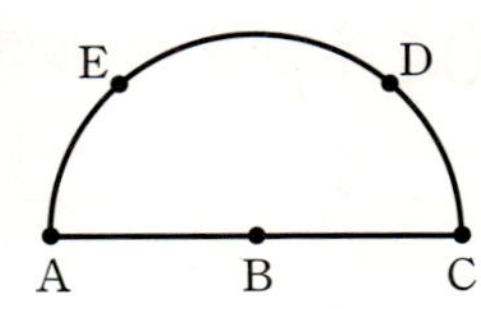

04 두 점 사이의 거리

1. 두 점 A, B 사이의 거리 : 두 점 A, B를 잇는 가장 짧은 선인 선분
2. 선분 AB의 중점 : 선분 AB 위에 있는 점으로
   선분 AB의 길이를 이등분하는 점 M
   $$\Rightarrow \overline{AM}=\overline{BM}=\frac{1}{2}\overline{AB}$$

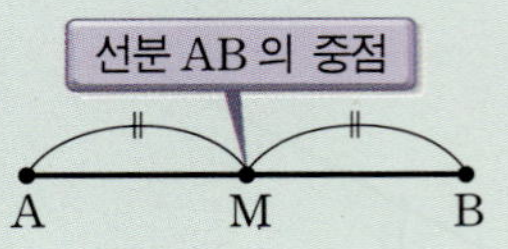

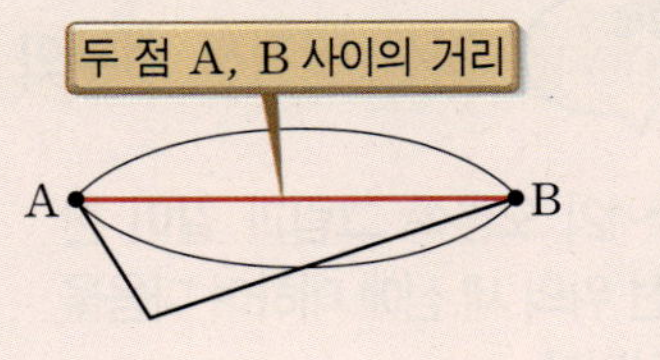

유형 005 두 점 사이의 거리

[01~04] 오른쪽 그림을 보고 □ 안에 알맞은 것을 써넣어라.

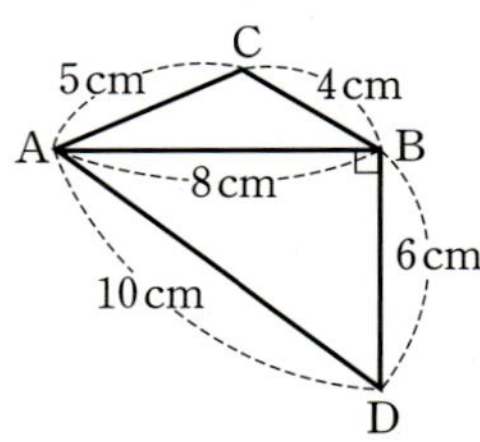

01 두 점 A, B 사이의 거리
$$\Rightarrow \overline{AB}=\boxed{}\ cm$$

02 두 점 A, C 사이의 거리
$$\Rightarrow \overline{AC}=\boxed{}\ cm$$

03 두 점 A, D 사이의 거리
$$\Rightarrow \boxed{}=\boxed{}\ cm$$

04 두 점 B, D 사이의 거리
$$\Rightarrow \boxed{}=\boxed{}\ cm$$

유형 006 선분의 중점

[05~08] 다음 그림에서 점 M은 선분 AB의 중점이고, 점 N은 선분 MB의 중점일 때, □ 안에 알맞은 수를 써넣어라.

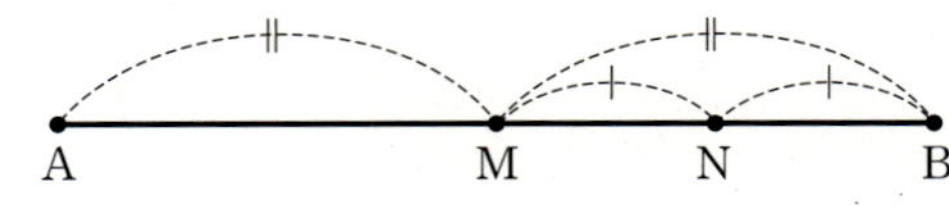

05 $\overline{AB}=\boxed{}\overline{AM}$

06 $\overline{AB}=\boxed{}\overline{MN}$

07 $\overline{NB}=\boxed{}\overline{AM}$

08 $\overline{NB}=\boxed{}\overline{AB}$

[09~14] 다음 그림에서 두 점 M, N은 선분 AB의 삼등분점일 때, □ 안에 알맞은 수를 써넣어라.

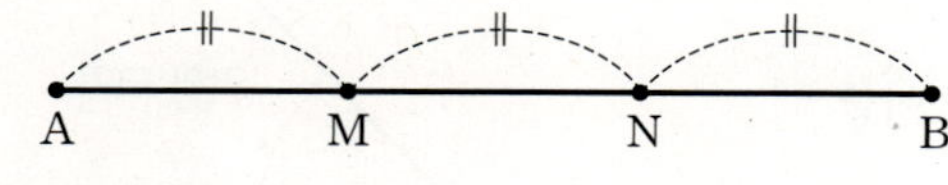

09 $\overline{AB} = \boxed{}\,\overline{NB}$

10 $\overline{MB} = \boxed{}\,\overline{NB}$

11 $\overline{AM} = \boxed{}\,\overline{AB}$

12 $\overline{AM} = \boxed{}\,\overline{AN}$

13 $\overline{MB} = \boxed{}\,\overline{AB}$

14 $\overline{AN} = 10$ cm일 때, $\overline{AB} = \boxed{}$ cm

[15~17] 다음 그림에서 점 M은 선분 AB의 중점이고, 점 N은 선분 AM의 중점일 때, □ 안에 알맞은 수를 써넣어라.

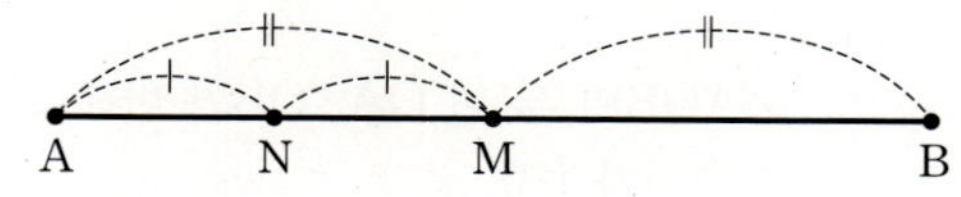

15 $\overline{AB} = 16$ cm일 때, $\overline{MB} = \boxed{}$ cm

16 $\overline{AB} = 12$ cm일 때, $\overline{AN} = \boxed{}$ cm

17 $\overline{NM} = 5$ cm일 때, $\overline{AB} = \boxed{}$ cm

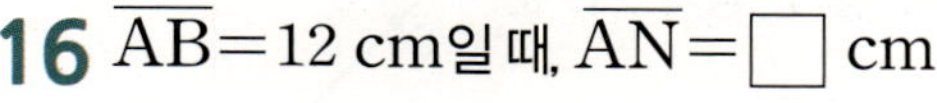

18 다음 그림에서 점 M은 $\overline{AC}$의 중점이고, 점 N은 $\overline{CB}$의 중점이다. $\overline{AB} = 10$ cm일 때, $\overline{MN}$의 길이를 구하여라.

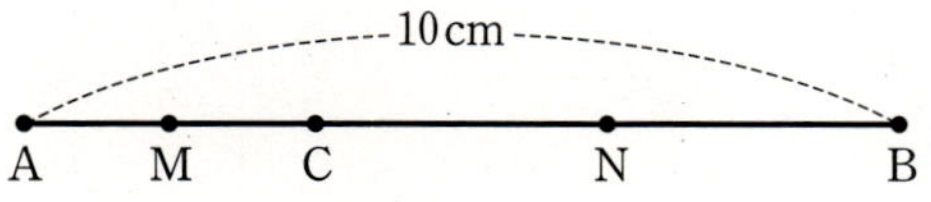

05 각

1. 각 AOB : 한 점 O에서 시작하는 두 반직선 OA, OB로 이루어진 도형
   (기호 : $\angle$AOB, $\angle$BOA, $\angle$O, $\angle a$)
2. $\angle$AOB의 크기 : $\angle$AOB에서 꼭짓점 O를 중심으로 $\overrightarrow{OA}$가 $\overrightarrow{OB}$까지 회전한 양
3. 각의 분류
   ① 평각 : $\angle$AOB의 두 변 OA, OB가 반대쪽에 있으면서 한 직선을 이룰 때의 각, 즉 크기가 180°인 각
   ② 직각 : 평각의 크기의 $\frac{1}{2}$인 각, 즉 크기가 90°인 각
   ③ 예각 : 크기가 0°보다 크고 90°보다 작은 각
   ④ 둔각 : 크기가 90°보다 크고 180°보다 작은 각

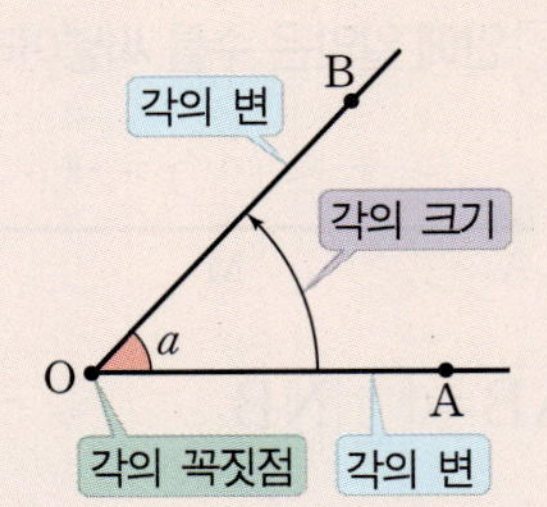

유형 007 각의 분류

[01~04] 오른쪽 그림을 보고 다음 각을 예각, 직각, 둔각, 평각으로 분류하여라.

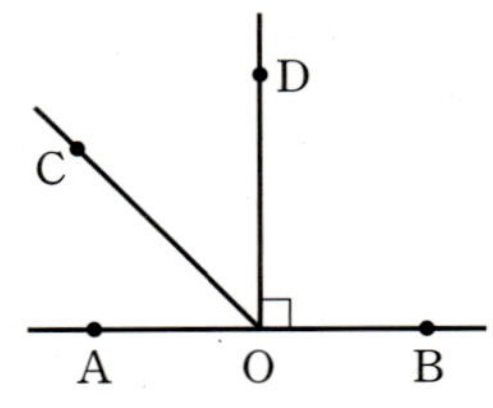

01 $\angle$AOB

02 $\angle$BOC

03 $\angle$COD

04 $\angle$DOB

[05~08] [보기]에서 다음 각을 모두 찾아라.

보기
㉠ 80°	㉡ 100°	㉢ 45°
㉣ 90°	㉤ 30°	㉥ 170°
㉦ 120°	㉧ 180°	㉨ 55°

05 예각

06 직각

07 둔각

08 평각

Tip
그림에서 직각을 표시할 때에는 기호 'ㄱ'를 사용한다.

 유형 008　**각의 크기**

[09~16] 다음 그림에서 $\angle x$의 크기를 구하여라.

09

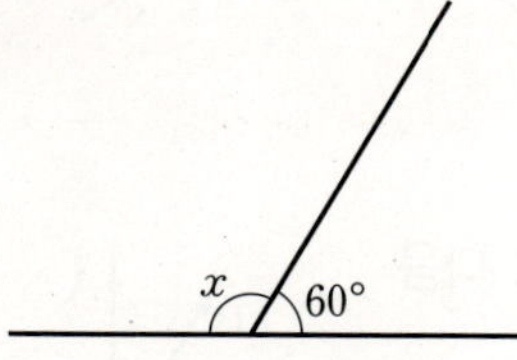

10

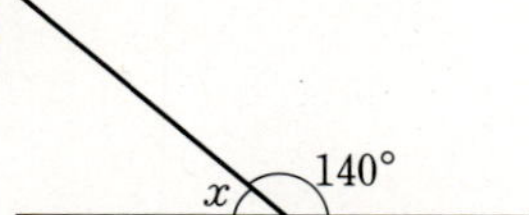

11

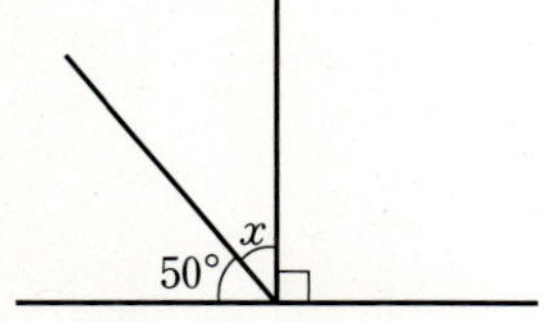

12

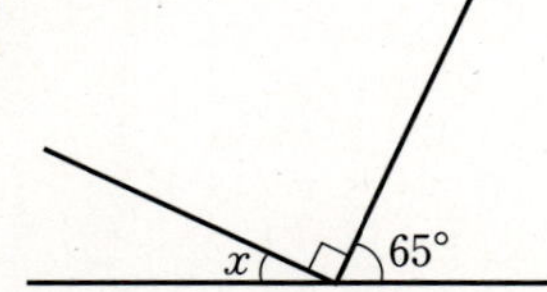

13

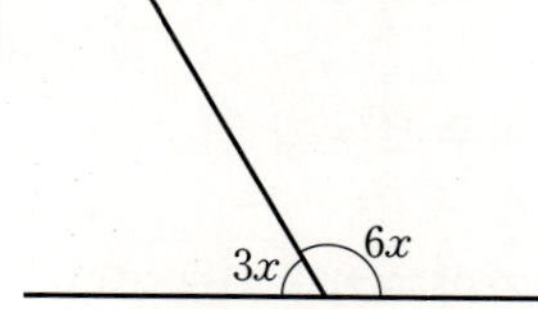

14

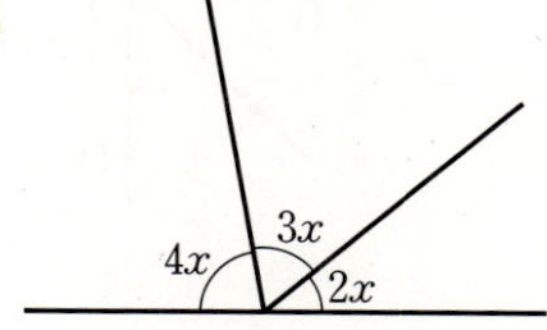

15

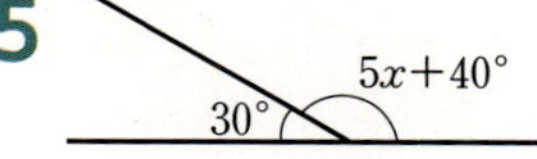

16

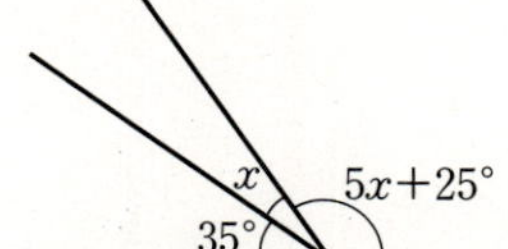

06 맞꼭지각

1. 교각 : 두 직선이 만나서 생기는 네 개의 각
   ⇨ $\angle a$, $\angle b$, $\angle c$, $\angle d$
2. 맞꼭지각 : 교각 중 서로 마주 보는 각
   ⇨ $\angle a$와 $\angle c$, $\angle b$와 $\angle d$
3. 맞꼭지각의 성질 : 맞꼭지각의 크기는 서로 같다.
   ⇨ $\angle a = \angle c$, $\angle b = \angle d$

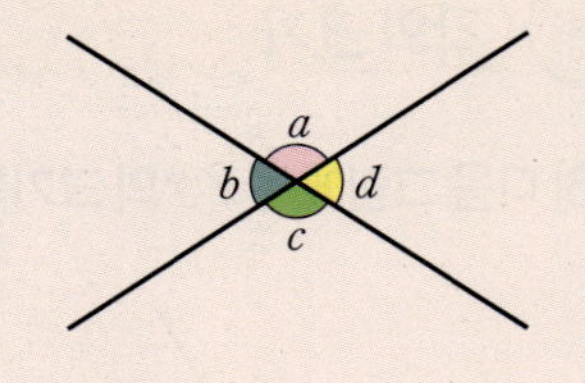

 **유형 009 맞꼭지각**

[01~05] 오른쪽 그림과 같이 세 직선이 한 점 O에서 만날 때, 다음 각의 맞꼭지각을 기호로 나타내어라.

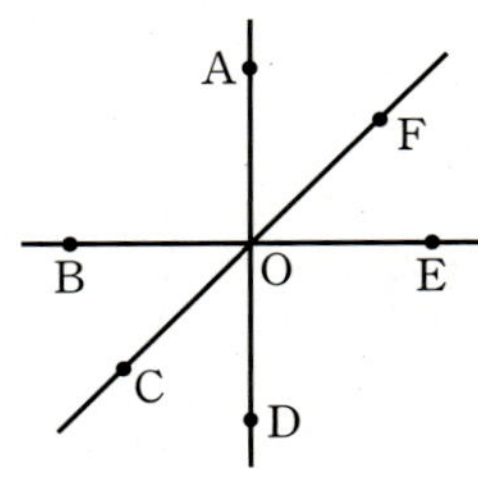

01 $\angle AOB$

02 $\angle AOC$

03 $\angle BOF$

04 $\angle COD$

05 $\angle COE$

[06~10] 오른쪽 그림을 보고 다음 각의 크기를 구하여라.

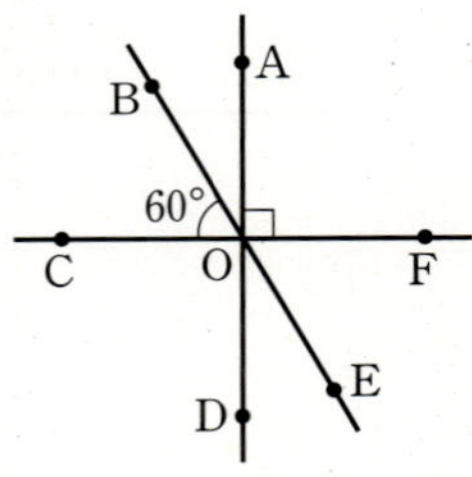

06 $\angle AOB$

07 $\angle COD$

08 $\angle DOE$

09 $\angle EOF$

10 $\angle EOC$

유형 010 맞꼭지각의 성질 이용하기

[11~14] 다음 그림에서 ∠x의 크기를 구하여라.

11

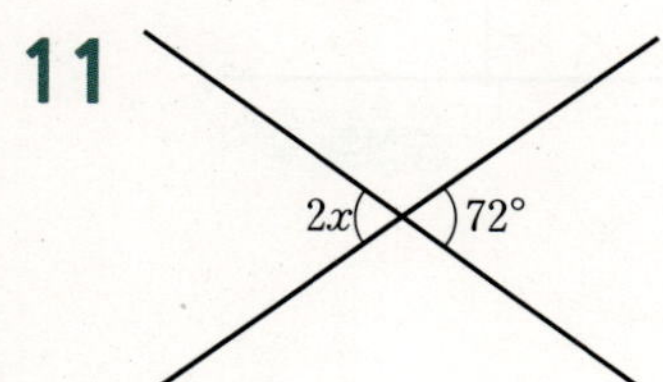

12

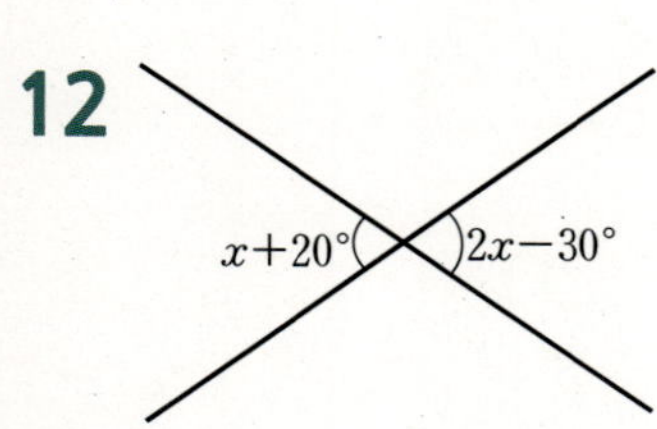

13

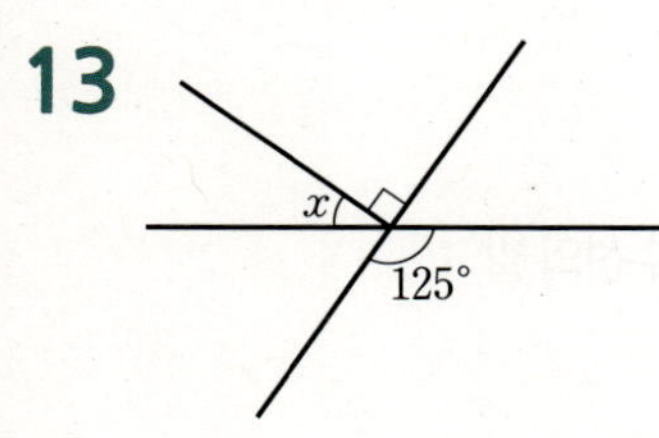

14

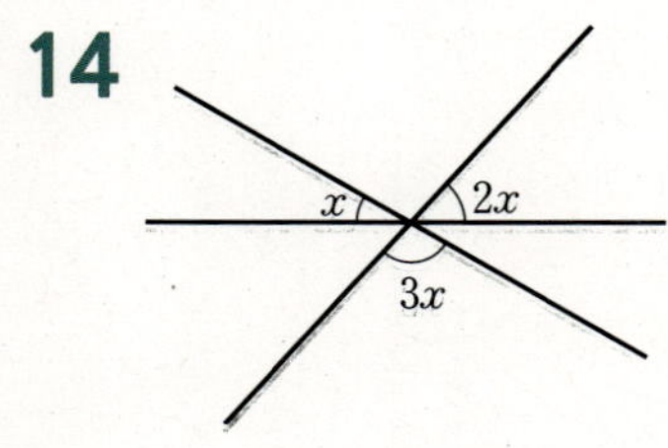

[15~18] 다음 그림에서 ∠a, ∠b의 크기를 각각 구하여라.

15

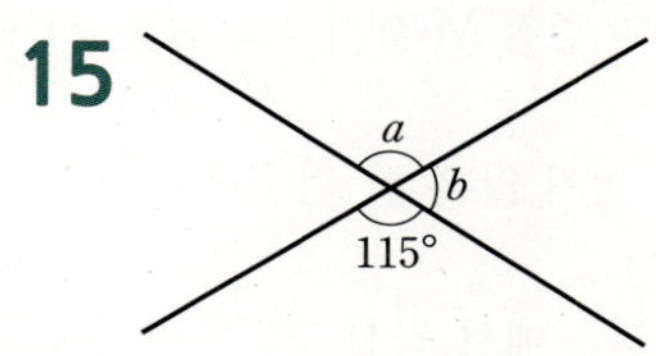

16

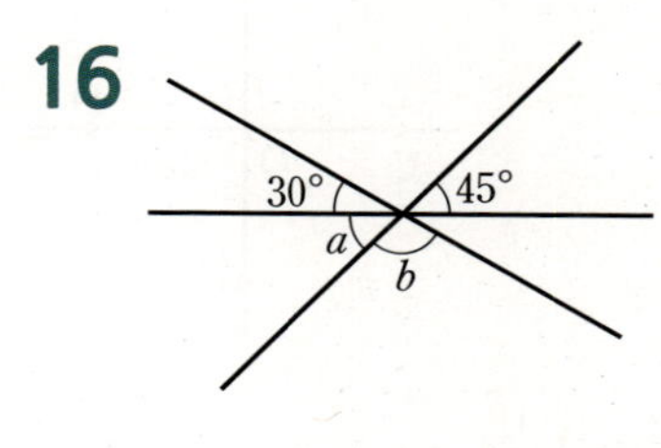

17

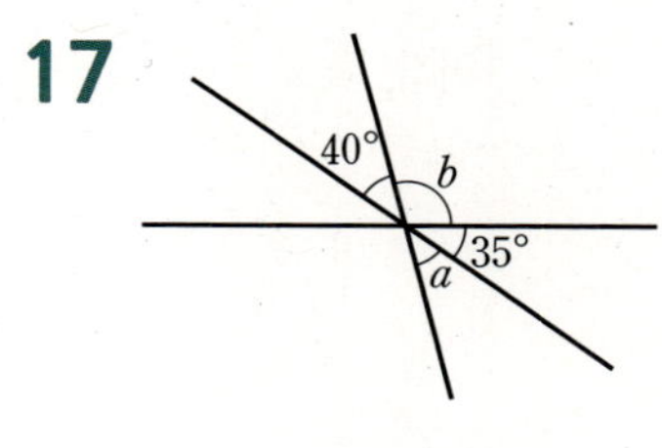

18

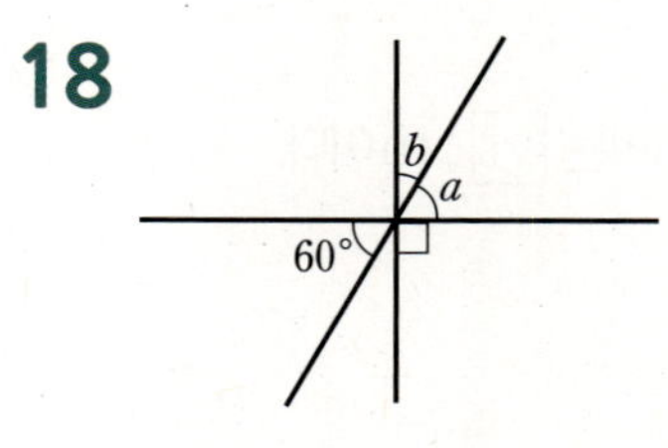

 **07 수직**

1. 직교 : 두 선분 AB와 CD의 교각이 직각일 때, 두 선분은 서로 직교한다고 한다. ⇨ $\overline{AB} \perp \overline{CD}$
2. 수직이등분선 : 선분 AB의 중점 M을 지나고 선분 AB에 수직인 직선 l ⇨ $\overline{AB} \perp l$, $\overline{AM} = \overline{MB}$
3. 수선의 발 : 직선 l 위에 있지 않은 한 점 P에서 직선 l에 수선을 그었을 때의 교점 H
4. 점과 직선 사이의 거리 : 점 P에서 직선 l에 내린 수선의 발 H까지의 거리, 즉 $\overline{PH}$의 길이

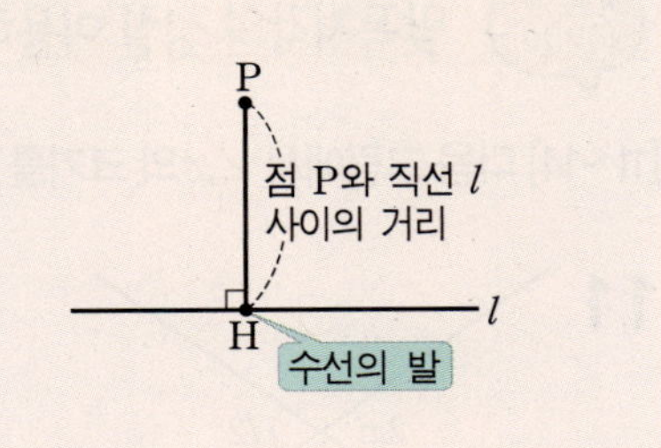

 **011 수직**

[01~04] 오른쪽 그림을 보고 □ 안에 알맞은 것을 써넣어라.

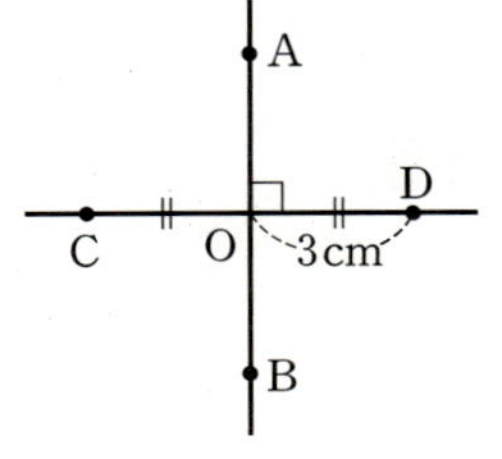

01 $\overline{AB}$ □ $\overline{CD}$

02 $\overleftrightarrow{AB}$는 $\overline{CD}$의 □□□□□ 이다.

03 점 A에서 $\overleftrightarrow{CD}$에 내린 수선의 발은 점 □ 이다.

04 점 C와 $\overleftrightarrow{AB}$ 사이의 거리는 □ cm이다.

[05~08] 오른쪽 사다리꼴 ABCD에 대하여 다음을 구하여라.

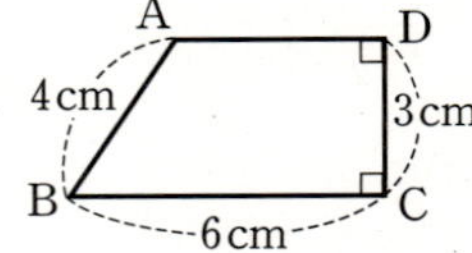

05 $\overline{AD}$의 수선

06 점 B에서 $\overline{DC}$에 내린 수선의 발

07 점 D에서 $\overline{BC}$에 내린 수선의 발

08 점 A와 변 BC 사이의 거리

두 직선이 서로 직교할 때, 한 직선을 다른 직선의 수선이라고 한다.

점과 직선 사이의 거리는 점과 직선 위의 점들을 이은 선분 중에서 가장 짧은 선분의 길이이다.

 08 점과 직선, 점과 평면의 위치 관계

1. 점과 직선의 위치 관계
   ① 점 A는 직선 l 위에 있다.
   ② 점 B는 직선 l 위에 있지 않다.
   참고 '점이 직선 위에 있다.'는 '직선이 점을 지난다.'와 같은 의미이다.
2. 점과 평면의 위치 관계
   ① 점 A는 평면 P 위에 있다.
   ② 점 B는 평면 P 위에 있지 않다.
   참고 '점이 평면 위에 있다.'는 '평면이 점을 포함한다.'와 같은 의미이다.

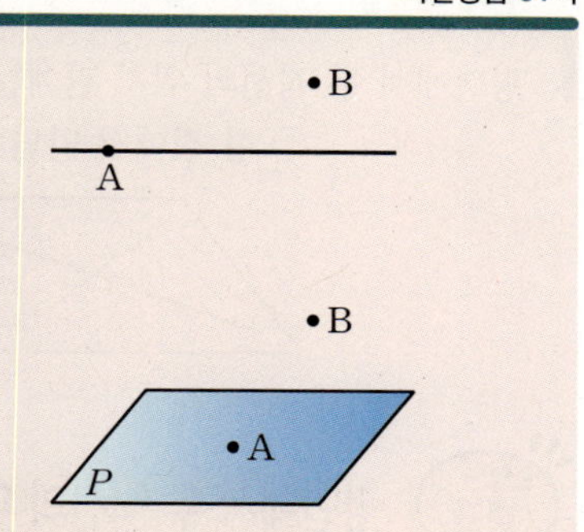

 **012** 점과 직선의 위치 관계

[01~04] 오른쪽 그림과 같은 삼각뿔을 보고 다음의 위치 관계를 말하여라.

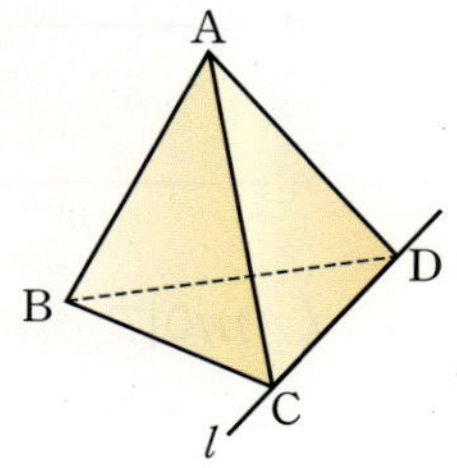

01 점 A와 직선 l

02 점 B와 직선 l

03 점 C와 직선 l

04 점 D와 직선 l

 **013** 점과 평면의 위치 관계

[05~08] 오른쪽 그림과 같은 삼각기둥을 보고 다음을 구하여라.

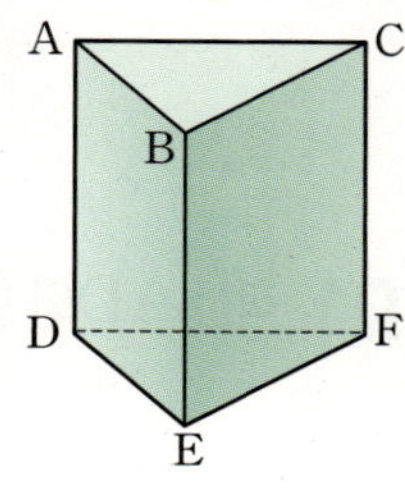

05 면 ABC 위에 있는 꼭짓점

06 면 ABC 위에 있지 않은 꼭짓점

07 점 A와 면 BEFC의 위치 관계

08 점 D와 면 ADFC의 위치 관계

09 평면에서 두 직선의 위치 관계

평면에서 두 직선의 위치 관계는 다음과 같다.

① 한 점에서 만난다.　　　② 평행하다. ($l /\!/ m$)　　　③ 일치한다.

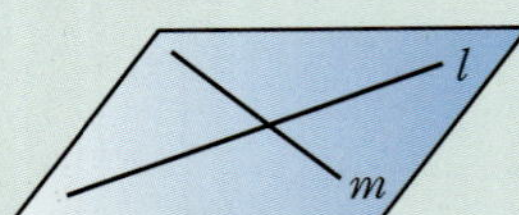
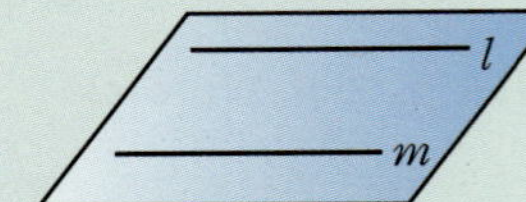
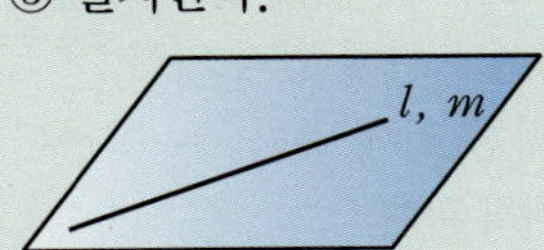

유형 014 평면에서 두 직선의 위치 관계

[01~04] 오른쪽 그림과 같은 사다리꼴 ABCD에서 각 변을 연장한 직선 중 다음을 구하여라.

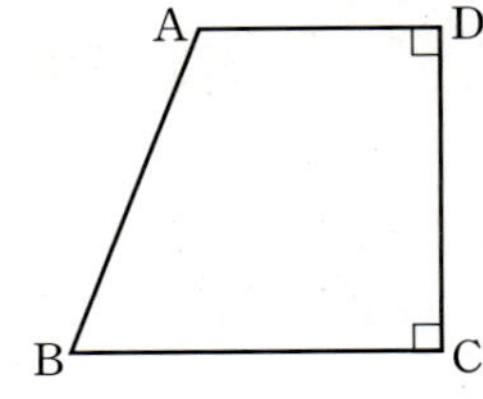

01 직선 AD와 한 점에서 만나는 직선

02 직선 CD와 한 점에서 만나는 직선

03 직선 BC와 수직인 직선

04 직선 BC와 평행한 직선

학교시험 필수예제

05 다음 중 한 평면 위에 있는 두 직선의 위치 관계가 될 수 <u>없는</u> 것은?

① 서로 수직이다.
② 서로 일치한다.
③ 서로 만나지 않는다.
④ 오직 한 점에서 만난다.
⑤ 서로 다른 두 점에서 만난다.

[06~08] 한 평면 위의 서로 다른 세 직선의 위치 관계가 다음과 같을 때, □ 안에 알맞은 기호를 써넣어라.

06

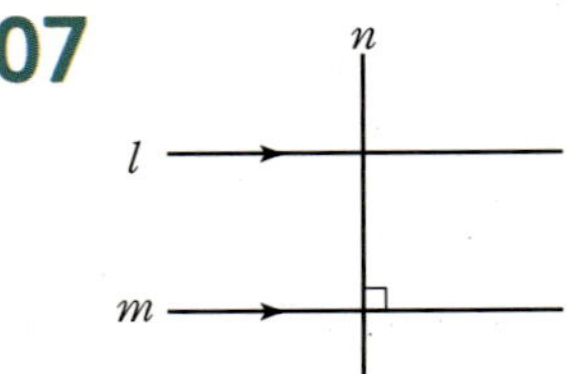

$l /\!/ m$이고 $m /\!/ n$이면 $l\ \square\ n$이다.

07

$l /\!/ m$이고 $m \perp n$이면 $l\ \square\ n$이다.

08

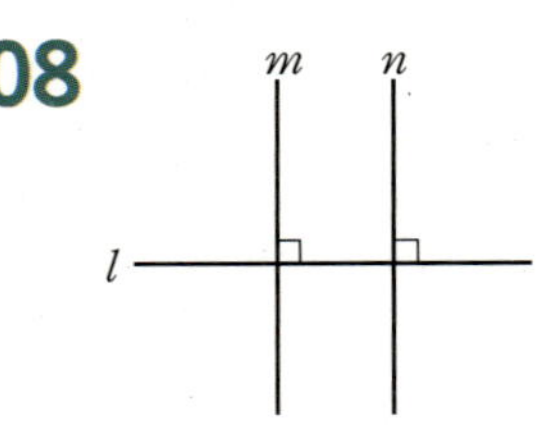

$l \perp m$이고 $l \perp n$이면 $m\ \square\ n$이다.

> **Tip** 한 평면 위에서 두 직선 l, m이 만나지 않을 때, 두 직선이 평행하다고 하고 기호 $l /\!/ m$으로 나타낸다.

10 공간에서 두 직선의 위치 관계

1. 꼬인 위치 : 공간에서 두 직선이 만나지도 않고 평행하지도 않을 때, 두 직선은 꼬인 위치에 있다고 한다.
2. 공간에서 두 직선의 위치 관계

① 한 점에서 만난다. ② 평행하다.($l /\!/ m$) ③ 꼬인 위치에 있다.

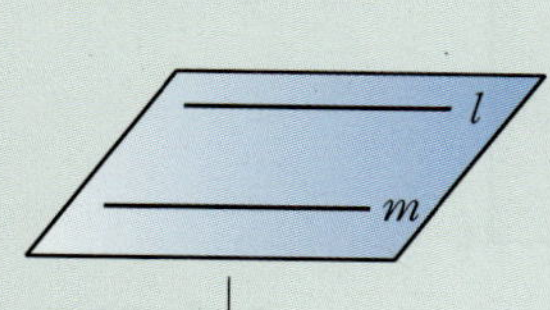
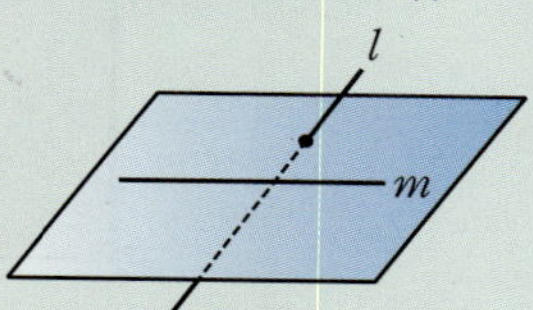

한 평면 위에 있다. 한 평면 위에 있지 않다.

유형 015 꼬인 위치

[01~02] 오른쪽 그림과 같은 삼각뿔을 보고 다음 모서리와 꼬인 위치에 있는 모서리를 구하여라.

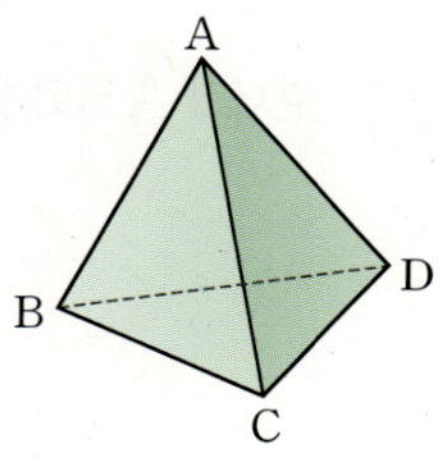

01 모서리 AB

02 모서리 BC

[03~04] 오른쪽 그림과 같은 사각뿔을 보고 다음 모서리와 꼬인 위치에 있는 모서리를 구하여라.

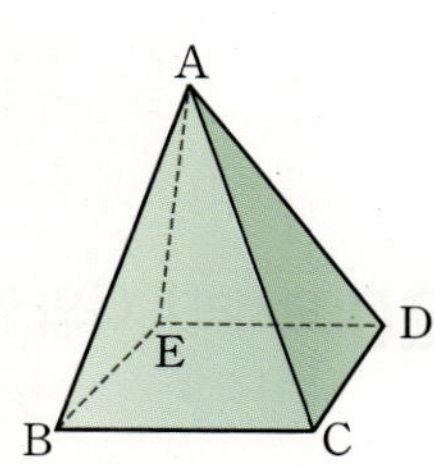

03 모서리 AB

04 모서리 BC

유형 016 공간에서 두 직선의 위치 관계

[05~09] 공간에서 두 직선의 위치 관계에 대한 설명으로 옳은 것에는 ○표, 옳지 않은 것에는 ×표를 하여라.

05 만나는 두 직선은 한 평면 위에 있다.　　　(　　)

06 평행한 두 직선은 만나지 않는다.　　　(　　)

07 평행한 두 직선은 한 평면 위에 있다.　　　(　　)

08 꼬인 위치에 있는 두 직선은 만나지 않는다.　　　(　　)

09 꼬인 위치에 있는 두 직선은 한 평면 위에 있다.
　　　(　　)

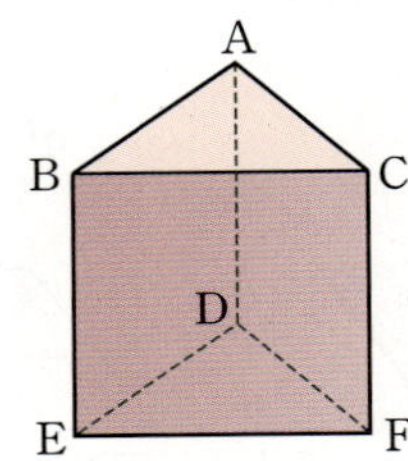

10 모서리 AB와 한 점에서 만나는 모서리

11 모서리 AB와 평행한 모서리

12 모서리 AB와 꼬인 위치에 있는 모서리

13 모서리 AD와 한 점에서 만나는 모서리

14 모서리 AD와 평행한 모서리

15 모서리 AD와 꼬인 위치에 있는 모서리

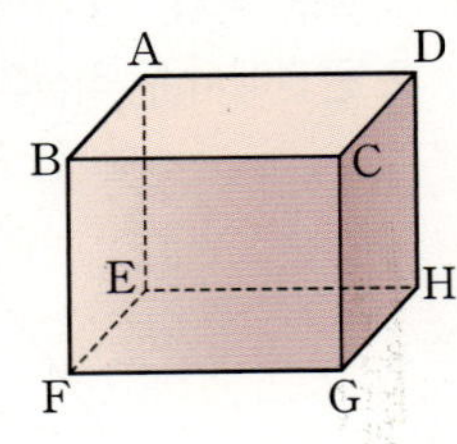

16 모서리 AB와 한 점에서 만나는 모서리

17 모서리 AB와 평행한 모서리

18 모서리 AB와 꼬인 위치에 있는 모서리

19 모서리 CG와 수직으로 만나는 모서리

20 모서리 CG와 평행한 모서리

21 모서리 CG와 꼬인 위치에 있는 모서리

꼬인 위치에 있는 직선을 찾는 방법
(i) 평행한 직선을 제외한다.
(ii) 한 점에서 만나는 직선을 제외한다.

11 직선과 평면의 위치 관계

1. 직선과 평면의 위치 관계

① 포함된다. 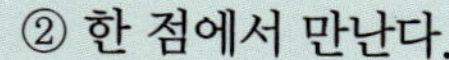 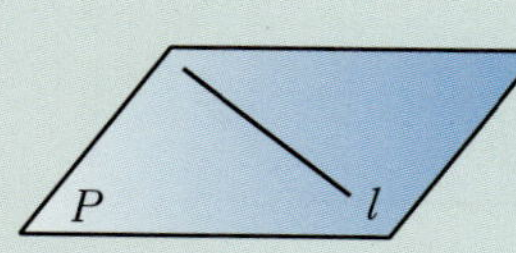

② 한 점에서 만난다. 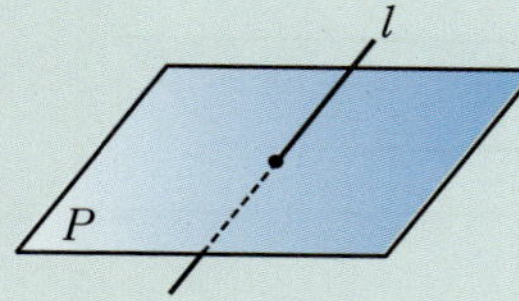

③ 평행하다. $(l /\!/ P)$ 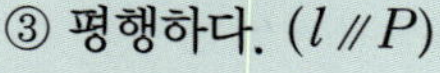 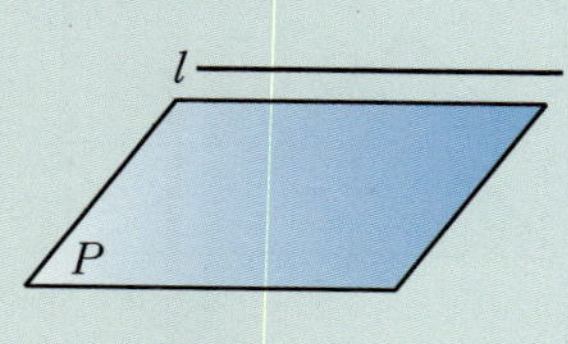

2. 직선과 평면의 수직 : 직선 l이 평면 P와 한 점 H에서 만나고 직선 l이 점 H를 지나는 평면 P 위의 모든 직선과 수직일 때, 직선 l과 평면 P는 수직이라고 한다.

$\Rightarrow l \perp P$

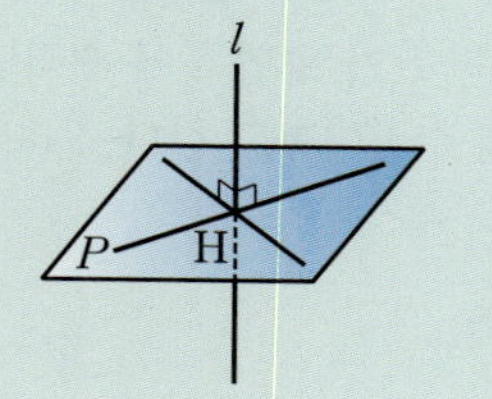

유형 017 직선과 평면의 위치 관계

[01~09] 오른쪽 그림과 같은 직육면체를 보고 다음을 구하여라.

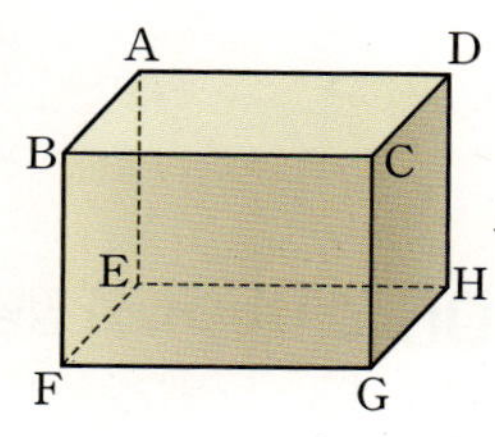

01 면 ABCD에 포함되는 모서리

02 면 ABCD에 평행한 모서리

03 면 ABCD에 수직인 모서리

04 모서리 AB를 포함하는 면

05 모서리 AB에 평행한 면

06 모서리 AB에 수직인 면

07 모서리 CG를 포함하는 면

08 모서리 CG에 평행한 면

09 모서리 CG에 수직인 면

12 두 평면의 위치 관계

1. 두 평면의 위치 관계

① 한 직선에서 만난다.　　② 평행하다. $(P /\!/ Q)$　　③ 일치한다.

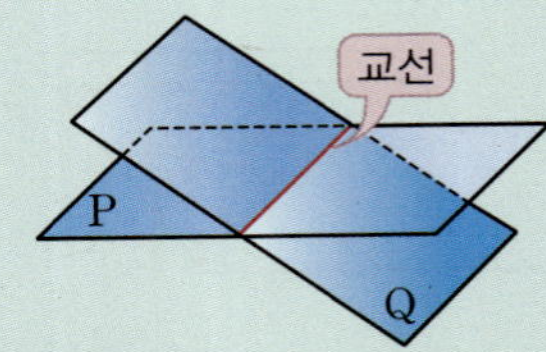
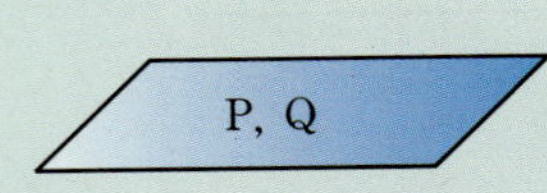

2. 두 평면의 수직 : 평면 P가 평면 Q에 수직인 직선 l을 포함할 때, 평면 P는 평면 Q에 수직이라고 한다.
　⇨ $P \perp Q$

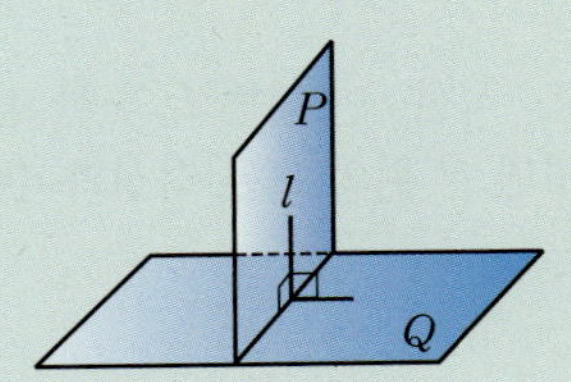

유형 018 두 평면의 위치 관계

[01~08] 오른쪽 그림과 같은 직육면체를 보고 다음을 구하여라.

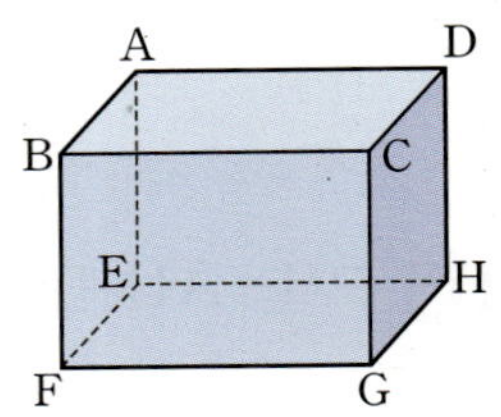

01 면 ABCD와 만나는 면

02 면 ABCD와 평행한 면

03 면 ABCD와 수직인 면

04 면 ABCD와 면 AEHD의 교선

05 면 BFGC와 만나는 면

06 면 BFGC와 평행한 면

07 면 BFGC와 수직인 면

08 면 BFGC와 면 CGHD의 교선

학교시험 필수예제

09 공간에서 두 평면의 위치 관계가 될 수 <u>없는</u> 것은?

① 만난다.　　　　　　② 수직이다.
③ 평행하다.　　　　　④ 일치한다.
⑤ 꼬인 위치에 있다.

[10~16] 오른쪽 그림과 같은 삼각기둥을 보고 다음을 구하여라.

10 면 ABC와 만나는 면

11 면 ABC와 평행한 면

12 면 ABC와 수직인 면

13 면 BEFC와 만나는 면

14 면 BEFC와 수직인 면

15 면 ADFC와 수직인 면

16 면 ADFC와 면 DEF의 교선

[17~23] 오른쪽 그림은 직육면체를 네 꼭짓점 A, B, G, H를 지나는 평면으로 자른 입체도형이다. 다음을 구하여라.

17 모서리 AB와 수직인 모서리

18 모서리 AH와 평행한 모서리

19 모서리 AH와 꼬인 위치에 있는 모서리

20 면 ABGH와 평행한 모서리

21 면 ABGH와 수직인 면

22 면 BFG와 평행한 면

23 면 ABFE와 수직인 면

# 13 동위각과 엇각

서로 다른 두 직선 m, n이 다른 한 직선 l과 만나서 생기는 각 중에서
1. 동위각 : 서로 같은 위치에 있는 각
  $\Rightarrow$ $\angle a$와 $\angle e$, $\angle b$와 $\angle f$, $\angle c$와 $\angle g$, $\angle d$와 $\angle h$
2. 엇각: 서로 엇갈린 위치에 있는 각
  $\Rightarrow$ $\angle b$와 $\angle h$, $\angle c$와 $\angle e$

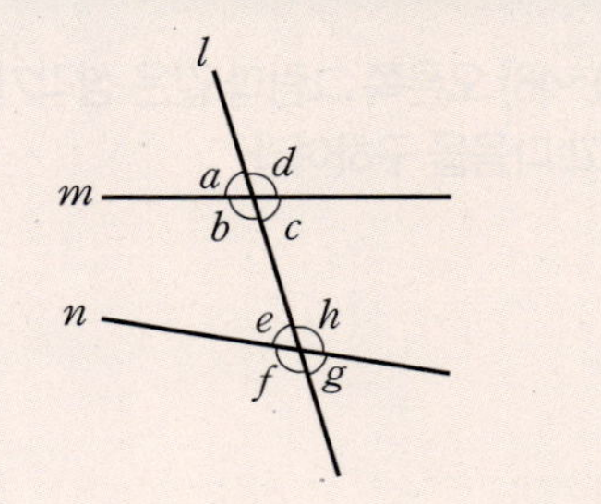

유형 020 동위각과 엇각

[01~05] 오른쪽 그림에 대한 설명으로 옳은 것에는 ○표, 옳지 않은 것에는 ×표를 하여라.

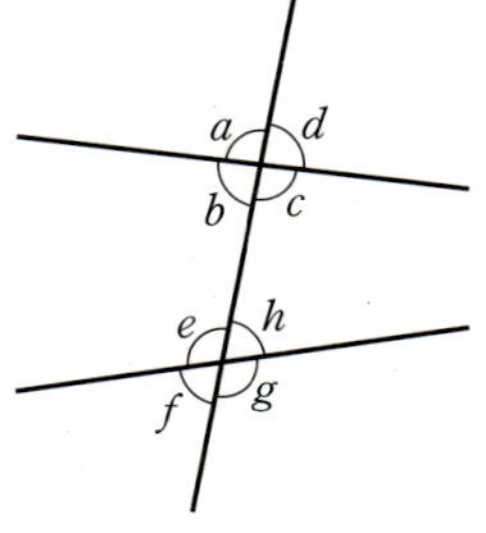

01 $\angle a$와 $\angle c$는 맞꼭지각이다. (　　)

02 $\angle a$와 $\angle e$는 동위각이다. (　　)

03 $\angle b$와 $\angle h$는 엇각이다. (　　)

04 $\angle c$와 $\angle e$는 동위각이다. (　　)

05 $\angle c$와 $\angle g$는 동위각이다. (　　)

[06~09] 오른쪽 그림에서 다음 각을 찾고, 그 크기를 구하여라.

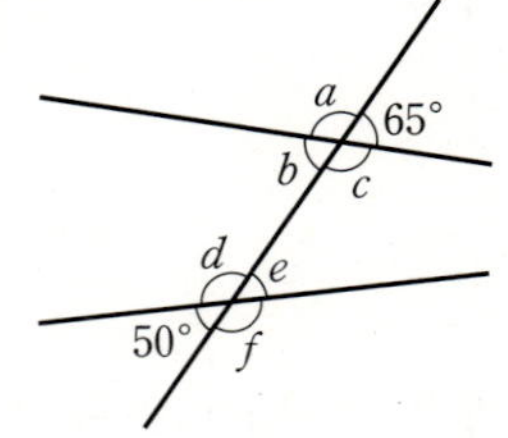

06 $\angle a$의 동위각

07 $\angle c$의 엇각

08 $\angle f$의 동위각

09 $\angle e$의 엇각

서로 다른 두 직선과 한 직선이 만나면 8개의 교각이 생기며 이중에서 동위각은 4쌍, 엇각은 2쌍이다.

14 평행선

평행한 두 직선이 한 직선과 만날 때
1. 동위각의 크기는 서로 같다.
　⇨ $l /\!/ m$이면 $\angle a = \angle h$
2. 엇각의 크기는 서로 같다.
　⇨ $l /\!/ m$이면 $\angle b = \angle h$

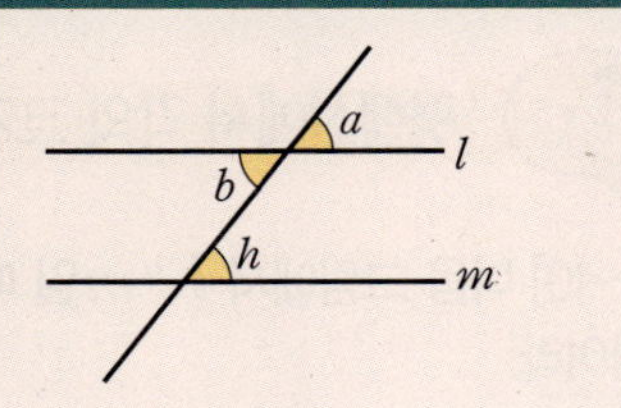

유형 021 평행선과 동위각

[01~03] 다음 그림에서 $l /\!/ m$일 때, $\angle x$의 크기를 구하여라.

01

02
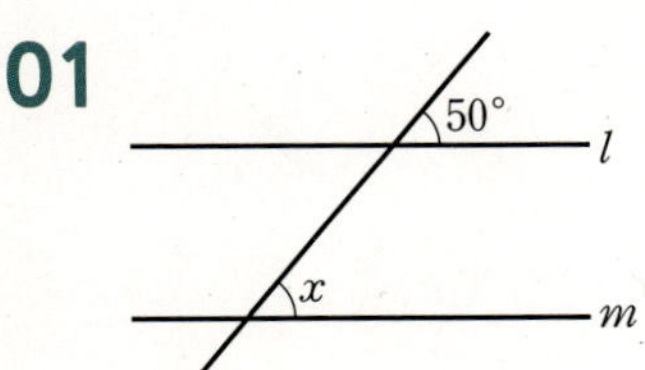

03
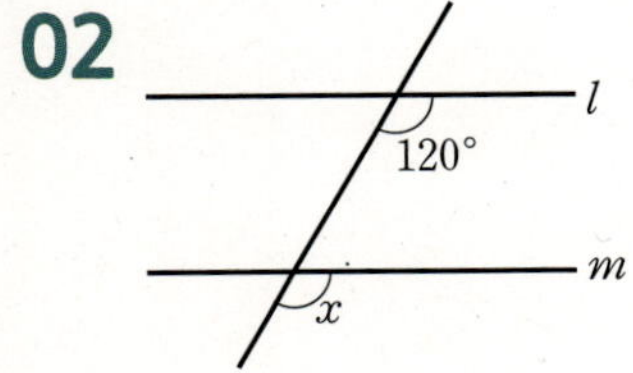

유형 022 평행선과 엇각

[04~06] 다음 그림에서 $l /\!/ m$일 때, $\angle x$의 크기를 구하여라.

04

05
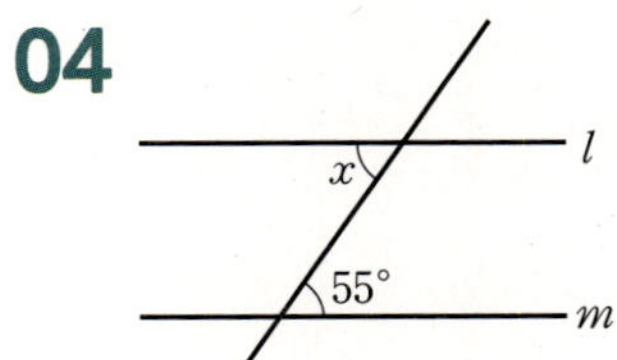

06
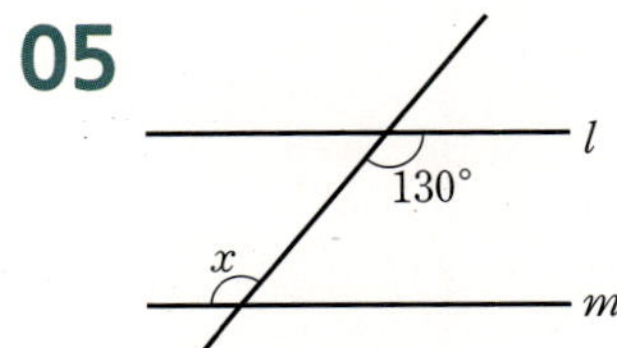

 평행선에서 각의 크기 구하기

[07~10] 다음 그림에서 $l /\!/ m$일 때, $\angle a$, $\angle b$의 크기를 각각 구하여라.

07

08

09

10

[11~14] 다음 그림에서 $l /\!/ m$일 때, $\angle x$의 크기를 구하여라.

11

12

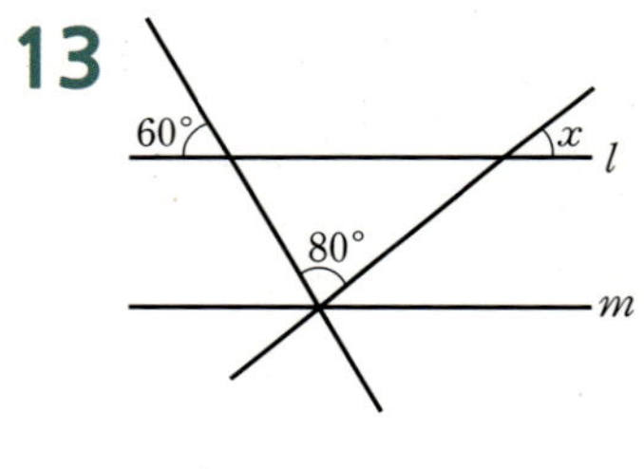

13

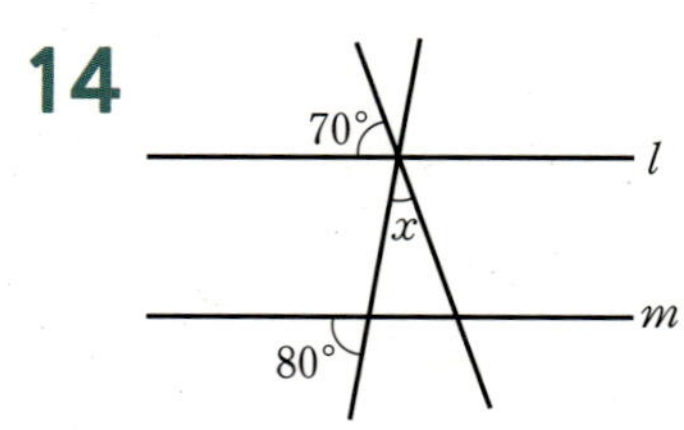

14

보조선을 이용하여 각의 크기 구하기

[15~21] 다음 그림에서 $l\,/\!/\,m$일 때, $\angle x$의 크기를 구하여라.

15

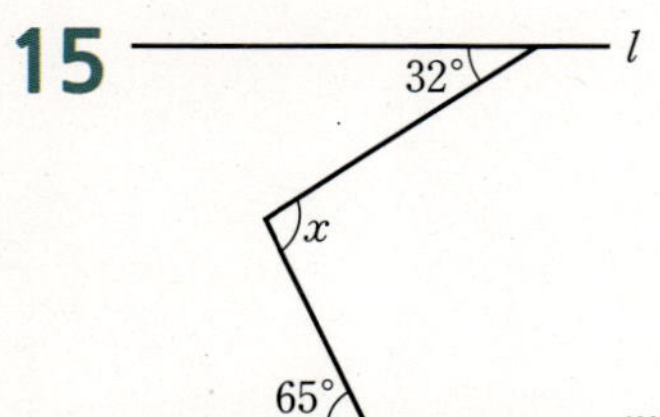

|해설| 두 직선 l, m에 평행한 직선 n을 그으면

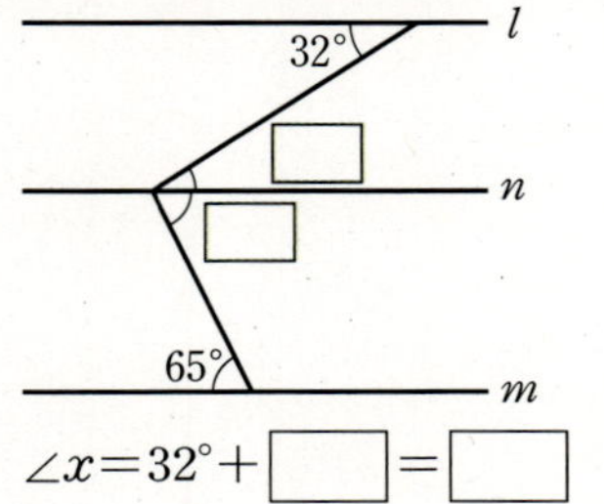

$$\angle x = 32° + \boxed{} = \boxed{}$$

16

17

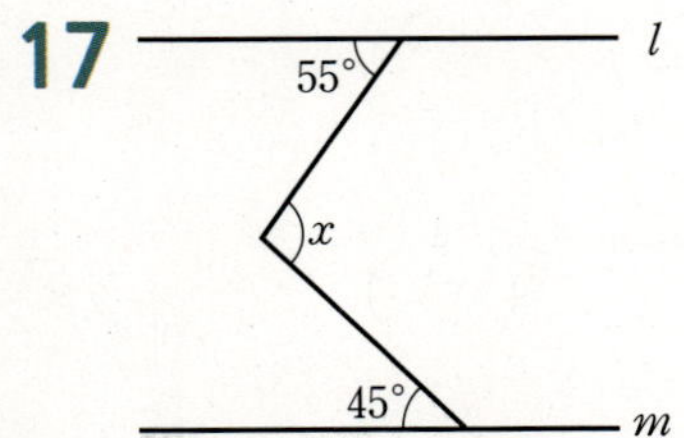

18

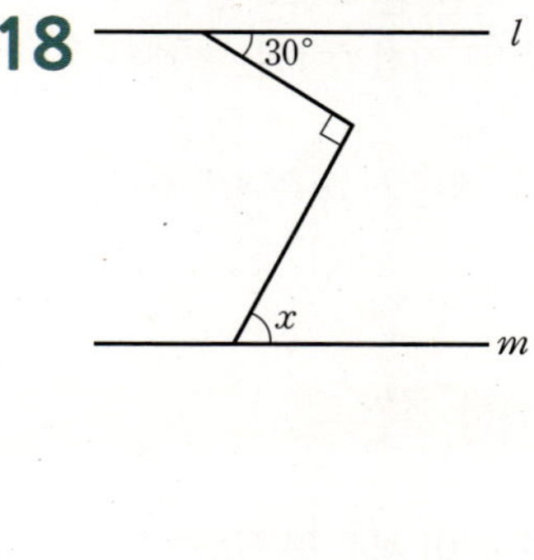

19

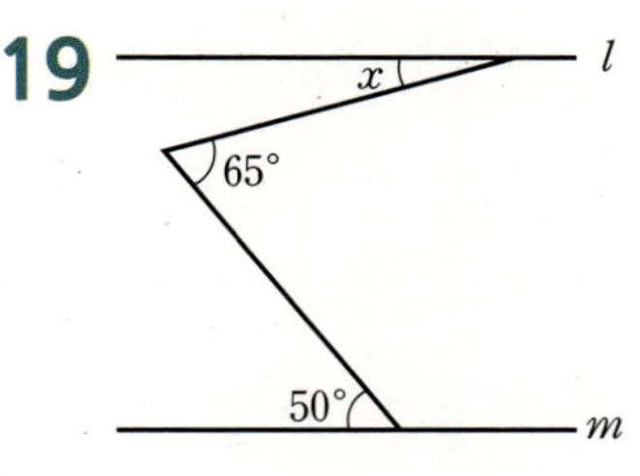

20

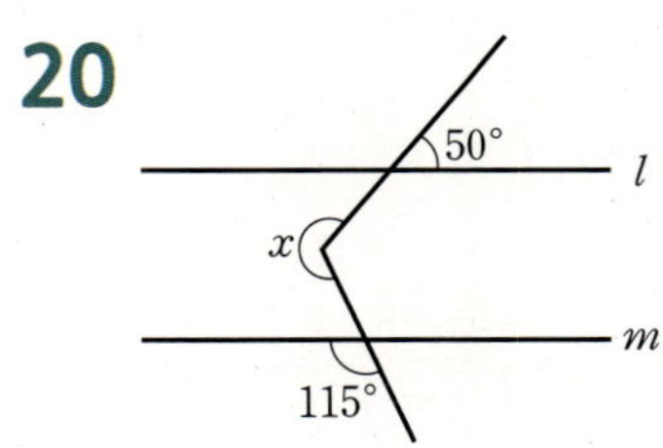

21

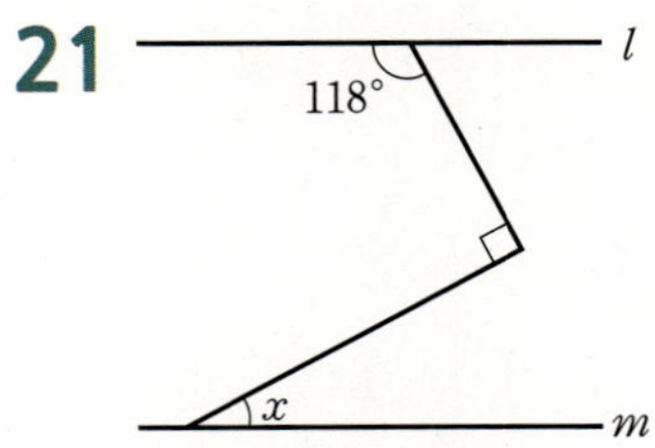

15 평행선이 되기 위한 조건

서로 다른 두 직선 l, m이 다른 한 직선과 만날 때
1. 동위각의 크기가 같으면 두 직선 l, m은 평행하다.
   $\Rightarrow \angle a = \angle h$이면 $l /\!/ m$
2. 엇각의 크기가 같으면 두 직선 l, m은 평행하다.
   $\Rightarrow \angle b = \angle h$이면 $l /\!/ m$

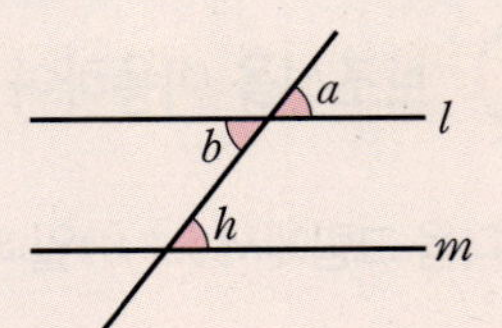

 유형 025 평행선이 되기 위한 조건

[01~06] 다음 중 두 직선 l과 m이 서로 평행하면 ○표, 평행하지 않으면 ×표를 하여라.

01

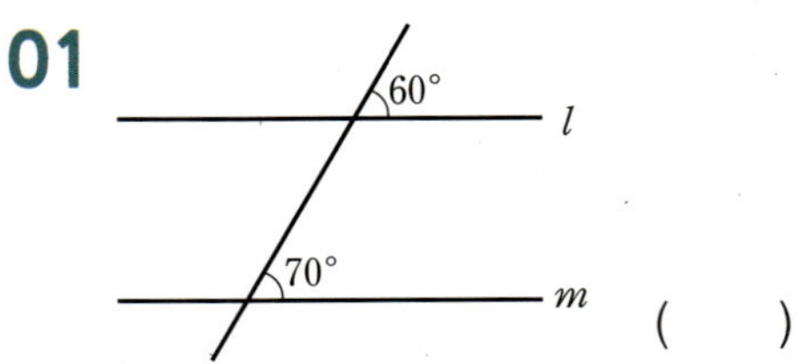

(　　)

02

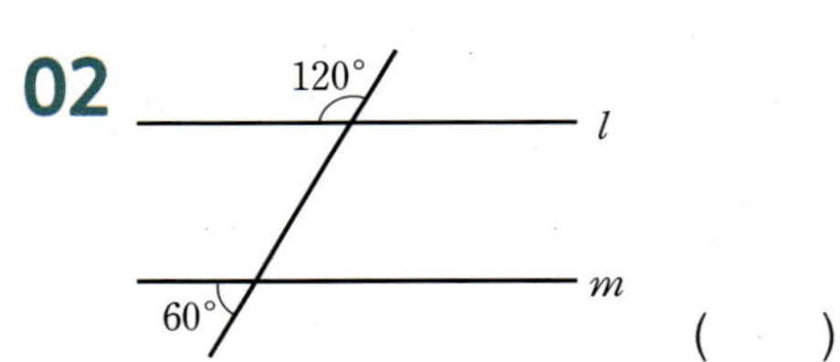

(　　)

03

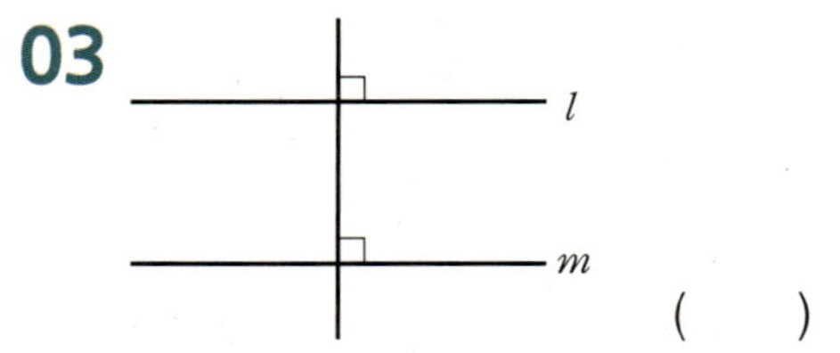

(　　)

04

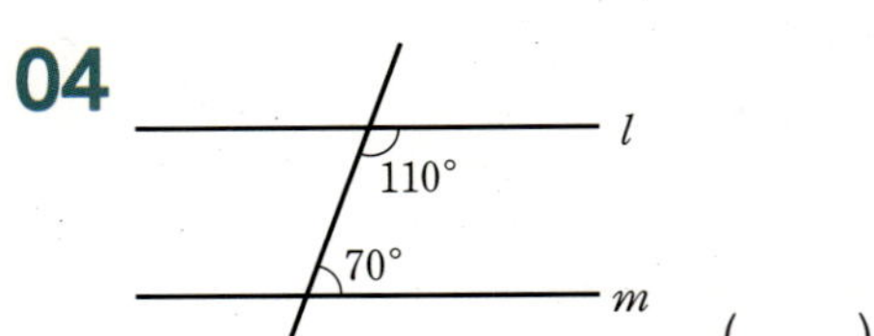

(　　)

05

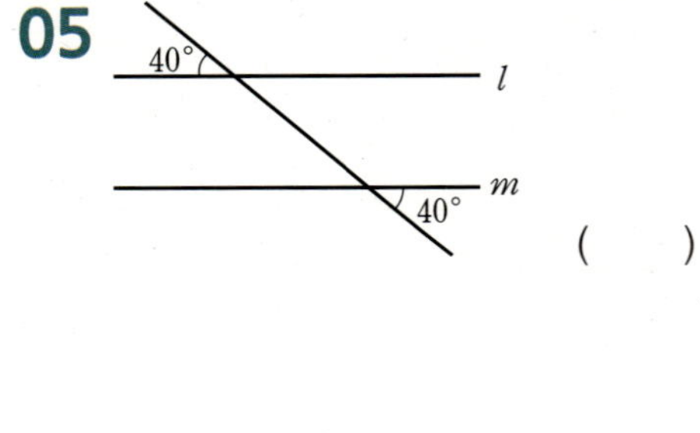

(　　)

06

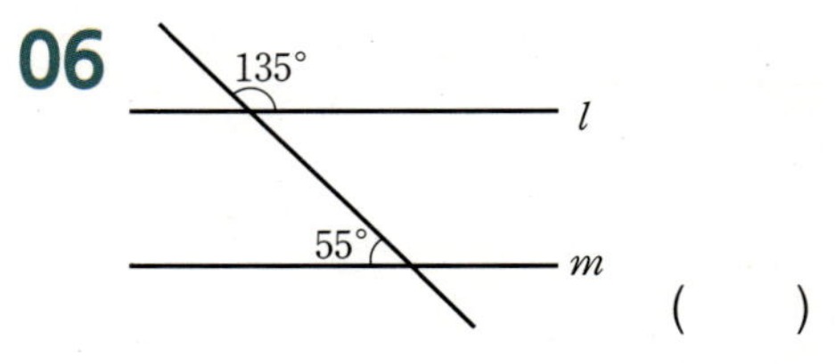

(　　)

07

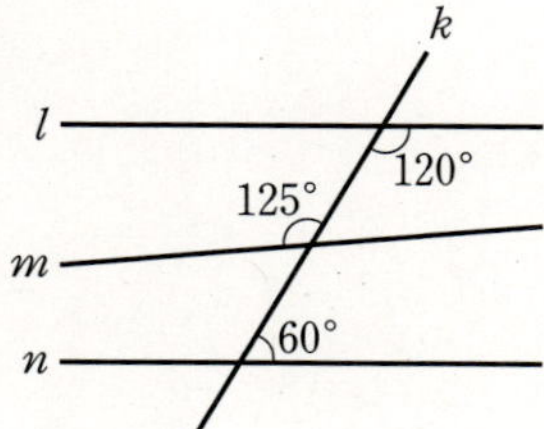

08

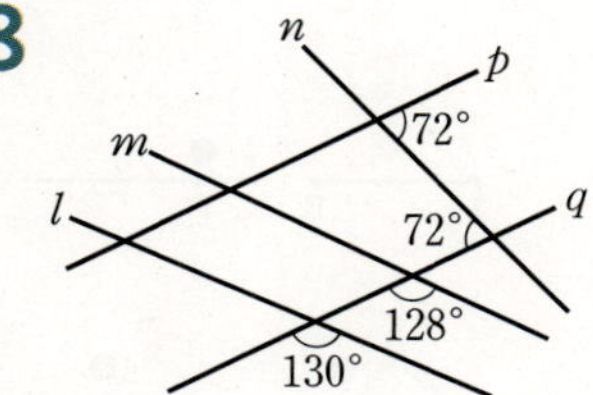

09

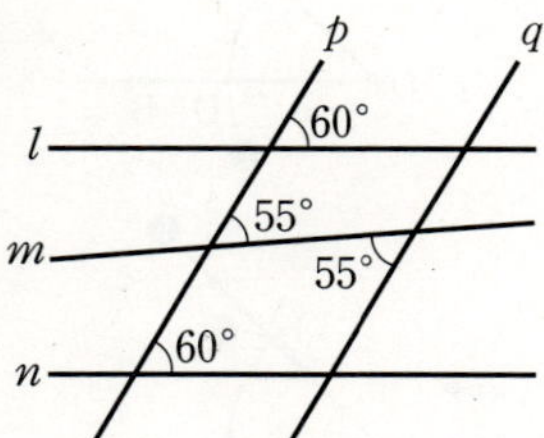

10

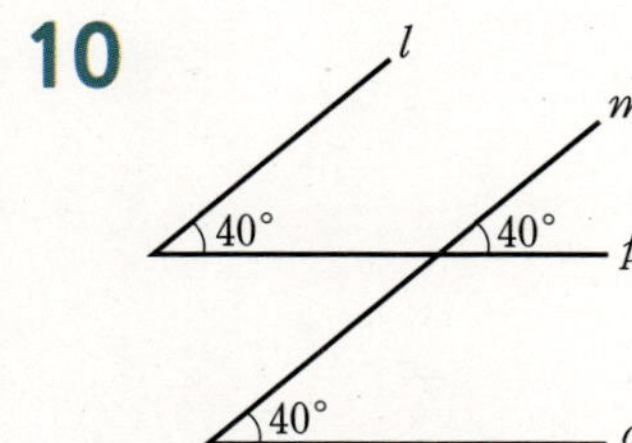

11

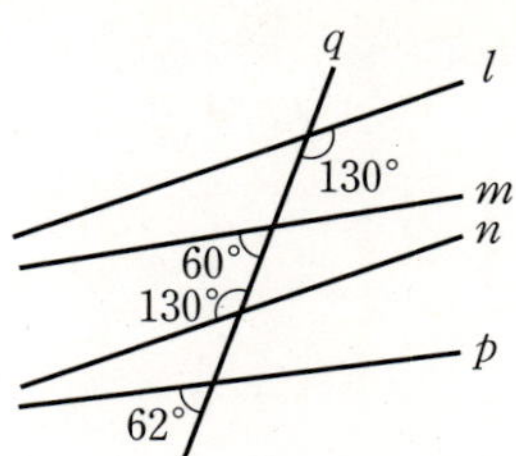

12

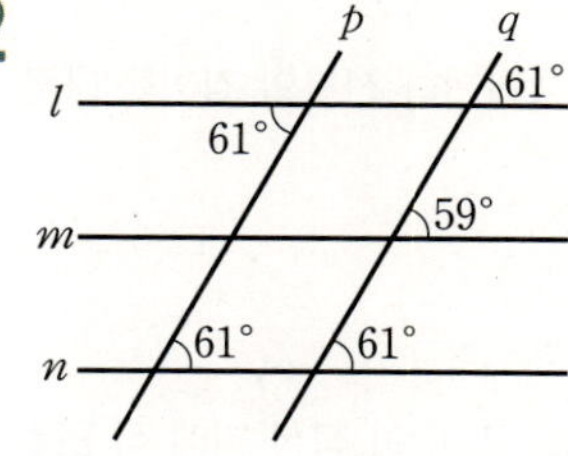

13

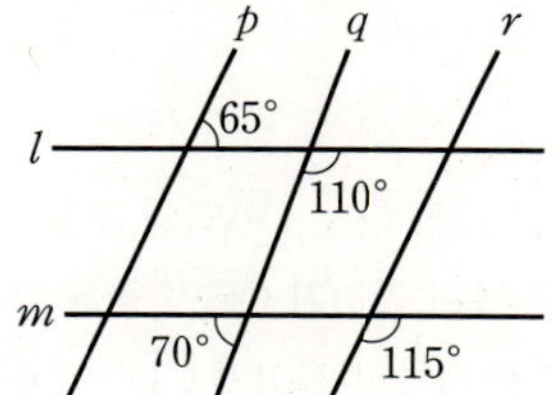

14 오른쪽 그림에 대한 다음
설명 중 옳지 <u>않은</u> 것은?

① $l /\!/ m$이면 $\angle c = \angle e$
② $\angle a = \angle g$이면 $l /\!/ m$
③ $\angle b = \angle h$이면 $l /\!/ m$
④ $l /\!/ m$이면
  $\angle c + \angle f = 180°$
⑤ $l /\!/ m$이면 $\angle d + \angle f = 180°$

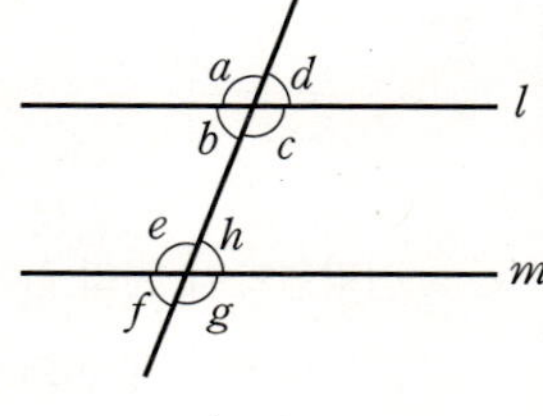

기본 개념 CHECK

1. 삼각형의 작도

(1) ❶ _______ : 눈금 없는 자와 컴퍼스만을 사용하여 도형을 그리는 것

   ① ❷ _______ : 두 점을 잇는 선분을 그리거나 선분을 연장할 때 사용

   ② ❸ _______ : 원을 그리거나 선분의 길이를 다른 직선으로 옮길 때 사용

(2) 길이가 같은 선분의 작도

   ❶ 자를 사용하여 직선을 긋고, 이 직선 위에 점 P를 잡는다.

   ❷ 컴퍼스를 이용하여 $\overline{AB}$의 길이를 잰다.

   ❸ 점 P를 중심으로 반지름의 길이가 $\overline{AB}$인 원을 그려 직선과의 교점을 Q라 하면 $\overline{PQ}$의 길이와 $\overline{AB}$의 길이가 같다.

(3) 크기가 같은 각의 작도

   ❶ 점 O를 중심으로 원을 그려 $\overrightarrow{OA}$, $\overrightarrow{OB}$와의 교점을 각각 C, D라 한다.

   ❷ 점 P를 중심으로 반지름의 길이가 $\overline{OC}$인 원을 그려 $\overrightarrow{PQ}$와의 교점을 X라 한다.

   ❸, ❹ 점 X를 중심으로 반지름의 길이가 $\overline{CD}$인 원을 그려 ❷의 원과의 교점을 Y라 한다.

   ❺ 반직선 PY를 그으면 ∠AOB와 ∠YPX의 크기가 같다.

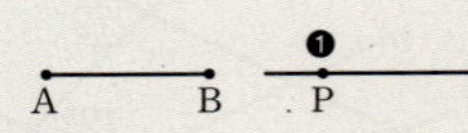
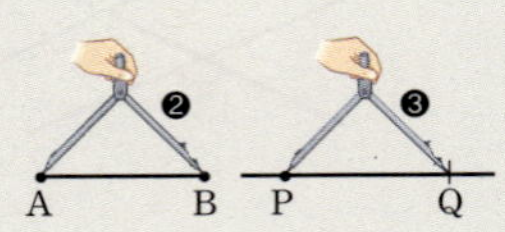
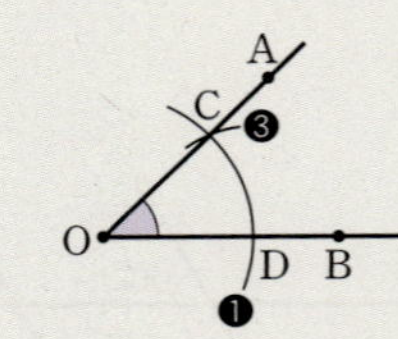

(4) 삼각형 ABC

   ① △ABC : 세 꼭짓점이 A, B, C인 삼각형

   ② 대변 : 한 각과 마주 보는 변

   ③ 대각 : 한 변과 마주 보는 각

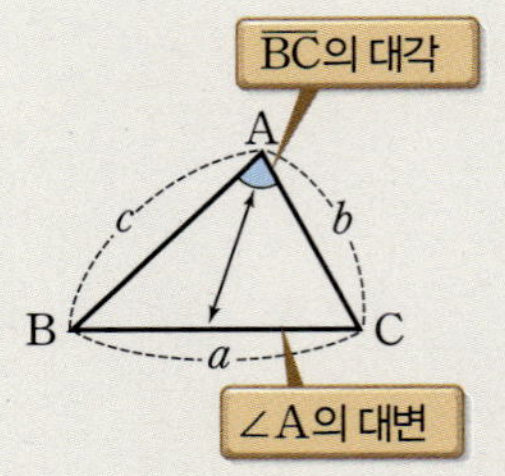

(5) 삼각형의 세 변의 길이 사이의 관계

   ① 삼각형의 한 변의 길이는 나머지 두 변의 길이의 합보다 ❹ _____ .

   ② (가장 긴 변의 길이) ❺ _____ (나머지 두 변의 길이의 합)

---

❶ 작도   ❷ 눈금 없는 자   ❸ 컴퍼스   ❹ 작다   ❺ <

⑹ 다음과 같은 세 경우에 삼각형을 하나로 작도할 수 있다.

세 변의 길이가 주어질 때	두 변의 길이와 그 끼인각의 크기가 주어질 때	한 변의 길이와 그 양 끝각의 크기가 주어질 때
① 길이가 c인 $\overline{AB}$를 작도한다. ② 점 A를 중심으로 반지름의 길이가 b인 원과 점 B를 중심으로 반지름의 길이가 a인 원을 그려 그 교점을 C라 한다. ③ 점 A와 C, 점 B와 C를 잇는다.	① ∠A와 크기가 같은 ∠XAY를 작도한다. ② 점 A를 중심으로 반지름의 길이가 b, c인 원을 그려 $\overrightarrow{AX}$, $\overrightarrow{AY}$와의 교점을 C, B라 한다. ③ 두 점 B, C를 잇는다.	① 길이가 c인 $\overline{AB}$를 작도한다. ② ∠A와 크기가 같은 ∠XAB를 작도한다. ③ ∠B와 크기가 같은 ∠YBA를 작도하여 $\overrightarrow{AX}$, $\overrightarrow{BY}$의 교점을 C라 한다.

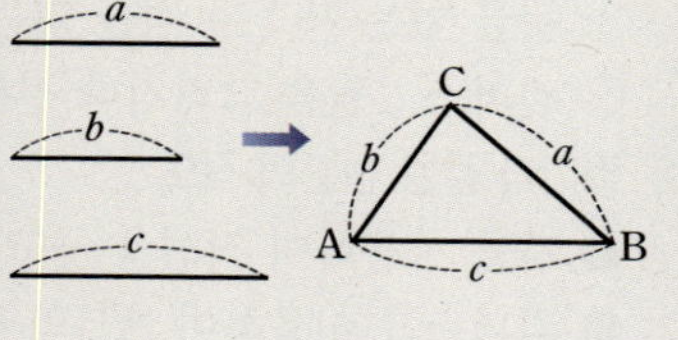

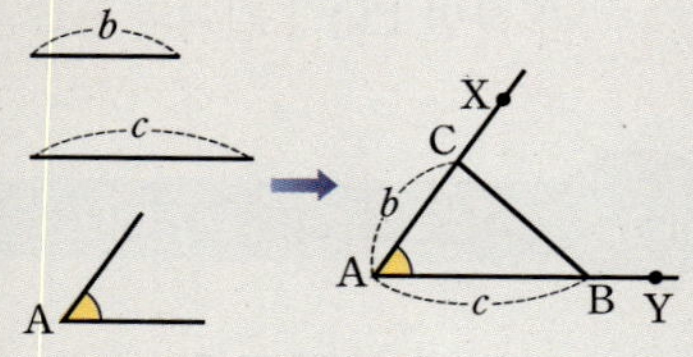

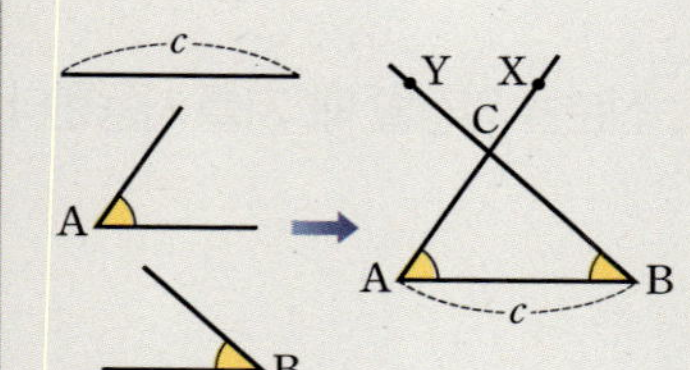

⑺ 삼각형의 결정 조건 : 삼각형은 다음과 같은 세 경우에 모양과 크기가 하나로 결정된다.

  ① 세 변의 길이가 주어질 때

  ② 두 변의 길이와 그 끼인각의 크기가 주어질 때

  ③ 한 변의 길이와 그 양 끝각의 크기가 주어질 때

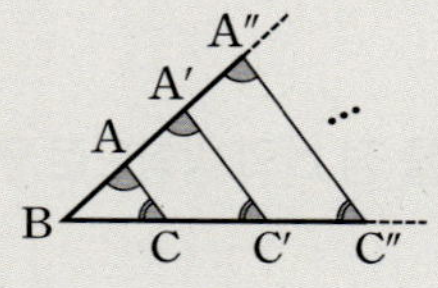 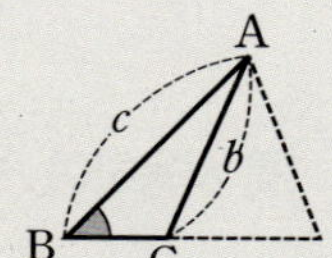 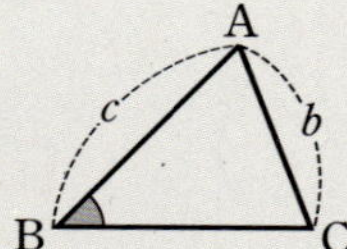

2. 삼각형의 합동

⑴ ❻[　　　] : 모양과 크기가 같아서 완전히 포개어지는 두 도형을 서로 합동이라고 한다.

⑵ 대응 : 합동인 두 도형에서 서로 포개어지는 꼭짓점, 변, 각을 서로 대응한다고 한다.

⑶ 합동인 도형의 성질 : 두 도형이 합동이면

  ① 대응하는 ❼[　　] 의 길이는 서로 같다.

  ② 대응하는 ❽[　　] 의 크기는 서로 같다.

⑷ 삼각형의 합동 조건 : 두 삼각형은 다음의 각 경우에 서로 합동이다.

  ① 대응하는 세 변의 길이가 각각 같을 때 (❾[　　] 합동)

    ⇨ $\overline{AB}=\overline{DE}$, $\overline{BC}=\overline{EF}$, $\overline{AC}=\overline{DF}$일 때, △ABC≡△DEF

  ② 대응하는 두 변의 길이가 각각 같고, 그 끼인각의 크기가 같을 때 (❿[　　] 합동)

    ⇨ $\overline{AB}=\overline{DE}$, $\overline{BC}=\overline{EF}$, ∠B=∠E일 때, △ABC≡△DEF

  ③ 대응하는 한 변의 길이가 같고, 그 양 끝각의 크기가 각각 같을 때 (⓫[　　] 합동)

    ⇨ $\overline{BC}=\overline{EF}$, ∠B=∠E, ∠C=∠F일 때, △ABC≡△DEF

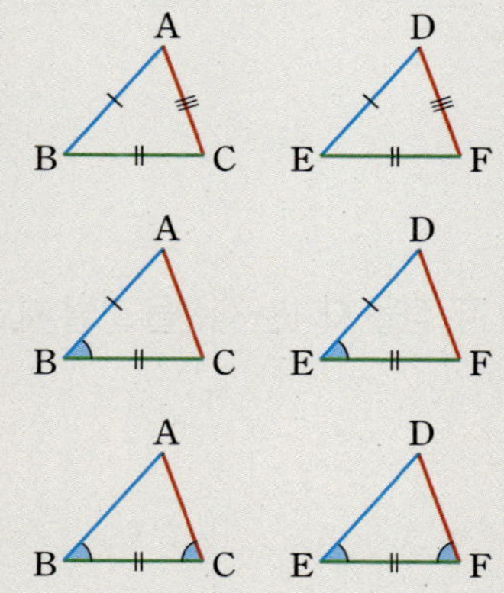

❻합동　❼변　❽각　❾SSS　❿SAS　⓫ASA

01 작도

1. 작도 : 눈금 없는 자와 컴퍼스만을 사용하여 도형을 그리는 것
   ① 눈금 없는 자 : 두 점을 잇는 선분을 그리거나 선분을 연장할 때 사용
   ② 컴퍼스 : 원을 그리거나 선분의 길이를 다른 직선으로 옮길 때 사용
2. 길이가 같은 선분의 작도
   ❶ 자를 사용하여 직선을 긋고, 이 직선 위에 점 P를 잡는다.
   ❷ 컴퍼스를 이용하여 $\overline{AB}$의 길이를 잰다.
   ❸ 점 P를 중심으로 반지름의 길이가 $\overline{AB}$인 원을 그려 직선과의 교점을 Q라 하면 $\overline{PQ}$의 길이와 $\overline{AB}$의 길이가 같다.

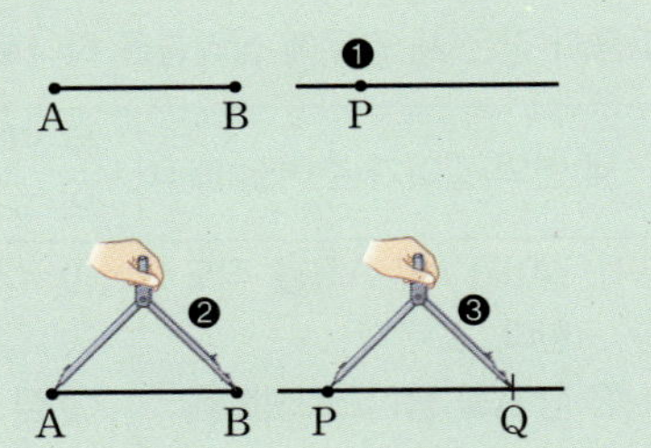

유형 026 작도의 이해

[01~05] 다음 중 옳은 것에는 ○표, 옳지 않은 것에는 ×표를 하여라.

01 선분을 연장할 때, 자를 사용한다. ( )

02 선분의 길이를 잴 때, 자를 사용한다. ( )

03 같은 길이의 선분을 옮길 때, 컴퍼스를 사용한다. ( )

04 원을 그릴 때, 컴퍼스를 사용한다. ( )

05 두 점을 지나는 직선을 그릴 때, 컴퍼스를 사용한다. ( )

유형 027 길이가 같은 선분의 작도

[06~08] 다음 그림은 선분 AB를 연장하여 $\overline{AC}=2\overline{AB}$가 되도록 하는 점 C를 작도하는 과정이다. ☐ 안에 알맞은 것을 써넣어라.

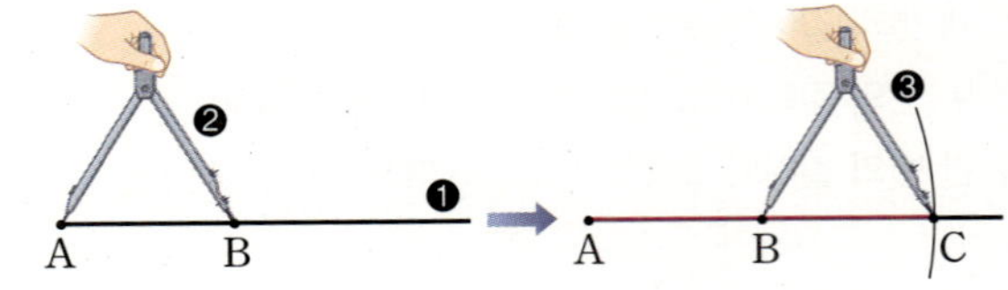

06 ☐를 사용하여 $\overline{AB}$를 점 B의 방향으로 연장한다.

07 ☐를 사용하여 $\overline{AB}$의 길이를 잰다.

08 ☐를 사용하여 점 B를 중심으로 반지름의 길이가 ☐인 원을 그리면 이 원과 $\overline{AB}$의 연장선의 교점이 C이다.

Tip
작도에서의 자는 '눈금 없는 자'를 말한다.

02 크기가 같은 각의 작도

❶ 점 O를 중심으로 원을 그려 $\overrightarrow{OA}$, $\overrightarrow{OB}$와의 교점을 각각 C, D라 한다.

❷ 점 P를 중심으로 반지름의 길이가 $\overline{OC}$인 원을 그려 $\overrightarrow{PQ}$와의 교점을 X라 한다.

❸, ❹ 점 X를 중심으로 반지름의 길이가 $\overline{CD}$인 원을 그려 ❷의 원과의 교점을 Y라 한다.

❺ 반직선 PY를 그으면 ∠AOB와 ∠YPX의 크기가 같다.

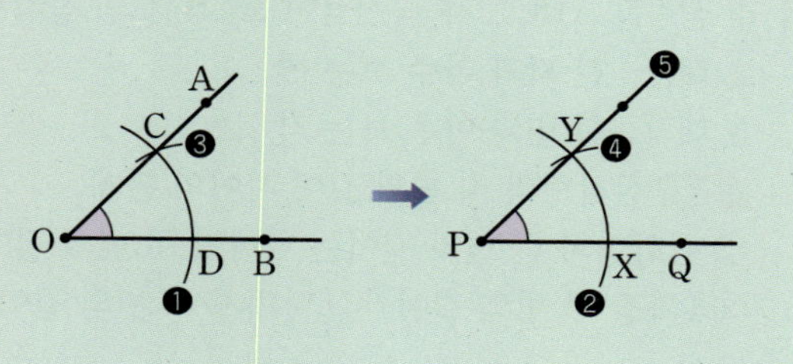

유형 028 크기가 같은 각의 작도

[01~04] 다음 그림은 ∠XOY와 크기가 같은 각을 $\overrightarrow{PQ}$를 한 변으로 하여 작도하는 과정이다. □ 안에 알맞은 것을 써넣어라.

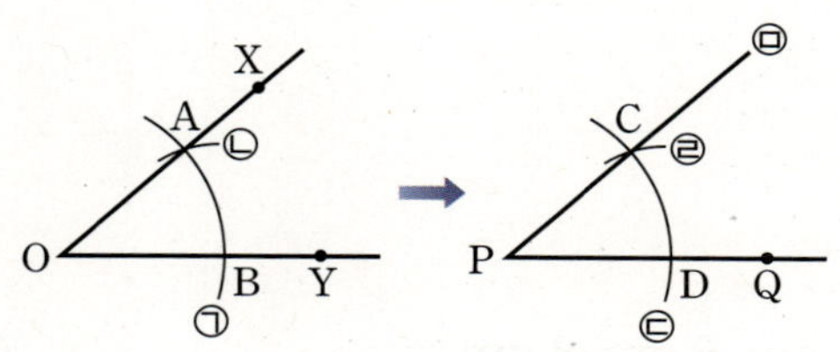

01 작도 순서는 다음과 같다.

㉠ → □ → □ → □ → ㉤

02 $\overline{OA}=$ □ $=$ □ $=\overline{PD}$

03 $\overline{AB}=$ □

04 ∠XOY $=$ □

[05~09] 아래 그림은 ∠XOY와 크기가 같은 ∠X′O′Y′을 작도한 것이다. 다음 중 옳은 것에는 ○표, 옳지 않은 것에는 × 표를 하여라.

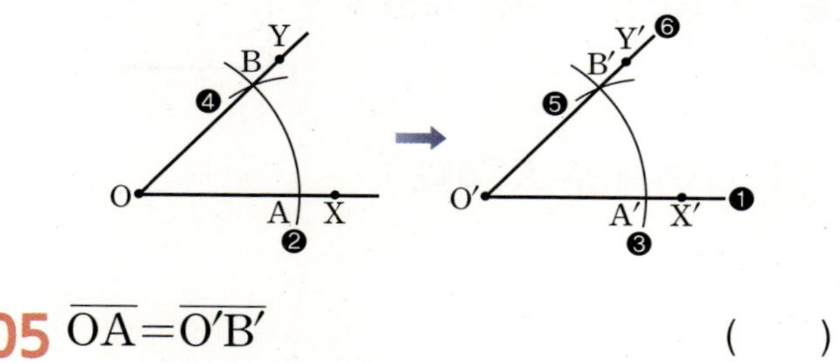

05 $\overline{OA}=\overline{O'B'}$ (   )

06 $\overline{OB}=\overline{O'A'}$ (   )

07 $\overline{OX}=\overline{OY}$ (   )

08 $\overline{AB}=\overline{A'B'}$ (   )

09 $\overline{OA}=\overline{AB}$ (   )

03 삼각형 ABC

1. 삼각형 ABC : 세 꼭짓점이 A, B, C인 삼각형 ⇨ △ABC
2. 대변 : 한 각과 마주 보는 변
3. 대각 : 한 변과 마주 보는 각

참고 삼각형의 세 변의 길이 사이의 관계
① 삼각형의 한 변의 길이는 나머지 두 변의 길이의 합보다 작다.
② (가장 긴 변의 길이)<(나머지 두 변의 길이의 합)

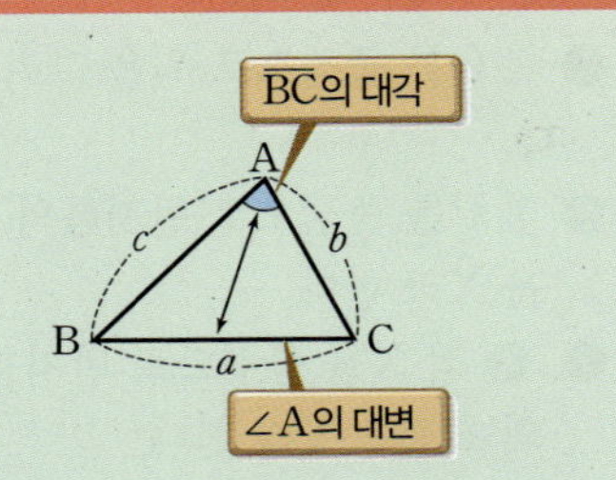

유형 029 삼각형의 대변과 대각

[01~05] 오른쪽 그림과 같은 △ABC에 대하여 다음 중 옳은 것에는 ○표, 옳지 않은 것에는 ×표를 하여라.

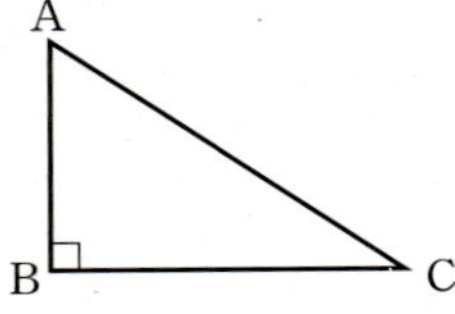

01 ∠B의 대변은 $\overline{AC}$이다.　　　　(　)

02 ∠C의 대변은 $\overline{AB}$이다.　　　　(　)

03 $\overline{AB}$의 대각은 예각이다.　　　　(　)

04 $\overline{AC}$의 대각은 예각이다.　　　　(　)

05 $\overline{BC}$의 대각은 예각이다.　　　　(　)

유형 030 삼각형의 세 변의 길이 사이의 관계

[06~09] 다음 중 삼각형의 세 변의 길이가 될 수 있는 것은 ○표, 될 수 없는 것은 ×표를 하여라.

06 2 cm, 3 cm, 4 cm　　　　(　)

07 4 cm, 6 cm, 8 cm　　　　(　)

08 3 cm, 5 cm, 9 cm　　　　(　)

09 5 cm, 8 cm, 13 cm　　　　(　)

학교시험 필수예제

10 삼각형의 세 변의 길이가 5 cm, 8 cm, x cm일 때, x의 값이 될 수 있는 자연수의 개수를 구하여라.

04 삼각형의 작도

다음과 같은 세 경우에 삼각형을 하나로 작도할 수 있다.

세 변의 길이가 주어질 때	두 변의 길이와 그 끼인각의 크기가 주어질 때	한 변의 길이와 그 양 끝각의 크기가 주어질 때
① 길이가 c인 $\overline{AB}$를 작도한다. ② 점 A를 중심으로 반지름의 길이가 b인 원과 점 B를 중심으로 반지름의 길이가 a인 원을 그려 그 교점을 C라 한다. ③ 점 A와 C, 점 B와 C를 잇는다.	① ∠A와 크기가 같은 ∠XAY를 작도한다. ② 점 A를 중심으로 반지름의 길이가 b, c인 원을 그려 $\overrightarrow{AX}$, $\overrightarrow{AY}$와의 교점을 C, B라 한다. ③ 두 점 B, C를 잇는다.	① 길이가 c인 $\overline{AB}$를 작도한다. ② ∠A와 크기가 같은 ∠XAB를 작도한다. ③ ∠B와 크기가 같은 ∠YBA를 작도하여 $\overrightarrow{AX}$, $\overrightarrow{BY}$의 교점을 C라 한다.

031 삼각형의 작도

[01~04] 오른쪽 그림과 같은 △ABC를 작도하는 데 a가 이미 주어져 있다. 다음 조건이 더 주어질 때, △ABC를 작도할 수 있는 것은 ○표, 없는 것은 ×표를 하여라.

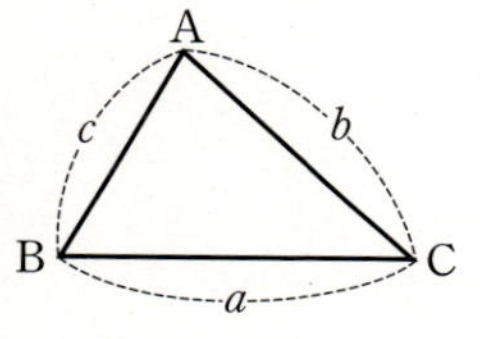

01 c와 ∠B (　　)

02 c와 ∠C (　　)

03 b와 c (　　)

04 ∠B와 ∠C (　　)

[05~08] 오른쪽 그림과 같은 △ABC를 작도하는데 $\overline{AB}$와 $\overline{BC}$의 길이가 이미 주어져 있다. 다음 조건이 더 주어질 때, △ABC를 작도할 수 있는 것은 ○표, 없는 것은 ×표를 하여라.

05 ∠A (　　)

06 ∠B (　　)

07 ∠C (　　)

08 $\overline{AC}$ (　　)

05 삼각형의 결정 조건

삼각형은 다음과 같은 세 경우에 모양과 크기가 하나로 결정된다.
1. 세 변의 길이가 주어질 때
   ⇨ 세 각의 크기가 주어지면 하나로 결정되지 않는다.
2. 두 변의 길이와 그 끼인각의 크기가 주어질 때
   ⇨ 두 변의 길이와 그 끼인각이 아니 다른 한 각의 크기가 주어지면 하나로 결정되지 않는다.
3. 한 변의 길이와 그 양 끝각의 크기가 주어질 때
   참고 세 변의 길이가 주어져도 두 변의 길이의 합이 나머지 한 변의 길이보다 작거나 같으면 삼각형을 만들 수 없다.

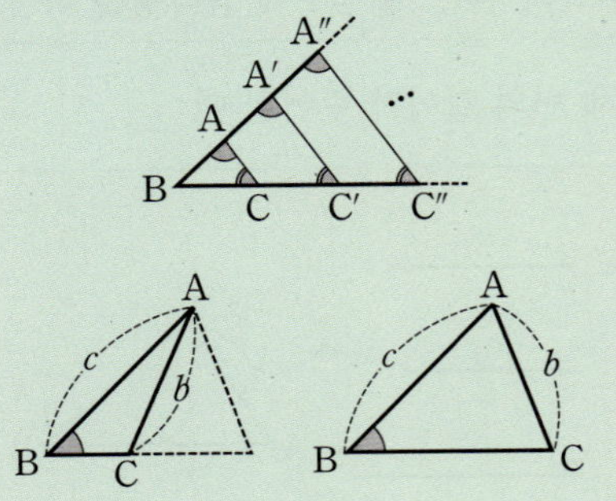

유형 032 삼각형의 결정 조건

[01~09] 다음과 같은 조건이 주어질 때, $\triangle ABC$가 하나로 결정되는 것은 ○표, 결정되지 않는 것은 ×표를 하여라.

01 $\overline{AB}=6\ \text{cm}, \overline{BC}=4\ \text{cm}, \overline{CA}=10\ \text{cm}$ ( )

02 $\overline{AB}=3\ \text{cm}, \overline{BC}=5\ \text{cm}, \overline{CA}=4\ \text{cm}$ ( )

03 $\overline{AB}=8\ \text{cm}, \angle A=100°, \angle C=80°$ ( )

04 $\angle A=20°, \angle B=80°, \angle C=80°$ ( )

05 $\overline{AB}=8\ \text{cm}, \overline{BC}=7\ \text{cm}, \angle A=60°$ ( )

06 $\angle A=70°, \angle B=30°, \angle C=80°$ ( )

07 $\overline{AC}=7\ \text{cm}, \overline{BC}=8\ \text{cm}, \angle C=100°$ ( )

08 $\overline{BC}=5\ \text{cm}, \angle B=50°, \angle C=70°$ ( )

09 $\overline{AB}=5\ \text{cm}, \angle A=120°, \angle B=60°$ ( )

Tip 세 각의 크기가 같은 삼각형은 모양은 하나로 정해지지만 크기는 하나로 정해지지 않는다.

06 합동

1. 합동 : 모양과 크기가 같아서 완전히 포개어지는 두 도형을 서로 합동이라고 한다.
2. 대응 : 합동인 두 도형에서 서로 포개어지는 꼭짓점, 변, 각을 서로 대응한다고 한다.
3. 합동인 도형의 성질 : 두 도형이 합동이면
   ① 대응하는 변의 길이는 서로 같다.
   ② 대응하는 각의 크기는 서로 같다.

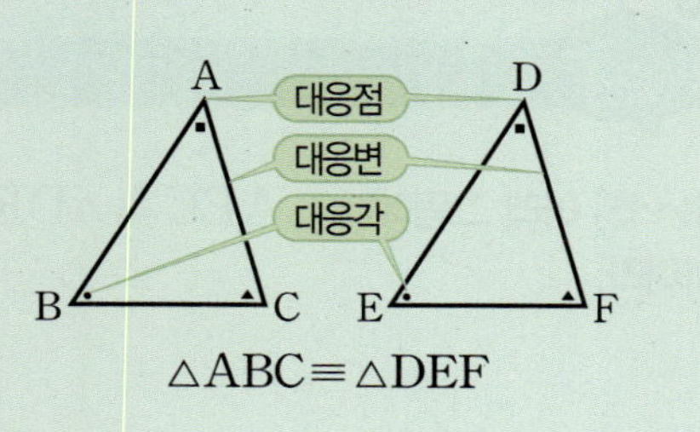

유형 033 도형의 합동

[01~09] 다음 두 도형이 합동인 것은 ○표, 합동이 아닌 것은 ×표를 하여라.

01 넓이가 같은 두 원 ( )

02 넓이가 같은 두 정삼각형 ( )

03 넓이가 같은 두 삼각형 ( )

04 넓이가 같은 두 직사각형 ( )

05 둘레의 길이가 같은 두 직사각형 ( )

06 한 변의 길이가 같은 두 정사각형 ( )

07 반지름의 길이가 같은 두 원 ( )

08 반지름의 길이가 같은 두 부채꼴 ( )

09 네 변의 길이가 같은 사각형 ( )

학교시험 필수예제

10 다음 설명 중 옳지 않은 것은?
① 합동인 두 도형의 변의 개수는 서로 같다.
② 합동인 두 도형의 넓이는 서로 같다.
③ 합동인 두 도형의 대응하는 변의 길이는 서로 같다.
④ 합동인 두 도형의 대응하는 각의 크기는 서로 같다.
⑤ 대응하는 각의 크기가 서로 같은 두 도형은 합동이다.

[11~15] 아래 그림에서 △ABC≡△DEF일 때, 다음을 구하여라.

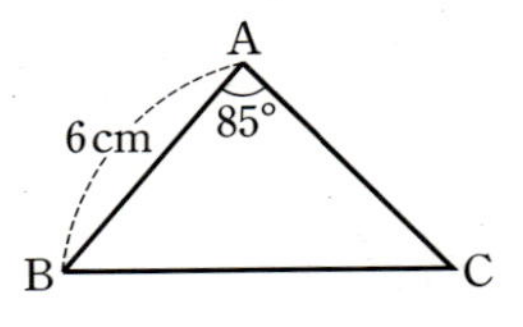

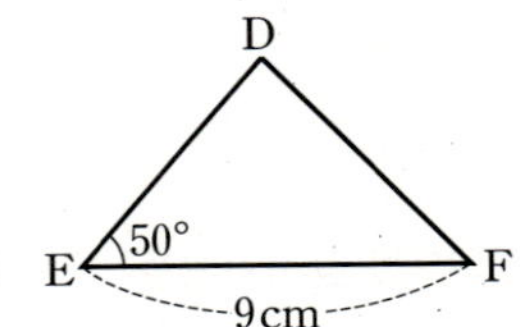

11 $\overline{BC}$의 길이

12 $\overline{DE}$의 길이

13 ∠B의 크기

14 ∠D의 크기

15 ∠F의 크기

[16~20] 아래 그림에서 사각형 ABCD와 사각형 EFGH가 합동일 때, 다음을 구하여라.

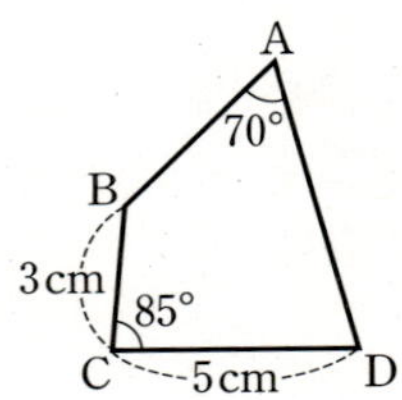

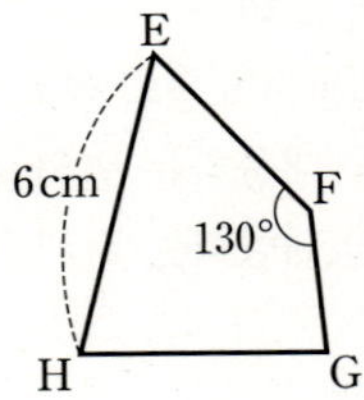

16 $\overline{AD}$의 길이

17 $\overline{FG}$의 길이

18 $\overline{GH}$의 길이

19 ∠B의 크기

20 ∠H의 크기

07 삼각형의 합동 조건

두 삼각형은 다음의 각 경우에 서로 합동이다.

1. 대응하는 세 변의 길이가 각각 같을 때 (SSS 합동)
   ⇨ $\overline{AB}=\overline{DE}$, $\overline{BC}=\overline{EF}$, $\overline{AC}=\overline{DF}$일 때, $\triangle ABC \equiv \triangle DEF$

2. 대응하는 두 변의 길이가 각각 같고, 그 끼인각의 크기가 같을 때 (SAS 합동)
   ⇨ $\overline{AB}=\overline{DE}$, $\overline{BC}=\overline{EF}$, $\angle B=\angle E$일 때, $\triangle ABC \equiv \triangle DEF$

3. 대응하는 한 변의 길이가 같고, 그 양 끝각의 크기가 각각 같을 때 (ASA 합동)
   ⇨ $\overline{BC}=\overline{EF}$, $\angle B=\angle E$, $\angle C=\angle F$일 때, $\triangle ABC \equiv \triangle DEF$

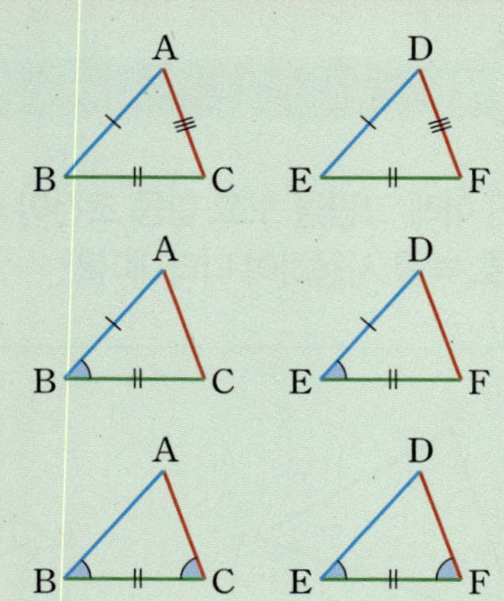

유형 035 삼각형의 합동 조건

[01~04] 다음 두 삼각형이 합동일 때, 합동 조건을 말하여라.

01

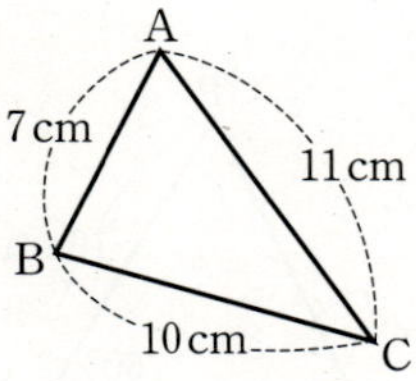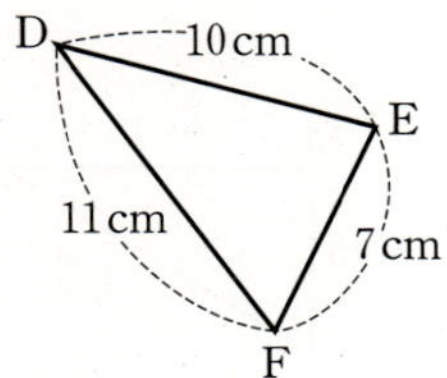

02

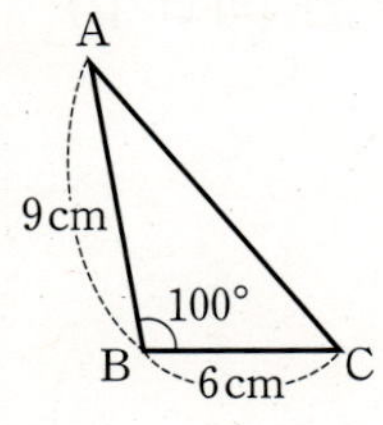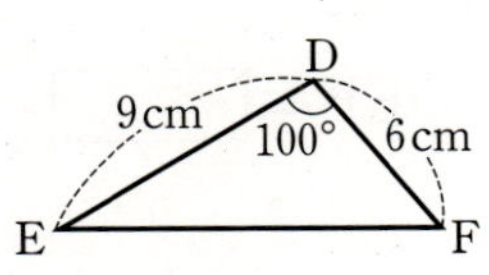

03

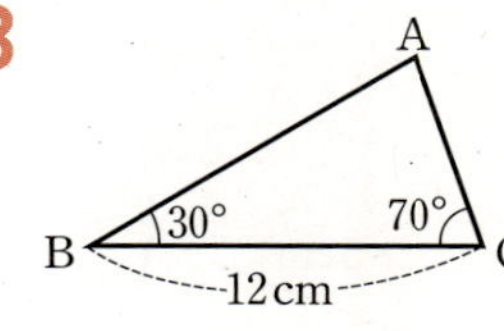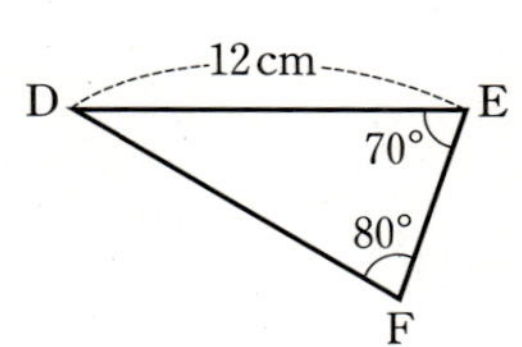

04

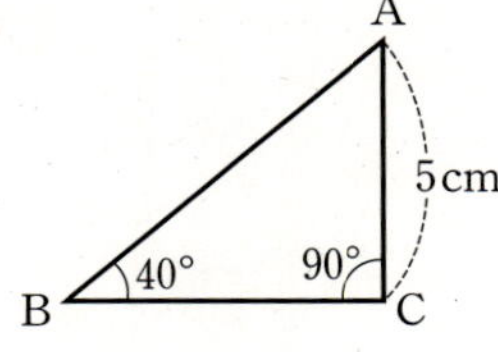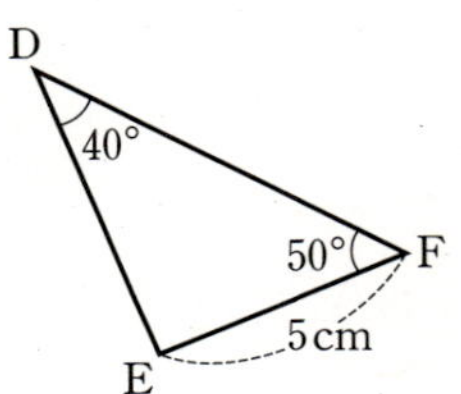

> **Tip** 삼각형의 세 내각의 크기의 합은 $180°$이므로 두 각의 크기를 알면 나머지 한 각의 크기를 알 수 있다.

[05~07] 아래 그림을 보고 합동 조건이 다음과 같은 삼각형을 찾아 기호 ≡를 사용하여 나타내어라.

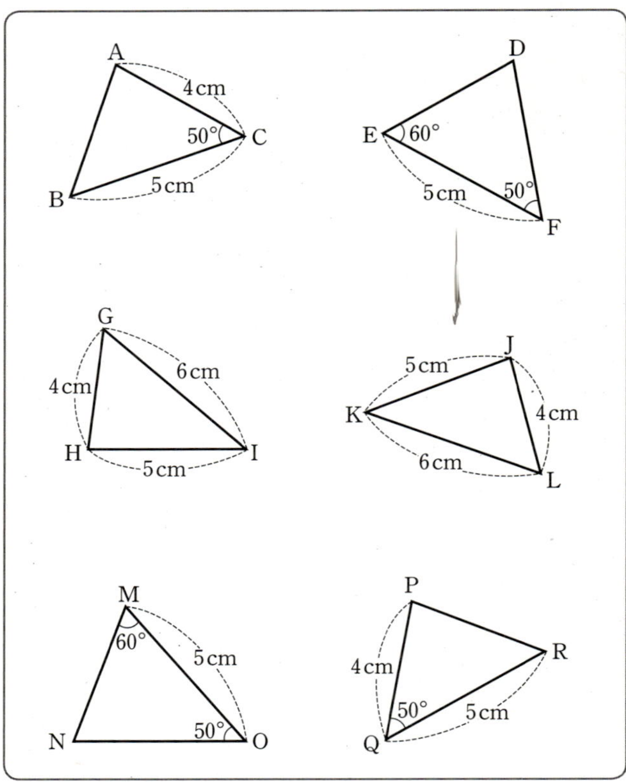

05 SSS 합동

06 SAS 합동

07 ASA 합동

[08~10] 아래 그림을 보고 □ 안에 알맞은 것을 써넣어라.

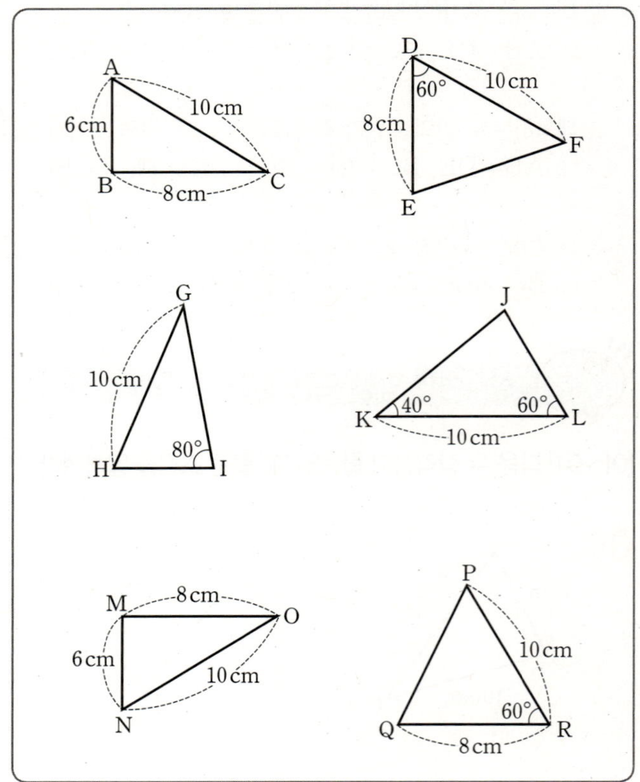

08 □ 가 각각 같으므로

△ABC≡ □

09 □ 가 각각 같고 그 끼인각의 크기가 같으므로

△DEF≡ □

10 합동인 삼각형이 없는 것은 □ 와 □ 이다.

> △ABC≡△DEF와 같이 두 도형의 합동을 기호 ≡를 사용하여 나타낼 때에는 대응하는 꼭짓점을 같은 순서로 쓴다.

[11~16] 다음 그림에서 서로 합동인 삼각형을 찾아 기호 ≡를 사용하여 나타내어라.

11 $\overline{AB}=\overline{AD}, \overline{BC}=\overline{DC}$

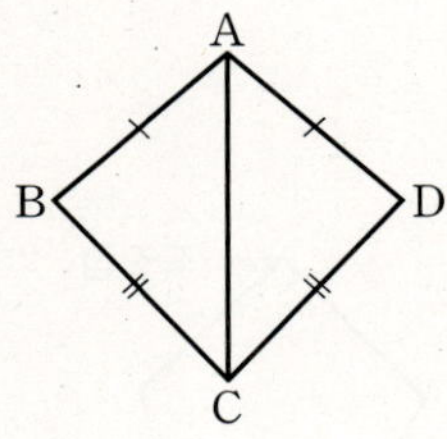

12 $\overline{AO}=\overline{CO}, \overline{BO}=\overline{DO}$

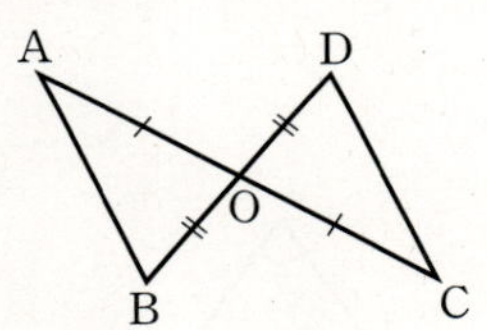

13 $\overline{AB}=\overline{CD}, \overline{BC}=\overline{DA}$

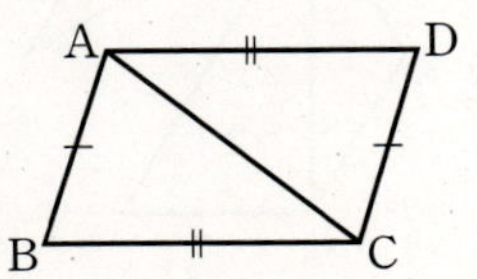

14 사각형 ABCD는 정사각형이고 $\overline{AM}=\overline{DM}$

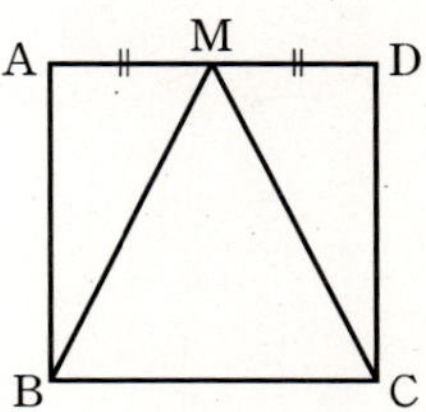

15 $\overline{AB}=\overline{AD}, \angle ABC=\angle ADE$

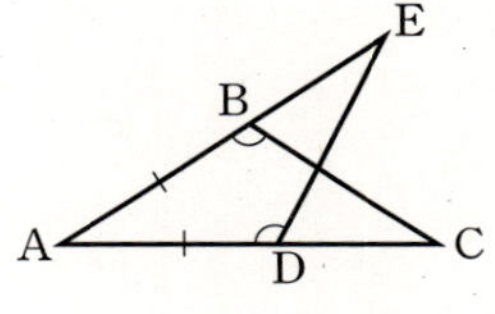

16 $\overline{AO}=\overline{CO}, \overline{AB}=\overline{CD}$

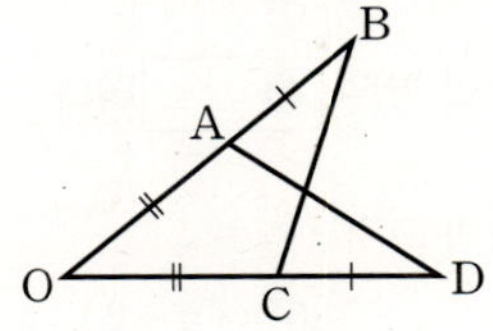

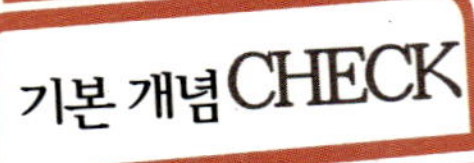

1. 다각형

(1) **❶** [　　　] : 3개 이상의 선분으로 둘러싸인 평면도형

  ① 변 : 다각형을 이루는 선분

  ② 꼭짓점 : 각 변의 끝점

  ③ 내각 : 다각형의 이웃하는 두 변으로 이루어진 각

  ④ 외각 : 다각형의 한 꼭짓점에서 한 변과 그 변에 이웃하는 변의 연장선이 이루는 각

(2) **❷** [　　　] : 모든 변의 길이가 같고, 모든 내각의 크기가 같은 다각형

(3) n각형의 대각선의 총 개수는 **❸** [　　　] 개이다.

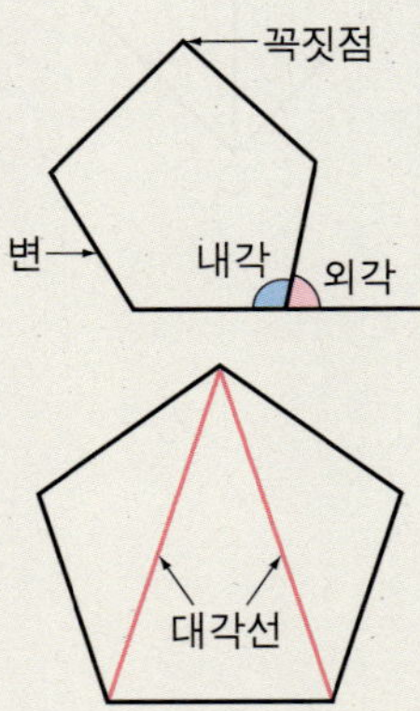

2. 삼각형의 내각과 외각

(1) 삼각형의 세 내각의 크기의 합은 **❹** [　　　] 이다.

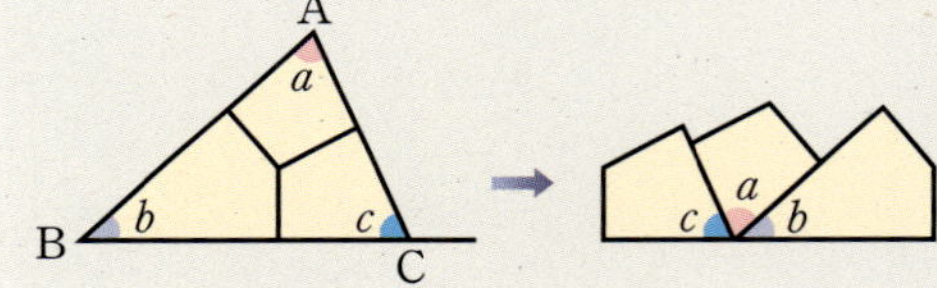

(2) 삼각형의 한 외각의 크기는 이와 이웃하지 않는 두 내각의 크기의 합과 같다.

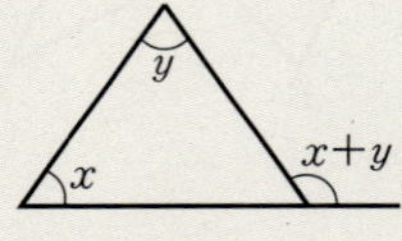

3. 다각형의 내각과 외각

(1) n각형의 내각의 크기의 합은 **❺** [　　　] 이다.

(2) 모든 다각형의 외각의 크기의 합은 **❻** [　　　] 이다.

(3) 정다각형의 한 내각과 외각의 크기

  ① 정 n각형의 한 내각의 크기는 $\dfrac{180°\times(n-2)}{n}$ 이다.

  ② 정 n각형의 한 외각의 크기는 $\dfrac{360°}{n}$ 이다.

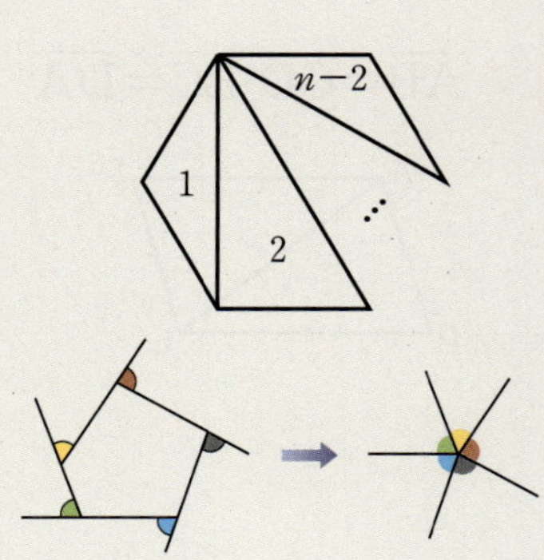

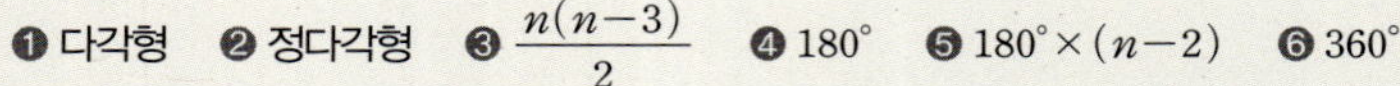

❶ 다각형　❷ 정다각형　❸ $\dfrac{n(n-3)}{2}$　❹ 180°　❺ 180°×($n-2$)　❻ 360°

4. 원과 부채꼴

(1) 원과 부채꼴

① 호 AB : 원 위의 두 점 A, B를 양 끝으로 하는 원의 일부분

② 현 CD : 원 위의 두 점 C, D를 이은 선분

③ 활꼴 : 원에서 호 CD와 현 CD로 이루어진 도형

④ 부채꼴 OAB : 원 O에서 호 AB와 두 반지름 OA, OB로 이루어진 도형

⑤ 중심각 : 부채꼴에서 두 반지름이 이루는 각

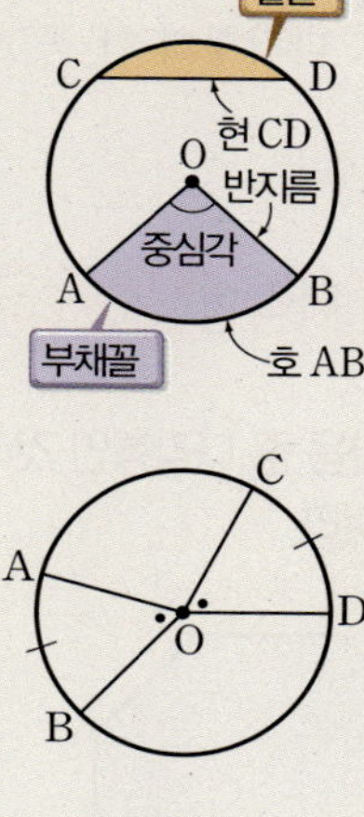

(2) 중심각의 크기와 호의 길이, 넓이 : 한 원에서

① 같은 크기의 중심각에 대한 두 부채꼴의 호의 길이와 넓이는 ❼⎯⎯⎯.

② 호의 길이와 넓이가 같은 두 부채꼴의 중심각의 크기는 ❽⎯⎯⎯.

③ 부채꼴의 호의 길이와 넓이는 중심각의 크기에 ❾⎯⎯⎯한다.

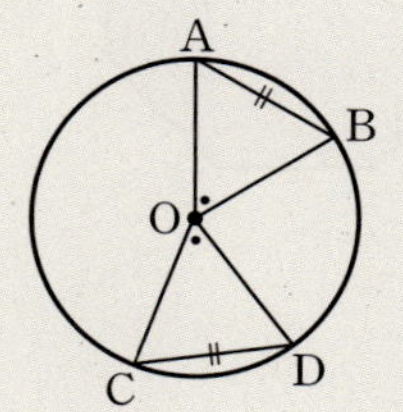

(3) 중심각의 크기와 현의 길이 : 한 원에서

① 같은 크기의 중심각에 대한 현의 길이는 같다.

② 같은 길이의 현에 대한 중심각의 크기는 같다.

③ 현의 길이는 중심각의 크기에 정비례하지 않는다.

5. 부채꼴의 호의 길이와 넓이

(1) 원주율(π) : 원에서 지름의 길이에 대한 원의 둘레의 길이의 비

(2) 원의 둘레의 길이와 넓이 : 반지름의 길이가 r인 원에서 원의 둘레의 길이를 l, 원의 넓이를 S라고 하면

$$l=2\pi r,\ S=\pi r^2$$

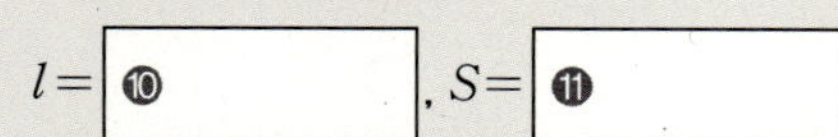

(3) 부채꼴의 호의 길이와 넓이 : 반지름의 길이가 r이고 중심각의 크기가 x인 부채꼴의 호의 길이를 l, 넓이를 S라고 하면

$$l=\boxed{❿}\ ,\ S=\boxed{⓫}$$

(4) 부채꼴의 호의 길이와 넓이 사이의 관계 : 반지름의 길이가 r인 부채꼴의 호의 길이를 l, 넓이를 S라고 하면

$$S=\boxed{⓬}$$

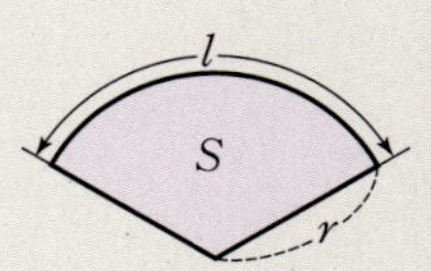

❼ 같다　❽ 같다　❾ 정비례　❿ $2\pi r \times \dfrac{x}{360°}$　⓫ $\pi r^2 \times \dfrac{x}{360°}$　⓬ $\dfrac{1}{2}rl$

# 01 다각형

1. 다각형 : 3개 이상의 선분으로 둘러싸인 평면도형
2. 변 : 다각형을 이루는 선분
3. 꼭짓점 : 각 변의 끝점
4. 내각 : 다각형의 이웃하는 두 변으로 이루어진 각
5. 외각 : 다각형의 한 꼭짓점에서 한 변과 그 변에 이웃하는 변의 연장선이 이루는 각

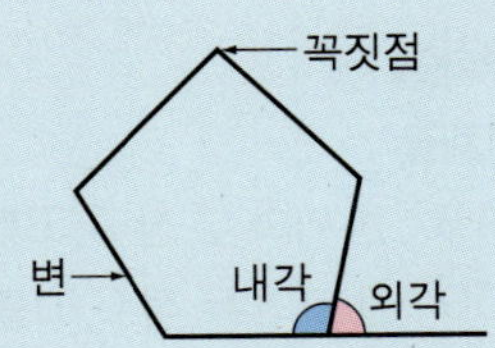

유형 037 다각형

[01~04] 다음 중 다각형인 것에는 ○표, 다각형이 아닌 것에는 ×표를 하여라.

01

( )

02

( )

03

( )

04

( )

[05~08] 다음 다각형을 보고 표를 완성하여라.

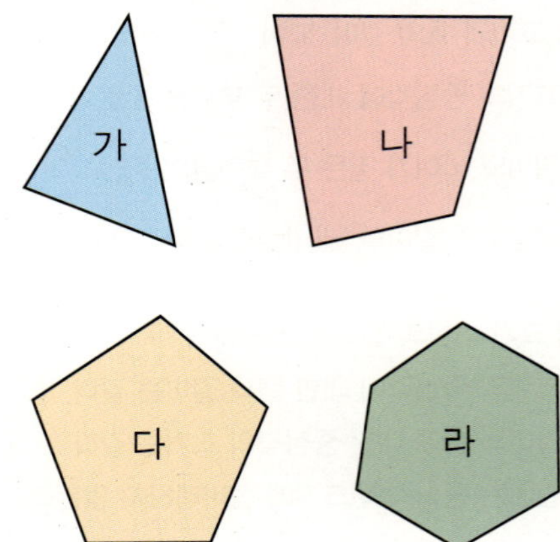

다각형	도형의 이름	변의 개수	꼭짓점의 개수
05 가			
06 나			
07 다			
08 라			

[09~14] 오른쪽 그림과 같은 사각형 ABCD에서 다음 각의 크기를 구하여라.

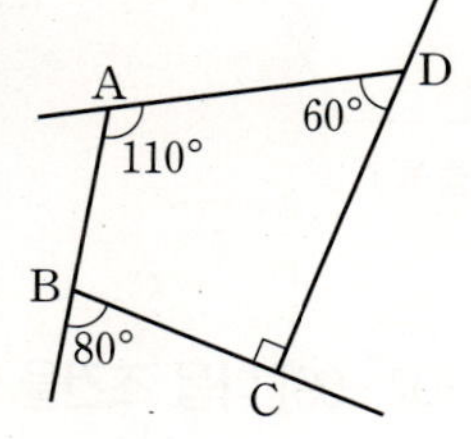

09 ∠A의 내각

10 ∠A의 외각

11 ∠B의 내각

12 ∠B의 외각

13 ∠C의 외각

14 ∠D의 외각

[15~18] 다음 그림에서 $\angle x$, $\angle y$의 크기를 각각 구하여라.

15

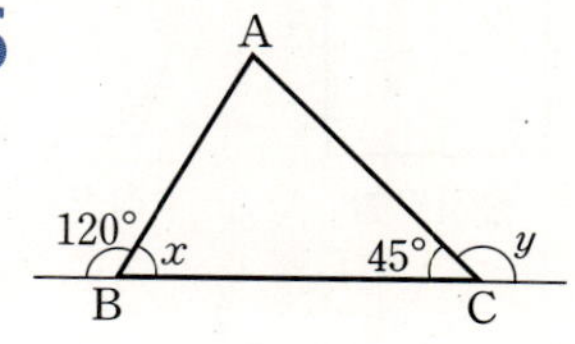

16

17

18

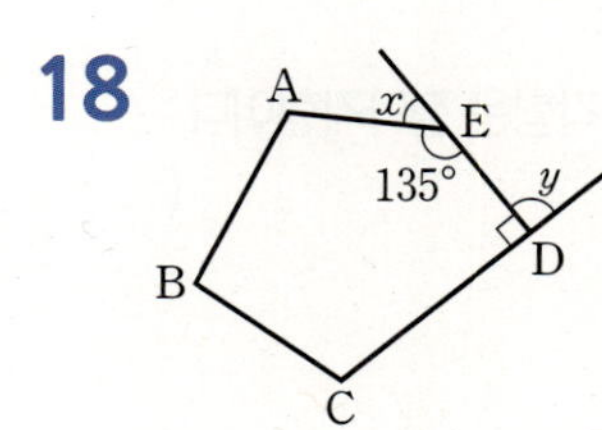

다각형의 한 꼭짓점에서 내각과 외각의 크기의 합은 180°이다.

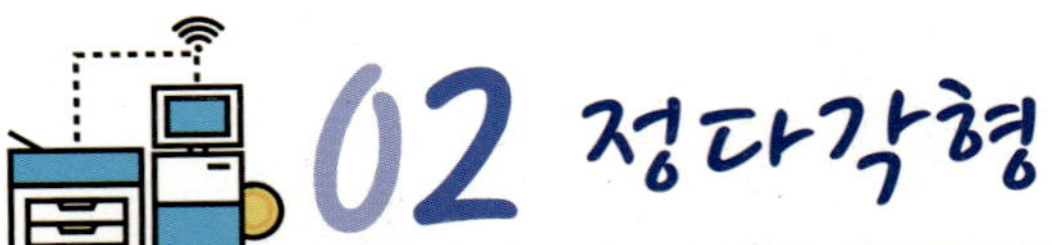 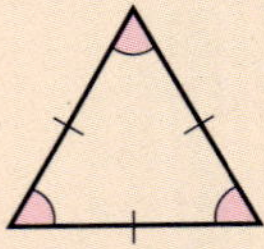 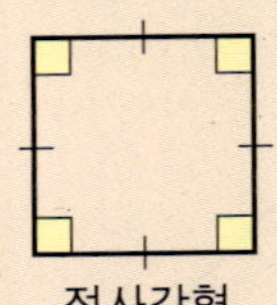 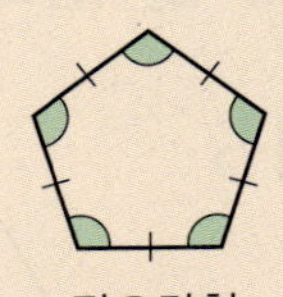 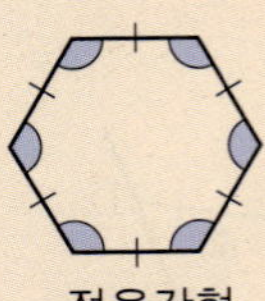

02 정다각형

정다각형 : 모든 변의 길이가 같고, 모든 내각의 크기가 같은 다각형

정삼각형　　정사각형　　정오각형　　정육각형

구절판은 정팔각형 모양이다.

039 정다각형

[01~06] 다음 설명 중 옳은 것에는 ○표, 옳지 않은 것에는 ×표를 하여라.

01 세 변의 길이가 같은 삼각형은 정삼각형이다. (　　)

02 세 각의 크기가 같은 삼각형은 정삼각형이다. (　　)

03 네 변의 길이가 같은 사각형은 정사각형이다. (　　)

04 모든 변의 길이가 같은 다각형은 정다각형이다.
(　　)

05 정다각형은 모든 내각의 크기가 같다. (　　)

06 모든 내각의 크기가 같은 다각형은 정다각형이다.
(　　)

[07~09] 다음 조건을 모두 만족하는 다각형의 이름을 말하여라.

07

> (가) 모든 변의 길이가 같다.
> (나) 5개의 선분으로 둘러싸여 있다.
> (다) 모든 내각의 크기가 같다.

08

> (가) 꼭짓점의 개수는 6개이다.
> (나) 모든 내각의 크기가 같다.
> (다) 모든 변의 길이가 같다.

09

> (가) 8개의 내각을 가지고 있다.
> (나) 모든 내각의 크기가 같다.
> (다) 모든 변의 길이가 같다.

Tip 마름모는 모든 변의 길이가 같지만 정다각형이 아니고, 직사각형은 모든 각의 크기가 같지만 정다각형이 아니다.

03 다각형의 대각선의 개수

1. 대각선 : 다각형에서 이웃하지 않은 두 꼭짓점을 이은 선분
2. n각형의 한 꼭짓점에서 그을 수 있는 대각선의 개수 $\Rightarrow (n-3)$개
3. n각형의 대각선의 총 개수 $\Rightarrow \dfrac{n(n-3)}{2}$개

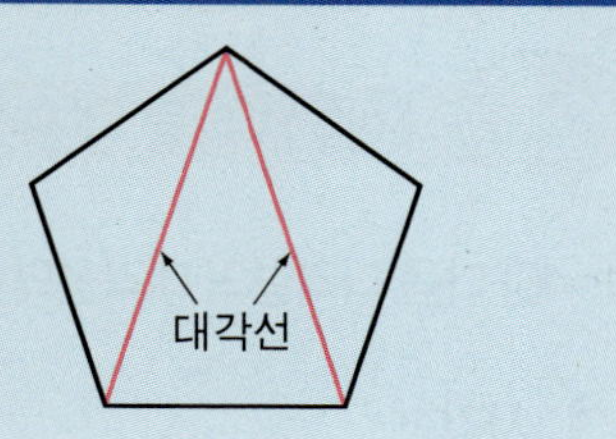

유형 040 다각형의 대각선

[01~05] 다음 다각형의 한 꼭짓점에서 그을 수 있는 대각선의 개수를 구하여라.

01 사각형

I해설I $4-\square=\square$

02 육각형

03 팔각형

04 십각형

05 십이각형

[06~10] 한 꼭짓점에서 그을 수 있는 대각선의 개수가 다음과 같은 다각형을 말하여라.

06 2개

I해설I 구하는 다각형을 n각형이라고 하면

$n-\square=2$에서 $n=5$

따라서 $\boxed{}$이다.

07 4개

08 6개

09 8개

10 10개

Tip 다각형에서 각 꼭짓점과 이웃하는 두 꼭짓점에는 대각선을 그을 수 없다.

[11~16] 다음 다각형의 대각선의 총 개수를 구하여라.

11 사각형

|해설| $\dfrac{4\times(4-\boxed{})}{2}=\boxed{}$ (개)

12 육각형

13 칠각형

14 십각형

15 십이각형

16 십삼각형

[17~20] 대각선의 총 개수가 다음과 같은 다각형을 구하여라.

17 5개

|해설| 구하는 다각형을 n각형이라고 하면

$$\dfrac{n\times(n-\boxed{})}{2}=5 \text{에서}$$

$$n\times(n-\boxed{})=10=5\times2$$

$$\therefore n=\boxed{}$$

따라서 $\boxed{}$ 이다.

18 20개

19 27개

20 44개

학교시험 필수예제

21 다음 조건을 모두 만족하는 다각형의 이름을 말하여라.

> (가) 모든 변의 길이가 같고, 모든 내각의 크기가 같다.
> (나) 대각선의 총 개수가 65개이다.

04 삼각형의 세 내각의 크기의 합

삼각형의 세 내각의 크기의 합은 180°이다.
⇨ △ABC에서 ∠A+∠B+∠C=180°

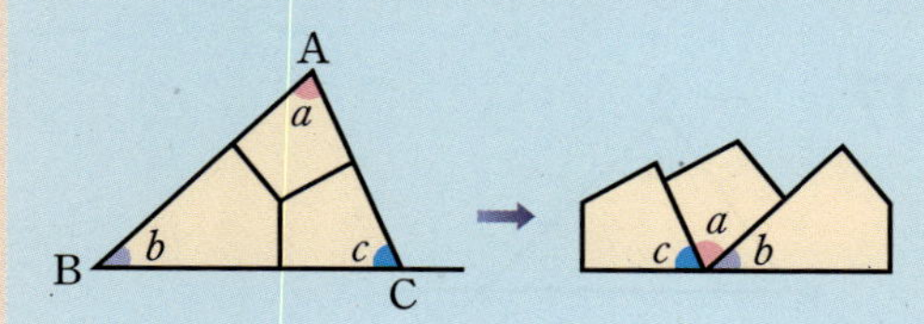

유형 042 삼각형의 세 내각의 크기의 합

[01~10] 다음 그림에서 ∠x의 크기를 구하여라.

01

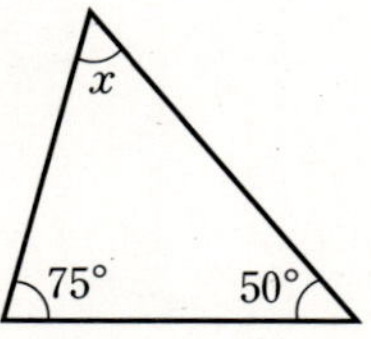

02

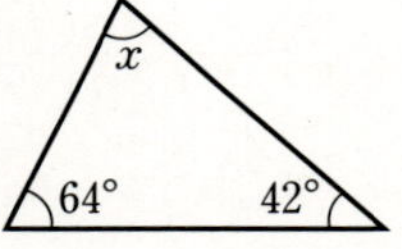

03

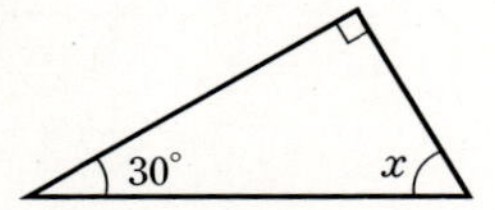

04

05

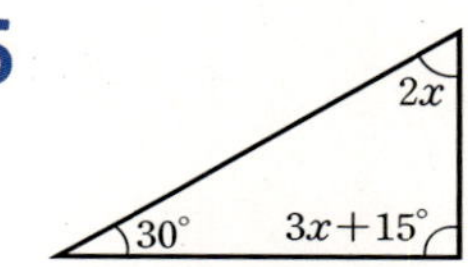

06

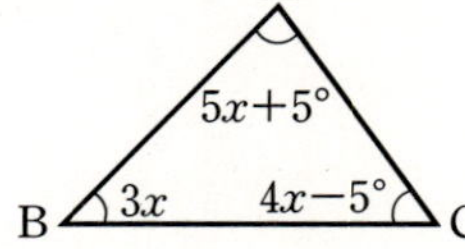

07

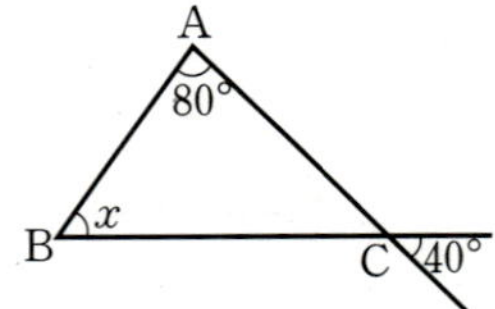

08

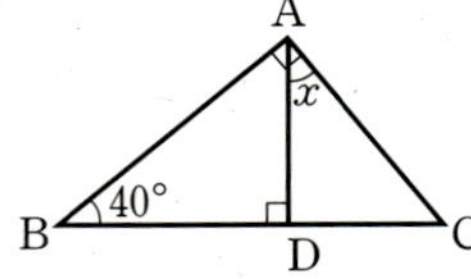

09

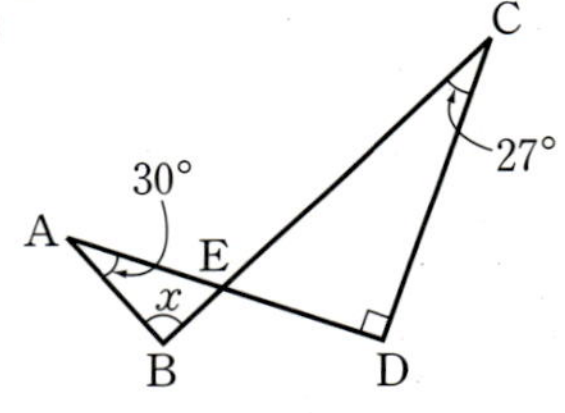

10

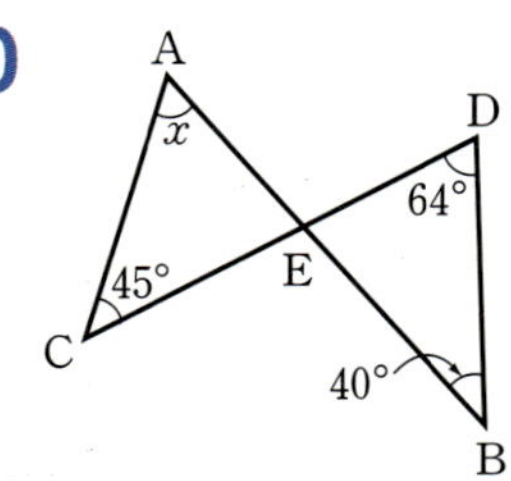

[11~15] 삼각형의 세 내각의 크기의 비가 다음과 같을 때, 가장 큰 각의 크기를 구하여라.

11 $1 : 2 : 3$

12 $2 : 3 : 4$

13 $2 : 3 : 5$

14 $3 : 4 : 5$

15 $4 : 5 : 6$

05 삼각형의 한 외각의 크기

삼각형의 한 외각의 크기는 이와 이웃하지 않는
두 내각의 크기의 합과 같다.

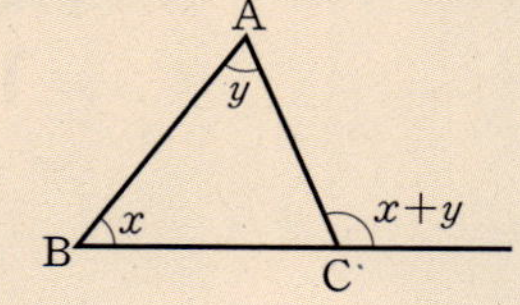

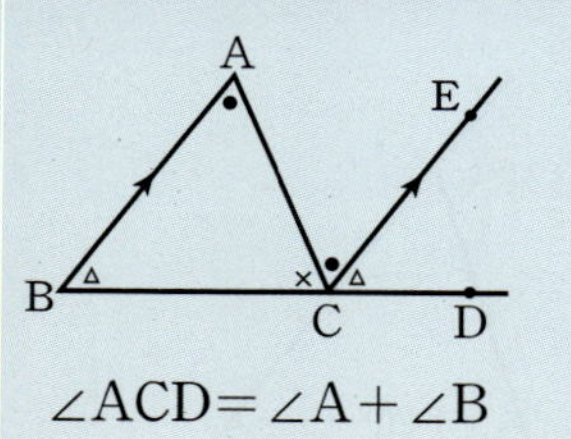

$$\angle ACD = \angle A + \angle B$$

044 삼각형의 한 외각의 크기

[01~14] 다음 그림에서 $\angle x$의 크기를 구하여라.

01

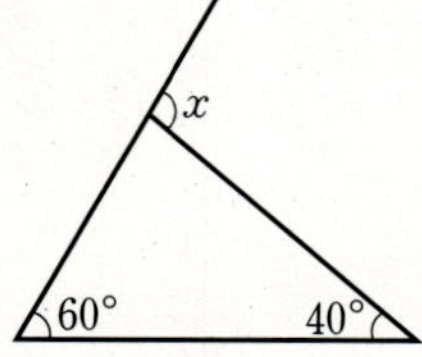

02

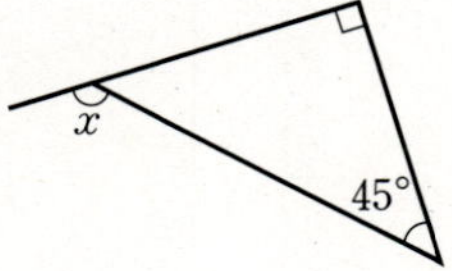

03

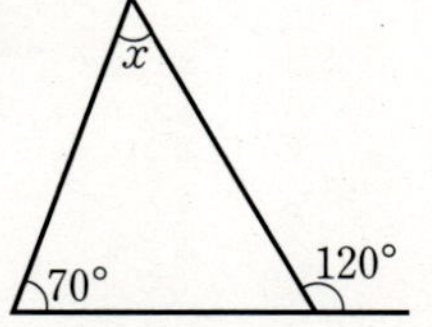

04

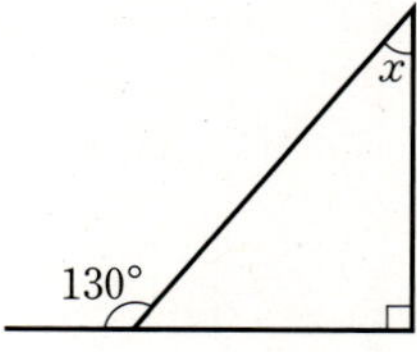

05

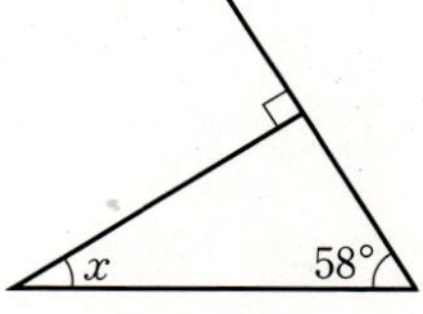

06

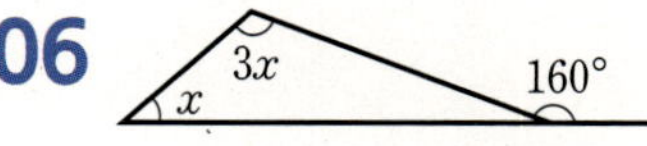

07

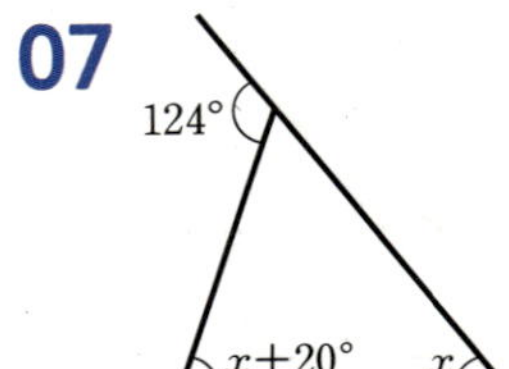

08

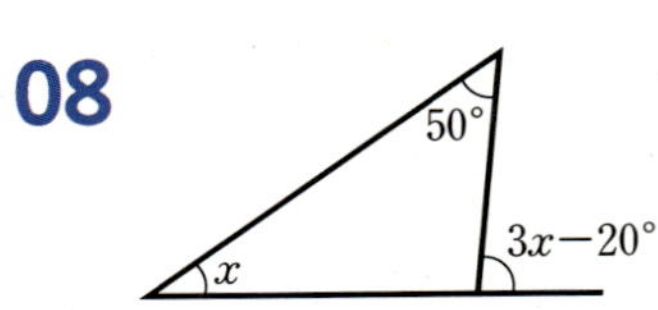

09

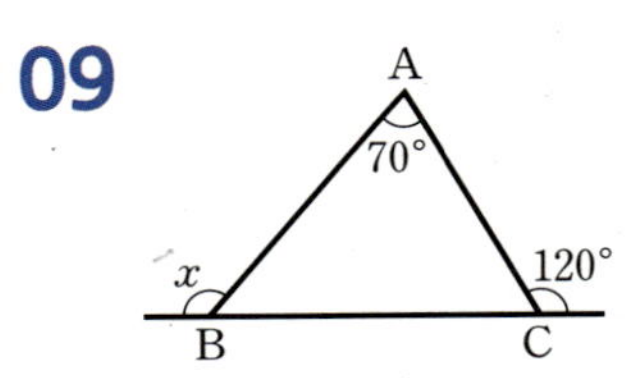

10

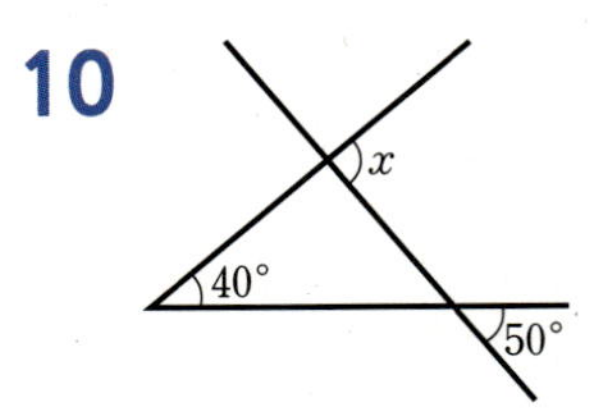

11

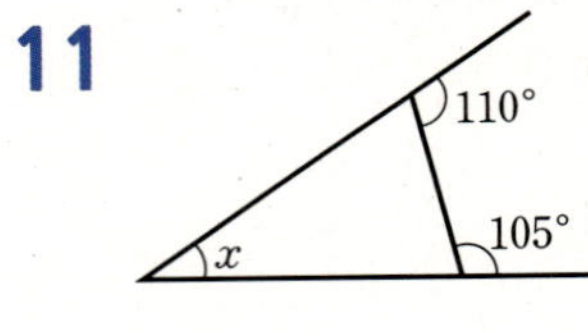

12

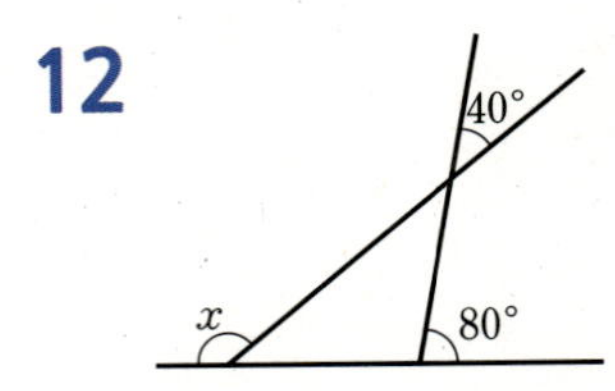

13

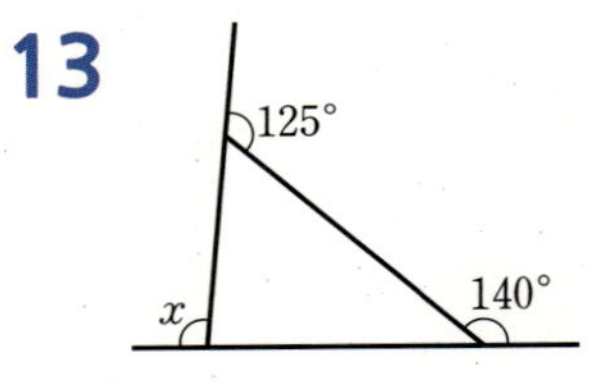

14

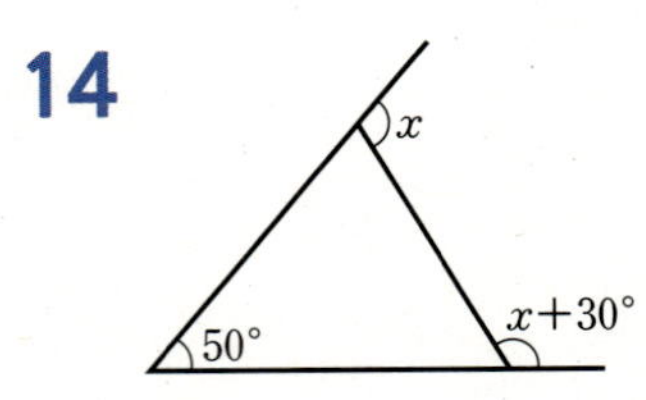

[15~21] 다음 그림에서 $\overline{AC}=\overline{CD}=\overline{BD}$일 때, $\angle x$의 크기를 구하여라.

15

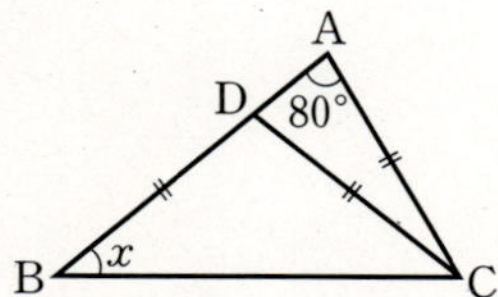

|해설| 이등변삼각형의 두 밑각의 크기는 같으므로
 $\angle DCB = \angle DBC = \angle x$
 삼각형의 외각의 성질에 의해
 $\angle CAD = \angle CDA = \boxed{} = 80°$
 $\therefore \angle x = \boxed{}$

16

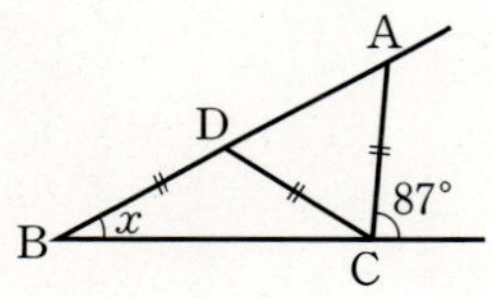

17

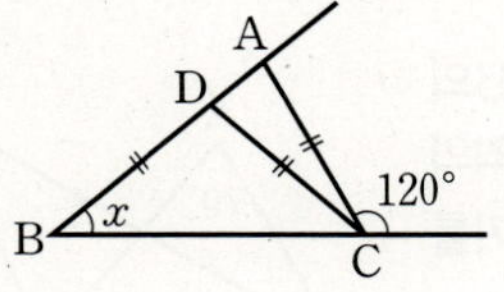

18

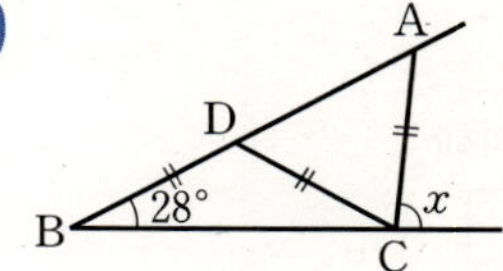

19

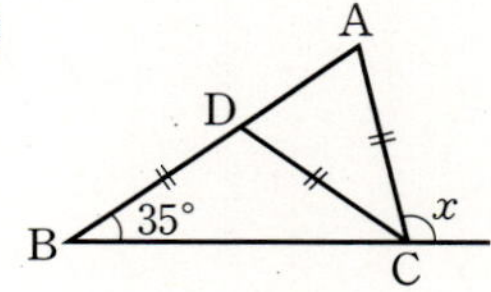

20

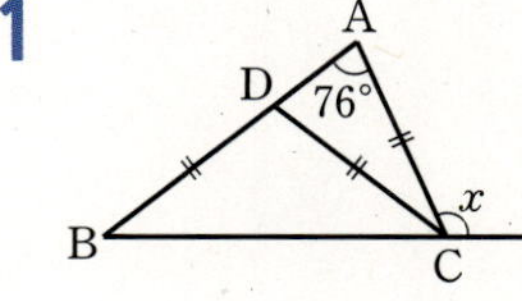

21

[22~27] 다음 그림에서 $\angle BAD = \angle CAD$일 때, $\angle x$의 크기를 구하여라.

22

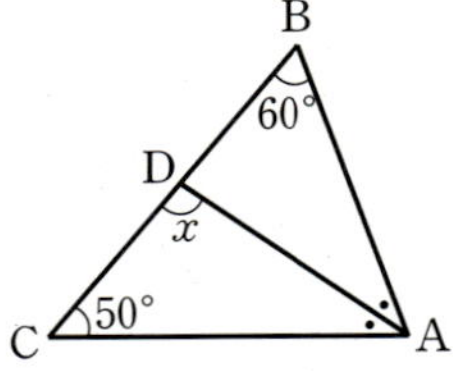

|해설| $\angle BAC = 180° - (60° + 50°) = 70°$이므로

$\angle BAD = \angle CAD = \boxed{}$

삼각형의 외각의 성질에 의해

$\angle x = 60° + \boxed{} = \boxed{}$

23

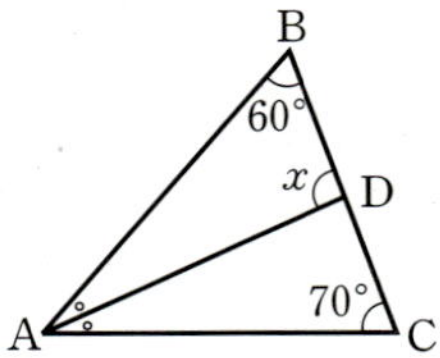

24

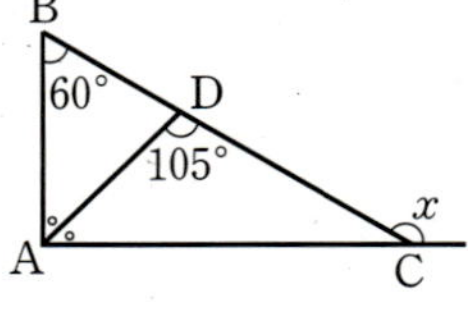

25

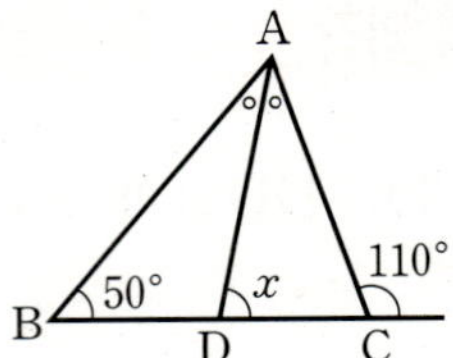

26

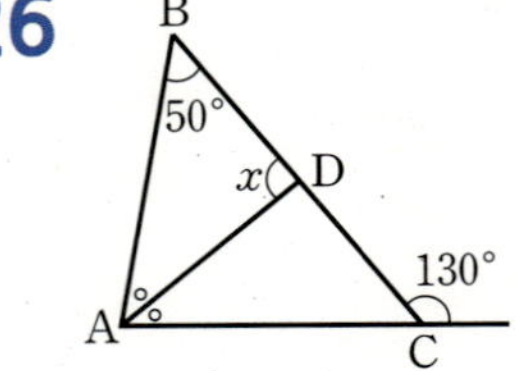

27

28 오른쪽 그림에서 $\overline{BD}$는 $\angle B$의 이등분선, $\overline{CD}$는 $\angle C$의 외각의 이등분선일 때, $\angle x$의 크기를 구하여라.

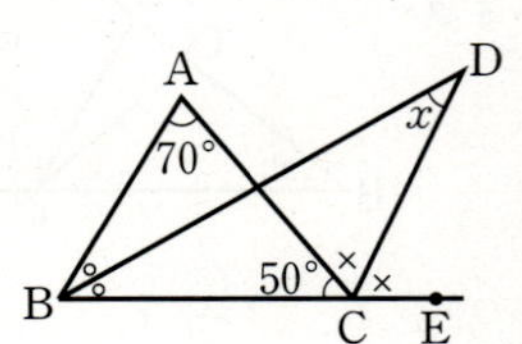

06 다각형의 내각의 크기의 합

1. n각형의 한 꼭짓점에서 대각선을 그으면 생기는 삼각형의 개수
   $\Rightarrow (n-2)$개
2. n각형의 내각의 크기의 합 $\Rightarrow 180° \times (n-2)$

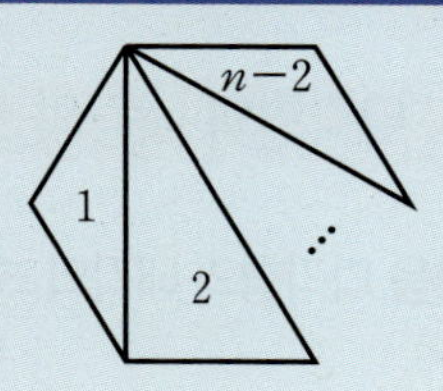

유형 047 내각의 크기의 합을 구하는 과정

[01~03] 다음은 사각형에서 내각의 크기의 합을 구하는 과정이다. ☐ 안에 알맞은 것을 써넣어라.

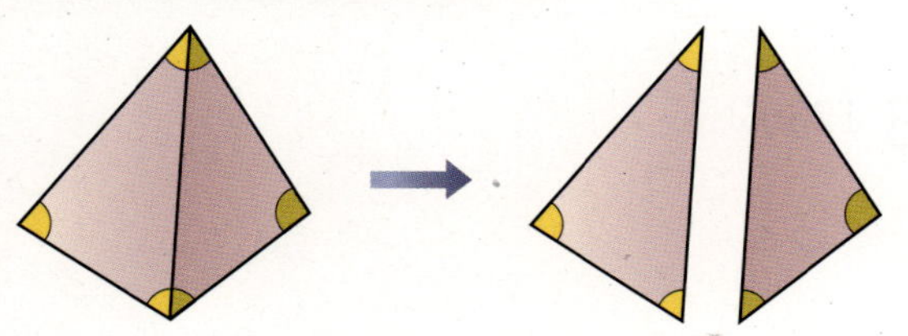

01 한 꼭짓점에서 그을 수 있는 대각선의 개수는

$4 - \boxed{} = \boxed{}$ (개)

02 한 꼭짓점에서 그은 대각선에 의해 나누어지는 삼각형의 개수는

$4 - \boxed{} = \boxed{}$ (개)

03 삼각형의 내각의 크기의 합은 $180°$이므로 사각형의 내각의 크기의 합은

$180° \times \boxed{} = \boxed{}$

[04~06] 다음은 오각형에서 내각의 크기의 합을 구하는 과정이다. ☐ 안에 알맞은 것을 써넣어라.

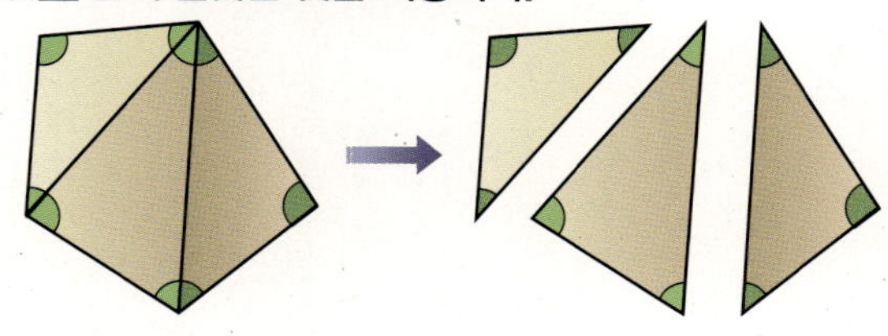

04 한 꼭짓점에서 그을 수 있는 대각선의 개수는

$5 - \boxed{} = \boxed{}$ (개)

05 한 꼭짓점에서 그은 대각선에 의해 나누어지는 삼각형의 개수는

$5 - \boxed{} = \boxed{}$ (개)

06 삼각형의 내각의 크기의 합은 $180°$이므로 오각형의 내각의 크기의 합은

$180° \times \boxed{} = \boxed{}$

> **Tip** n각형의 내각의 크기의 합은 나누어진 삼각형의 내각의 크기의 합과 같다.

다각형의 내각의 크기의 합

[07~11] 다음 다각형의 내각의 크기의 합을 구하여라.

07 칠각형

08 팔각형

09 십각형

10 십이각형

11 십오각형

[12~16] 내각의 크기의 합이 다음과 같은 다각형을 구하여라.

12 $720°$

|해설| 구하는 다각형을 n각형이라고 하면

$$180° \times (\boxed{}) = 720°$$

$$n-2 = \boxed{} \qquad \therefore n = \boxed{}$$

따라서 구하는 다각형은 $\boxed{}$이다.

13 $1260°$

14 $1620°$

15 $1980°$

16 $2160°$

다각형에서 각의 크기 구하기

[17~24] 다음 그림에서 ∠x의 크기를 구하여라.

17
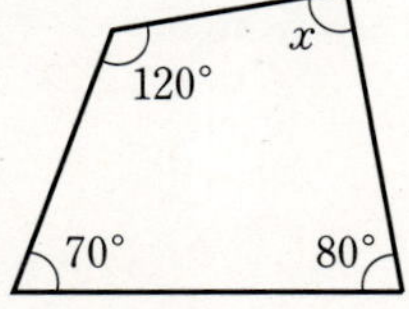

18
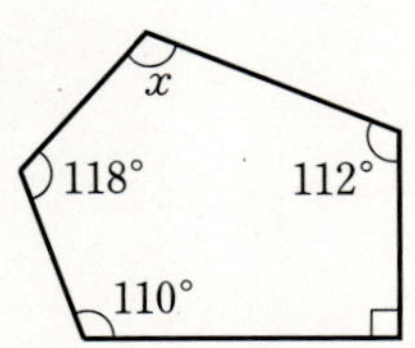

19
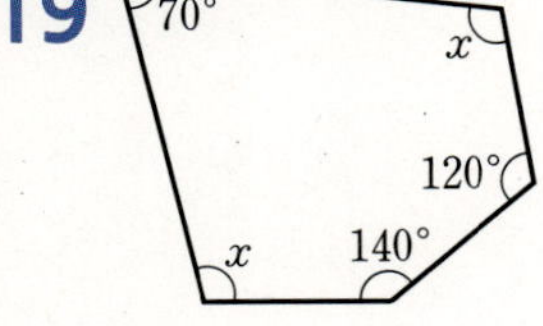

20
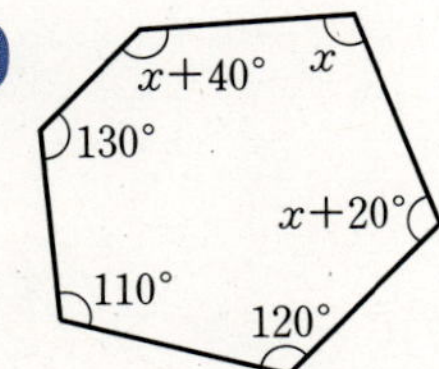

21
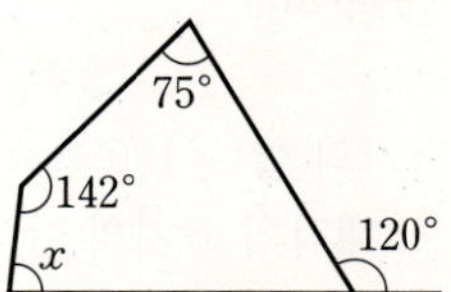

22
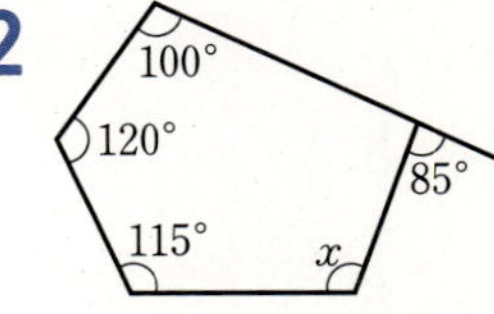

23
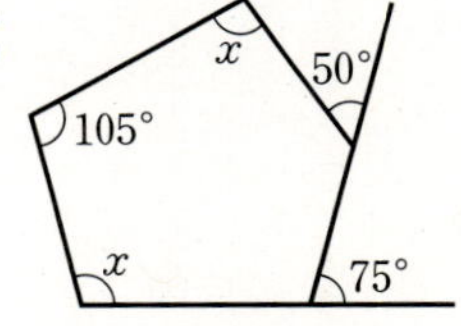

24
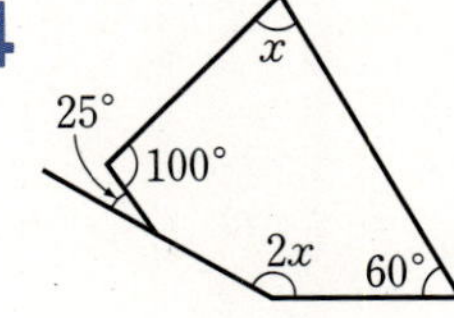

07 다각형의 외각의 크기의 합

모든 다각형의 외각의 크기의 합 ⇨ 360°

참고 n각형에 대하여

(내각의 크기의 합)+(외각의 크기의 합)$=180°\times n$이므로

(외각의 크기의 합)$=180°\times n-$(내각의 크기의 합)

$=180°\times n-180°\times(n-2)=360°$

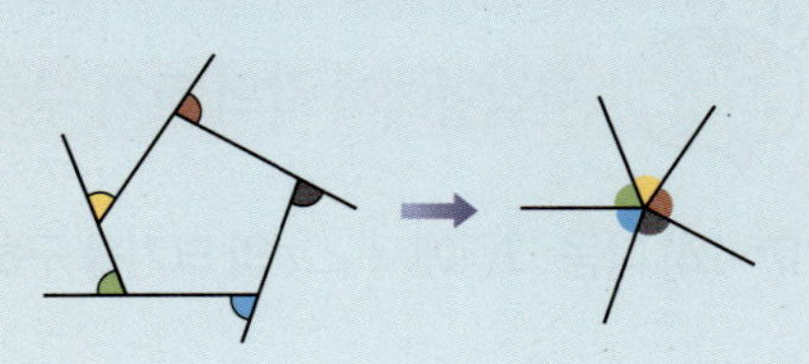

유형 050 다각형의 외각의 크기의 합

[01~06] 다음 그림에서 $\angle x$의 크기를 구하여라.

01

|해설| $\angle x+120°+130°=\boxed{}$

$\angle x+250°=\boxed{}$

$\therefore \angle x=\boxed{}$

02

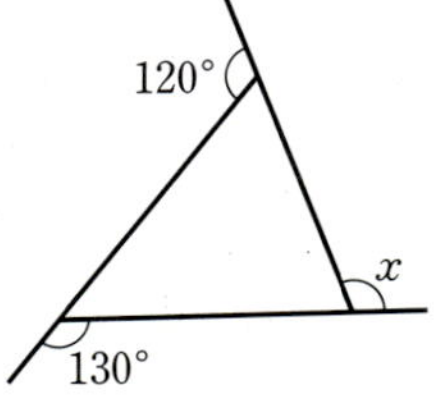

03

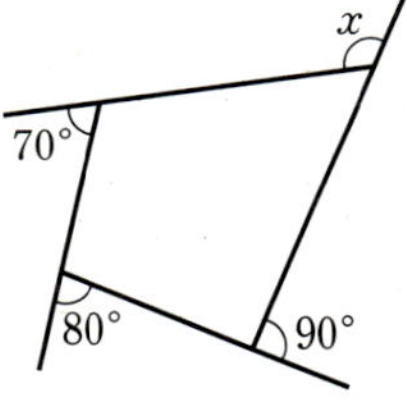

04

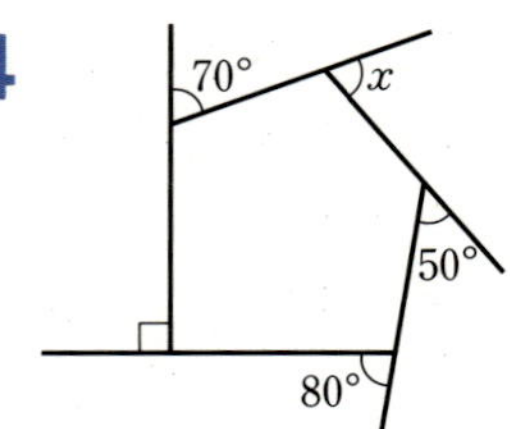

05

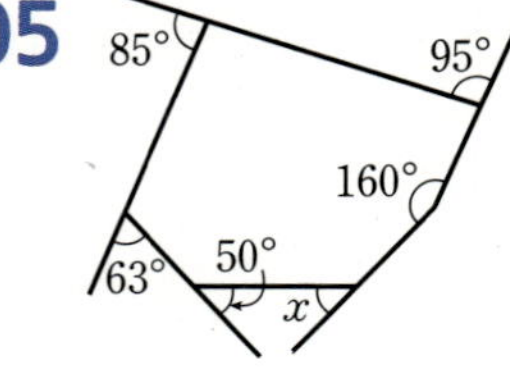

06

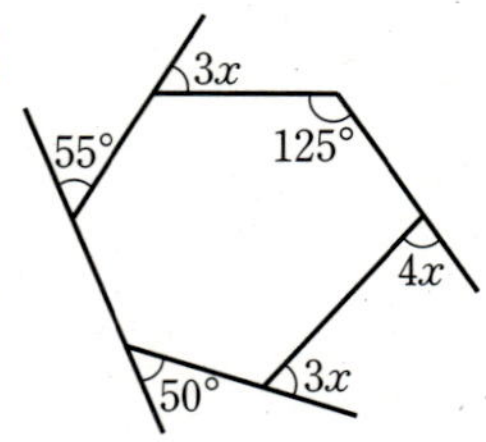

08 정다각형의 한 내각과 외각의 크기

빠른정답 03쪽 / 친절한 해설 12쪽

1. 정n각형의 한 내각의 크기 ⇨ $\dfrac{180° \times (n-2)}{n}$

2. 정n각형의 한 외각의 크기 ⇨ $\dfrac{360°}{n}$

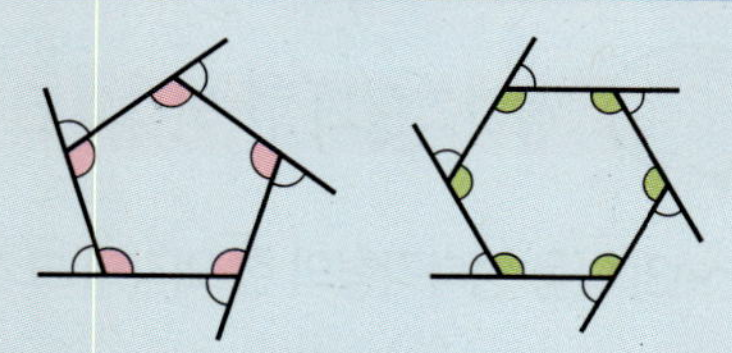

정다각형의 모든 내각과 모든 외각의 크기는 각각 같다.

051 정다각형의 한 내각의 크기

[01~04] 다음 정다각형의 한 내각의 크기를 구하여라.

01 정사각형

02 정오각형

03 정팔각형

04 정십각형

[05~08] 한 내각의 크기가 다음과 같은 정다각형을 구하여라.

05 120°

06 140°

07 150°

08 156°

[09~13] 다음 정다각형의 한 외각의 크기를 구하여라.

09 정사각형

10 정오각형

11 정팔각형

12 정십각형

13 정십팔각형

[14~18] 한 외각의 크기가 다음과 같은 정다각형을 구하여라.

14 $24°$

15 $30°$

16 $40°$

17 $60°$

18 $120°$

19

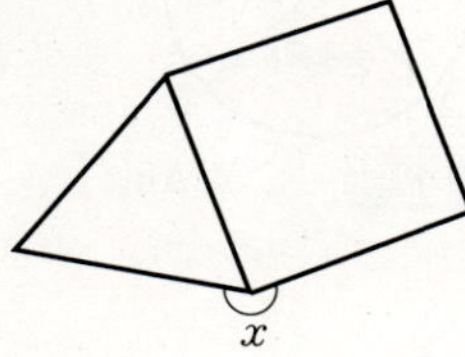

20

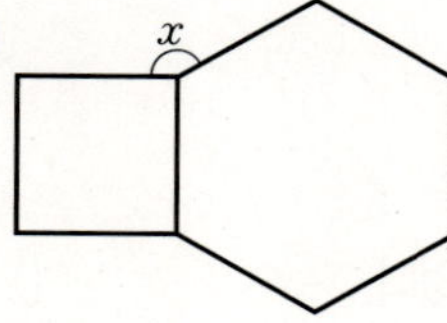

21

22

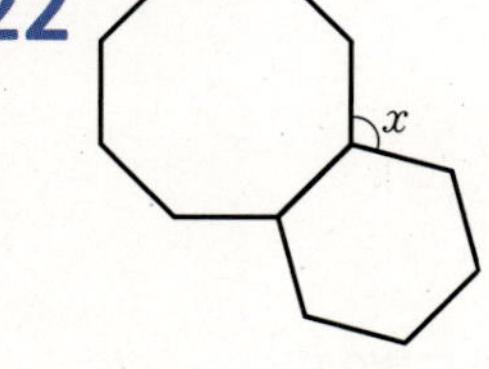

유형 053 내각과 외각의 크기의 비

[23~26] 한 내각의 크기와 한 외각의 크기의 비가 다음과 같은
정다각형을 구하여라.

23 1 : 1

| 해설 | (한 내각의 크기)＋(한 외각의 크기)＝ ☐ 이므로

$$(한\ 외각의\ 크기)=180° \times \frac{☐}{1+1}=☐$$

구하는 정다각형을 정n각형이라고 하면

$$\frac{360°}{n}=☐ \text{에서 } n=☐$$

따라서 ☐ 이다.

24 3 : 1

25 3 : 2

26 7 : 2

27 내각과 외각의 크기의 합이 1980°인 정다각형의 변의 개수를
구하여라.

09 원과 부채꼴

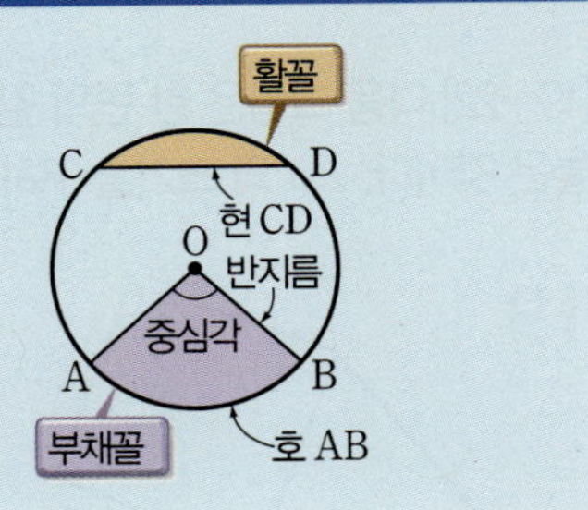

1. 호 AB : 원 위의 두 점 A, B를 양 끝으로 하는 원의 일부분 ⇨ $\overparen{AB}$
2. 현 CD : 원 위의 두 점 C, D를 이은 선분 ⇨ $\overline{CD}$
3. 활꼴 : 원에서 호 CD와 현 CD로 이루어진 도형
4. 부채꼴 OAB : 원 O에서 호 AB와 두 반지름 OA, OB로 이루어진 도형
5. 중심각 : 부채꼴에서 두 반지름이 이루는 각, 즉 ∠AOB

유형 054 원과 부채꼴

[01~04] 오른쪽 원 O에 대하여 다음을 구하여라.

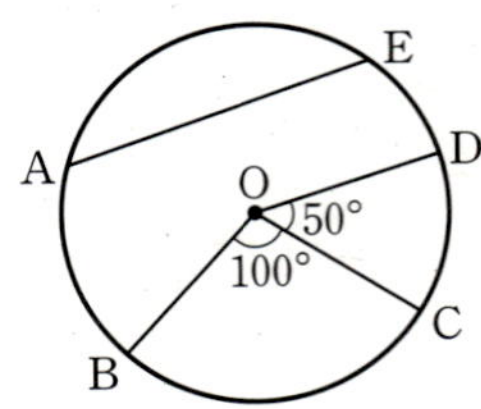

01 호 AE에 대한 현

02 호 BC에 대한 중심각

03 호 CD에 대한 중심각

04 호 BD에 대한 중심각의 크기

[05~09] 한 원에 대하여 다음 설명 중 옳은 것에는 ○표, 옳지 않은 것에는 ×표를 하여라.

05 길이가 가장 긴 현은 지름이다. ( )

06 부채꼴과 활꼴은 같아질 수 없다. ( )

07 활꼴은 두 반지름과 호로 이루어진 도형이다. ( )

08 같은 중심각에 대한 호의 길이는 현의 길이보다 항상 길다. ( )

09 부채꼴은 호와 현으로 이루어진 도형이다. ( )

10 중심각의 크기와 호의 길이

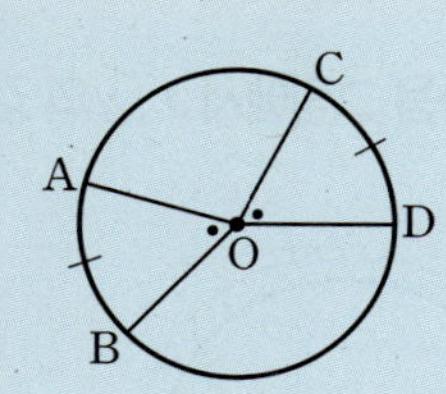

1. 한 원에서 같은 크기의 중심각에 대한 호의 길이는 같다.
   ⇨ ∠AOB = ∠COD이면 $\overset{\frown}{AB}$ = $\overset{\frown}{CD}$
2. 한 원에서 같은 길이의 호에 대한 중심각의 크기는 같다.
   ⇨ $\overset{\frown}{AB}$ = $\overset{\frown}{CD}$이면 ∠AOB = ∠COD
3. 한 원에서 부채꼴의 호의 길이는 중심각의 크기에 정비례한다.

유형 055 중심각의 크기와 호의 길이

[01~06] 다음 그림에서 x의 값을 구하여라.

01

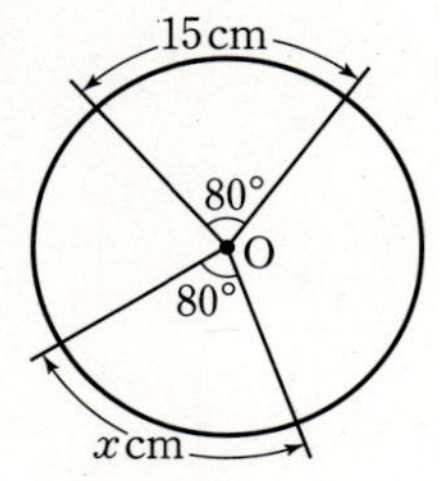

02

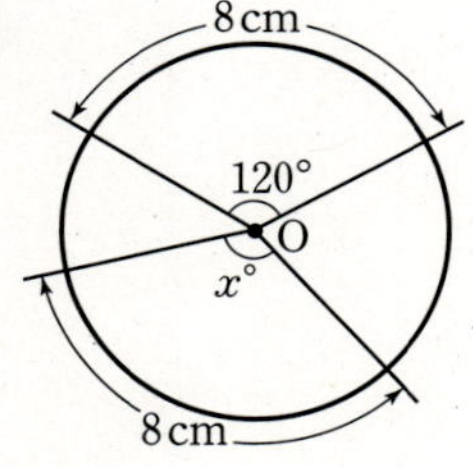

03

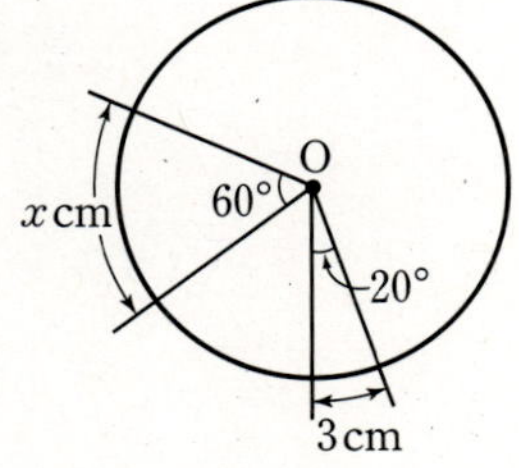

04

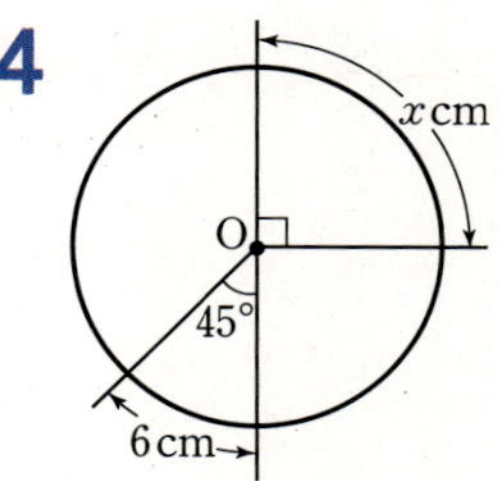

05

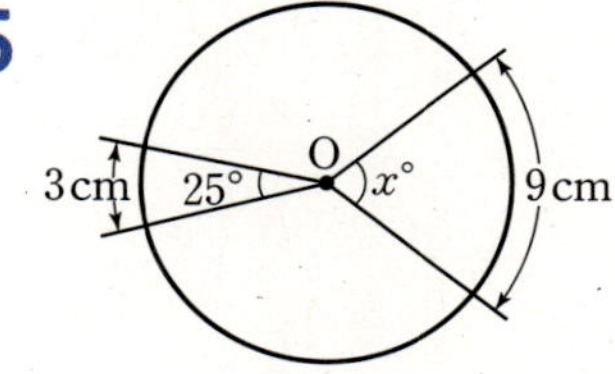

06

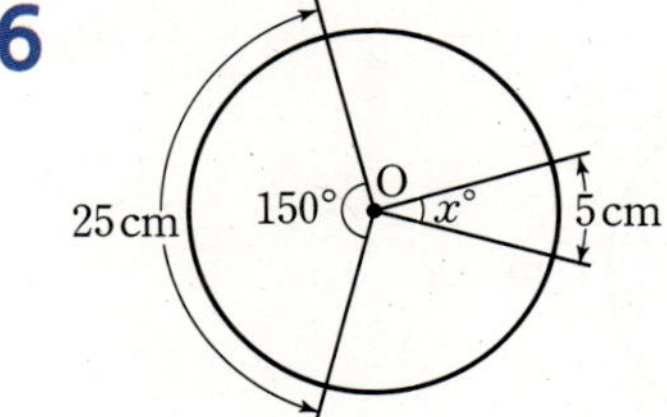

[07~10] 다음 그림에서 x, y의 값을 각각 구하여라.

07

08

09

10

호의 길이의 비가 주어진 경우

[11~13] 다음 그림에서 ∠AOB의 크기를 구하여라.

11 $\overset{\frown}{AB} : \overset{\frown}{BC} : \overset{\frown}{CA} = 2 : 3 : 4$

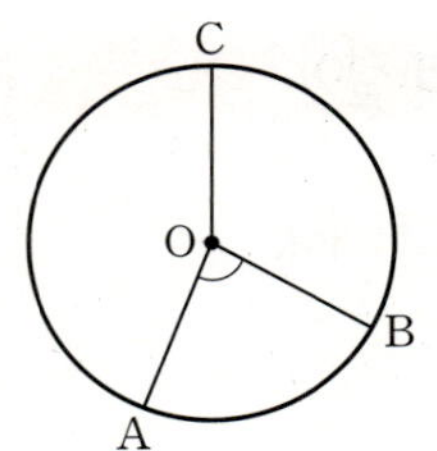

12 $\overset{\frown}{AB} : \overset{\frown}{BC} : \overset{\frown}{CA} = 3 : 4 : 5$

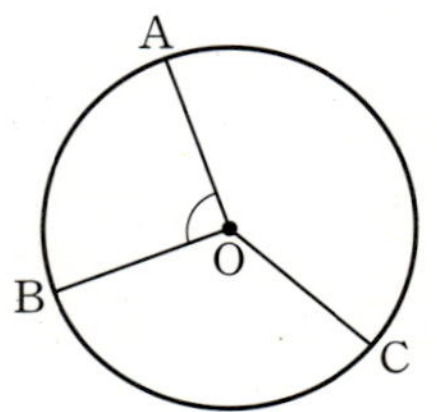

13 $\overset{\frown}{AB} : \overset{\frown}{BC} : \overset{\frown}{CA} = 2 : 6 : 7$

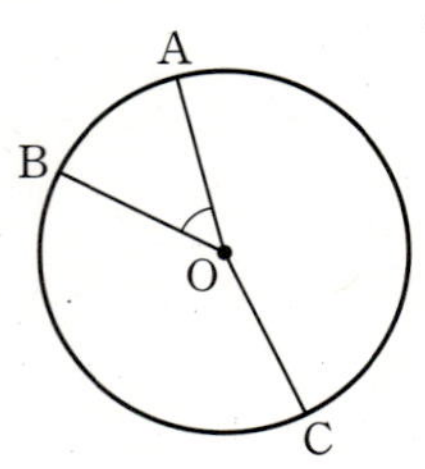

11 중심각의 크기와 넓이

1. 한 원에서 같은 크기의 중심각에 대한 부채꼴의 넓이는 같다.
2. 한 원에서 넓이가 같은 부채꼴에 대한 중심각의 크기는 같다.
3. 한 원에서 부채꼴의 넓이는 중심각의 크기에 정비례한다.
   $\Rightarrow S_1 : S_2 = \angle AOB : \angle COD$

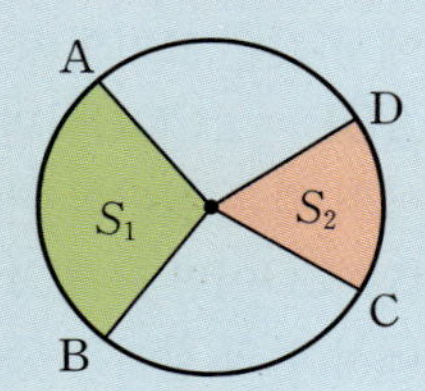

유형 057 중심각의 크기와 넓이

[01~06] 다음 그림에서 x의 값을 구하여라.

01

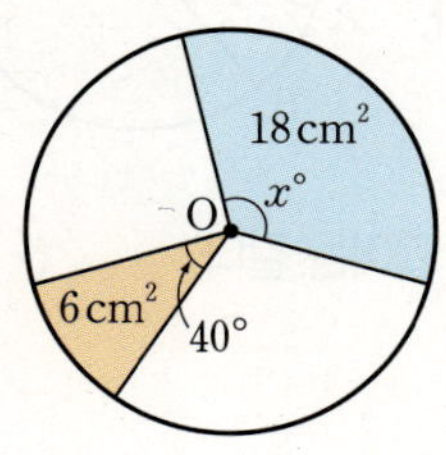

02

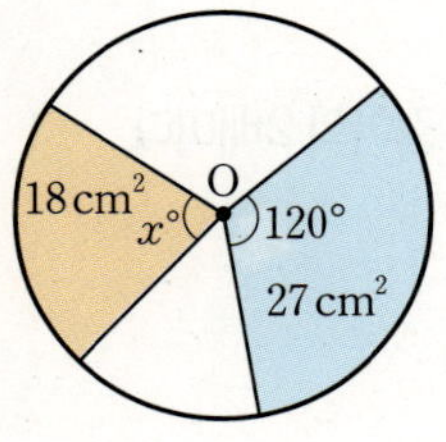

03

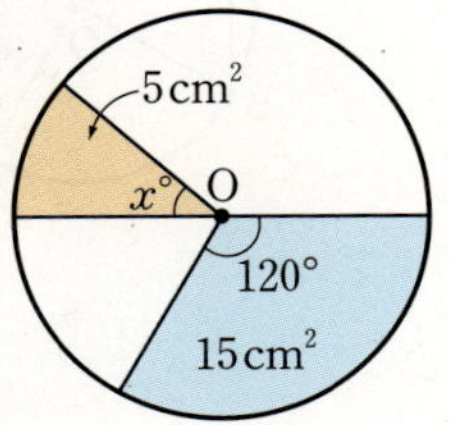

04

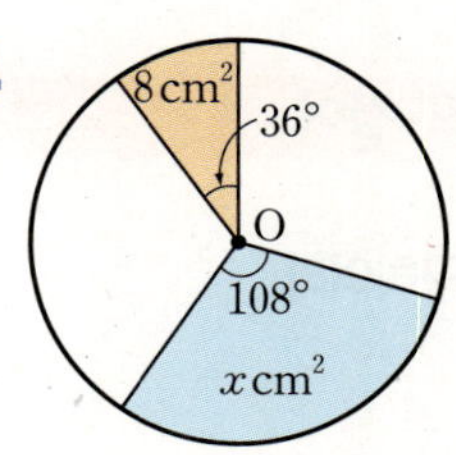

05

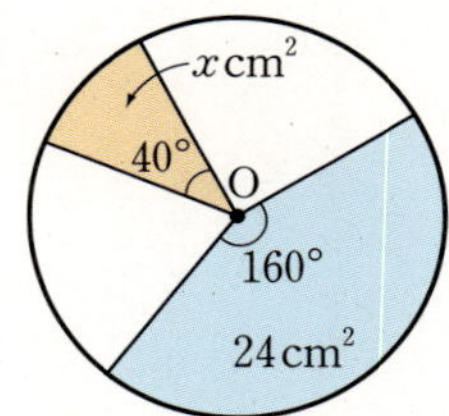

06

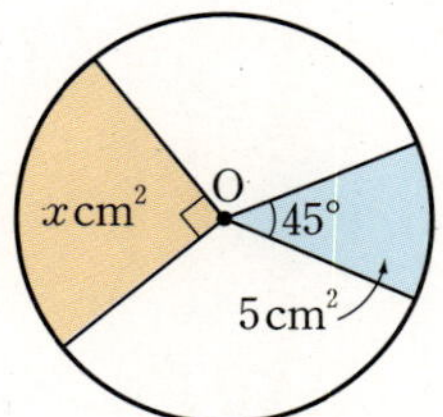

12 중심각의 크기와 현의 길이

1. 한 원에서 같은 크기의 중심각에 대한 현의 길이는 같다.
   $\Rightarrow \angle AOB = \angle COD$이면 $\overline{AB} = \overline{CD}$
2. 한 원에서 같은 길이의 현에 대한 중심각의 크기는 같다.
   $\Rightarrow \overline{AB} = \overline{CD}$이면 $\angle AOB = \angle COD$
3. 한 원에서 현의 길이는 중심각의 크기에 정비례하지 않는다.

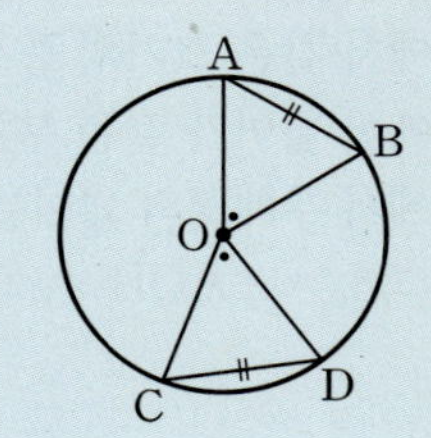

058 중심각의 크기와 현의 길이

[01~03] 다음 그림에서 x의 값을 구하여라.

01

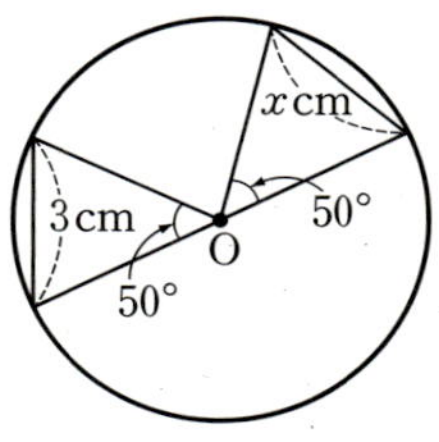

02

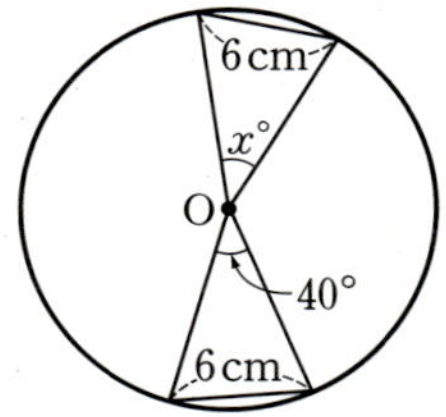

03

[04~06] 오른쪽 그림에서
$\angle AOB = \angle COD = \angle DOE$
일 때, 다음 설명 중 옳은 것에는 ○
표, 옳지 않은 것에는 ×표를 하여라.

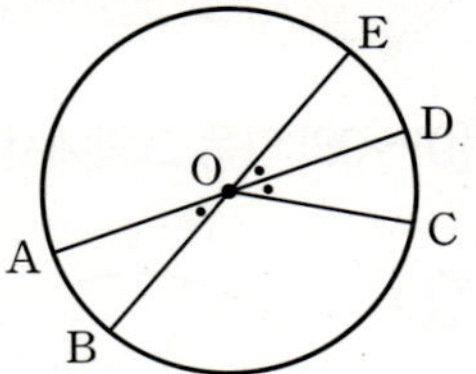

04 현 AB의 길이와 현 CD의 길이는 같다.　(　)

05 현 CD의 길이와 현 DE의 길이는 같다.　(　)

06 현 CE의 길이는 현 AB의 길이의 2배이다.　(　)

학교시험 필수예제

07 오른쪽 그림의 원 O에서
$\angle COD = 2\angle AOB$일 때,
다음 중 옳은 것은?

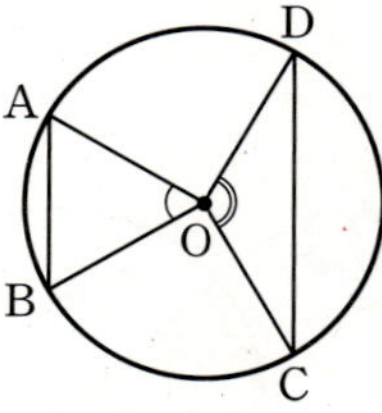

① $2\overline{AB} = \overline{CD}$
② $2\widehat{AB} = \widehat{CD}$
③ $\angle OAB = 2\angle OCD$
④ $2\triangle OAB = \triangle OCD$
⑤ $\triangle OAB = \triangle OCD$

 # 13 원의 둘레의 길이와 넓이

1. 원주율(π) : 원에서 지름의 길이에 대한 원의 둘레의 길이의 비
2. 원의 둘레의 길이와 넓이
   반지름의 길이가 r인 원의 둘레의 길이를 l, 넓이를 S라고 하면
   $\Rightarrow l=2\pi r,\ S=\pi r^2$

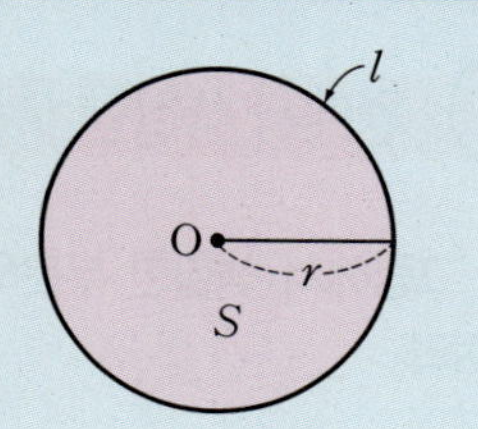

 **059 원의 둘레의 길이와 넓이**

[01~06] 다음 그림과 같은 원의 둘레의 길이와 넓이를 각각 구하여라.

01
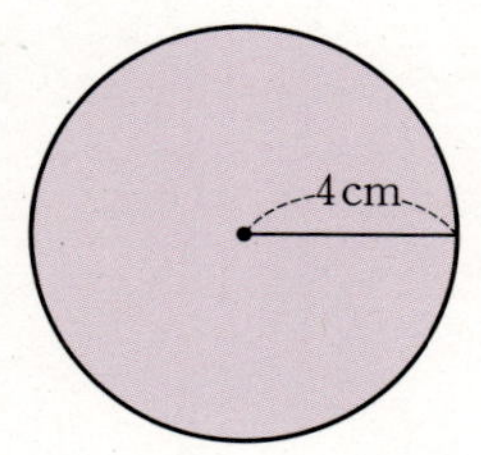

02
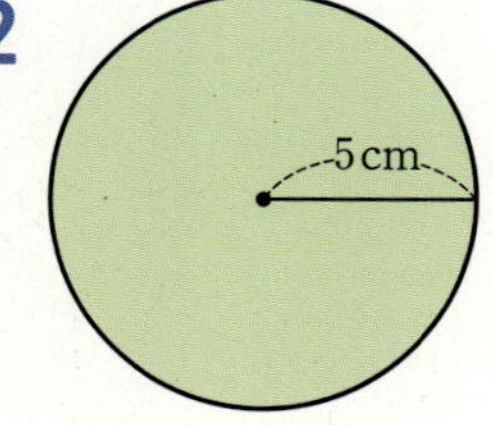

03
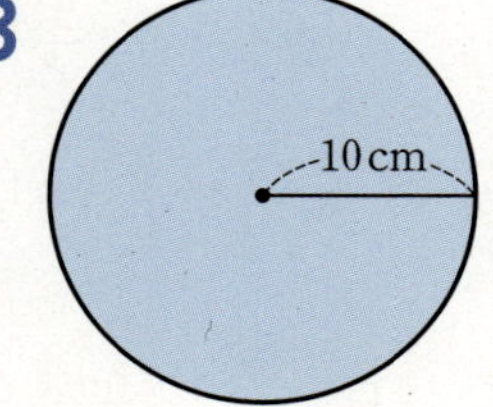

04
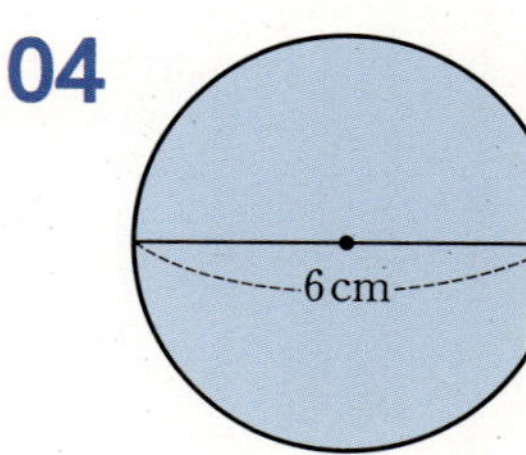

05
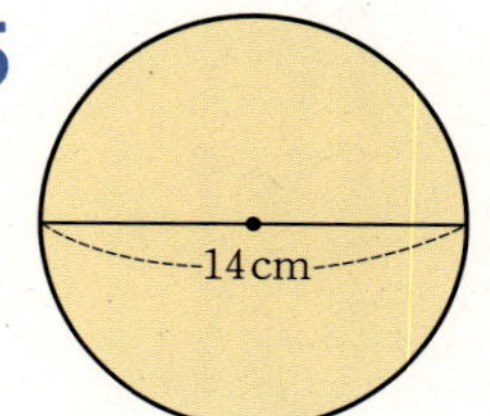

06
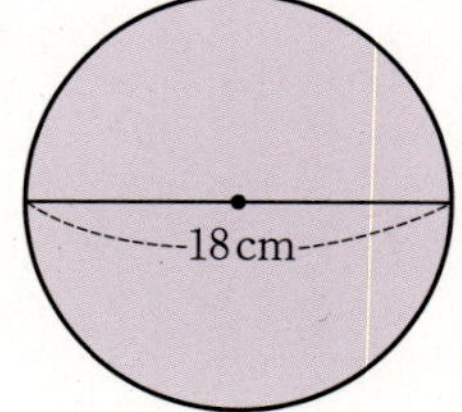

원주율(π)은 원의 크기에 상관없이 항상 일정하고, 실제 그 값은 $3.141592\cdots$로 불규칙하게 한없이 계속되는 소수이다.

[07~12] 그림에서 색칠한 부분의 둘레의 길이를 다음 순서대로 구하여라.

07

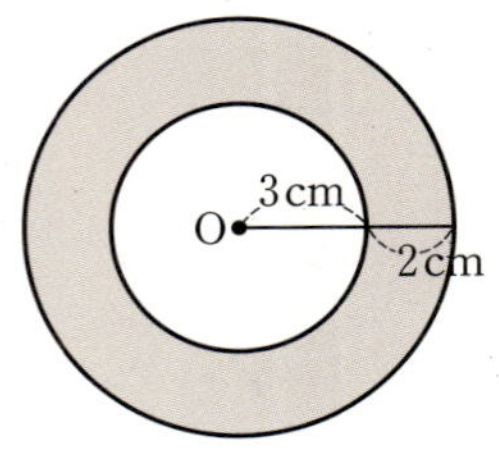

(1) 큰 원의 둘레의 길이

(2) 작은 원의 둘레의 길이

(3) 색칠한 부분의 둘레의 길이

08

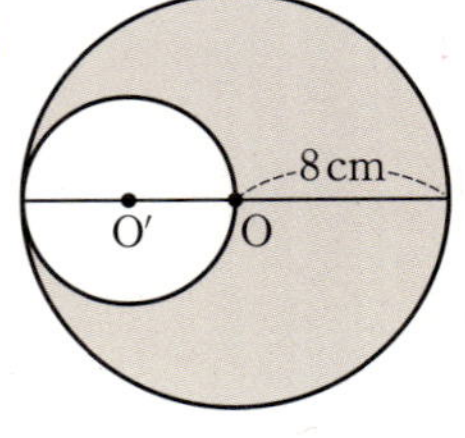

(1) 원 O의 둘레의 길이

(2) 원 O′의 둘레의 길이

(3) 색칠한 부분의 둘레의 길이

09

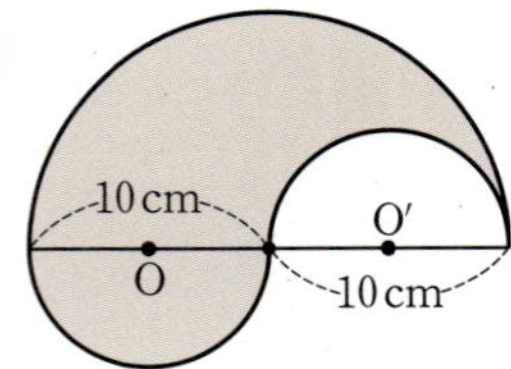

(1) 반원 O의 호의 길이

(2) 반원 O′의 호의 길이

(3) 큰 반원의 호의 길이

(4) 색칠한 부분의 호의 길이

10

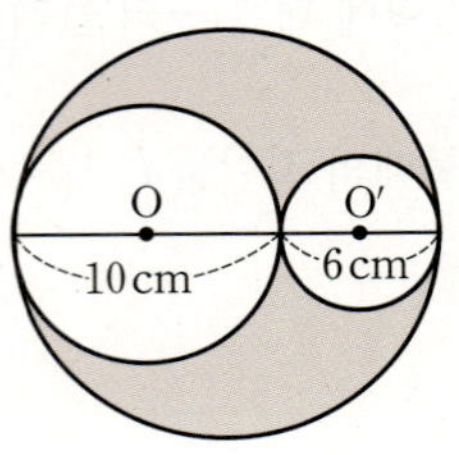

(1) 원 O의 둘레의 길이

(2) 원 O′의 둘레의 길이

(3) 큰 원의 둘레의 길이

(4) 색칠한 부분의 둘레의 길이

11

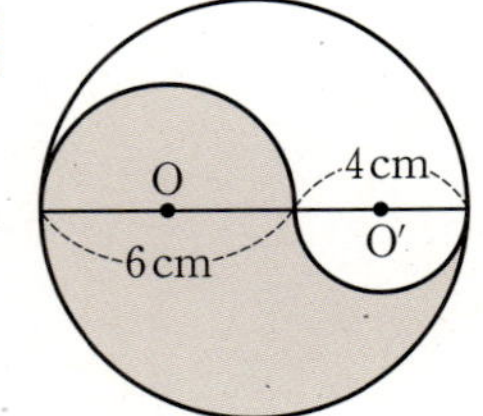

(1) 반원 O의 호의 길이

(2) 반원 O′의 호의 길이

(3) 큰 반원의 호의 길이

(4) 색칠한 부분의 호의 길이

12

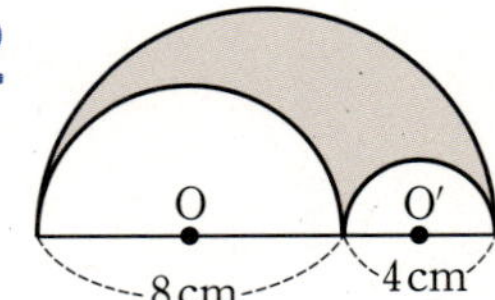

(1) 반원 O의 호의 길이

(2) 반원 O′의 호의 길이

(3) 큰 반원의 호의 길이

(4) 색칠한 부분의 호의 길이

유형 061 원에서 색칠한 부분의 넓이

[13~18] 그림에서 색칠한 부분의 넓이를 다음 순서대로 구하여라.

13

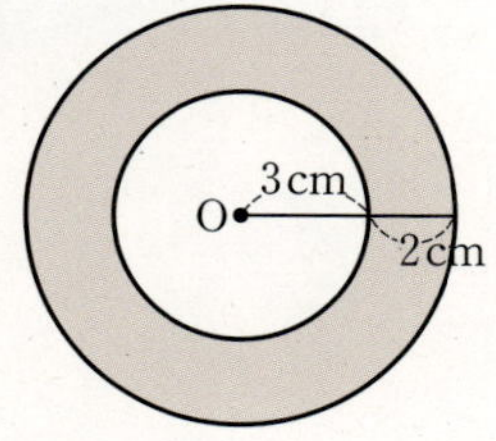

(1) 큰 원의 넓이

(2) 작은 원의 넓이

(3) 색칠한 부분의 넓이

14

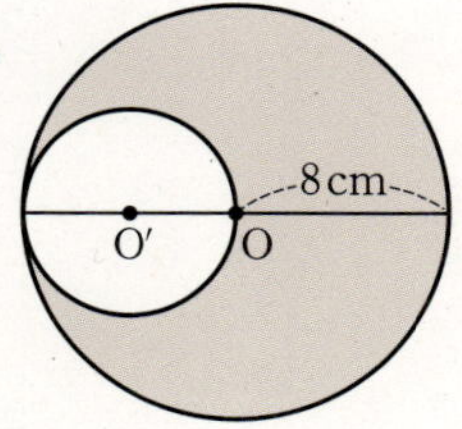

(1) 원 O의 넓이

(2) 원 O′의 넓이

(3) 색칠한 부분의 넓이

15

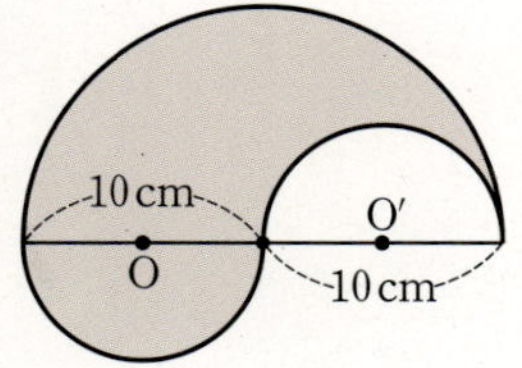

(1) 반원 O의 넓이

(2) 반원 O′의 넓이

(3) 큰 반원의 넓이

(4) 색칠한 부분의 넓이

16

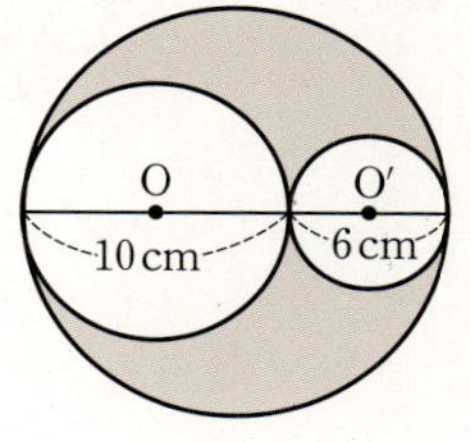

(1) 원 O의 넓이

(2) 원 O′의 넓이

(3) 큰 원의 넓이

(4) 색칠한 부분의 넓이

17

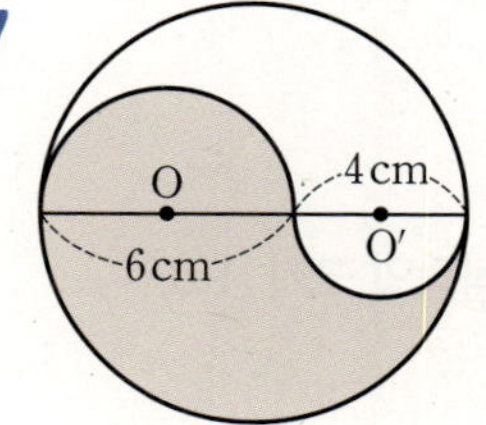

(1) 반원 O의 넓이

(2) 반원 O′의 넓이

(3) 큰 반원의 넓이

(4) 색칠한 부분의 넓이

18

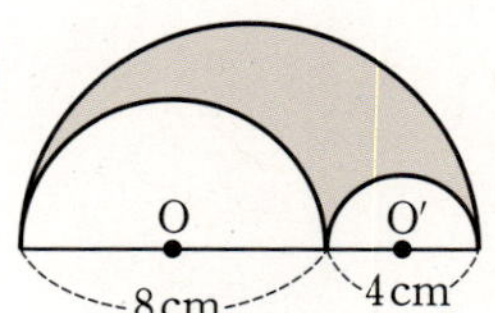

(1) 반원 O의 넓이

(2) 반원 O′의 넓이

(3) 큰 반원의 넓이

(4) 색칠한 부분의 넓이

14 부채꼴의 호의 길이

반지름의 길이가 r이고 중심각의 크기가 x인 부채꼴의 호의 길이를 l이라고 하면

$$\Rightarrow l = 2\pi r \times \frac{x}{360°}$$

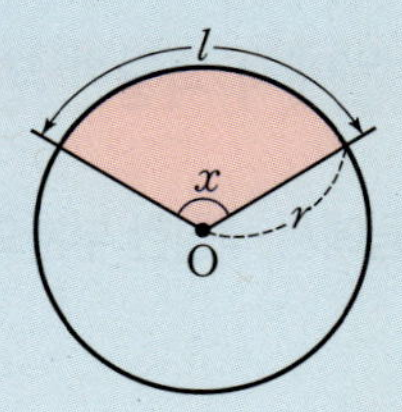

유형 062 부채꼴의 호의 길이

[01~07] 다음과 같은 부채꼴의 호의 길이를 구하여라.

01 반지름의 길이 : 12 cm, 중심각의 크기 : 60°

02 반지름의 길이 : 4 cm, 중심각의 크기 : 90°

03 반지름의 길이 : 3 cm, 중심각의 크기 : 180°

04 반지름의 길이 : 2 cm, 중심각의 크기 : 270°

05

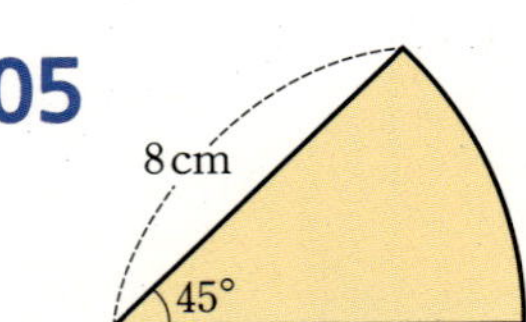

06

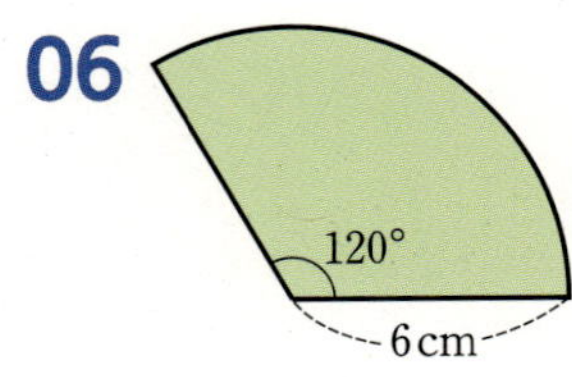

07

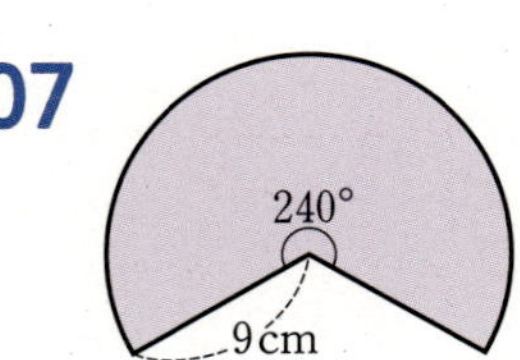

[08~12] 다음과 같은 부채꼴의 중심각의 크기 x를 구하여라.

08 반지름의 길이 : 4 cm, 호의 길이 : 2π cm

09 반지름의 길이 : 6 cm, 호의 길이 : 8π cm

10 반지름의 길이 : 12 cm, 호의 길이 : 8π cm

11

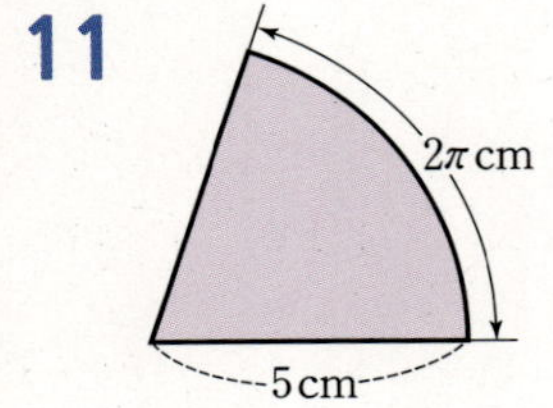

12

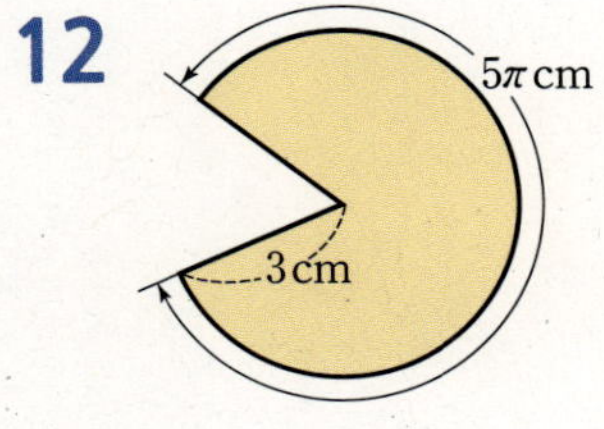

[13~17] 다음과 같은 부채꼴의 반지름의 길이 r를 구하여라.

13 중심각의 크기 : $72°$, 호의 길이 : 4π cm

14 중심각의 크기 : $90°$, 호의 길이 : 6π cm

15 중심각의 크기 : $240°$, 호의 길이 : 8π cm

16

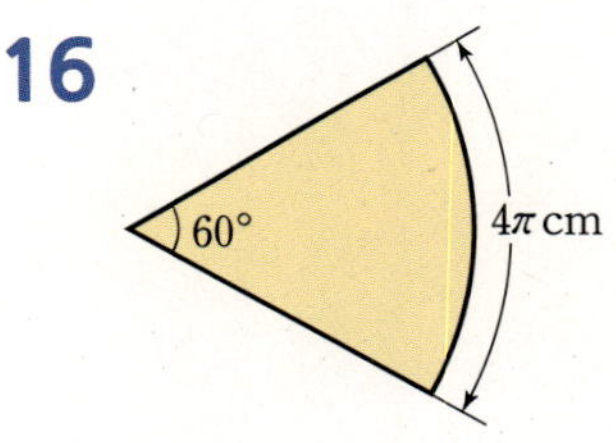

17

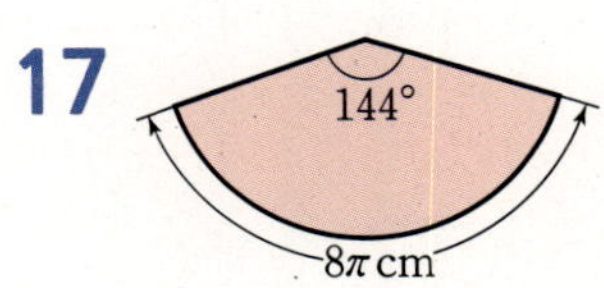

[18~25] 다음 그림에서 색칠한 부분의 둘레의 길이를 구하여라.

18

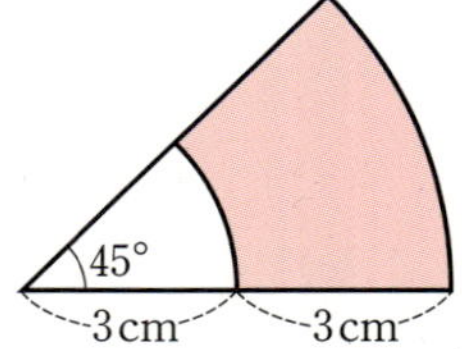

22

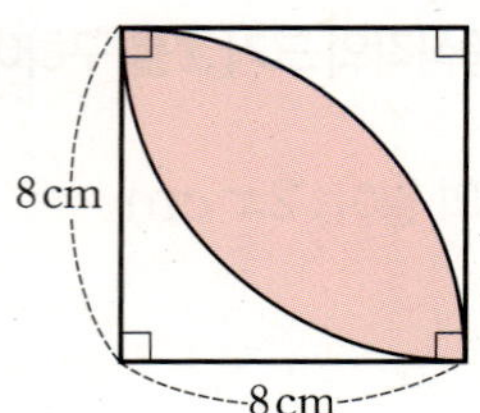

19

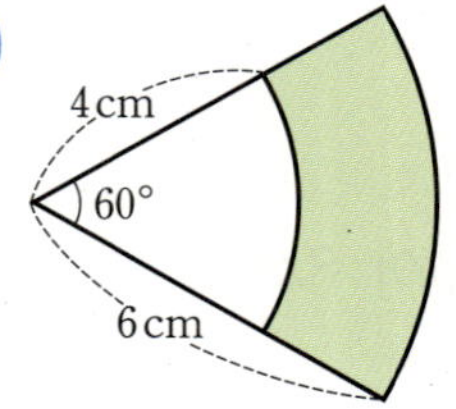

23

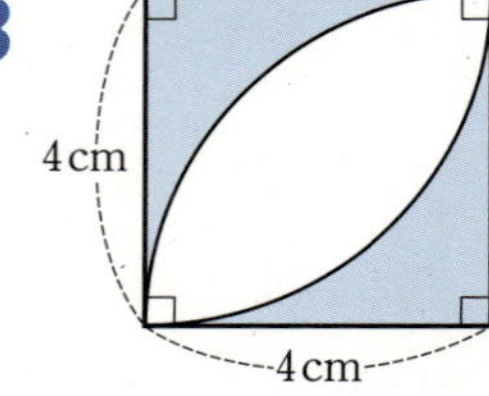

20

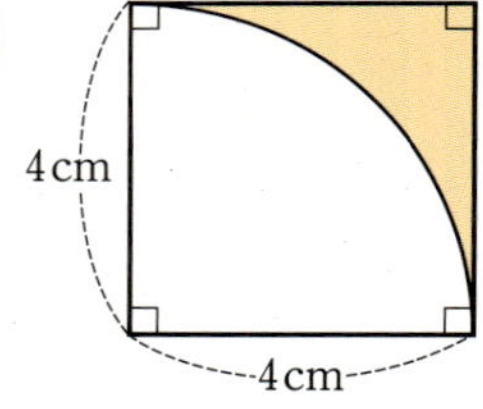

24

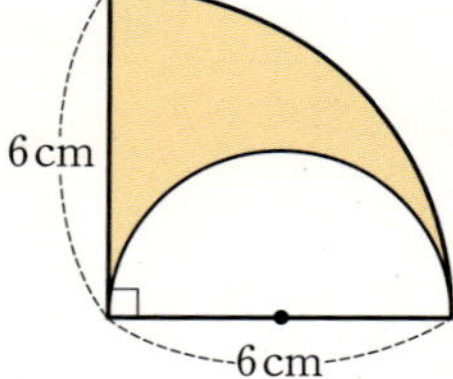

21

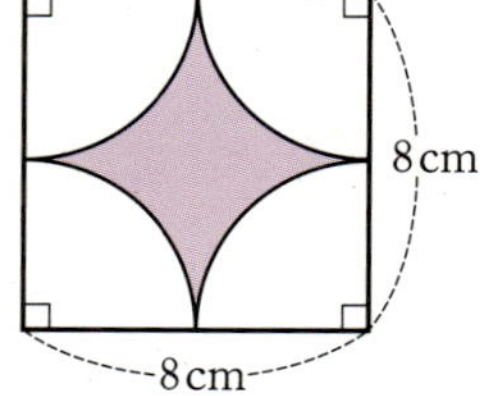

25

15 부채꼴의 넓이

반지름의 길이가 r이고 중심각의 크기가 x인 부채꼴의 넓이를 S라고 하면

$$\Rightarrow S = \pi r^2 \times \dfrac{x}{360^\circ}$$

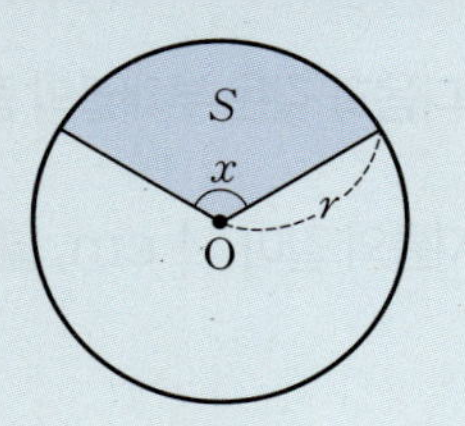

유형 064 부채꼴의 넓이

[01~07] 다음과 같은 부채꼴의 넓이를 구하여라.

01 반지름의 길이 : 12 cm, 중심각의 크기 : 60°

02 반지름의 길이 : 4 cm, 중심각의 크기 : 90°

03 반지름의 길이 : 3 cm, 중심각의 크기 : 180°

04 반지름의 길이 : 2 cm, 중심각의 크기 : 270°

05

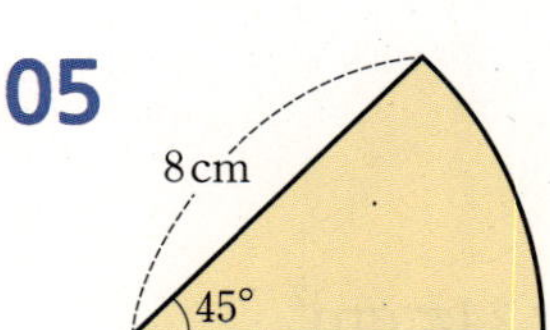

06

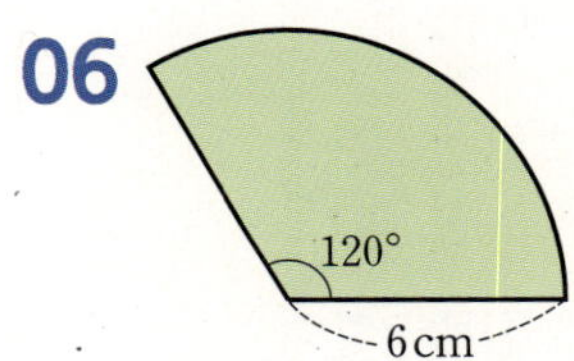

07

08 반지름의 길이 : 4 cm, 넓이 : 4π cm^2

09 반지름의 길이 : 8 cm, 넓이 : 24π cm^2

10 반지름의 길이 : 9 cm, 넓이 : 9π cm^2

11

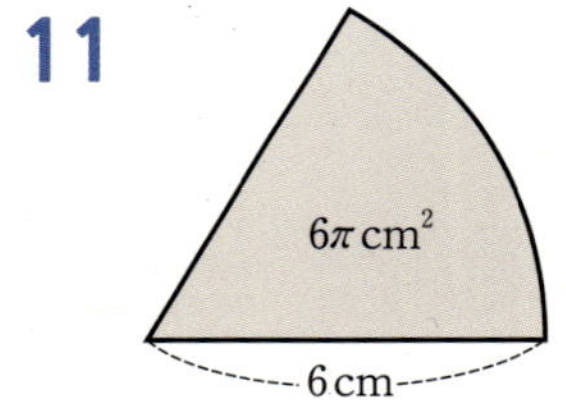

12

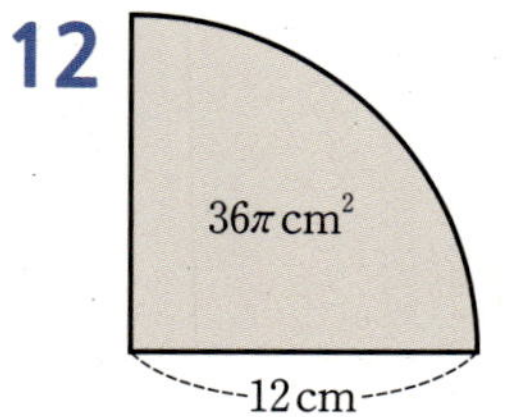

13 중심각의 크기 : 36°, 넓이 : 10π cm^2

14 중심각의 크기 : 180°, 넓이 : 8π cm^2

15 중심각의 크기 : 216°, 넓이 : 15π cm^2

16

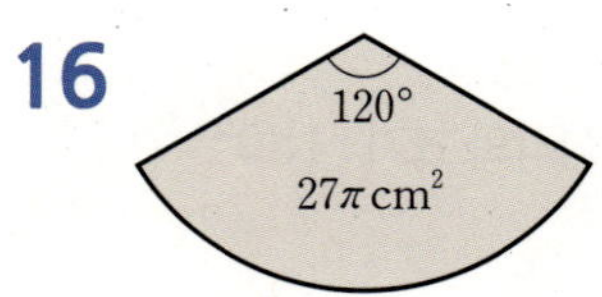

17

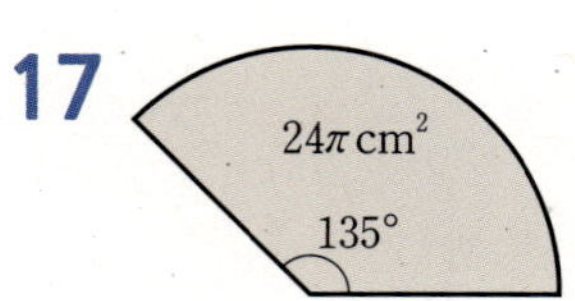

[18~25] 다음 그림에서 색칠한 부분의 넓이를 구하여라.

18

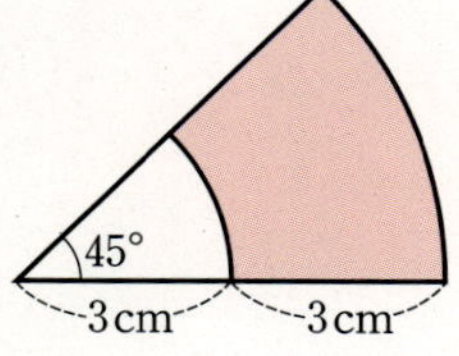

19

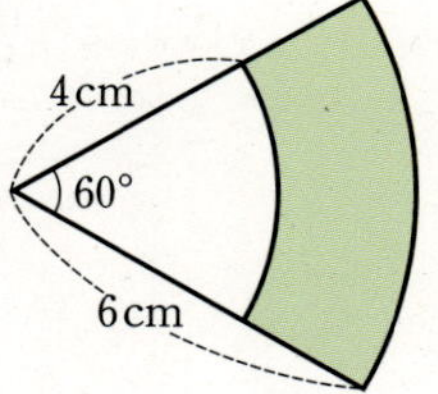

20

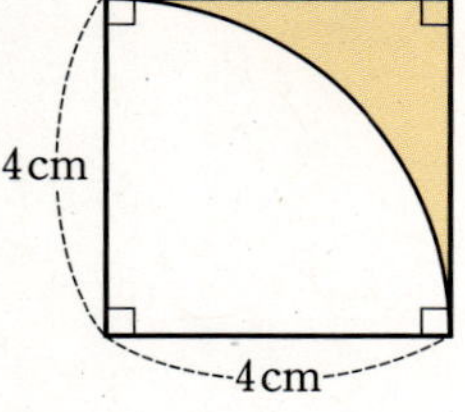

21

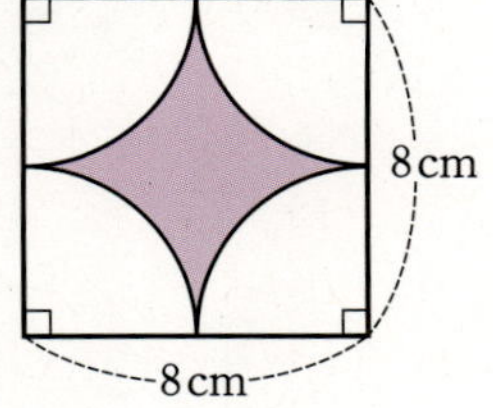

22

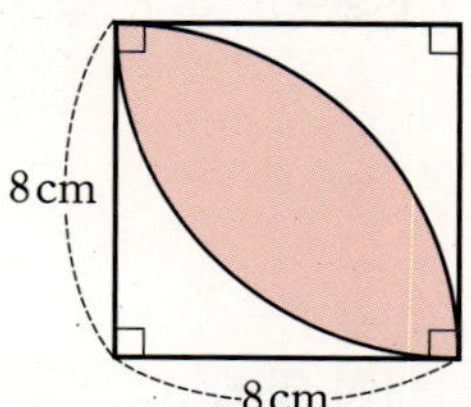

23

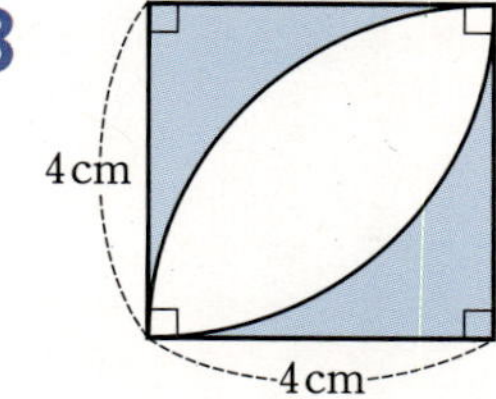

24

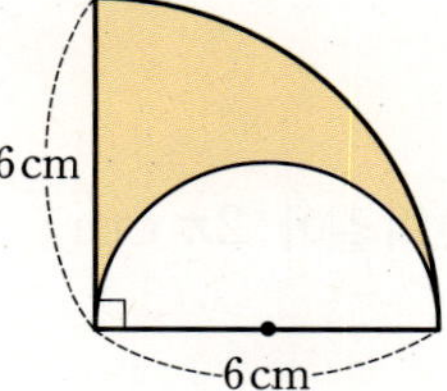

25

16 호의 길이와 넓이 사이의 관계

반지름의 길이가 r인 부채꼴의 호의 길이를 l, 넓이를 S라고 하면

$\Rightarrow S=\dfrac{1}{2}rl$

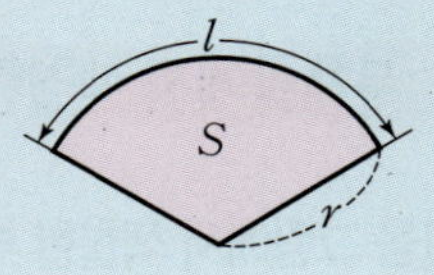

 **066** 호의 길이와 넓이 사이의 관계

[01~07] 다음과 같은 부채꼴의 넓이를 구하여라.

01 반지름의 길이 : 6 cm, 호의 길이 : 8π cm

05

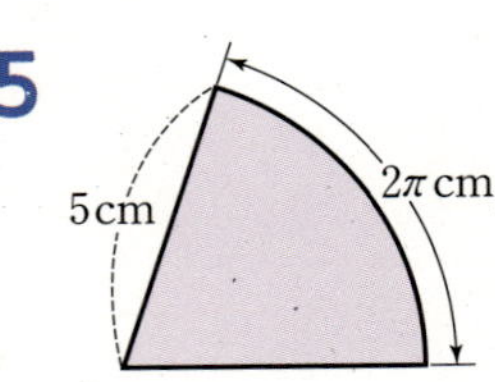

02 반지름의 길이 : 9 cm, 호의 길이 : 12π cm

06

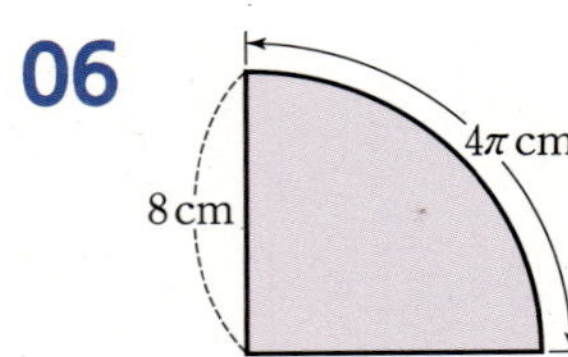

03 반지름의 길이 : 10 cm, 호의 길이 : 2π cm

07

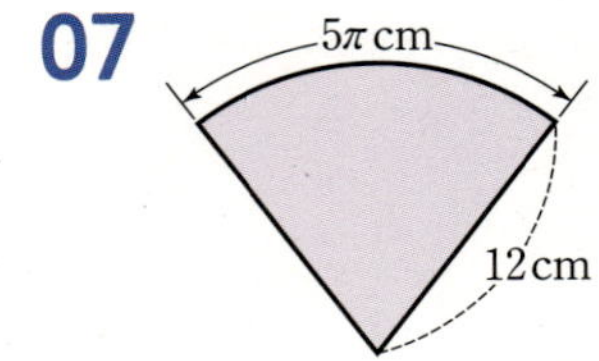

04 반지름의 길이 : 15 cm, 호의 길이 : 8π cm

[08~15] 다음과 같은 부채꼴의 반지름의 길이 r를 구하여라.

08 호의 길이 : π cm, 넓이 : 3π cm^2

09 호의 길이 : 2π cm, 넓이 : 4π cm^2

10 호의 길이 : 4π cm, 넓이 : 10π cm^2

11 호의 길이 : 10π cm, 넓이 : 40π cm^2

12 호의 길이 : 14π cm, 넓이 : 70π cm^2

13

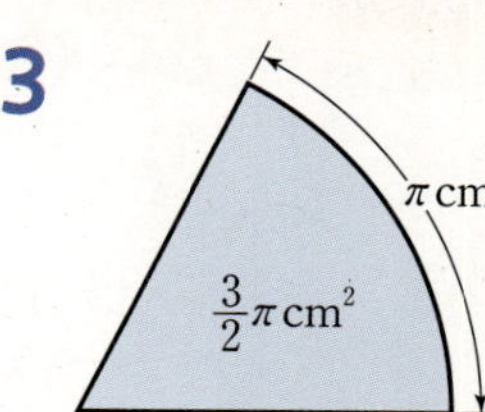

14

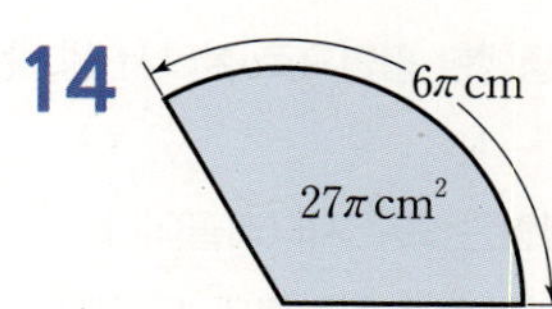

15

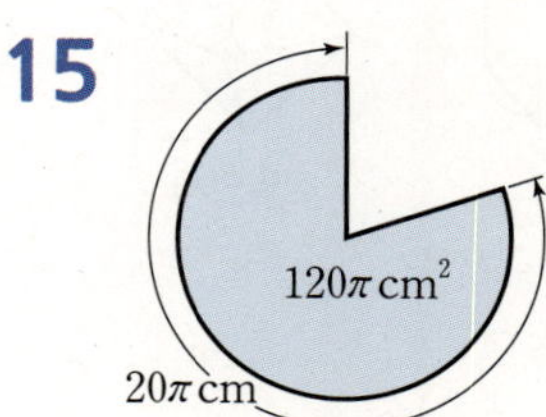

16 오른쪽 그림과 같은 부채꼴의 넓이
를 구하여라.

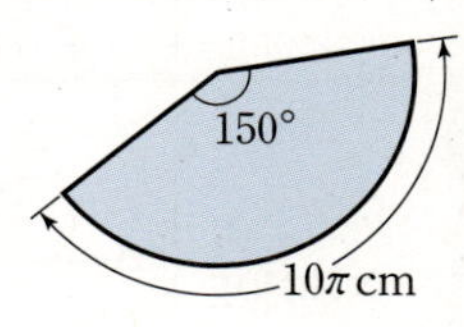

기본 개념 CHECK

1. 다면체

(1) ❶ ⬜ : 다각형인 면으로만 둘러싸인 입체도형

(2) 다면체는 면의 개수에 따라 사면체, 오면체, 육면체, …라고 한다.

(3) ❷ ⬜ : 각뿔을 밑면에 평행한 평면으로 잘라서 생기는 두 다면체 중에서 각뿔이 아닌 쪽의 다면체

(4) 각뿔대의 밑면은 다각형이고 옆면은 모두 사다리꼴이다.

(5) 각뿔대는 밑면의 모양에 따라 삼각뿔대, 사각뿔대, 오각뿔대, …라고 한다.

(6) ❸ ⬜ : 각 면이 모두 합동인 정다각형이고, 각 꼭짓점에 모인 면의 개수가 모두 같은 다면체

(7) 정다면체는 정사면체, 정육면체, 정팔면체, 정십이면체, 정이십면체의 ❹ ⬜ 가지뿐이다.

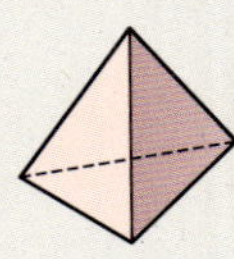
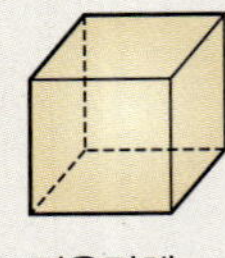
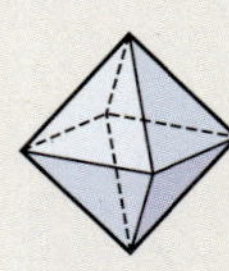
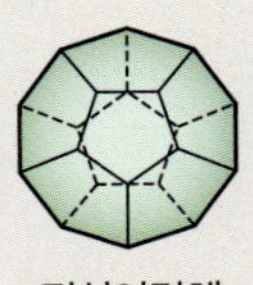
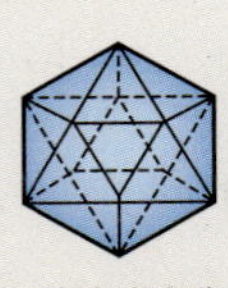

정사면체　　정육면체　　정팔면체　　정십이면체　　정이십면체

2. 회전체

(1) ❺ ⬜ : 평면도형을 한 직선을 축으로 하여 1회전시킬 때 생기는 입체도형

(2) 원뿔대 : 원뿔을 밑면에 평행한 평면으로 잘라서 생기는 두 입체도형 중 원뿔이 아닌 쪽의 입체도형

(3) 회전체의 성질

　① 회전체를 회전축에 수직인 평면으로 자를 때 생기는 단면은 항상 ❻ ⬜ 이다.

　② 회전체를 회전축을 포함하는 평면으로 자를 때 생기는 단면은 회전축에 대한 ❼ ⬜ 이고, 모두 합동이다.

(4) 회전체의 전개도

전개도	원기둥	원뿔	원뿔대
	옆면 / 밑면 / 모선 (A, B)	A / 모선 / B / 옆면 / 밑면	밑면 / 모선 / A, A / B / 옆면 / 밑면

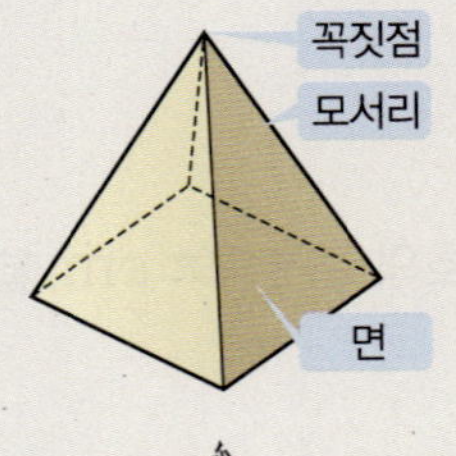

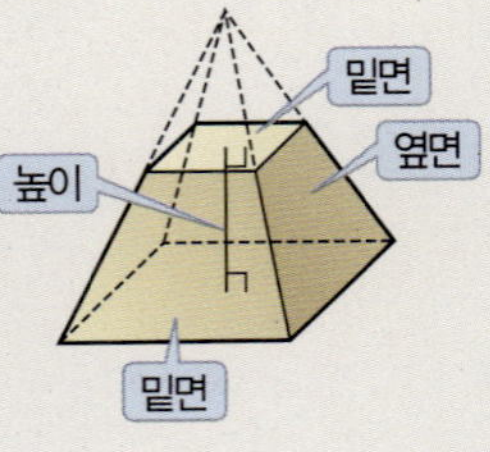

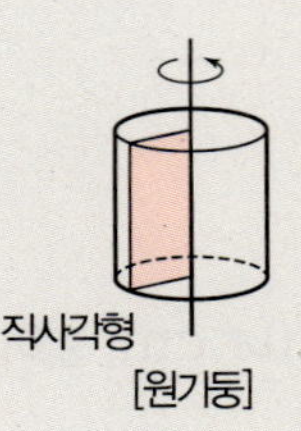

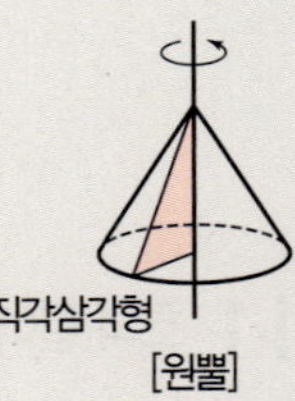

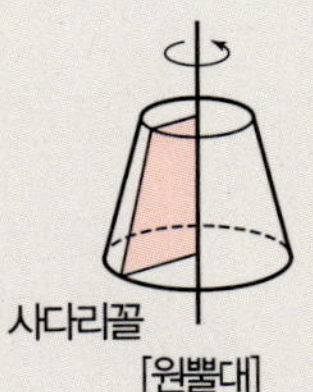

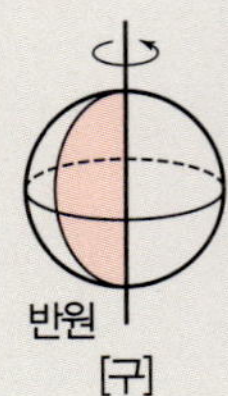

❶ 다면체　❷ 각뿔대　❸ 정다면체　❹ 5　❺ 회전체　❻ 원　❼ 선대칭도형

3. 기둥의 겉넓이와 부피

(1) 각기둥의 겉넓이 : (각기둥의 겉넓이)=(밑넓이)×2+(옆넓이)

(2) 원기둥의 겉넓이 : 밑면의 반지름의 길이가 r, 높이가 h인 원기둥의 겉넓이 S는

$S=$ ❽

(3) 각기둥의 부피 : 밑넓이가 S, 높이가 h인 각기둥의 부피 V는

$V=Sh$

(4) 원기둥의 부피 : 밑면의 반지름의 길이가 r, 높이가 h인 원기둥의 부피 V는

$V=$ ❾

(기둥의 옆넓이)
＝(밑면의 둘레의 길이)×(높이)

(기둥의 부피)
＝(기둥의 밑넓이)×(높이)

4. 뿔의 겉넓이와 부피

(1) 각뿔의 겉넓이 : (각뿔의 겉넓이)=(밑넓이)+(옆넓이)

(2) 원뿔의 겉넓이 : 밑면의 반지름의 길이가 r, 모선의 길이가 l인 원뿔의 겉넓이 S는

$S=$ ❿

(3) 각뿔의 부피 : 밑넓이가 S, 높이가 h인 각뿔의 부피 V는

$V=\dfrac{1}{3}Sh$

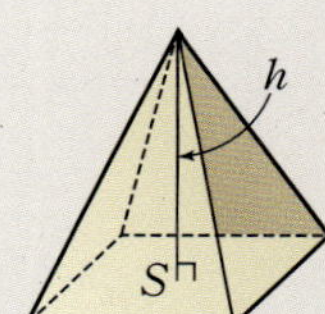

(4) 원뿔의 부피 : 밑면의 반지름의 길이가 r, 높이가 h인 원뿔의 부피 V는

$V=$ ⓫

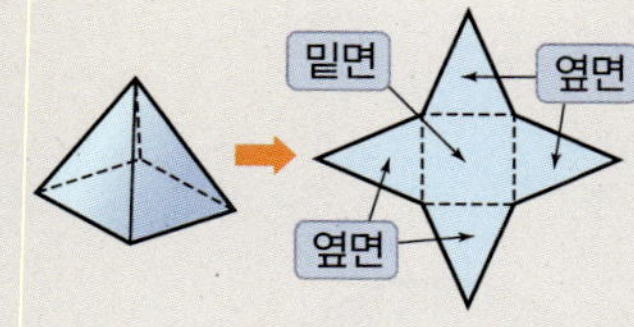

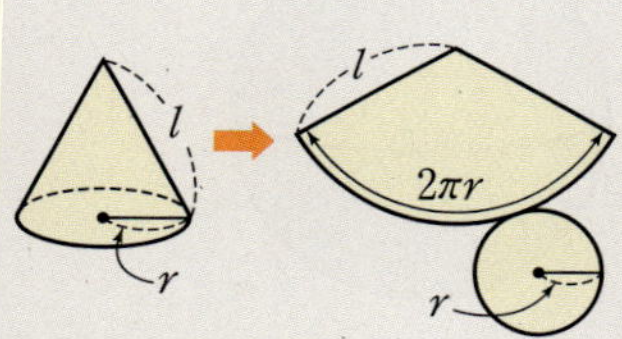

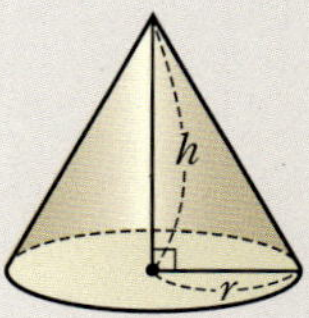

5. 구의 겉넓이와 부피

(1) 구의 겉넓이 : 반지름의 길이가 r인 구의 겉넓이를 S라고 하면

$S=$ ⓬

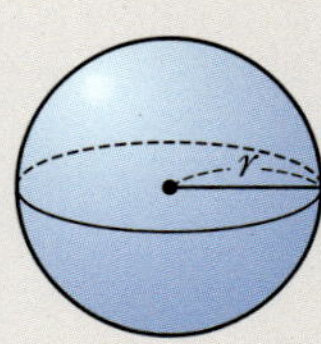

(2) 구의 부피 : 반지름의 길이가 r인 구의 부피를 V라고 하면

$V=$ ⓭

❽ $2\pi r^2+2\pi rh$　　❾ $\pi r^2 h$　　❿ $\pi r^2+\pi rl$　　⓫ $\dfrac{1}{3}\pi r^2 h$　　⓬ $4\pi r^2$　　⓭ $\dfrac{4}{3}\pi r^3$

01 다면체

1. 다면체 : 다각형인 면으로만 둘러싸인 입체도형
   ① 면 : 다면체를 둘러싸고 있는 다각형
   ② 모서리 : 다각형의 변
   ③ 꼭짓점 : 다각형의 꼭짓점
2. 다면체는 면의 개수에 따라 사면체, 오면체, 육면체, …라고 한다.

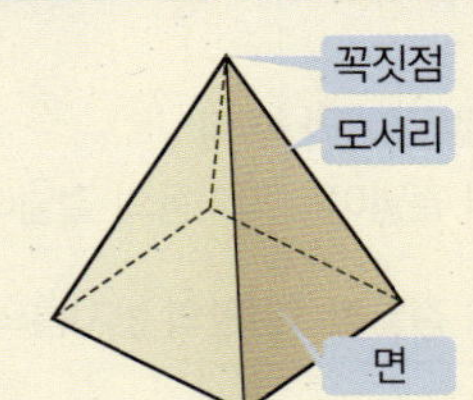

유형 067 다면체

[01~08] 다음 입체도형 중 다면체인 것에는 ○표, 다면체가 아닌 것에는 ×표를 하여라.

01

( )

02

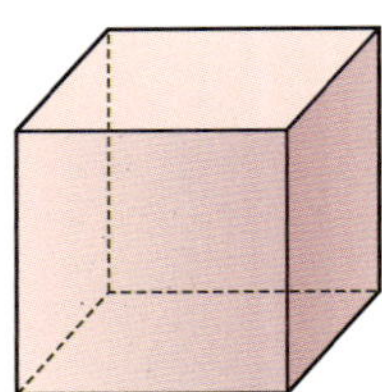

( )

03

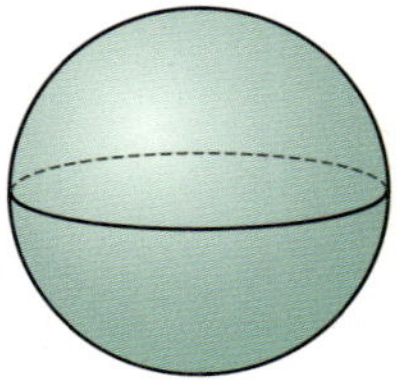

( )

04

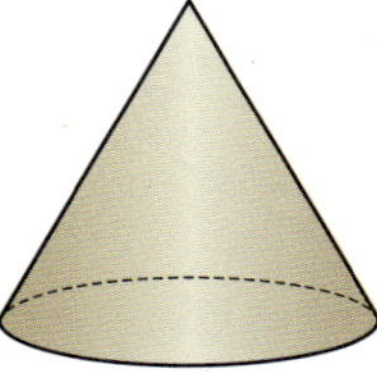

( )

05

( )

06

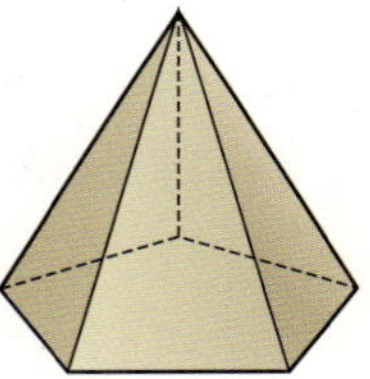

( )

07

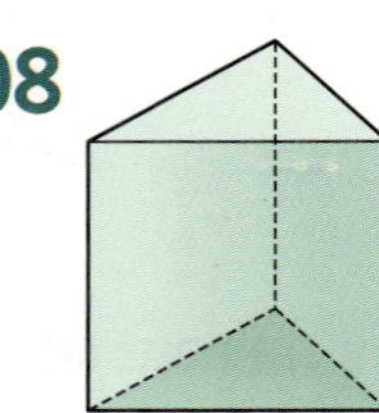

( )

08

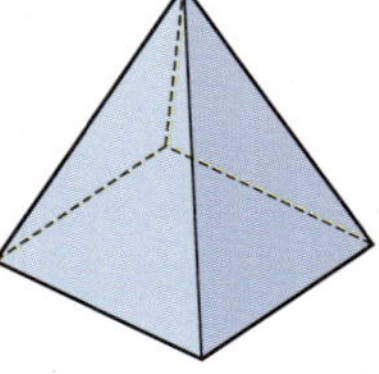

( )

[09~13] 다음 다면체는 몇 면체인지 말하여라.

09

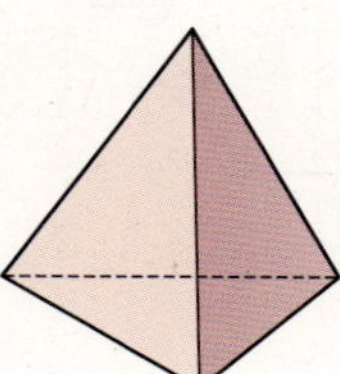

10

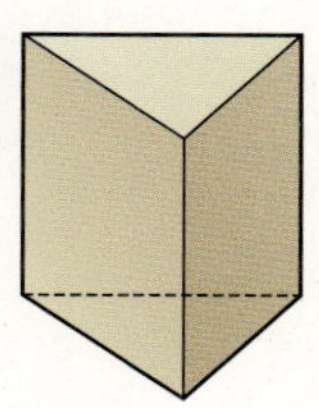

11

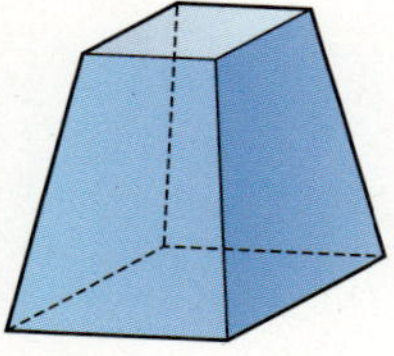

12

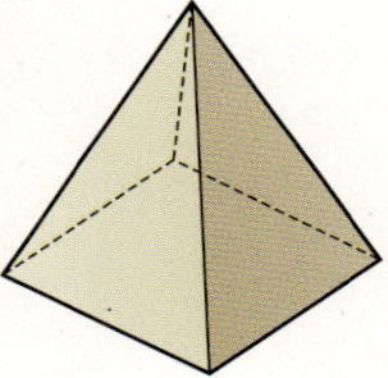

13

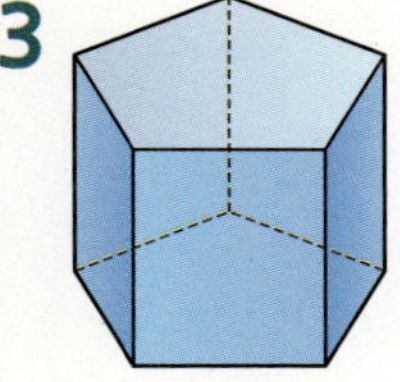

[14~18] 다음 다면체의 꼭짓점과 모서리의 개수를 각각 구하여라.

14

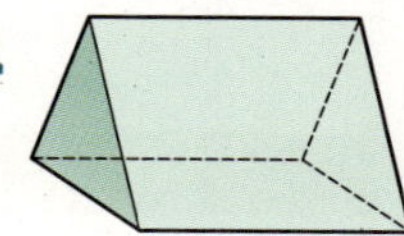

꼭짓점의 개수 : ☐ 개

모서리의 개수 : ☐ 개

15

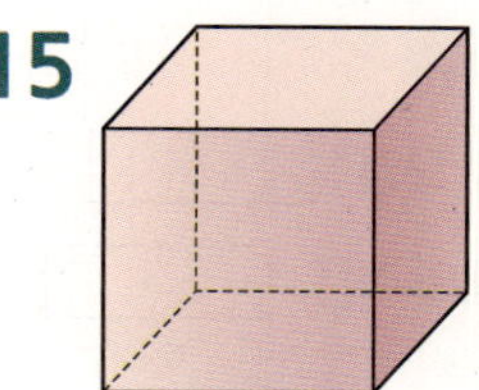

꼭짓점의 개수 : ☐ 개

모서리의 개수 : ☐ 개

16

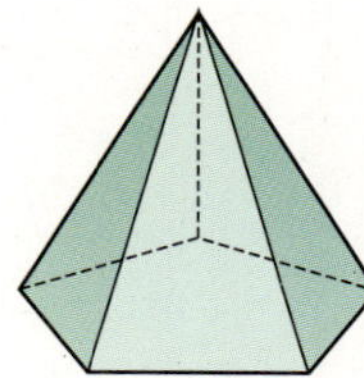

꼭짓점의 개수 : ☐ 개

모서리의 개수 : ☐ 개

17

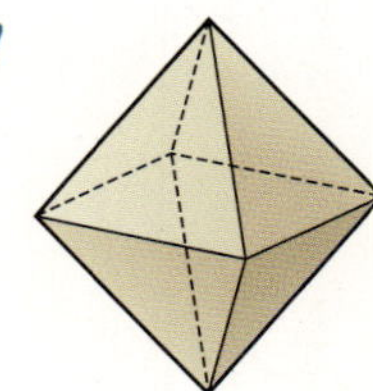

꼭짓점의 개수 : ☐ 개

모서리의 개수 : ☐ 개

18

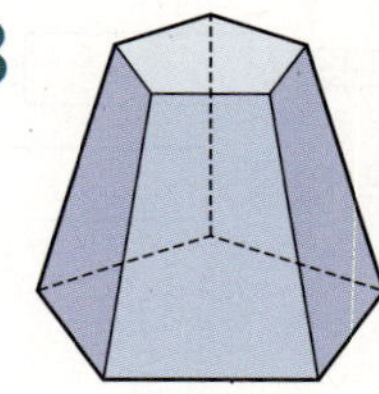

꼭짓점의 개수 : ☐ 개

모서리의 개수 : ☐ 개

02 각뿔대

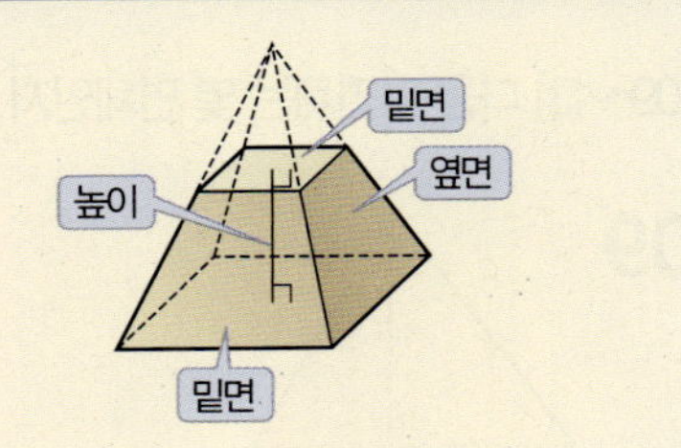

1. 각뿔대 : 각뿔을 밑면에 평행한 평면으로 잘라서 생기는 두 다면체 중에서 각뿔이 아닌 쪽의 다면체
2. 각뿔대의 높이 : 각뿔대의 두 밑면 사이의 거리
3. 각뿔대의 밑면은 다각형이고 옆면은 모두 사다리꼴이다.
4. 각뿔대는 밑면의 모양에 따라 삼각뿔대, 사각뿔대, 오각뿔대, …라고 한다.

유형 069 각뿔대의 이름

[01~03] 다음 각뿔대의 밑면의 모양과 각뿔대의 이름을 구하여라.

01

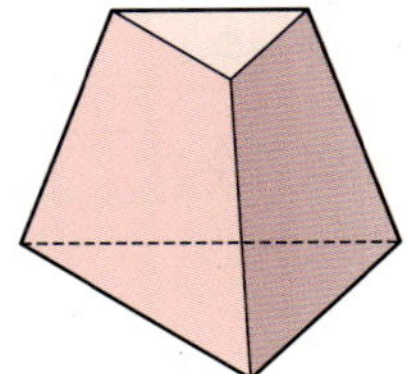

밑면의 모양 :

각뿔대의 이름 :

02

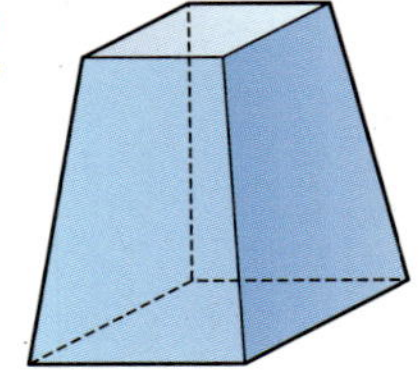

밑면의 모양 :

각뿔대의 이름 :

03

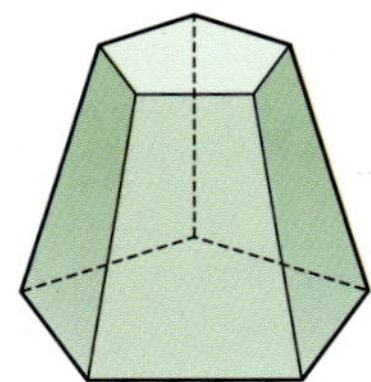

밑면의 모양 :

각뿔대의 이름 :

유형 070 각뿔대의 높이

[04~06] 다음 각뿔대의 높이를 구하여라.

04

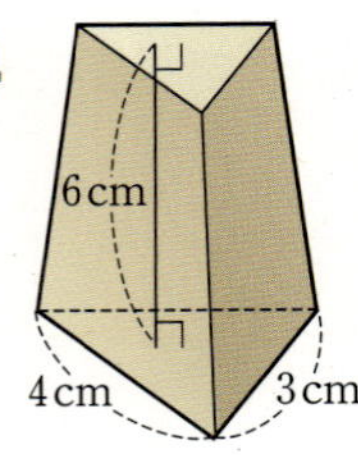

05

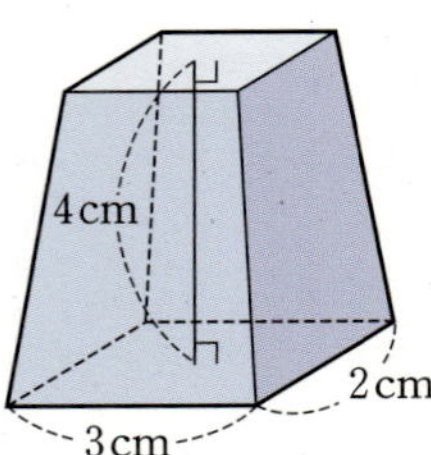

06

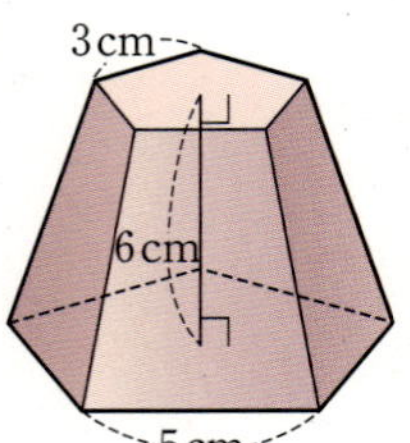

071 각기둥, 각뿔, 각뿔대의 비교

[07~12] 다음 각기둥을 보고 표를 완성하여라.

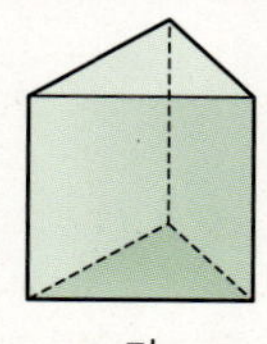 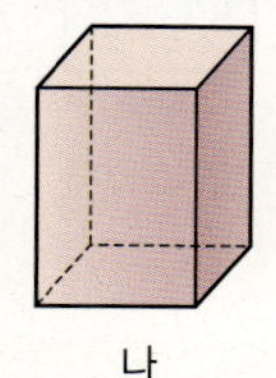 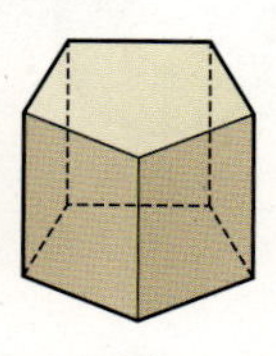

	가	나	다
07 도형의 이름			
08 밑면의 모양			
09 옆면의 모양			
10 면의 개수			
11 꼭짓점의 개수			
12 모서리의 개수			

[13~18] 다음 각뿔을 보고 표를 완성하여라.

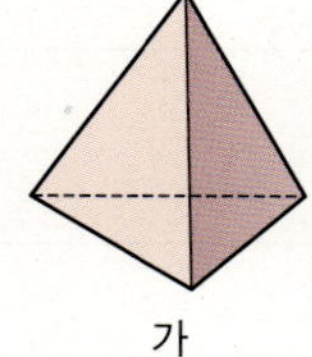 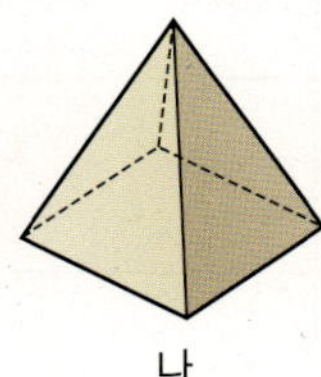 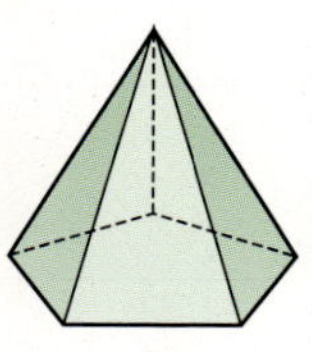

	가	나	다
13 도형의 이름			
14 밑면의 모양			
15 옆면의 모양			
16 면의 개수			
17 꼭짓점의 개수			
18 모서리의 개수			

[19~23] 다음 각뿔대를 보고 표를 완성하여라.

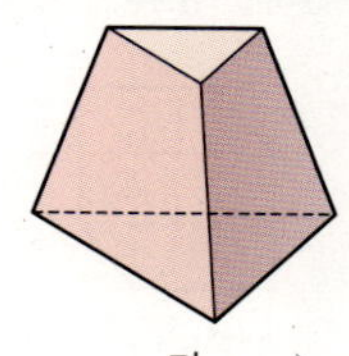 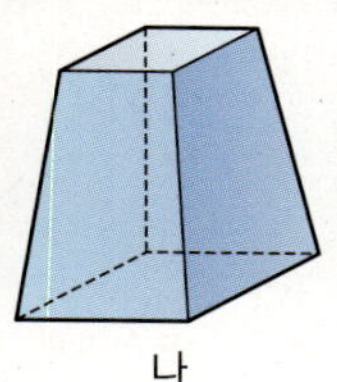 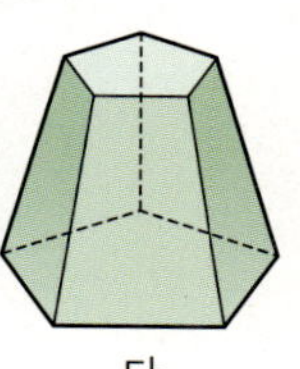

	가	나	다
19 도형의 이름			
20 옆면의 모양			
21 면의 개수			
22 꼭짓점의 개수			
23 모서리의 개수			

24 다음 조건을 모두 만족하는 입체도형을 구하여라.

> (가) 두 밑면이 서로 평행하다.
> (나) 옆면은 사다리꼴이다.
> (다) 팔면체이다.

25 다음 중 다면체와 그 옆면의 모양이 옳게 짝지어지지 않은 것을 모두 고르면? (정답 2개)

① 사각기둥 – 직사각형
② 사각뿔 – 삼각형
③ 삼각기둥 – 삼각형
④ 사각뿔대 – 사다리꼴
⑤ 오각뿔 – 오각형

03 정다면체

1. 정다면체 : 각 면이 모두 합동인 정다각형이고, 각 꼭짓점에 모인 면의 개수가 모두 같은 다면체
2. 정다면체는 다음 그림과 같이 정사면체, 정육면체, 정팔면체, 정십이면체, 정이십면체의 5가지뿐이다.

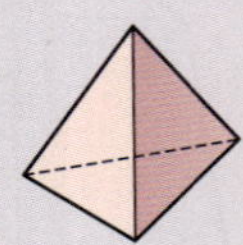 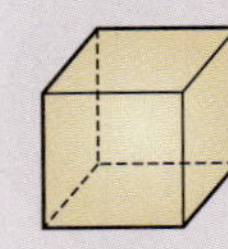 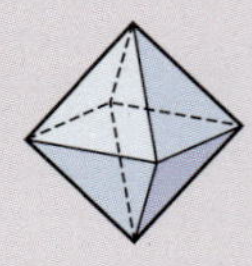 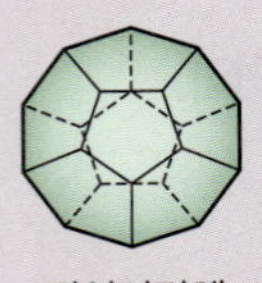 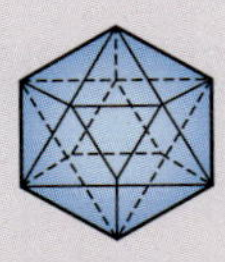

| 정사면체 | 정육면체 | 정팔면체 | 정십이면체 | 정이십면체 |

유형 072 정다면체

[01~06] 다음 정다면체를 보고 표를 완성하여라.

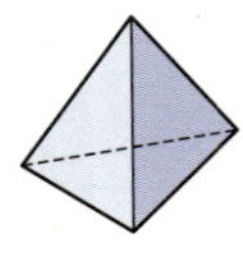 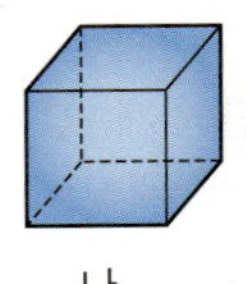 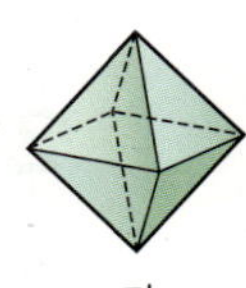 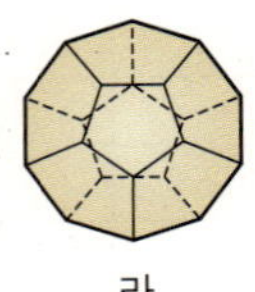 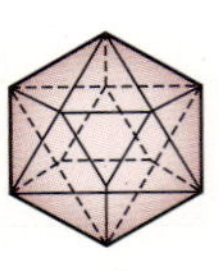

	가	나	다	라	마
01 도형의 이름					
02 면의 모양					
03 한 꼭짓점에 모인 면의 개수					
04 꼭짓점의 개수					
05 모서리의 개수					
06 면의 개수					

[07~13] 다음 중 정다면체에 대한 설명으로 옳은 것에는 ○표, 옳지 않은 것에는 ×표를 하여라.

07 정다면체는 모두 5가지뿐이다.　　　　　　　（　　）

08 각 꼭짓점에 모인 면의 개수는 모두 같다.　（　　）

09 면의 모양이 정육각형인 정다면체가 있다.　（　　）

10 정다면체의 한 꼭짓점에 모일 수 있는 면의 개수는 최대 5개이다.　　　　　　　　　　　　　（　　）

11 모든 면이 합동이면 정다면체를 만들 수 있다.　　　　　　　　　　　　　　　　（　　）

12 각 꼭짓점에 모인 면의 개수가 같은 다면체는 모두 정다면체이다.　　　　　　　　　　　　　（　　）

13 정다면체의 각 면은 정삼각형, 정사각형, 정오각형뿐이다.　　　　　　　　　　　　　　　（　　）

[14~19] 다음 조건을 만족하는 정다면체를 모두 구하여라.

14 각 면이 정삼각형

15 각 면이 정사각형

16 각 면이 정오각형

17 한 꼭짓점에 모인 면이 3개

18 한 꼭짓점에 모인 면이 4개

19 한 꼭짓점에 모인 면이 5개

20 다음 조건을 모두 만족하는 입체도형을 구하여라.

> (가) 다면체이다.
> (나) 각 면은 모두 합동이다.
> (다) 한 꼭짓점에 모이는 면의 개수는 4개이다.

04 정다면체의 전개도

정다면체의 전개도는 여러 가지 모양으로 나타나는데 그중 한 가지씩만 그리면 다음과 같다.

	정사면체	정육면체	정팔면체	정십이면체	정이십면체
정다면체					
전개도					

073 정다면체의 전개도

[01~03] 다음 중 정사면체의 전개도가 될 수 있는 것에는 ○표, 될 수 없는 것에는 ×표를 하여라.

01

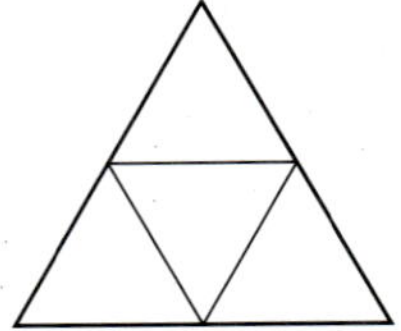

( )

02

( )

03

( )

[04~06] 다음 그림과 같은 전개도로 만들어지는 정다면체에 대하여 물음에 답하여라.

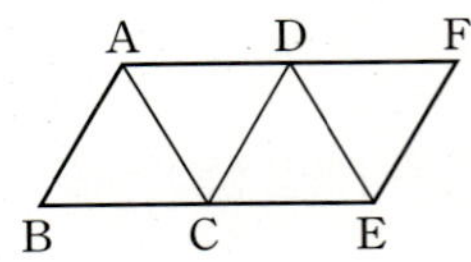

04 이 정다면체의 이름을 말하여라.

05 점 A와 겹치는 꼭짓점을 구하여라.

06 모서리 BC와 겹치는 모서리를 구하여라.

[07~11] 다음 중 정육면체의 전개도가 될 수 있는 것에는 ○표, 될 수 없는 것에는 ×표를 하여라.

07

(　　)

08

(　　)

09

(　　)

10

(　　)

11

(　　)

[12~15] 다음 그림과 같은 전개도로 만들어지는 정다면체에 대하여 물음에 답하여라.

12 이 정다면체의 이름을 말하여라.

13 점 A와 겹치는 꼭짓점을 구하여라.

14 모서리 BC와 겹치는 모서리를 구하여라.

15 모서리 BC와 평행한 모서리를 구하여라.

05 회전체

1. 회전체 : 평면도형을 한 직선을 축으로 하여 1회전시킬 때 생기는 입체도형
   ① 회전축 : 회전시킬 때 축이 되는 직선
   ② 모선 : 회전체의 옆면을 이루는 선분
   ③ 겨냥도 : 입체도형의 모양을 잘 알 수 있도록 실선과 점선으로 나타낸 그림
2. 원뿔대 : 원뿔을 밑면에 평행한 평면으로 잘라서 생기는
   두 입체도형 중 원뿔이 아닌 쪽의 입체도형
3. 원뿔대의 높이 : 두 밑면에 수직인 선분의 길이

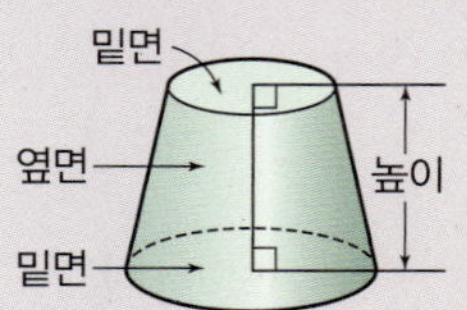

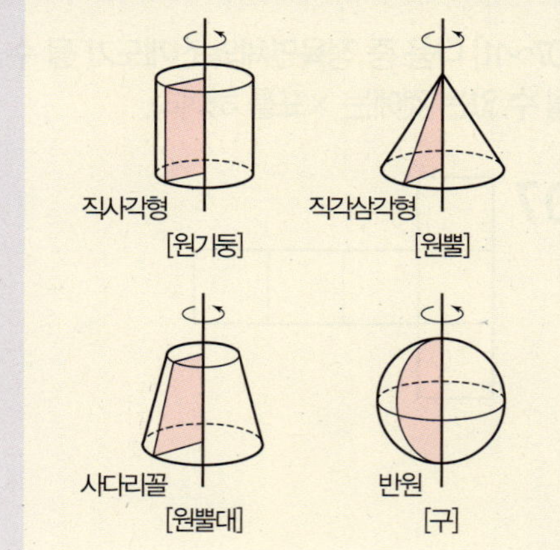

유형 074 회전체 찾기

[01~06] 다음 입체도형 중 회전체인 것에는 ○표, 회전체가 아닌 것에는 ×표를 하여라.

01

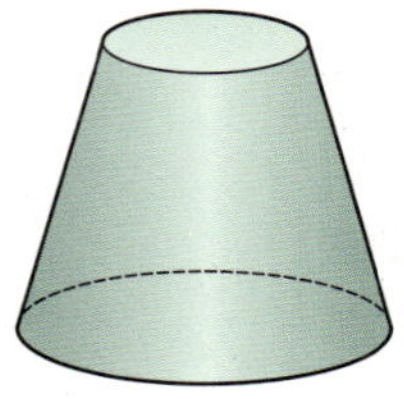

(　　　)

02

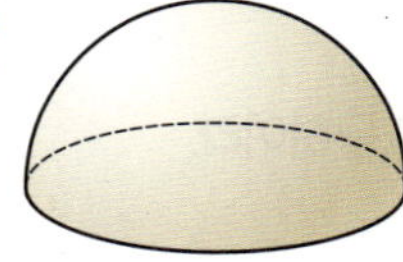

(　　　)

03

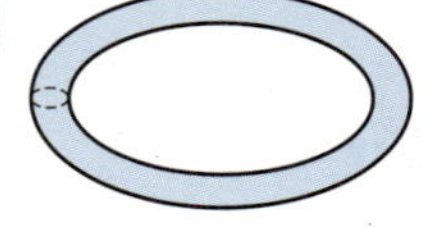

(　　　)

04

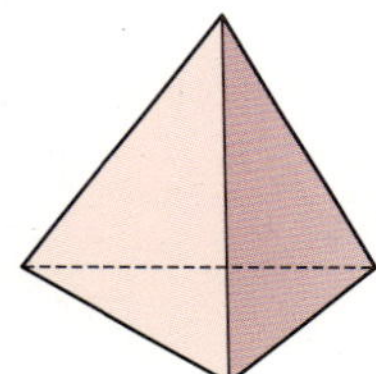

(　　　)

05

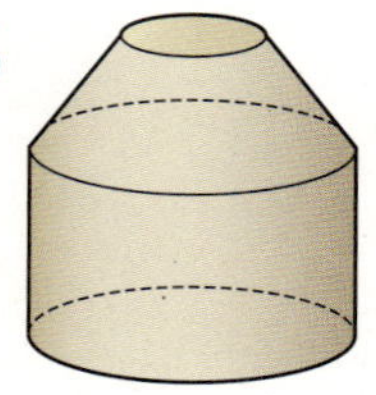

(　　　)

06

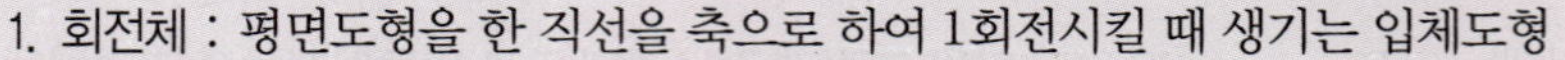

(　　　)

회전체의 겨냥도

[07~09] 다음 평면도형을 직선 l을 회전축으로 하여 1회전시킬 때 생기는 입체도형의 겨냥도를 보기에서 찾아라.

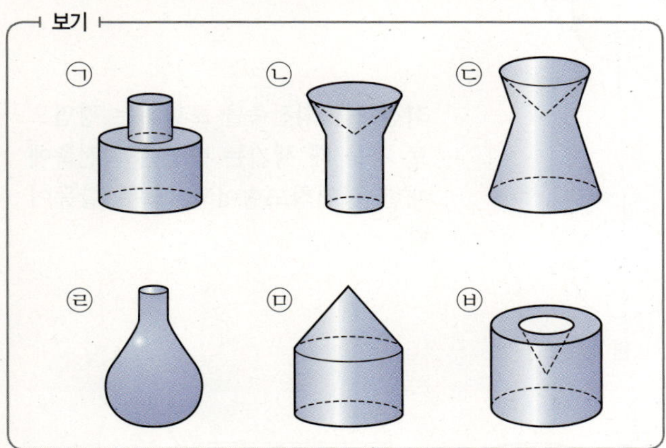

07
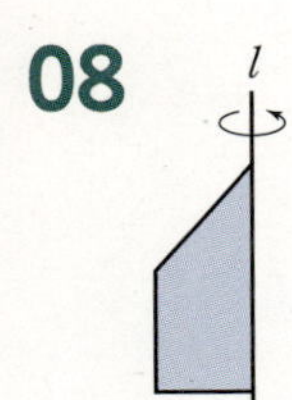

08
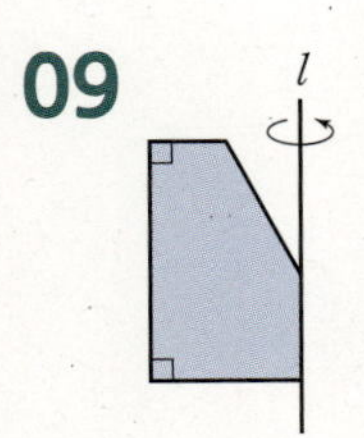

09

[10~13] 다음 평면도형을 직선 l을 회전축으로 하여 1회전시킬 때 생기는 입체도형의 겨냥도를 그려라.

10

11

12

13

06 회전체의 성질

1. 회전체를 회전축에 수직인 평면으로 자를 때 생기는 단면
   ⇨ 항상 원이다.

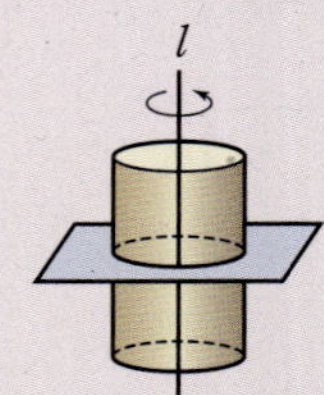 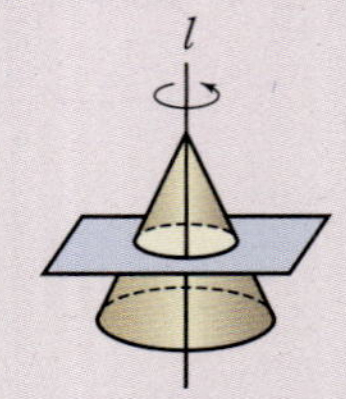 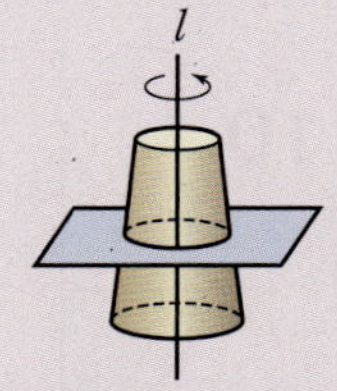 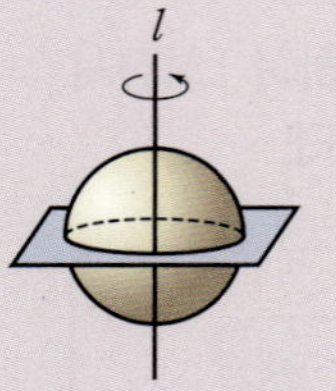

2. 회전체를 회전축을 포함하는 평면으로 자를 때 생기는 단면

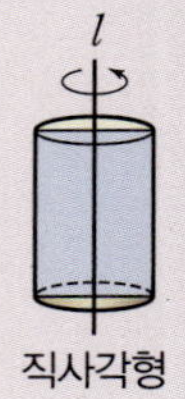 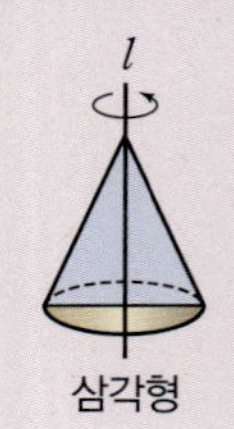 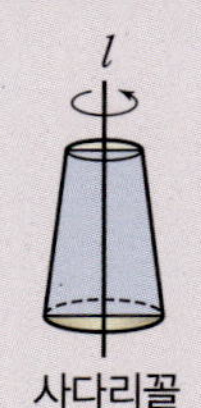 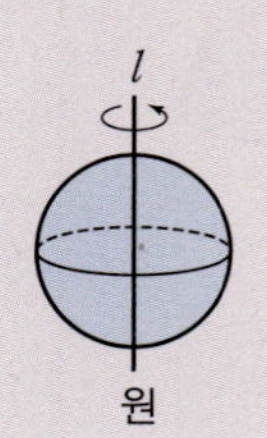

회전체를 회전축을 포함하는 평면으로 자를 때 생기는 단면은 회전축에 대한 선대칭도형이고, 모두 합동이다.

유형 076 회전체의 단면

[01~05] 다음 회전체를 회전축에 수직인 평면으로 자를 때 생기는 단면의 모양을 그려라.

01

02

03

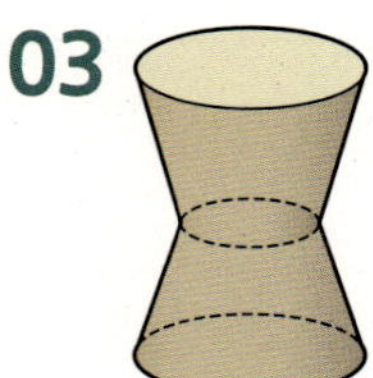

04

05

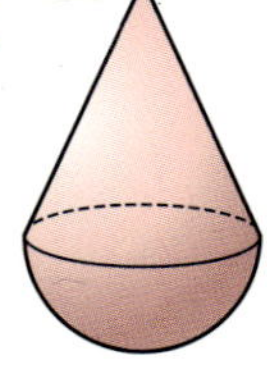 

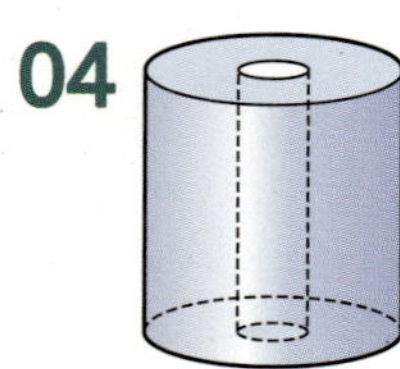

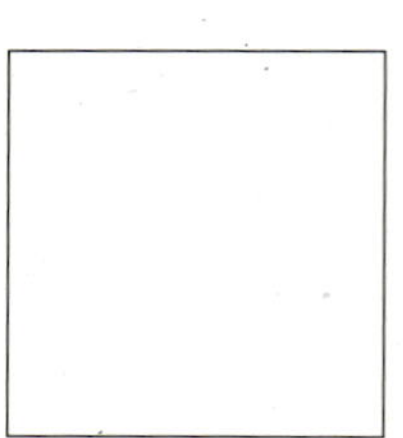

 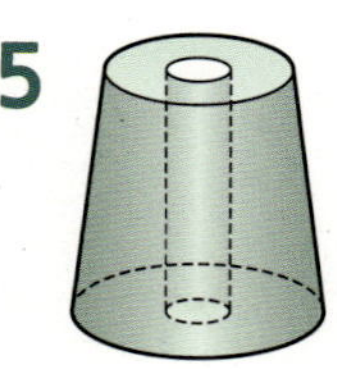

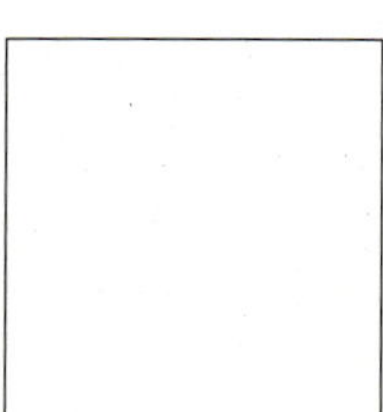

[06~10] 다음 회전체를 회전축을 포함하는 평면으로 자를 때
생기는 단면의 모양을 그려라.

06

07

08

09

10

[11~15] 오른쪽 그림과 같이 원뿔대
를 잘랐을 때 생기는 단면의 모양을
보기에서 찾아라.

보기
ㄱ ㄴ ㄷ
ㄹ ㅁ

11 평면 ①

12 평면 ②

13 평면 ③

14 평면 ④

15 평면 ⑤

[16~19] 오른쪽 그림과 같이 원뿔을 잘랐을 때 생기는 단면의 모양을 보기에서 찾아라.

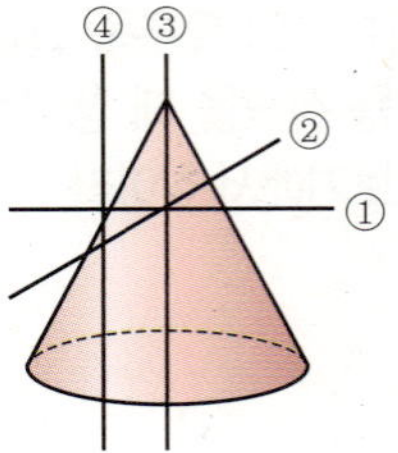

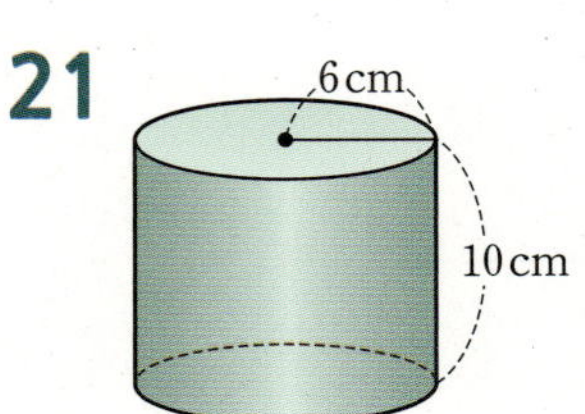

16 평면 ①

17 평면 ②

18 평면 ③

19 평면 ④

20 다음 중 어느 평면으로 잘라도 그 단면이 항상 원이 되는 회전체는?

　① 원기둥　　② 원뿔　　③ 원뿔대
　④ 반구　　　⑤ 구

[21~24] 다음 회전체를 회전축을 포함하는 평면으로 자를 때 생기는 단면의 넓이를 구하여라.

21 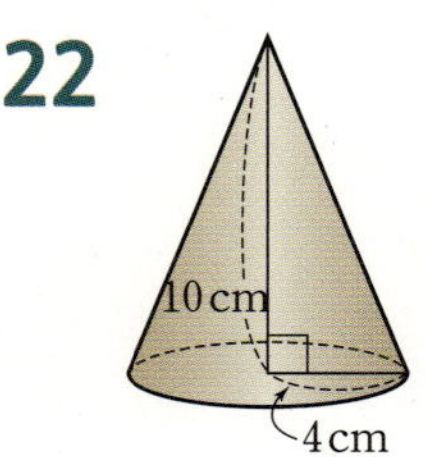

22

23 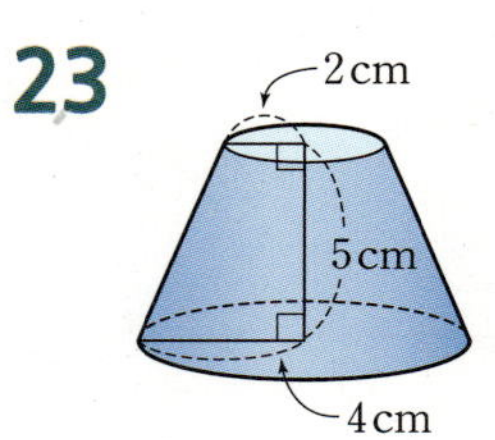

24 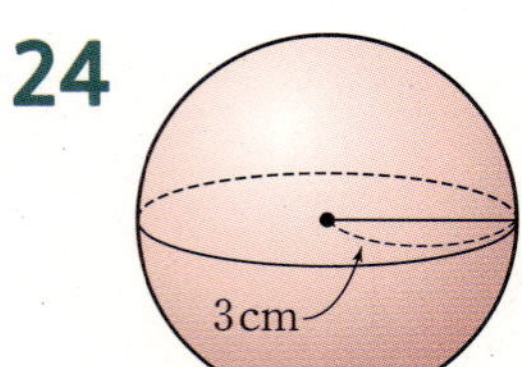

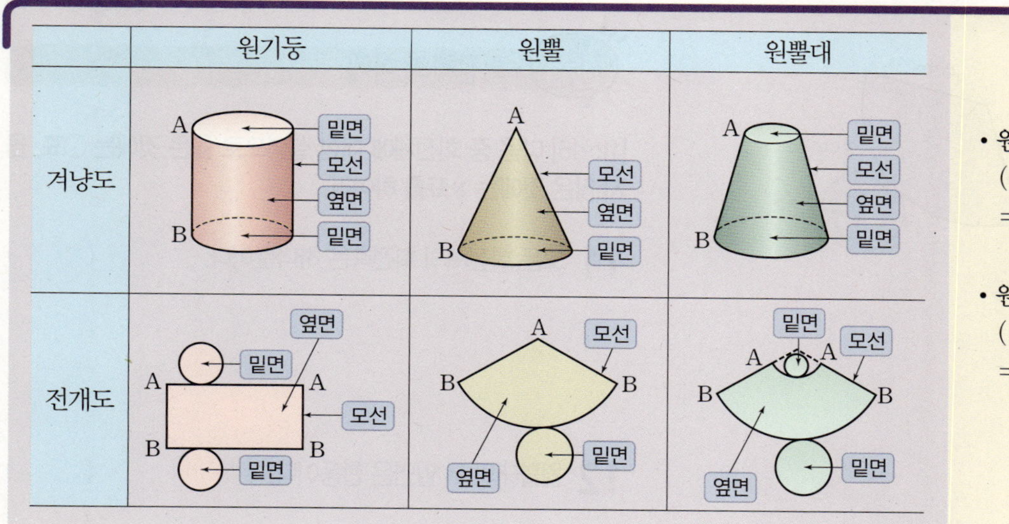

• 원기둥의 전개도에서
 (직사각형의 가로의 길이)
 =(원기둥의 밑면인 원의
   둘레의 길이)
• 원뿔의 전개도에서
 (부채꼴의 호의 길이)
 =(원뿔의 밑면인 원의
   둘레의 길이)

유형 078 회전체의 전개도

[01~03] 다음 그림과 같은 전개도를 갖는 입체도형을 그려라.

[04~10] 다음 회전체와 그 전개도를 보고 x, y의 값을 각각 구하여라.

01

04

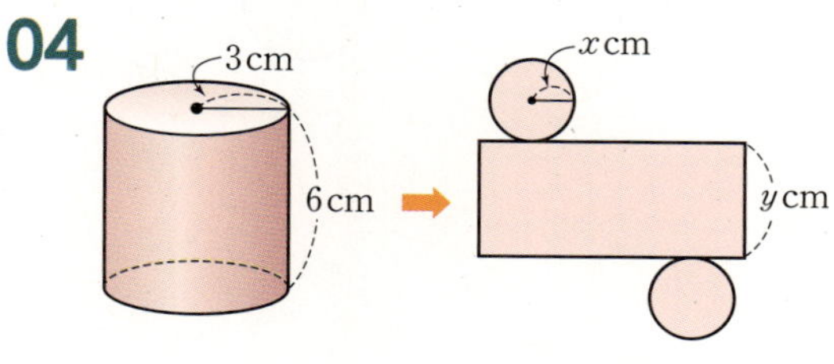

02

05

03

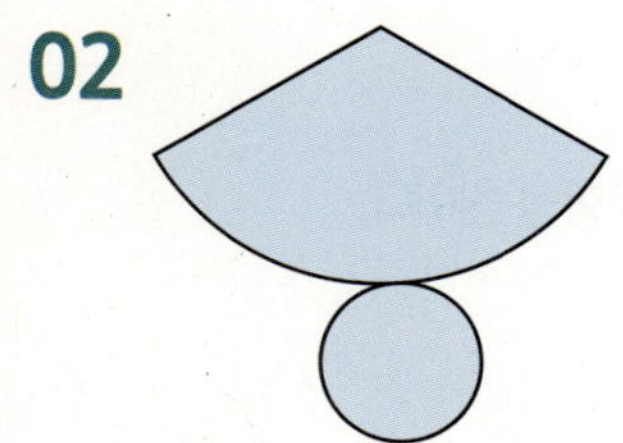

06

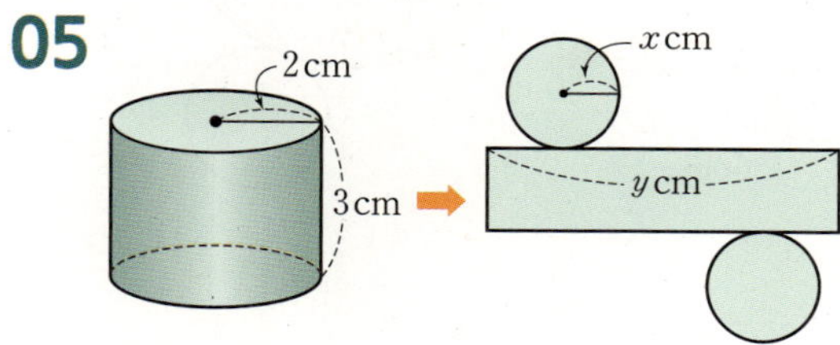

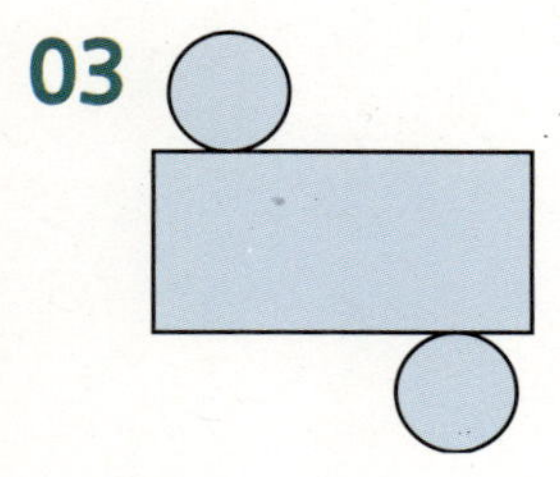

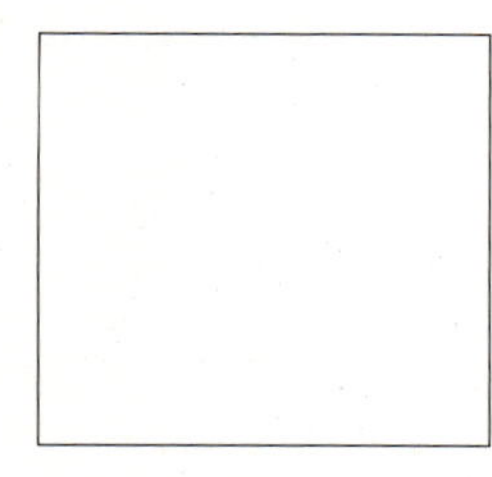

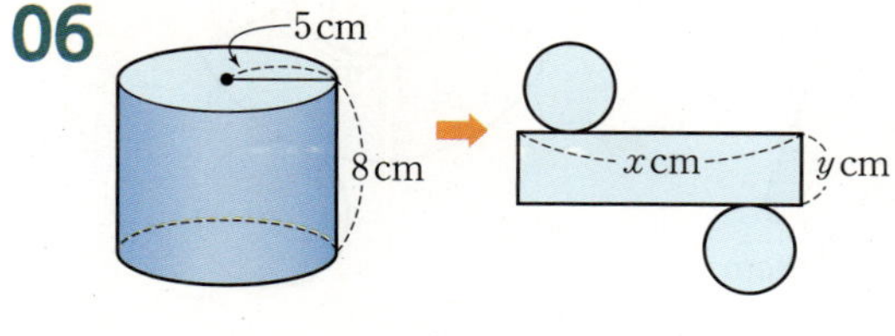

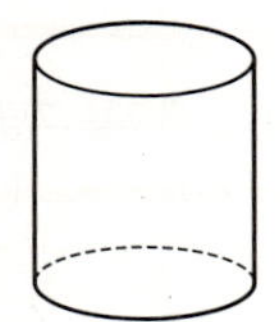

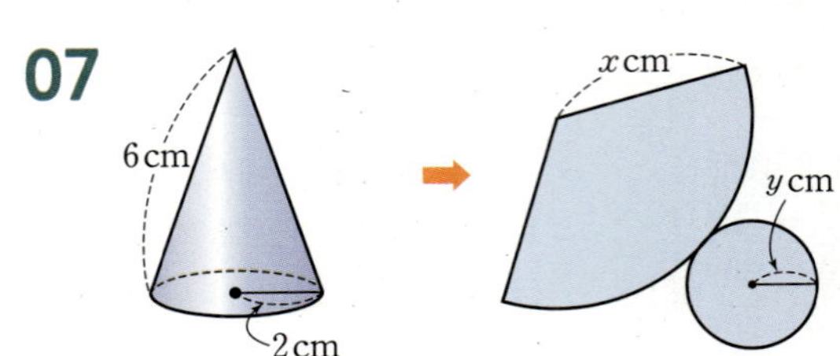

07

[11~16] 다음 중 회전체에 대한 설명으로 옳은 것에는 ○표, 옳지 않은 것에는 ×표를 하여라.

11 모든 회전체의 회전축은 하나뿐이다. (　　)

12 원뿔대의 두 밑면은 합동이다. (　　)

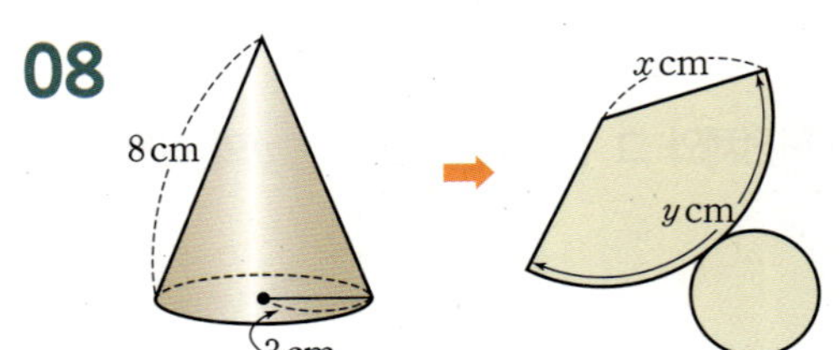

08

13 회전체를 회전축을 포함하는 평면으로 자를 때 생기는 단면은 선대칭도형이다. (　　)

14 회전체를 회전축에 수직인 평면으로 자를 때 생기는 단면은 원이다. (　　)

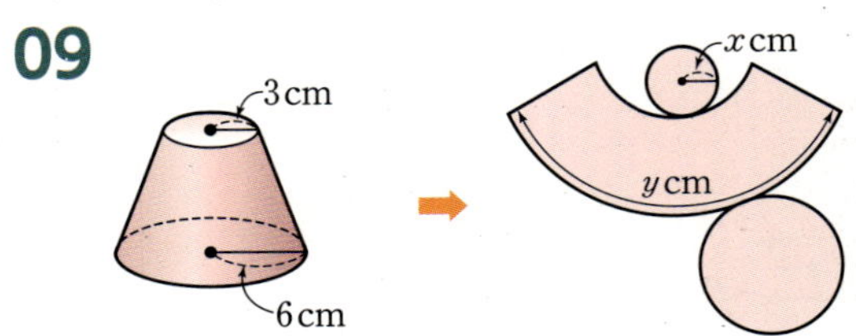

09

15 구를 평면으로 자른 단면은 항상 원이다. (　　)

16 구를 회전축에 수직인 평면으로 자를 때 생기는 단면은 구의 중심을 지날 때 그 크기가 가장 크다. (　　)

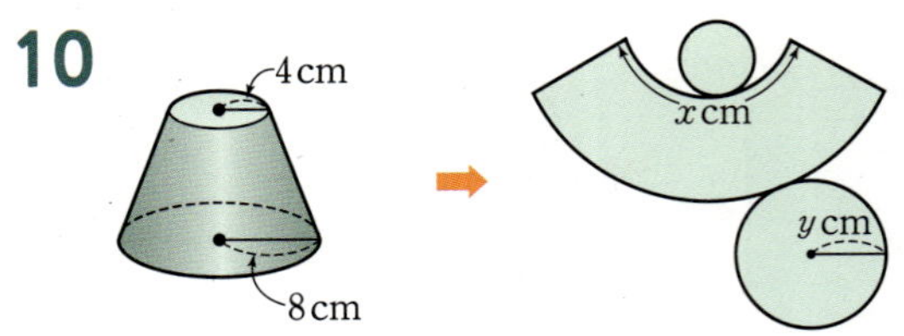

10

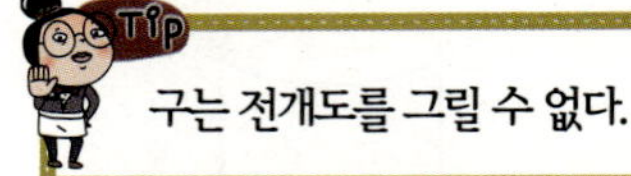

08 기둥의 겉넓이

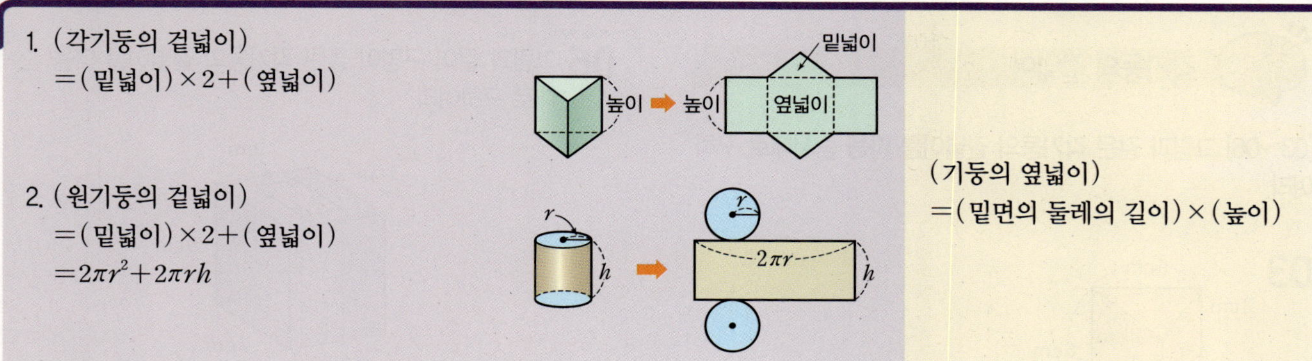

1. (각기둥의 겉넓이)
   =(밑넓이)×2+(옆넓이)

2. (원기둥의 겉넓이)
   =(밑넓이)×2+(옆넓이)
   =$2\pi r^2+2\pi rh$

(기둥의 옆넓이)
=(밑면의 둘레의 길이)×(높이)

유형 080 기둥의 전개도와 겉넓이

01 아래 그림을 보고 삼각기둥의 겉넓이를 다음 순서대로 구하여라.

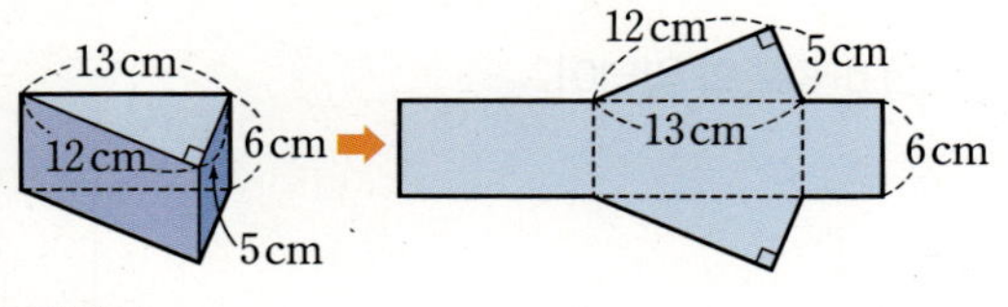

(1) 밑넓이

(2) 옆넓이

(3) 겉넓이

02 아래 그림을 보고 원기둥의 겉넓이를 다음 순서대로 구하여라.

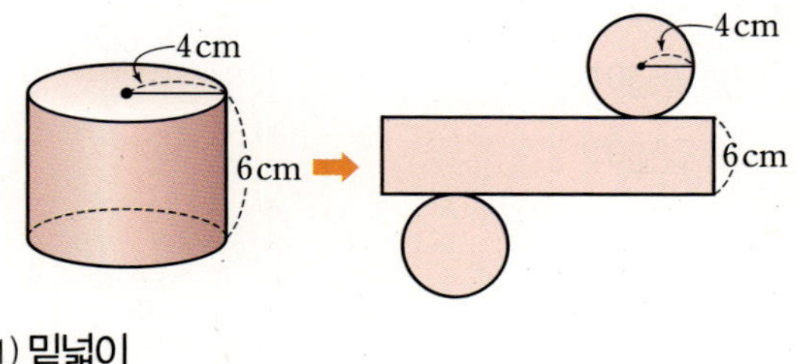

(1) 밑넓이

(2) 옆넓이

(3) 겉넓이

기둥은 밑면이 2개이고, 두 밑면은 서로 합동이다.

원기둥의 전개도에서 옆면의 가로의 길이는 원기둥의 밑면인 원의 둘레의 길이와 같다.

유형 081 각기둥의 겉넓이

[03~06] 그림과 같은 각기둥의 겉넓이를 다음 순서대로 구하여라.

03

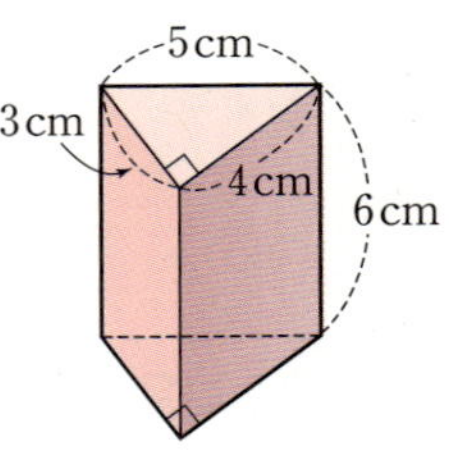

(1) 밑넓이

(2) 옆넓이

(3) 겉넓이

04

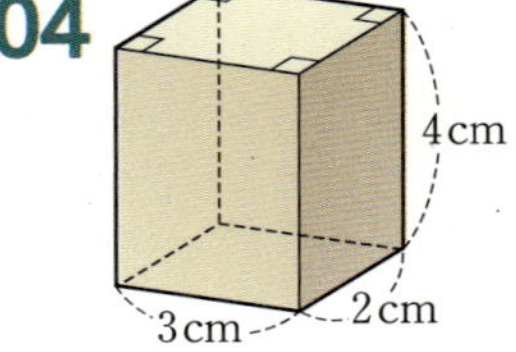

(1) 밑넓이

(2) 옆넓이

(3) 겉넓이

05

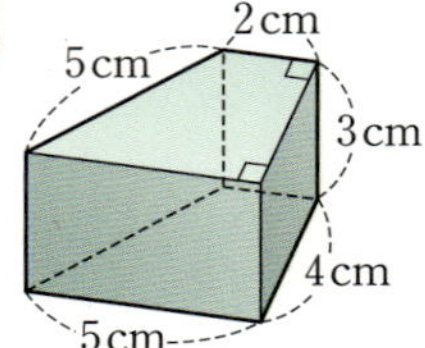

(1) 밑넓이

(2) 옆넓이

(3) 겉넓이

06

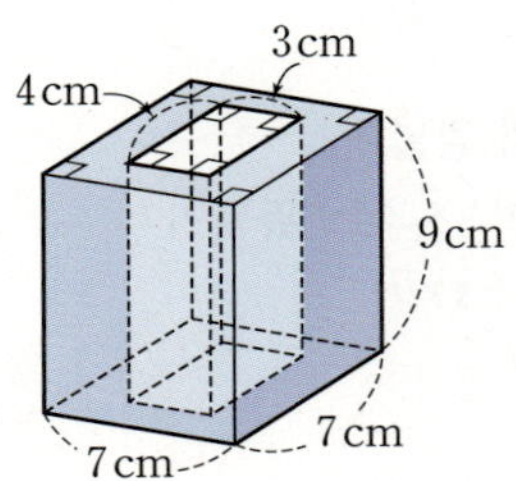

(1) 밑넓이

(2) 바깥쪽의 옆넓이

(3) 구멍 안쪽의 옆넓이

(4) 겉넓이

학교시험 필수예제

07

오른쪽 그림과 같이 직육면체에서 작은 직육면체를 잘라낸 입체도형의 겉넓이를 구하여라.

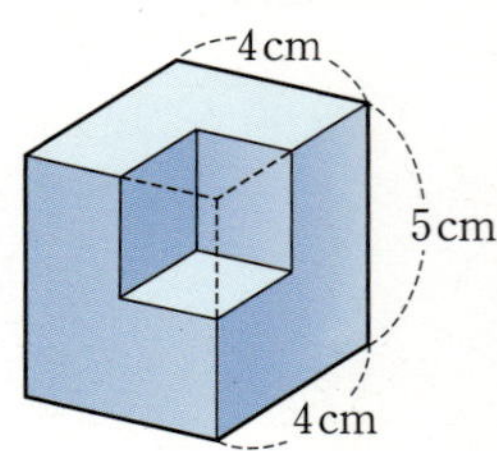

[08~10] 그림과 같은 원기둥의 겉넓이를 다음 순서대로 구하여라.

08

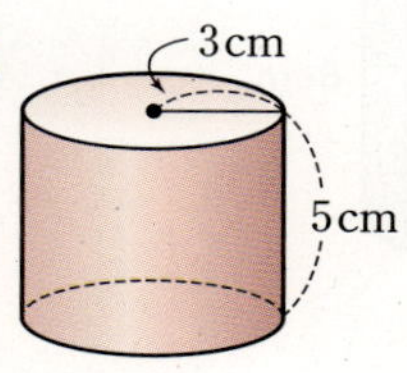

(1) 밑넓이

(2) 옆넓이

(3) 겉넓이

09

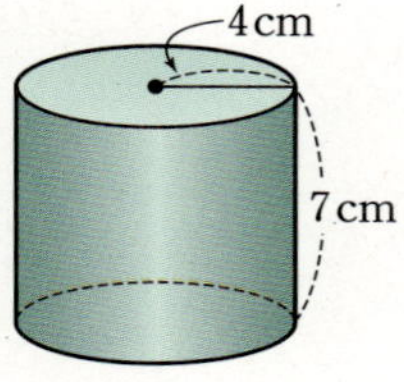

(1) 밑넓이

(2) 옆넓이

(3) 겉넓이

10

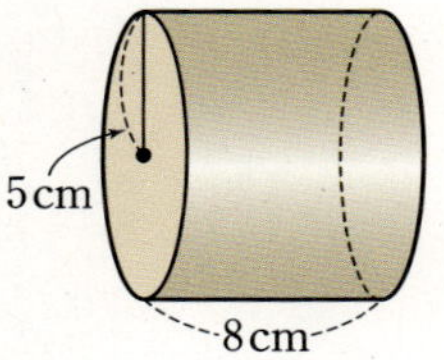

(1) 밑넓이

(2) 옆넓이

(3) 겉넓이

11 그림과 같이 구멍이 뚫린 원기둥의 겉넓이를 다음 순서대로 구하여라.

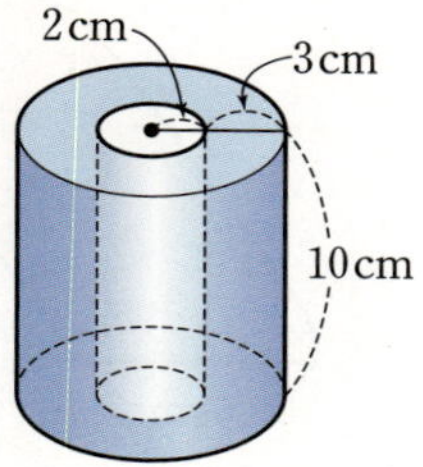

(1) 밑넓이

(2) 바깥쪽의 옆넓이

(3) 구멍 안쪽의 옆넓이

(4) 겉넓이

12 그림과 같이 원기둥에서 밑면이 반원이 되도록 잘라낸 입체도형의 겉넓이를 다음 순서대로 구하여라.

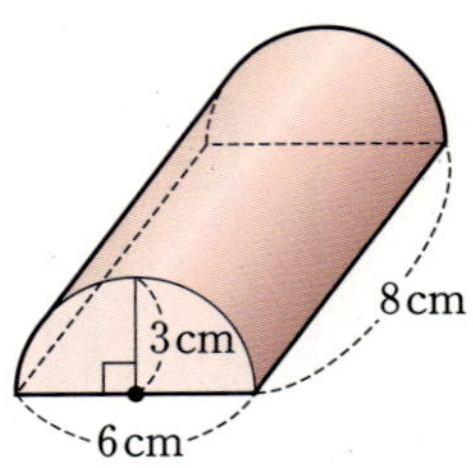

(1) 밑넓이

(2) 곡면의 옆넓이

(3) 평면의 옆넓이

(4) 겉넓이

13 그림과 같이 원기둥에서 일부분을 잘라낸 입체도형의 겉넓이를 다음 순서대로 구하여라.

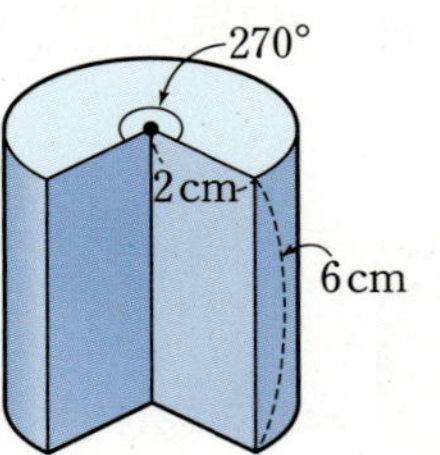

(1) 밑넓이

(2) 곡면의 옆넓이

(3) 평면의 옆넓이

(4) 겉넓이

09 기둥의 부피

1. 각기둥의 부피 : 밑넓이가 S, 높이가 h인 각기둥의
   부피 V는
   $\Rightarrow V = Sh$

2. 원기둥의 부피 : 밑면의 반지름의 길이가 r, 높이가
   h인 원기둥의 부피 V는
   $\Rightarrow V = \pi r^2 h$

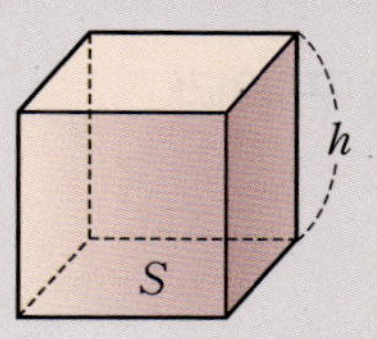

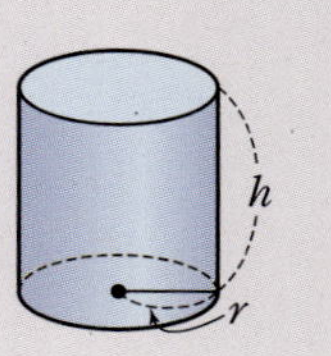

(기둥의 부피)
= (기둥의 밑넓이) × (높이)

083 각기둥의 부피

[01~02] 그림과 같은 각기둥의 부피를 다음 순서대로 구하여
라.

01

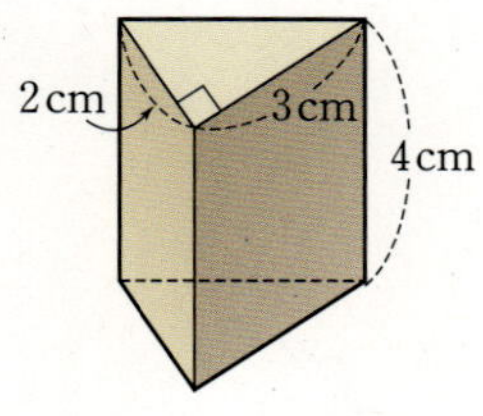

(1) 밑넓이

(2) 삼각기둥의 높이

(3) 부피

02

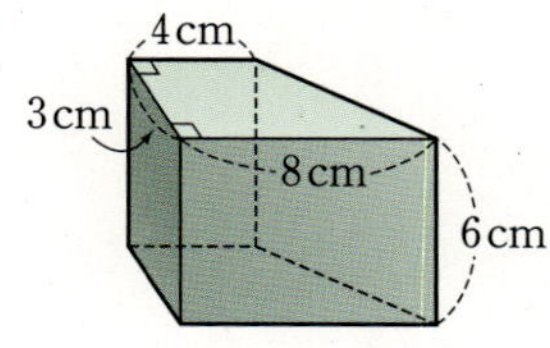

(1) 밑넓이

(2) 사각기둥의 높이

(3) 부피

03

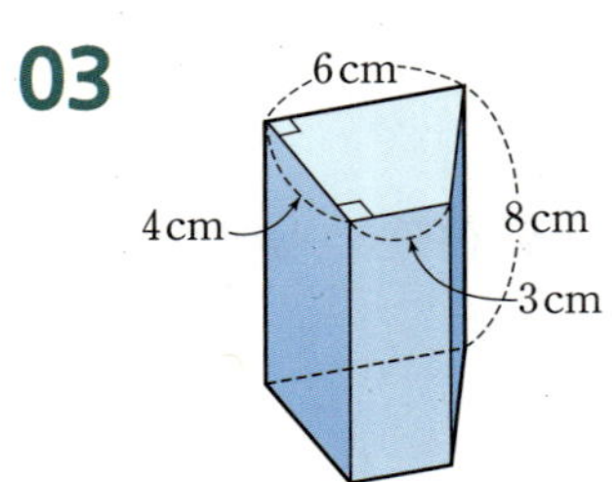

04

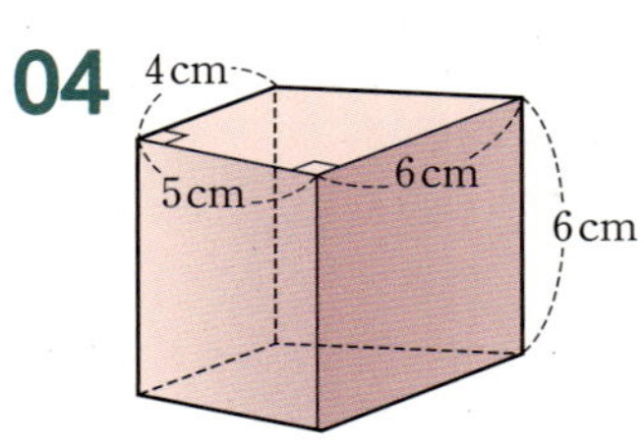

05

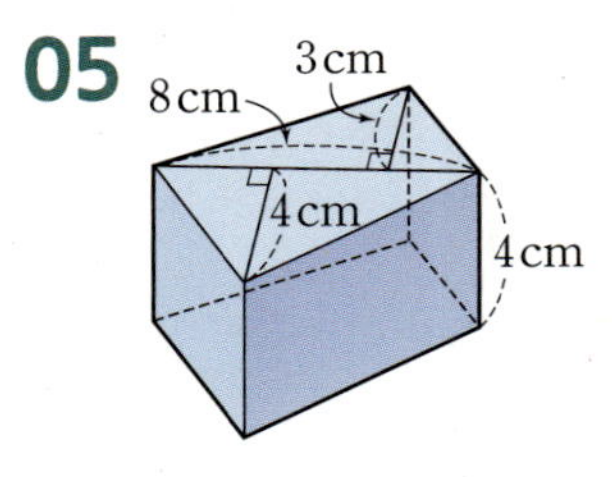

06

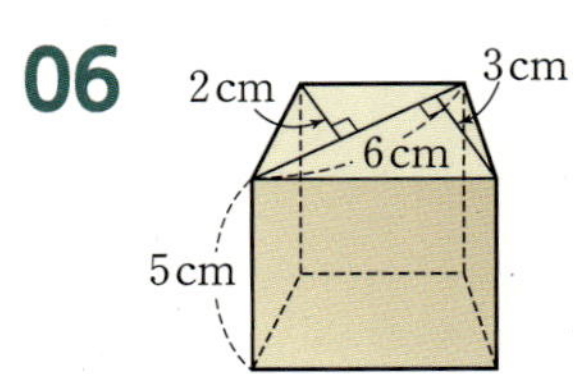

07

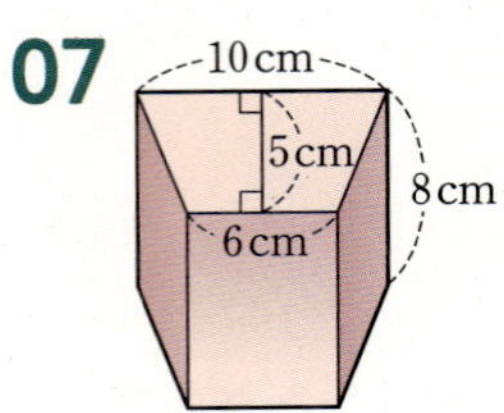

08

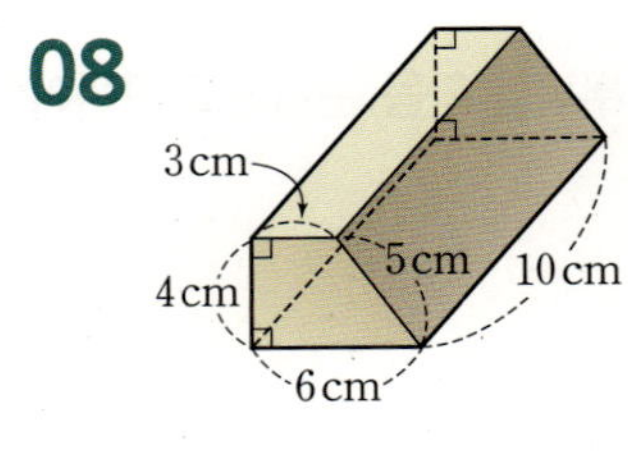

09

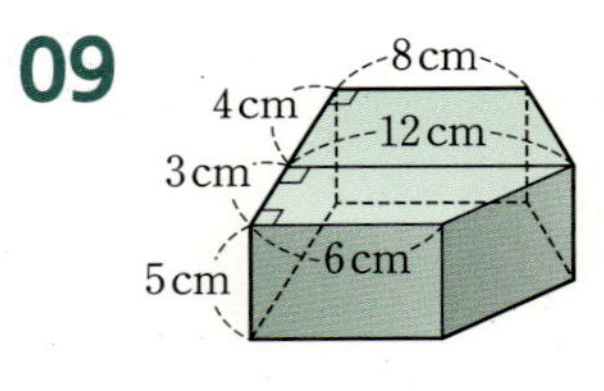

10

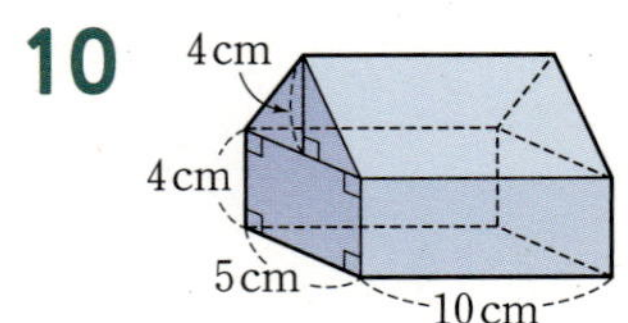

원기둥의 부피

[11~12] 그림과 같은 원기둥의 부피를 다음 순서대로 구하여라.

11

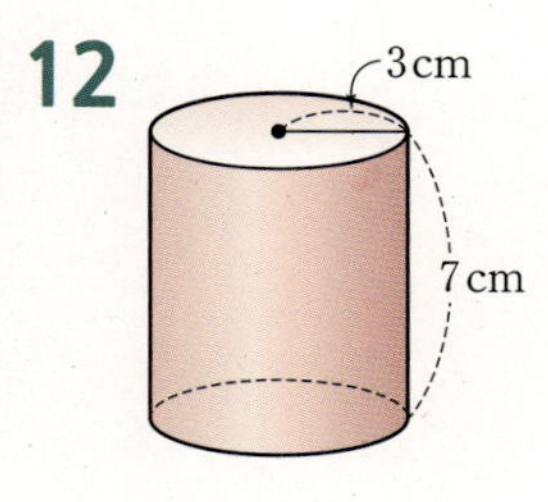

(1) 밑넓이

(2) 원기둥의 높이

(3) 부피

12

(1) 밑넓이

(2) 원기둥의 높이

(3) 부피

[13~16] 그림과 같은 원기둥의 부피를 구하여라.

13

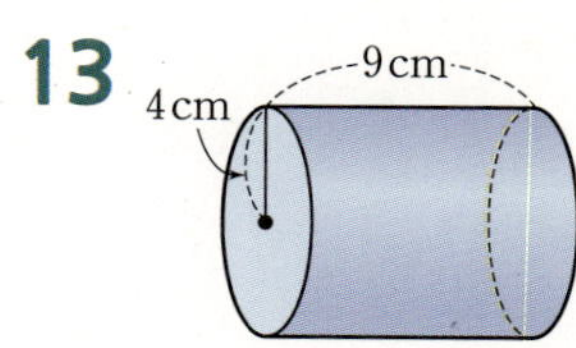

14

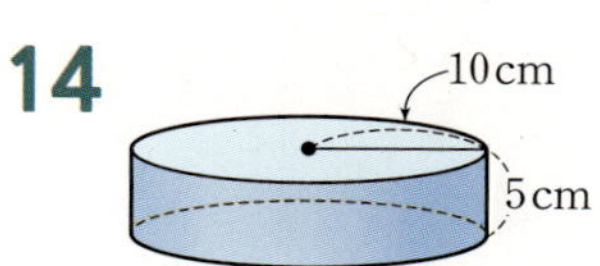

15

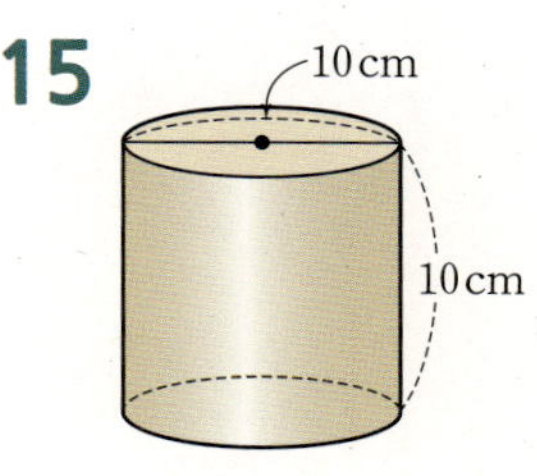

16

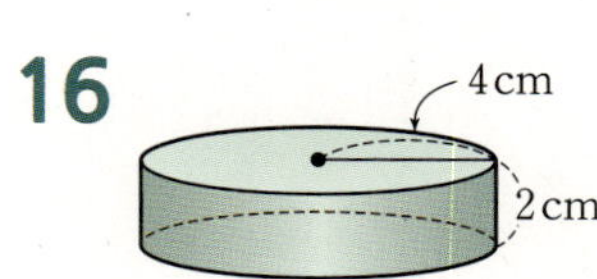

17

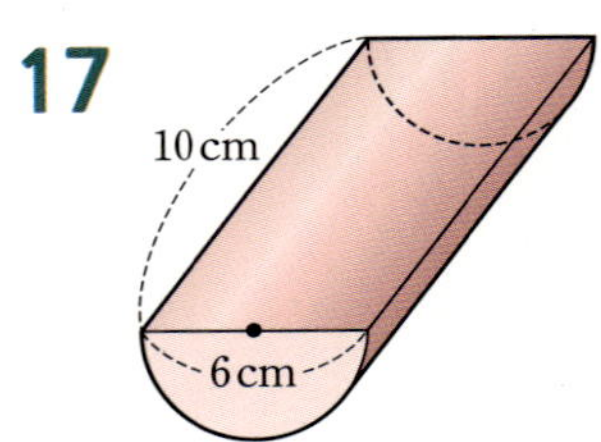

18

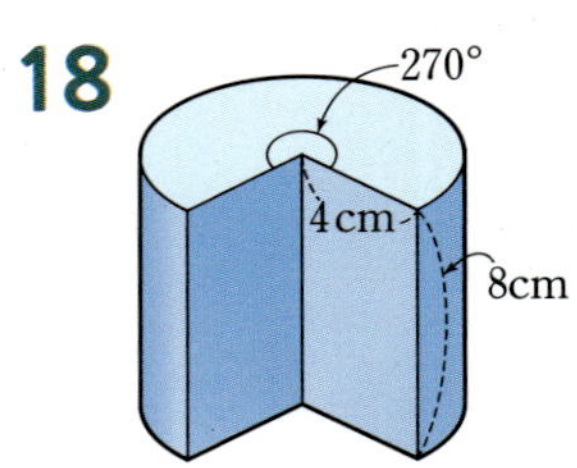

19

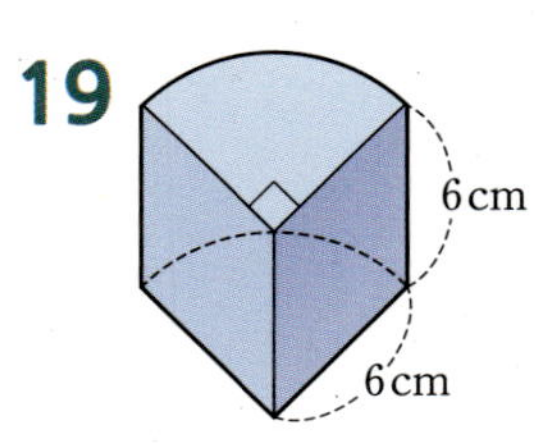

20

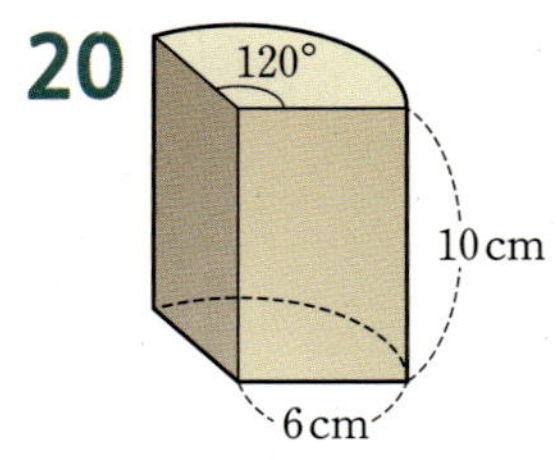

21

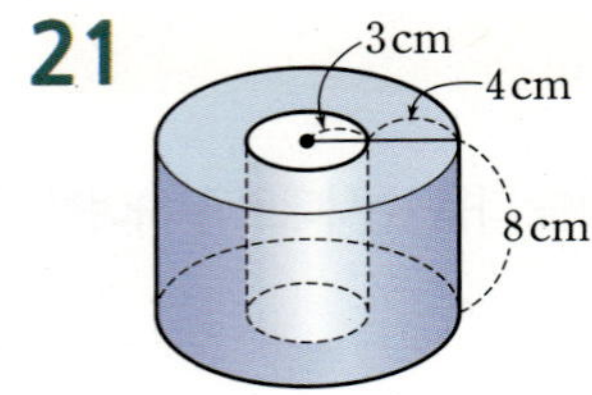

22

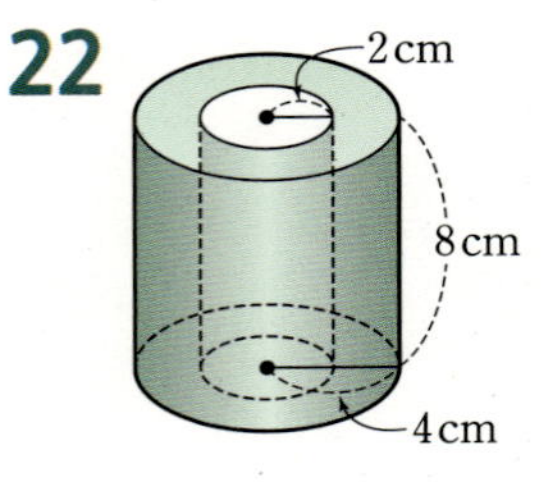

23

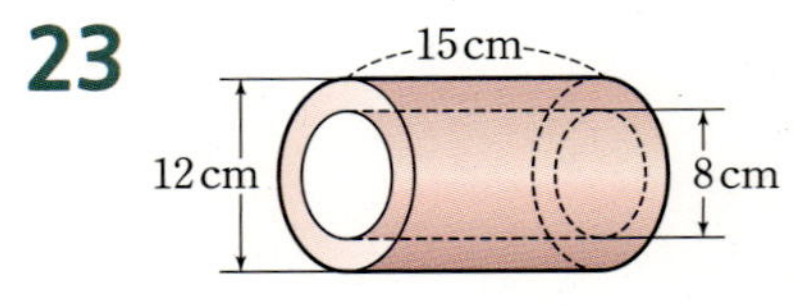

학교시험 필수예제

24 오른쪽 그림과 같이 직육면체에서 원기둥 모양의 구멍이 뚫린 입체도형의 부피를 구하여라.

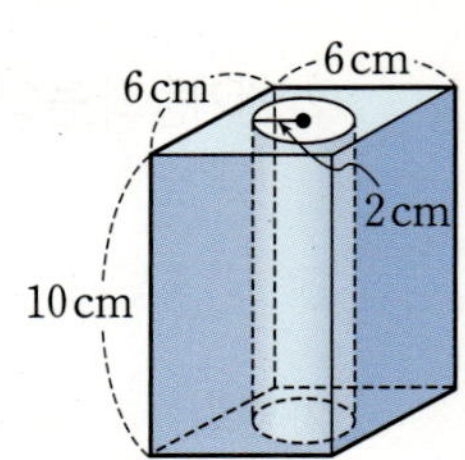

10 뿔의 겉넓이

1. (각뿔의 겉넓이)
   =(밑넓이)+(옆넓이)

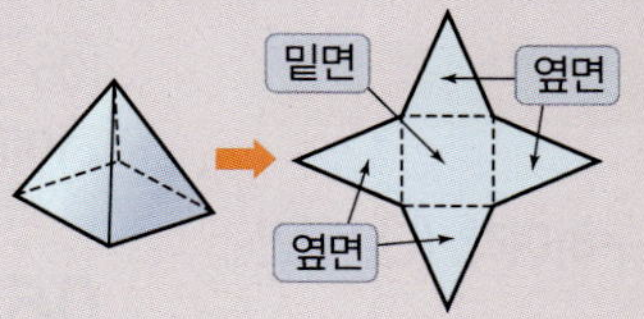

$(n$각뿔의 겉넓이)
$=(n$각형의 넓이)
$\quad+(n$개의 삼각형의 넓이의 합)

2. (원뿔의 겉넓이)
   =(밑넓이)+(옆넓이)
   $=\pi r^2+\dfrac{1}{2}l\cdot 2\pi r$
   $=\pi r^2+\pi r l$

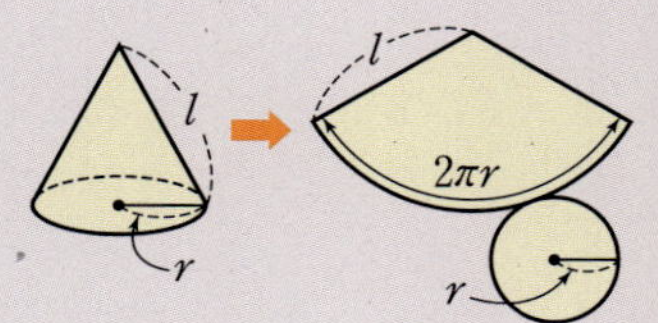

유형 085 뿔의 전개도와 겉넓이

01 아래 그림을 보고 사각뿔의 겉넓이를 다음 순서대로 구하여라. (단, 옆면은 모두 합동이다.)

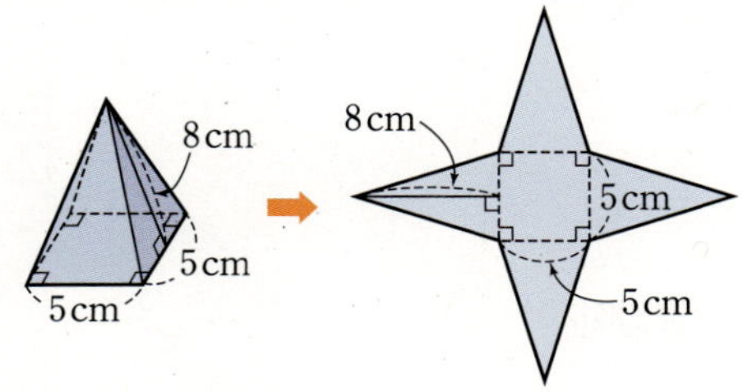

(1) 밑넓이

(2) 옆넓이

(3) 겉넓이

02 아래 그림을 보고 원뿔의 겉넓이를 다음 순서대로 구하여라.

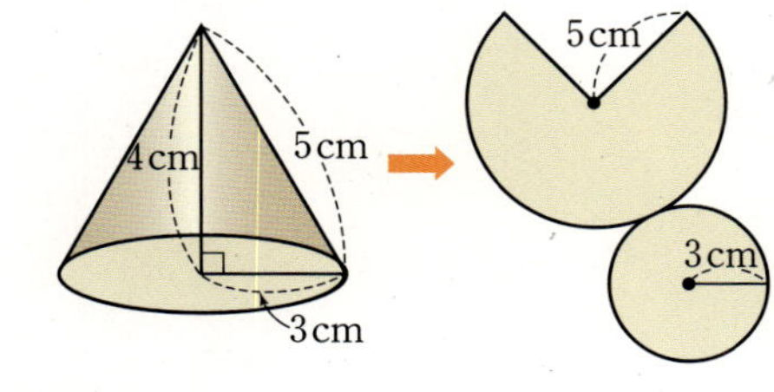

(1) 밑넓이

(2) 부채꼴의 호의 길이

(3) 옆넓이

(4) 겉넓이

뿔은 밑면이 한 개이다.

[03~05] 그림과 같은 사각뿔의 겉넓이를 구하여라. (단, 옆면은 모두 합동이다.)

03

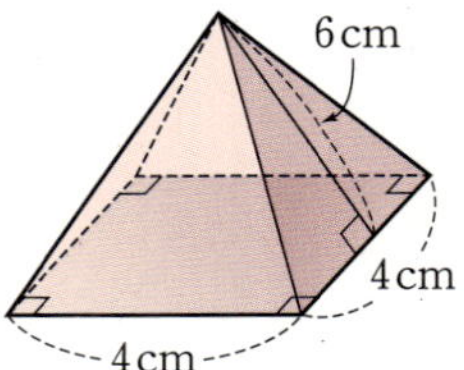

[06~07] 그림과 같은 사각뿔대의 겉넓이를 다음 순서대로 구하여라. (단, 옆면은 모두 합동이다.)

06

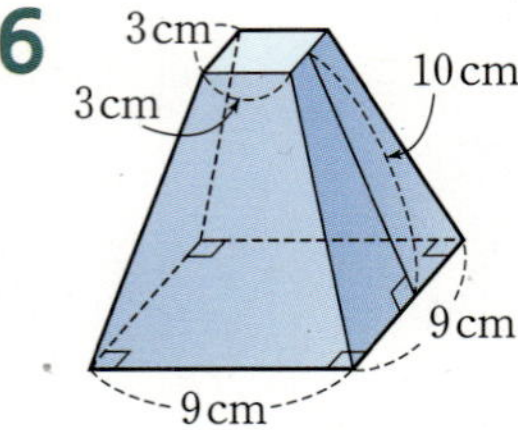

(1) 두 밑면의 넓이의 합

(2) 옆넓이

(3) 겉넓이

04

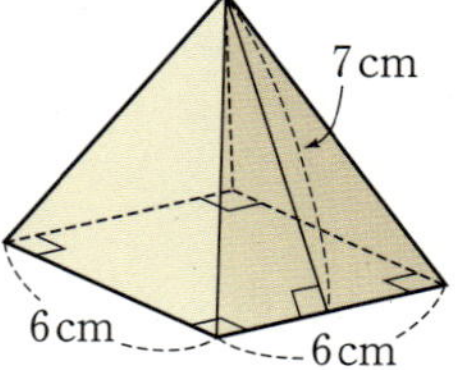

05

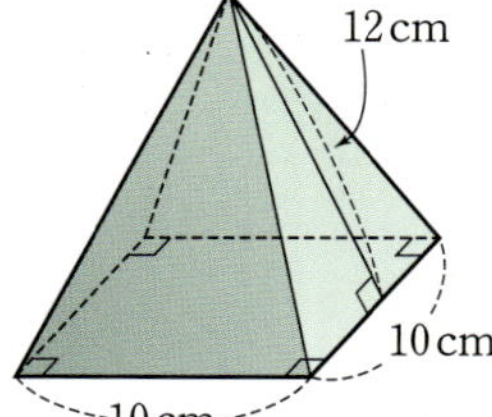

07

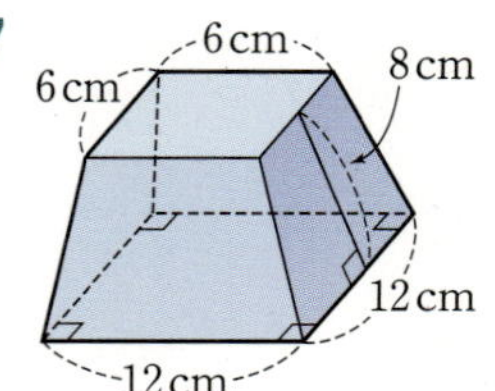

(1) 두 밑면의 넓이의 합

(2) 옆넓이

(3) 겉넓이

[08~10] 그림과 같은 원뿔의 겉넓이를 구하여라.

08

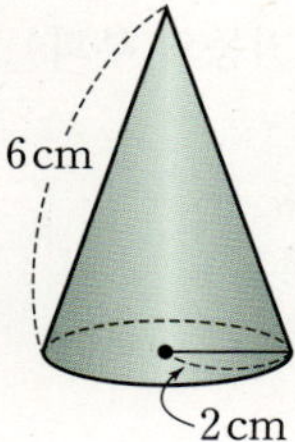

09

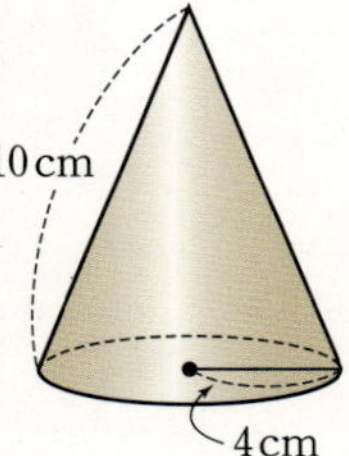

10

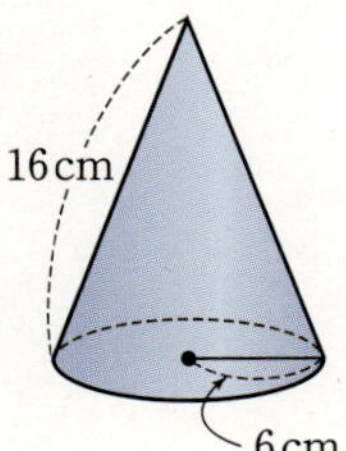

[11~12] 그림과 같은 원뿔대의 겉넓이를 다음 순서대로 구하여라.

11

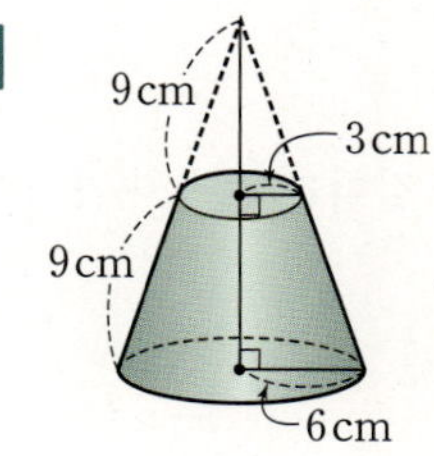

(1) 두 밑면의 넓이의 합

(2) 옆넓이

(3) 겉넓이

12

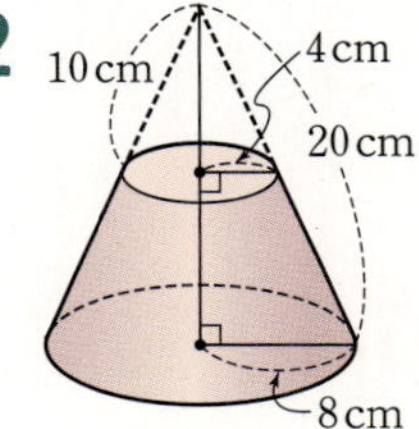

(1) 두 밑면의 넓이의 합

(2) 옆넓이

(3) 겉넓이

11 뿔의 부피

1. 각뿔의 부피 : 밑넓이가 S, 높이가 h인 각뿔의 부피 V는

$$\Rightarrow V = \frac{1}{3}Sh$$

2. 원뿔의 부피 : 밑면의 반지름의 길이가 r, 높이가 h인 원뿔의 부피 V는

$$\Rightarrow V = \frac{1}{3}\pi r^2 h$$

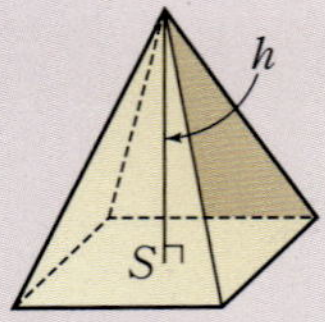

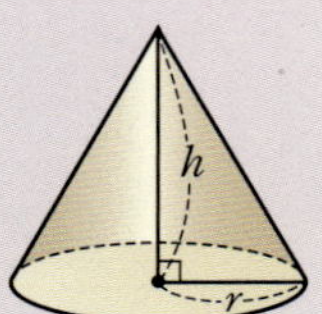

(뿔의 부피)
$$= \frac{1}{3} \times (\text{기둥의 부피})$$

088 각뿔의 부피

[01~02] 그림과 같은 각뿔의 부피를 다음 순서대로 구하여라.

01

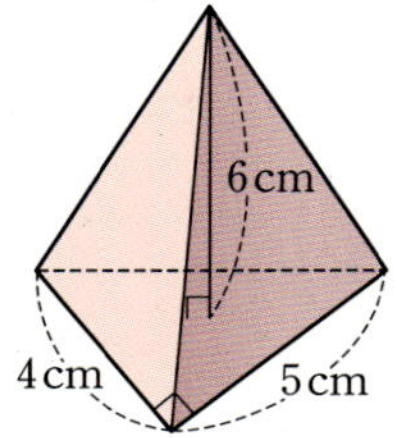

(1) 밑넓이

(2) 삼각뿔의 높이

(3) 부피

02

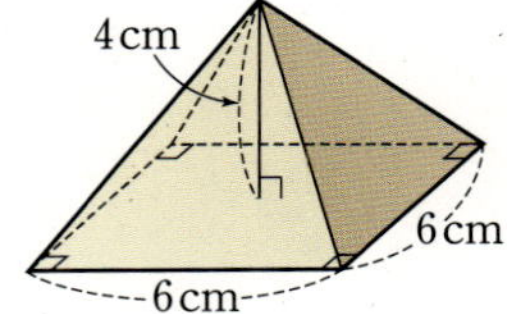

(1) 밑넓이

(2) 사각뿔의 높이

(3) 부피

03

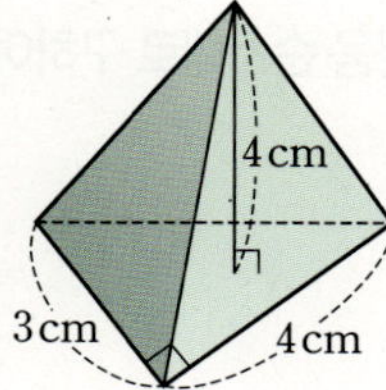

04

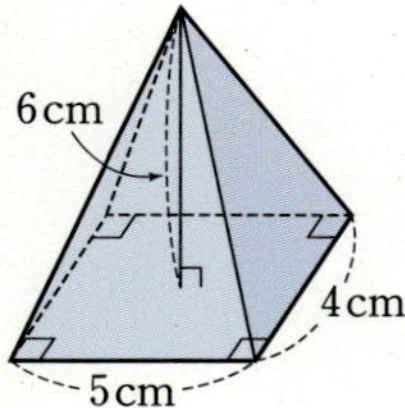

05

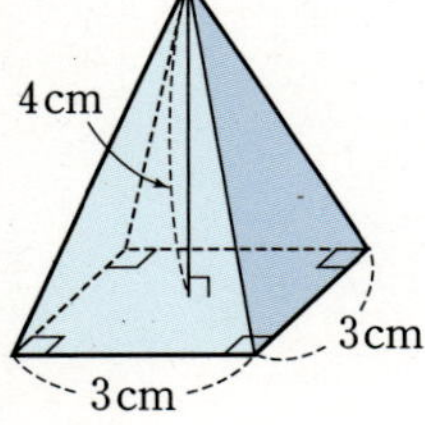

06

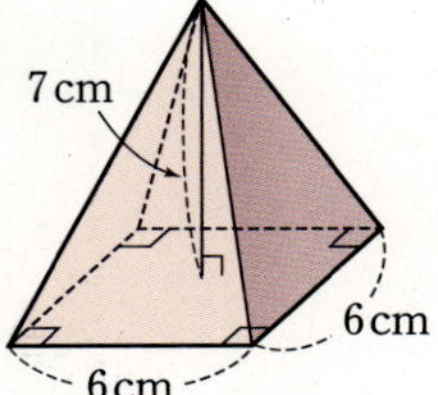

07

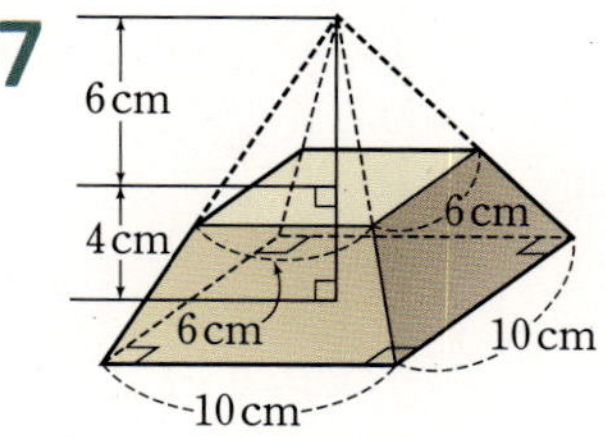

(1) 큰 사각뿔의 부피

(2) 작은 사각뿔의 부피

(3) 사각뿔대의 부피

08

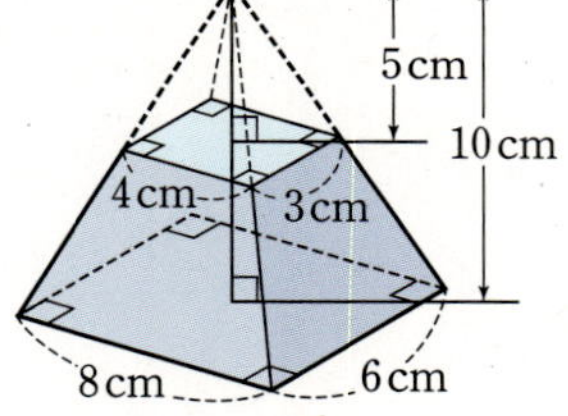

(1) 큰 사각뿔의 부피

(2) 작은 사각뿔의 부피

(3) 사각뿔대의 부피

[09~10] 그림과 같은 직육면체에서 잘라낸 삼각뿔 G-BCD 의 부피를 다음 순서대로 구하여라.

09

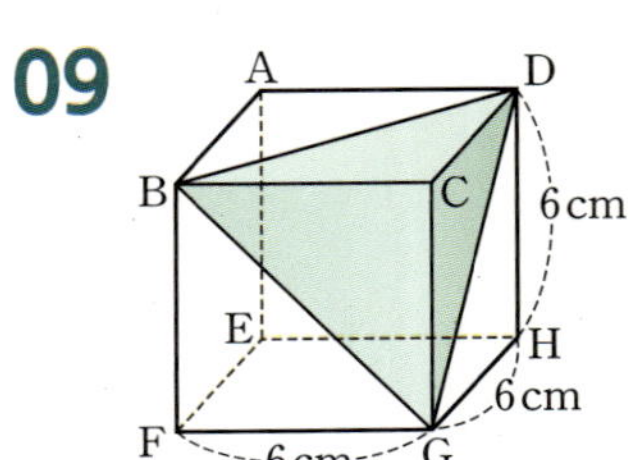

(1) 밑넓이

(2) 삼각뿔의 높이

(3) 부피

10

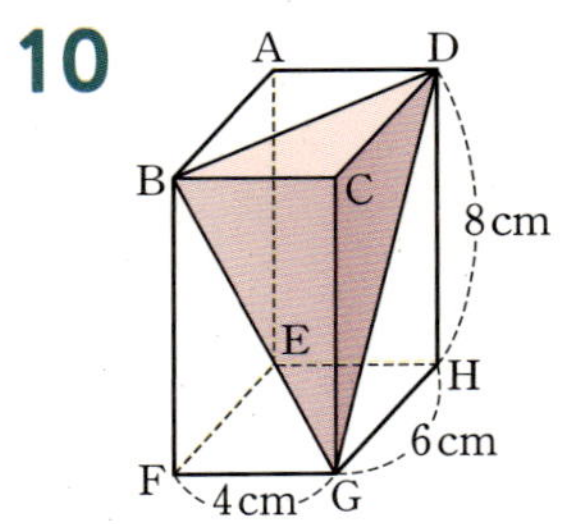

(1) 밑넓이

(2) 삼각뿔의 높이

(3) 부피

원뿔의 부피

[11~12] 그림과 같은 원뿔의 부피를 다음 순서대로 구하여라.

11

(1) 밑넓이

(2) 원뿔의 높이

(3) 부피

12

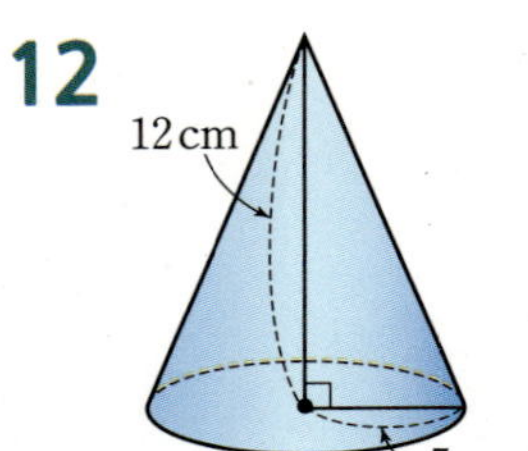

(1) 밑넓이

(2) 원뿔의 높이

(3) 부피

13

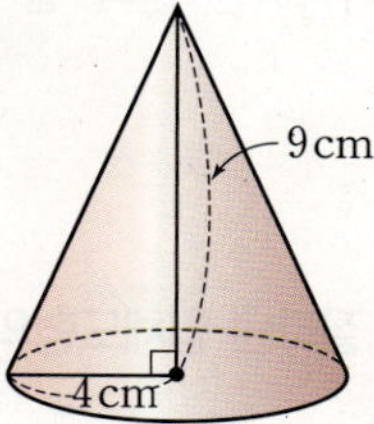

14

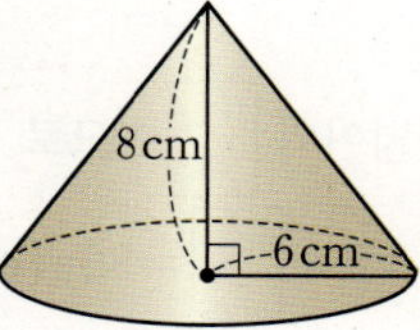

15

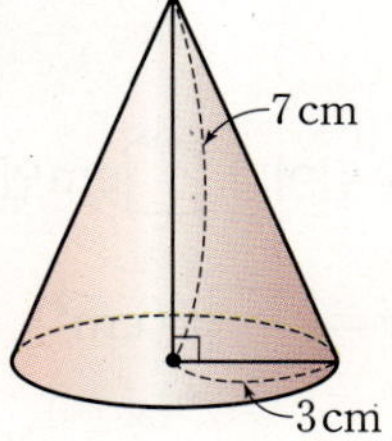

16

17

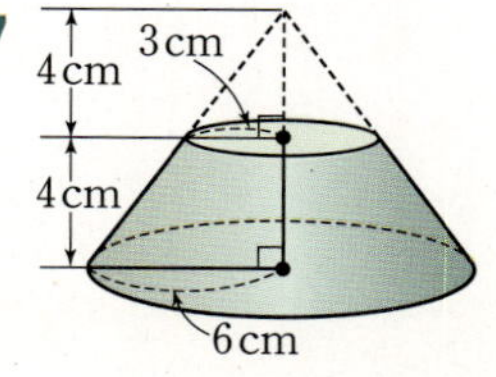

(1) 큰 원뿔의 부피

(2) 작은 원뿔의 부피

(3) 원뿔대의 부피

18

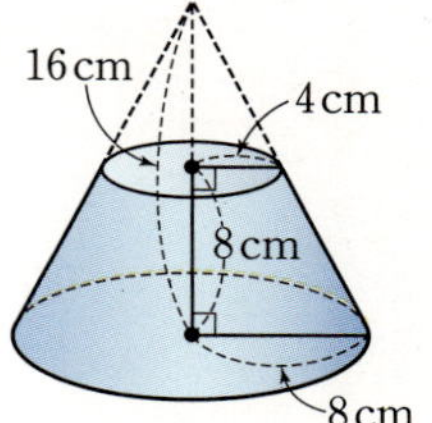

(1) 큰 원뿔의 부피

(2) 작은 원뿔의 부피

(3) 원뿔대의 부피

12 구의 겉넓이

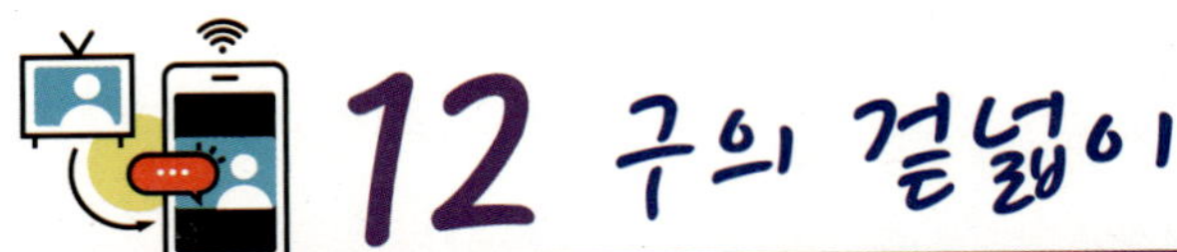
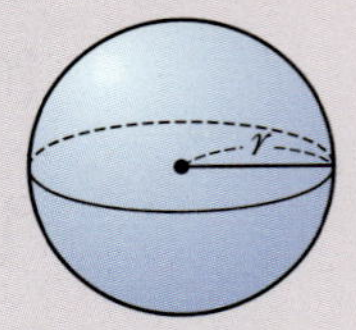

반지름의 길이가 r인 구의 겉넓이를 S라고 하면
$$\Rightarrow S = 4\pi r^2$$

반지름의 길이가 r인 구의 겉넓이는 반지름의 길이가 $2r$인 원의 넓이와 같다.

유형 090 구의 겉넓이

[01~03] 다음 그림과 같은 구의 겉넓이를 구하여라.

01

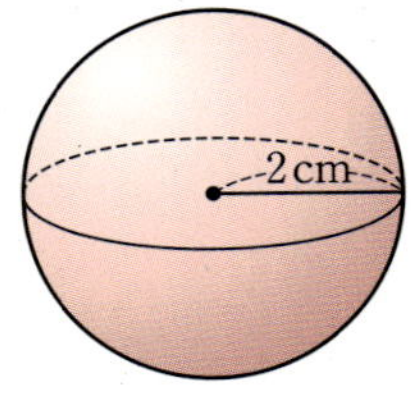

|해설| 구의 반지름의 길이는 ☐cm이므로
(겉넓이)＝☐$\pi \times$☐$^2 =$☐π(cm^2)

02

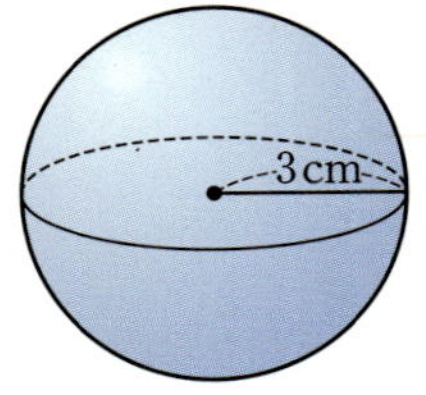

03

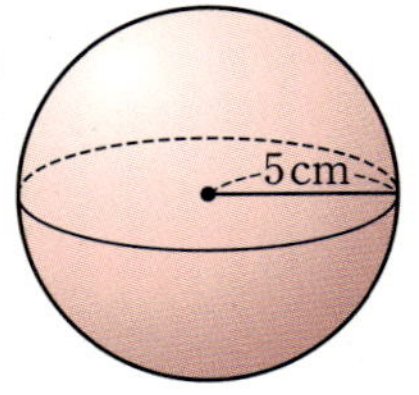

[04~06] 그림과 같이 구의 일부분을 잘라낸 입체도형의 겉넓이를 다음 순서대로 구하여라.

04

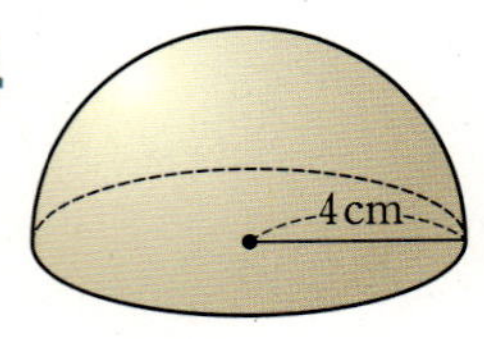

(1) 곡면의 넓이

|해설| 곡면의 넓이는 구의 겉넓이의 ☐이므로
$$(곡면의\ 넓이) = (4\pi \times 4^2) \times ☐ = 32\pi\,(cm^2)$$

(2) 평면의 넓이

|해설| 평면의 넓이는 반지름의 길이가 ☐cm인 원의 넓이와 같으므로
$$(평면의\ 넓이) = \pi \times ☐^2 = ☐\pi\,(cm^2)$$

(3) 겉넓이

|해설| $(겉넓이) = ☐\pi + 16\pi = ☐\pi\,(cm^2)$

05

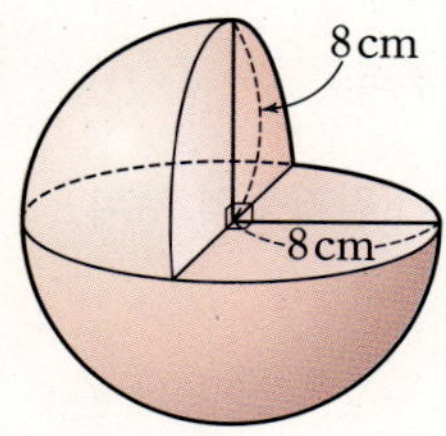

(1) 곡면의 넓이

(2) 평면의 넓이

(3) 겉넓이

06

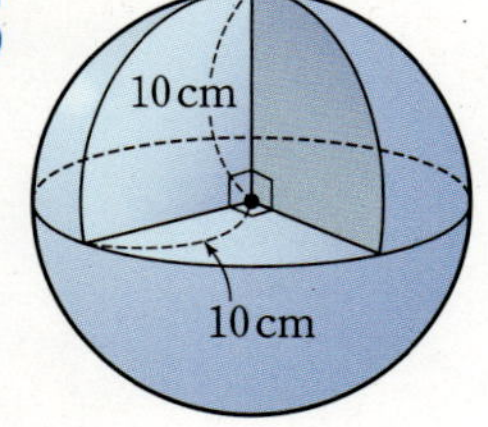

(1) 곡면의 넓이

(2) 평면의 넓이

(3) 겉넓이

[07~08] 그림과 같은 입체도형의 겉넓이를 다음 순서대로 구하여라.

07

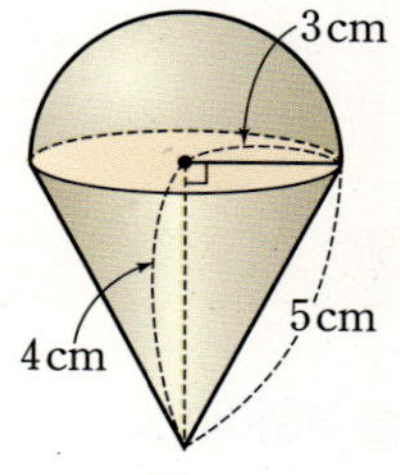

(1) 반구의 겉넓이

(2) 원뿔의 옆넓이

(3) 입체도형의 겉넓이

08

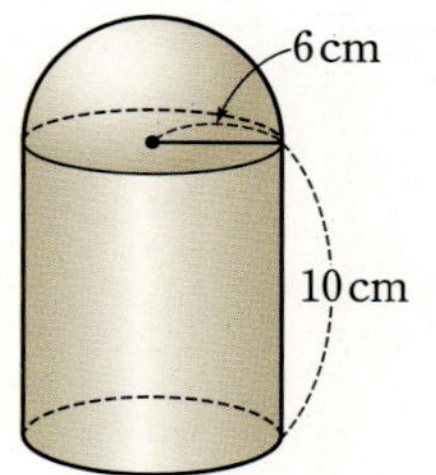

(1) 반구의 겉넓이

(2) 원기둥의 옆넓이

(3) 밑면의 넓이

(4) 입체도형의 겉넓이

반지름의 길이가 r인 구의 부피는 밑면의 반지름의 길이가 r이고 높이가 $2r$인 원기둥의 부피의 $\dfrac{2}{3}$이다.

즉, 반지름의 길이가 r인 구의 부피를 V라고 하면

$\Rightarrow V = \dfrac{4}{3}\pi r^3$

(구의 부피)
$= \dfrac{2}{3} \times ($원기둥의 부피$)$

 **유형 091 구의 부피**

[01~03] 다음 그림과 같은 구의 부피를 구하여라.

01

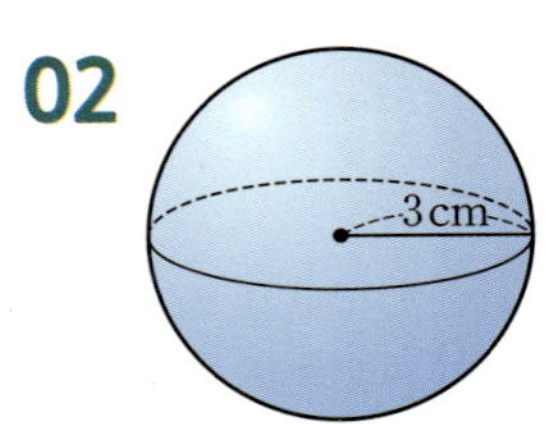

|해설| 구의 반지름의 길이는 2 cm이므로

(부피)$= \boxed{}\pi \times 2^3 = \boxed{}\pi\,(\mathrm{cm}^3)$

02

03

[04~06] 다음 그림과 같이 구의 일부분을 잘라낸 입체도형의 부피를 구하여라.

04

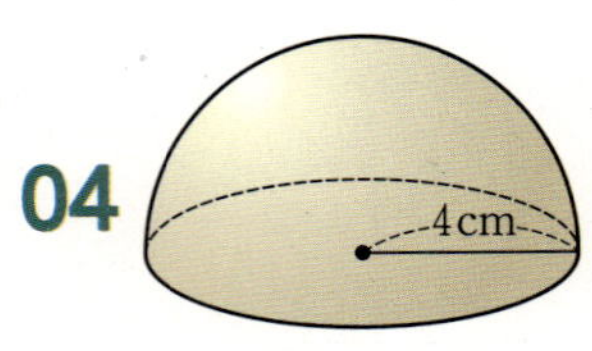

|해설| 주어진 입체도형은 구의 부피의 $\boxed{}$이므로

(부피)$= \left(\dfrac{4}{3}\pi \times 4^3\right) \times \boxed{} = \boxed{}\pi\,(\mathrm{cm}^3)$

05

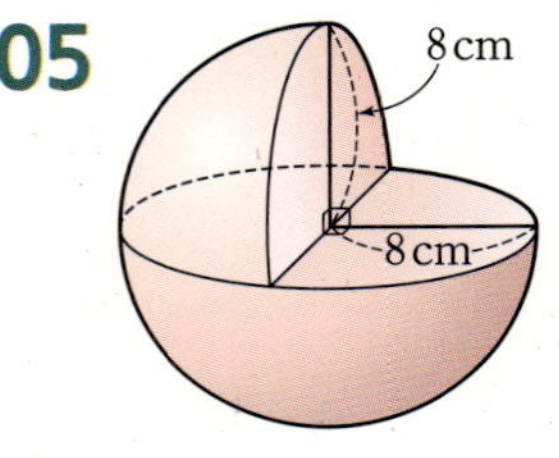

06

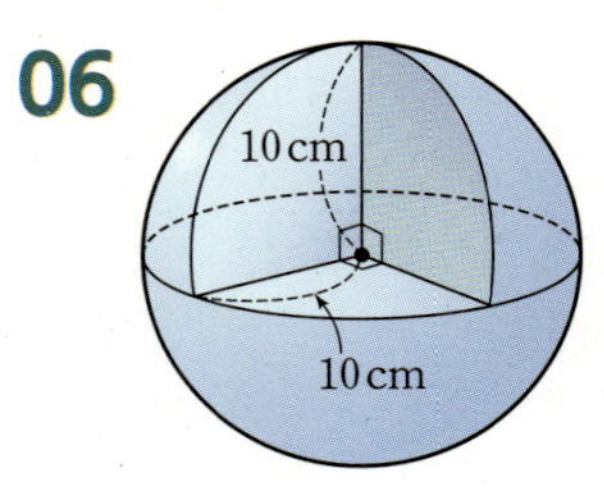

07

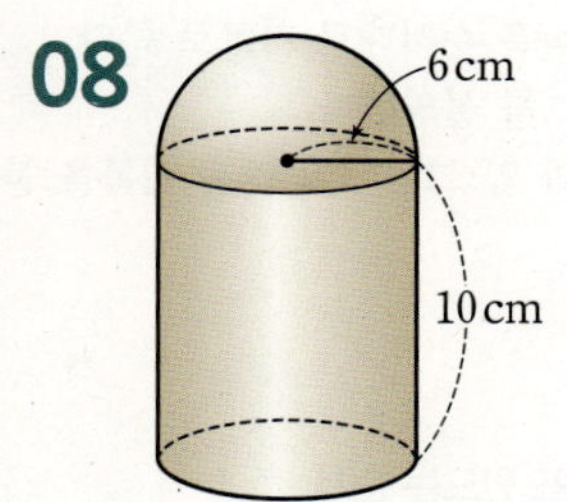

(1) 반구의 부피

(2) 원뿔의 부피

(3) 입체도형의 부피

08

(1) 반구의 부피

(2) 원기둥의 부피

(3) 입체도형의 부피

[09~12] 그림과 같이 원기둥 안에 원뿔과 구가 꼭맞게 들어 있다. 구의 반지름의 길이가 $3\,cm$일 때, 다음을 구하여라.

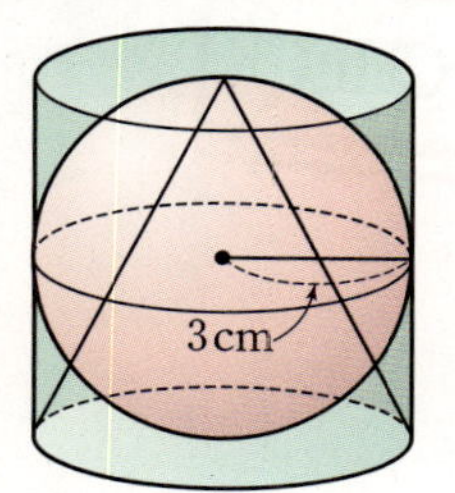

09 원뿔의 부피

10 구의 부피

11 원기둥의 부피

12 (원뿔의 부피) : (구의 부피) : (원기둥의 부피)

학교시험 필수예제

13 반지름의 길이가 $4\,cm$인 쇠구슬을 녹여 반지름의 길이가 $1\,cm$인 쇠구슬을 만들 때, 반지름의 길이가 $1\,cm$인 쇠구슬은 몇 개 만들 수 있는지 구하여라.

1. 대푯값
자료의 중심 경향을 하나의 수로 나타낸 값으로 평균, 중앙값, 최빈값 등이 있다.

2. 중앙값
자료를 작은 값부터 크기순으로 나열하였을 때, 가운데 위치한 값

(1) 자료의 개수가 홀수인 경우에는 가운데 위치한 자료의 값

예 2, 3, 7, 9, 12의 중앙값은 7이다.

(2) 자료의 개수가 짝수인 경우에는 가운데 위치한 두 자료의 평균

예 2, 6, 9, 11, 19, 30의 중앙값은 9와 11의 평균인 10이다.

평균 : 변량의 총합을 변량의 개수로 나눈 값

$$(\text{평균}) = \frac{(\text{변량의 총합})}{(\text{변량의 개수})}$$

n개의 변량 x_1, x_2, x_3, $\cdots$, x_n의 평균을 m이라고 하면

$$m = \frac{x_1 + x_2 + x_3 + \cdots + x_n}{n}$$

3. 줄기와 잎 그림

(1) ❶ : 자료를 수량으로 나타낸 것

(2) ❷ : 줄기와 잎을 이용하여 자료를 나타낸 그림

(3) 줄기 : 세로선의 ❸ 에 있는 수

(4) 잎 : 세로선의 ❹ 에 있는 수

〈통학 시간〉　(1|8은 18분)

줄기	잎
1	8
2	0　3　5　6　8
3	0　4　5

십의 자리 ↑ 　일의 자리 숫자
숫자　세로선

4. 도수분포표

(1) 계급 : 변량을 일정한 간격으로 나눈 구간

(2) ❺ : 계급의 양 끝값의 차, 즉 구간의 너비

(3) 계급의 개수 : 변량을 나눈 구간의 개수

(4) ❻ : 각 계급을 대표하는 값으로 각 계급의 가운데 값

$$(\text{계급값}) = \frac{(\text{계급의 양 끝값의 합})}{2}$$

(5) ❼ : 각 계급에 속하는 자료의 개수

(6) ❽ : 주어진 자료를 몇 개의 계급으로 나누고, 각 계급의 도수를 조사하여 나타낸 표

---

1. 최빈값 : 자료의 값 중에 가장 많이 나타나는 값

① 자료의 값 중에서 도수가 가장 큰 값이 여러 개 있으면 그 값이 모두 최빈값이다.

예 3, 3, 4, 4, 5, 7의 최빈값은 3, 4이다.

② 각 자료의 값의 도수가 모두 같으면 최빈값은 없다.

예 2, 3, 9, 6, 8, 10의 최빈값은 없다.

줄기와 잎 그림을 그리는 순서

① 줄기와 잎을 정한다.

② 세로선을 긋고, 세로선의 왼쪽에 줄기의 숫자를 쓴다.

③ 세로선의 오른쪽에 잎의 숫자를 크기가 작은 순서대로 가로로 쓴다.

④ □ | △를 설명한다.

⑤ 줄기와 잎 그림에 알맞은 제목을 붙인다.

도수분포표 만드는 순서

① 주어진 자료에서 가장 작은 변량과 가장 큰 변량을 찾는다.

② 계급의 크기를 정한다.

③ 구간별로 나누어 쓴다.

④ 각 계급에 속하는 변량의 개수를 세어 계급의 도수를 구한다.

---

❶ 변량　❷ 줄기와 잎 그림　❸ 왼쪽　❹ 오른쪽　❺ 계급의 크기　❻ 계급값　❼ 도수　❽ 도수분포표

5. 히스토그램과 도수분포다각형

(1) ⑨ [   ] : 도수분포표의 각 계급의 양 끝값을 가로축에 표시하고, 그 계급의 도수를
세로축에 표시하여 직사각형 모양으로 그린 그래프

(2) 히스토그램의 특징

① 자료의 분포 상태를 쉽게 알아볼 수 있다.

② 각 직사각형의 넓이는 세로의 길이인 각 계급의 ⑩ [   ]에 정비례한다.

③ 도수의 총합은 모든 직사각형의 세로의 길이의 합과 같다.

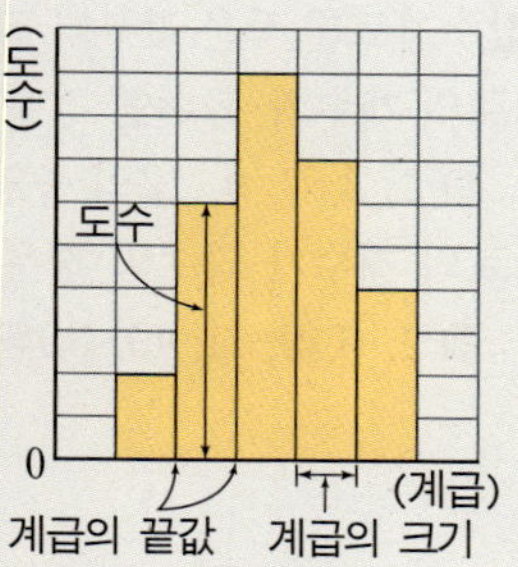

(3) ⑪ [   ] : 히스토그램에서 각 직사각형의 윗변의 중점을 차례로 선분으로 연결
하여 나타낸 다각형 모양의 그래프

(4) 도수분포다각형의 특징

① 자료의 분포 상태를 연속적으로 관찰할 수 있다.

② 히스토그램의 직사각형의 넓이의 합과 도수분포다
각형과 가로축으로 둘러싸인 부분의 넓이는 서로
⑫ [   ].

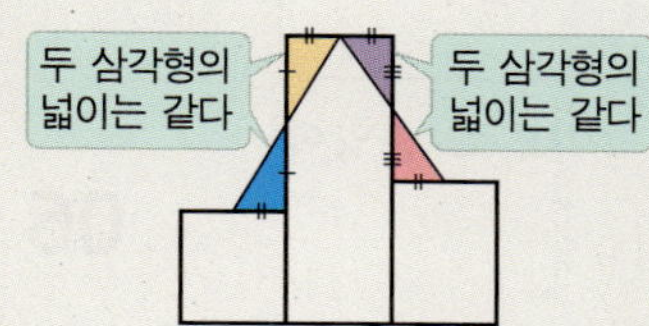

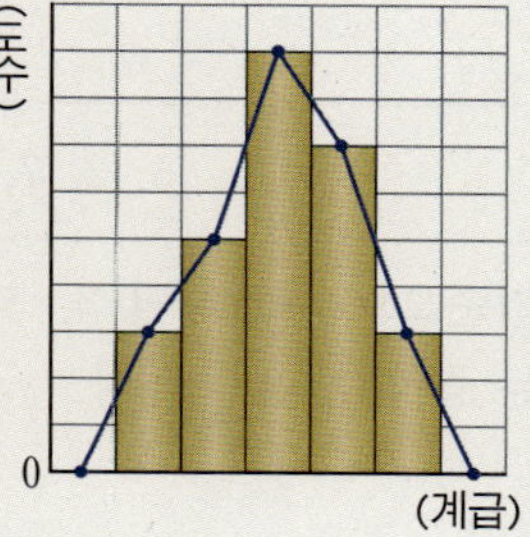

6. 상대도수

(1) ⑬ [   ] : 전체 도수에 대한 각 계급의 도수의 비율

$$(상대도수) = \frac{(그\ 계급의\ 도수)}{(전체도수)}$$

(2) 상대도수의 특징

① 상대도수의 총합은 항상 ⑭ [   ]이다.

② 전체 도수가 다른 두 집단의 분포 상태를 비교할 때 편리하다.

③ 상대도수는 0 이상 1 이하의 수로 나타난다.

(3) 상대도수의 분포표 : 각 계급의 상대도수를 나타낸 표

(4) 상대도수의 그래프 : 상대도수의 분포표를 히스토그램이나 도수분포다각형 모양으로 나타낸 그
래프

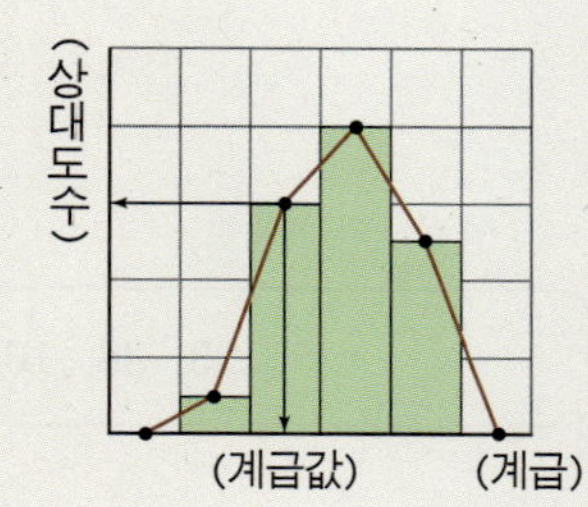

(5) 두 집단의 비교

① 전체 도수가 다른 두 자료를 하나의 상대도수의 그래프로 나타내면 두 자료의 분포 상태를
쉽게 비교할 수 있다.

② 전체 도수가 다른 두 자료를 비교할 때에는 도수를 그대로 비교하지 않고 상대도수를 구하
여 각 계급별로 비교한다.

---

⑨ 히스토그램   ⑩ 도수   ⑪ 도수분포다각형   ⑫ 같다   ⑬ 상대도수   ⑭ 1

01 중앙값

1. **대푯값** : 자료의 중심 경향을 하나의 수로 나타낸 값으로 평균, 중앙값, 최빈값 등이 있다.
2. **중앙값** : 자료를 작은 값부터 크기순으로 나열하였을 때, 가운데 위치한 값
   ① 자료의 개수가 홀수인 경우에는 가운데 위치한 자료의 값
      ⑩ 2, 3, 7, 9, 12의 중앙값은 7이다.
   ② 자료의 개수가 짝수인 경우에는 가운데 위치한 두 자료의 평균
      ⑩ 2, 6, 9, 11, 19, 30의 중앙값은 9와 11의 평균인 10이다.

[중앙값 구하기]
(i) 주어진 자료를 작은 값부터 크기 순으로 나열한다.
(ii) 자료의 개수가
   홀수이면 ⇨ 가운데 있는 값
   짝수이면 ⇨ 가운데 있는 두 자료의 평균

유형 092 중앙값 구하기

[01~07] 다음 변량들의 중앙값을 구하여라.

01

$$5, \ 2, \ 7, \ 4, \ 3$$

|해설| 크기순으로 나열하면 2, 3, 4, 5, 7이므로 중앙에 오는 중앙값은 ☐ 이다.

02

$$14, \ 20, \ 18, \ 16, \ 17$$

03

$$67, \ 72, \ 71, \ 68, \ 69$$

04

$$23, \ 38, \ 10, \ 22, \ 37$$

05

$$7, \ 2, \ 4, \ 1, \ 6, \ 1, \ 9$$

06

$$29, \ 46, \ 50, \ 20, \ 25, \ 33, \ 44$$

07

$$8, \ 9, \ 6, \ 5, \ 3, \ 1, \ 9, \ 2, \ 4$$

학교시험 필수예제

08 다음은 학생 5명의 몸무게를 나타낸 것이다. 중앙값은?

(단위 : kg)

$$43, \ \ 39, \ \ 45, \ \ 67, \ \ 56$$

① 39 kg   ② 43 kg   ③ 45 kg
④ 56 kg   ⑤ 67 kg

09
$$7,\ 4,\ 8,\ 5,\ 3,\ 9$$

|해설| 크기순으로 나열하면 3, 4, 5, 7, 8, 9이므로 중앙에
있는 두 값은 5, 7이다.
따라서 중앙값은 5, 7의 평균인
$$\frac{5+\boxed{}}{2}=\boxed{}$$

10
$$12,\ 5,\ 8,\ 10,\ 7,\ 15$$

11
$$8,\ 4,\ 5,\ 7,\ 7,\ 4$$

12
$$10,\ 2,\ 4,\ 4,\ 6,\ 9$$

13
$$37,\ 17,\ 34,\ 36,\ 31,\ 36$$

중앙값이 주어졌을 때 변량 구하기

[14~17] 다음은 자료를 크기순으로 나열한 것이다. 이 자료의 중앙값이 [ ] 안의 수와 같을 때, x의 값을 구하여라.

14 [5]
$$1,\ 4,\ x,\ 9$$

|해설| 자료의 개수가 짝수이므로 중앙에 있는 두 값 4, x의
평균이 중앙값 5이다.
$$\frac{4+x}{\boxed{}}=5\quad\therefore x=\boxed{}$$

15 [23]
$$13,\ x,\ 27,\ 30$$

16 [22]
$$12,\ 13,\ 21,\ x,\ 23,\ 24$$

17 [71]
$$63,\ 68,\ x,\ 72,\ 75,\ 80$$

02 최빈값

1. 최빈값 : 자료의 값 중에 가장 많이 나타나는 값
① 자료의 값 중에서 도수가 가장 큰 값이 여러 개 있으면 그 값이 모두 최빈값이다.
　　⑩ 3, 3, 4, 4, 5, 7의 최빈값은 3, 4이다.
② 각 자료의 값의 도수가 모두 같으면 최빈값은 없다.
　　⑩ 2, 3, 9, 6, 8, 10의 최빈값은 없다.
2. 최빈값의 특징
① 자료의 수가 많은 경우에는 평균이나 중앙값보다 구하기 쉽다.
② 자료에 따라 존재하지 않을 수도 있고 두 개 이상일 수도 있다.
③ 자료의 수가 적은 경우에는 자료의 중심 경향을 잘 반영하지 못할 수도 있다.

자료가 숫자가 아니어도 최빈값을 생각할 수 있다. 자료에서 도수가 가장 큰 것을 찾는다.
⑩ 사과, 배, 배, 감, 포도의 최빈값은 배이다.

유형 094 최빈값

[01~08] 다음 변량들의 최빈값을 구하여라.

01
> 7, 2, 3, 5, 6, 3

|해설| 7, 2, 5, 6은 도수가 1이고 3은 도수가 2이므로 가장 많이 나타난 값, 즉 최빈값은 ☐이다.

02
> 10, 23, 24, 23, 25, 15

03
> 9, 5, 9, 5, 9

04
> 13, 17, 12, 12, 15, 10, 13, 12

05
> 3, 6, 9, 12, 3, 6

|해설| 도수가 가장 큰 값은 3과 ☐이므로 최빈값은 3과 ☐이다.

06
> 9, 3, 4, 2, 2, 8, 4

07
> 4, 8, 1, 7, 3, 1, 8

08
> 12, 8, 2, 4, 1, 7

03 평균

평균 : 변량의 총합을 변량의 개수로 나눈 값

$$(평균)=\frac{(변량의\ 총합)}{(변량의\ 개수)}$$

n개의 변량 x_1, x_2, x_3, $\cdots$, x_n의 평균을 m이라고 하면

$$m=\frac{x_1+x_2+x_3+\cdots+x_n}{n}$$

유형 095 평균

※ 다음 변량들의 평균을 구하여라.

01

$$1,\ 8,\ 2,\ 9$$

|해설| 변량은 1, 8, 2, 9의 4개이고,

$$(평균)=\frac{(변량)의\ 총합}{(변량)의\ 개수}\ 이므로$$

$$\frac{1+\boxed{}+2+\boxed{}}{4}=\frac{\boxed{}}{4}=\boxed{}$$

02

$$10,\ 20,\ 70,\ 80$$

03

$$1,\ 4,\ 8,\ 10,\ 11,\ 14$$

04

$$20,\ 30,\ 40,\ 50,\ 60,\ 70,\ 80$$

05

$$4,\ 8,\ 3,\ 5,\ 4,\ 7,\ 4$$

06

$$4,\ 8,\ 5,\ 5,\ 3,\ 5,\ 8,\ 10$$

07

$$5,\ 6,\ 7,\ 5,\ 10,\ 6,\ 1,\ 2,\ 3,\ 5$$

04 줄기와 잎 그림

1. **변량** : 자료를 수량으로 나타낸 것
2. **줄기와 잎 그림** : 줄기와 잎을 이용하여 자료를 나타낸 그림
3. **줄기** : 세로선의 왼쪽에 있는 수
4. **잎** : 세로선의 오른쪽에 있는 수

〈통학 시간〉 (1|8은 18분)

줄기	잎
1	8
2	0 3 5 6 8
3	0 4 5

십의 자리 ↑   일의 자리 숫자
숫자   세로선

096 줄기와 잎 그림

[01~04] 다음은 예림이네 반 학생들의 국어 성적을 조사하여 나타낸 것이다. 물음에 답하여라.

[국어 성적] (단, 7|4는 74점)

줄기	잎
7	4 5 6 7 7 8
8	1 3 6 8 9
9	2 4 5 6

01 위와 같은 그림을 [   ]이라고 한다.

02 줄기를 모두 찾아라.

03 잎이 가장 많은 줄기는 [ ]이다.

04 국어 성적이 가장 높은 학생의 점수는 [ ]점이다.

[05~08] 다음은 민서네 반 학생들의 윗몸일으키기 기록을 조사하여 나타낸 것이다. 물음에 답하여라.

[윗몸일으키기 기록] (단, 1|6은 16회)

줄기	잎
1	6 7 8
2	1 2 5 6 7
3	0 3 5 6 6 8 8
4	1 2 4 5 6

05 줄기가 2인 잎을 모두 찾아라.

06 윗몸일으키기 기록은 [ ]십회 대가 가장 많다.

07 윗몸일으키기 기록이 가장 좋은 학생의 기록은 [ ]회이다.

08 민서네 반 학생은 모두 몇 명인지 구하여라.

[09~14] 다음은 유림이네 반 학생들의 키를 조사하여 줄기와 잎 그림으로 나타낸 것이다. 물음에 답하여라. (단, 13|8은 138 cm)

[키]

줄기	잎						
13	8	9	9				
14	1	3	4	7	8	8	
15	2	4	5	6	7	7	9
16	0	1	3	4	5	6	8	8
17	0	1	1	2			

09 유림이네 반 학생은 모두 몇 명인지 구하여라.

10 줄기를 모두 찾아라.

11 줄기가 17인 잎을 모두 찾아라.

12 잎이 가장 많은 줄기를 구하여라.

13 키가 가장 큰 학생의 키를 구하여라.

14 유림이의 키는 166 cm이다. 유림이보다 키가 큰 학생은 모두 몇 명인지 구하여라.

[15~20] 다음은 재희네 반 학생들의 50 m 달리기 기록을 조사하여 줄기와 잎 그림으로 나타낸 것이다. 물음에 답하여라.

[달리기 기록]

(단, 6|3은 6.3초)

줄기	잎					
6	3	5	8			
7	2	7				
8	2	3	6	6	7	8
9	1	4	5	6		

15 재희네 반 학생은 모두 몇 명인지 구하여라.

16 잎이 가장 적은 줄기를 구하여라.

17 달리기 기록이 가장 빠른 학생의 기록을 구하여라.

18 달리기 기록이 가장 많은 것은 몇 초대인지 구하여라.

19 달리기 기록이 8초 이하인 학생은 모두 몇 명인지 구하여라.

20 달리기 기록이 세 번째로 느린 학생의 기록을 구하여라.

05 줄기와 잎 그림의 이해

줄기와 잎 그림을 그리는 순서
① 줄기와 잎을 정한다.
② 세로선을 긋고, 세로선의 왼쪽에 줄기의 숫자를 쓴다.
③ 세로선의 오른쪽에 잎의 숫자를 크기가 작은 순서대로 가로로 쓴다.
④ □ | △를 설명한다.
⑤ 줄기와 잎 그림에 알맞은 제목을 붙인다.
참고 줄기는 중복된 수를 한 번만 쓰고, 잎은 중복된 수를 모두 쓴다.

⟨윗몸일으키기 횟수⟩　(2|4는 24번)

줄기	잎
2	4　5　8　9
3	1　5　6
4	3

유형 097　줄기와 잎 그림으로 나타내기

[01~03] 다음은 준희네 반 학생들의 수학 성적을 나타낸 것이다. 물음에 답하여라.

(단위: 점)

76	80	80	93	84	92
88	79	97	77	96	97
81	74	85	89	82	96

01 수학 성적이 가장 낮은 학생과 가장 높은 학생의 점수를 구하여라.

02 줄기와 잎 그림으로 나타낼 때 줄기와 잎은 각각 어느 자리 숫자로 나타내면 좋은지 정하여라.

03 주어진 자료를 줄기와 잎 그림으로 나타내어라.

[수학 성적]

(단, 7|4는 74점)

줄기	잎

[04~06] 다음은 윤천이네 학교 동아리별 회원 수를 조사하여 나타낸 것이다. 물음에 답하여라.

(단위: 명)

33	12	13	30	26
22	28	9	8	15
24	15	6	19	32

04 회원 수가 가장 적은 경우와 가장 많은 경우를 구하여라.

05 줄기와 잎 그림으로 나타낼 때 줄기와 잎은 각각 어느 자리 숫자로 나타내면 좋은지 정하여라.

06 주어진 자료를 줄기와 잎 그림으로 나타내어라.

[동아리별 회원 수]

(단, 0|6은 6명)

줄기	잎

유형 098 줄기와 잎 그림의 이해

[07~11] 다음은 어느 사진 동호회 회원들의 나이를 조사하여 나타낸 것이다. 물음에 답하여라.

(단위: 세)

19	24	33	21	35
20	34	28	39	27

07 주어진 자료를 줄기와 잎 그림으로 나타내어라.

[회원들의 나이]

(단, 1|9는 19세)

줄기	잎

08 동호회 회원은 모두 몇 명인지 구하여라.

09 잎이 가장 많은 줄기를 구하여라.

10 나이가 가장 많은 회원과 가장 적은 회원의 나이를 각각 구하여라.

11 나이가 21세인 회원은 나이가 많은 편인지 적은 편인지 말하여라.

[12~15] 다음은 병욱이네 반 학생들의 한 달 동안 휴대전화 문자 메시지 발신 건수를 조사하여 나타낸 것이다. 물음에 답하여라.

(단위: 건)

47	17	39	43	20
19	21	29	34	24
41	50	46	54	26

12 주어진 자료를 줄기와 잎 그림으로 나타내어라.

[문자메시지 발신 건수]

(단, 1|7은 17건)

줄기	잎

13 잎이 가장 많은 줄기를 구하여라.

14 발신 건수가 46건인 학생은 몇 번째로 발신 건수가 많은지 구하여라.

15 잎의 수가 가장 많은 줄기를 a, 발신 건수가 9번째로 적은 학생이 속하는 줄기를 b라 할 때, $a+b$의 값을 구하여라.

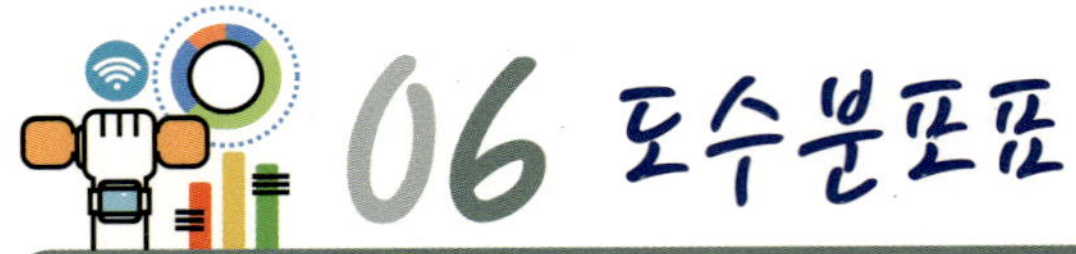

06 도수분포표

1. **계급** : 변량을 일정한 간격으로 나눈 구간
2. **계급의 크기** : 계급의 양 끝값의 차, 즉 구간의 너비
3. **계급의 개수** : 변량을 나눈 구간의 개수
4. **계급값** : 각 계급을 대표하는 값으로 각 계급의 가운데 값
5. **도수** : 각 계급에 속하는 자료의 개수
6. **도수분포표** : 주어진 자료를 몇 개의 계급으로 나누고, 각 계급의 도수를 조사하여 나타낸 표

$$(계급값) = \frac{(계급의\ 양\ 끝값의\ 합)}{2}$$

유형 099 도수분포표

[01~05] [보기]에서 알맞을 것을 찾아라.

> 보기
> ㉠ 변량 ㉡ 계급 ㉢ 계급의 크기
> ㉣ 계급값 ㉤ 도수 ㉥ 도수분포표

01 변량을 나눈 구간의 너비

02 변량을 일정한 간격으로 나눈 구간

03 전체 자료를 몇 개의 계급으로 나누고 각 계급의 도수를 조사하여 나타낸 표

04 각 계급에 속하는 자료의 개수

05 각 계급의 중앙의 값

[06~07] 다음 도수분포표에서 색칠한 부분의 계급을 말하여라.

06

영어 성적(점)	영어 성적(점)
$40^{이상}$ ~ $50^{미만}$	4
50 ~ 60	4
60 ~ 70	5
70 ~ 80	9
80 ~ 90	5
90 ~ 100	3
합계	30

07

몸무게(kg)	도수(명)
$35^{이상}$ ~ $45^{미만}$	2
45 ~ 55	4
55 ~ 65	6
65 ~ 75	7
75 ~ 85	1
합계	20

08 오른쪽 표는 재희네 학교 학생 100명의 통학 시간을 조사하여 나타낸 도수분포표이다. 통학 시간의 중앙값과 최빈값을 각각 구하여라.

통학 시간(분)	도수(명)
$0^{이상}$ ~ $5^{미만}$	9
5 ~ 10	17
10 ~ 15	26
15 ~ 20	36
20 ~ 25	12
합계	100

|해설| 도수분포표에서 학생 100명의 통학 시간을 작은 값부터 크기순으로 나열하면 중앙에 위치한 50번째와 51번째 학생은 ☐분 이상 ☐분 미만인 계급에 속해 있다.

따라서 구하는 중앙값은 이 계급의 계급값인 ☐분이다.

또, ☐분 이상 ☐분 미만인 계급의 도수가 가장 크므로 최빈값은 이 계급의 계급값인 ☐분이다.

[09~11] 다음 도수분포표에서 계급의 크기를 구하여라.

09

나이(세)	도수(명)
$10^{이상} \sim 20^{미만}$	4
20 ~ 30	5
30 ~ 40	3
40 ~ 50	2
50 ~ 60	5
60 ~ 70	1
합계	20

|해설| 계급의 크기는
(계급의 큰 쪽 끝값) − (계급의 작은 쪽 끝값)
과 같으므로
(계급의 크기) = ☐ − 10 = ☐ (세)

10

턱걸이 기록(회)	도수(명)
$0^{이상} \sim 4^{미만}$	9
10 ~ 15	5
15 ~ 20	3
20 ~ 25	2
25 ~ 30	1
합계	20

11

시청 시간(분)	도수(명)
$0^{이상} \sim 30^{미만}$	9
30 ~ 60	9
60 ~ 90	5
90 ~ 120	2
120 ~ 150	7
150 ~ 180	3
합계	30

[12~14] 다음 도수분포표에서 계급값의 빈칸을 채워라.

12

수학 성적(점)	도수(명)	계급값(점)
$60^{이상} \sim 70^{미만}$	4	65
70 ~ 80	5	75
80 ~ 90	8	
90 ~ 100	3	
합계	20	

|해설| (계급값) $= \dfrac{(계급의\ 양\ 끝값의\ 합)}{2}$ 이므로

80 이상 90 미만 : (계급값) $= \dfrac{80 + \boxed{}}{2} = \boxed{}$ (점)

90 이상 100 미만 : (계급값) $= \dfrac{90 + \boxed{}}{2} = \boxed{}$ (점)

13

운동 시간(시간)	도수(명)	계급값(시간)
$0^{이상} \sim 4^{미만}$	2	
4 ~ 8	11	
8 ~ 12	10	
12 ~ 16	6	
16 ~ 20	1	
합계	30	

14

나트륨의 양(mg)	도수(명)	계급값(mg)
$0^{이상} \sim 50^{미만}$	4	
50 ~ 100	5	
100 ~ 150	8	
150 ~ 200	3	
200 ~ 250	7	
250 ~ 300	3	
합계	30	

15 어느 도수분포표에서 계급의 크기가 8이고 계급값이 26인 계급에 속하는 변량 x의 범위가 $a \le x < b$일 때, $a + b$의 값을 구하여라.

Tip 계급 'a 이상 b 미만에서 계급의 크기는 $b - a$이다.

07 도수분포표의 이해

도수분포표 만드는 순서
① 주어진 자료에서 가장 작은 변량과 가장 큰 변량을 찾는다.
② 계급의 크기를 정한다.
③ 구간별로 나누어 쓴다.
④ 각 계급에 속하는 변량의 개수를 세어 계급의 도수를 구한다.

구간에 속하는 자료의 수를 셀 때에는 '／／／／, 正' 등을 이용하면 편리해요.

유형 100 도수분포표 만들기

01 다음은 헌혈의 집에서 헌혈한 사람들의 나이를 조사하여 나타낸 것이다.

(단위: 세)

| 27 | 33 | 28 | 26 | 43 | 31 | 42 |
| 24 | 19 | 32 | 20 | 21 | 36 | 38 |

이 자료로 도수분포표를 만들어라.

나이(세)	도수(명)
$10^{이상}$ ~ $20^{미만}$	
20 ~ 30	
30 ~ 40	
40 ~ 50	
합계	

|해설| 변량이 10 이상 20 미만인 자료는
☐ 의 1개이다.
변량이 20 이상 30 미만인 자료는
20, 21, 24, 26, 27, 28의 ☐ 개이다.
변량이 30 이상 40 미만인 자료는
☐ 의 5개이다.
변량이 40 이상 50 미만인 자료는
☐ 의 ☐ 개이다.

02 다음은 병욱이네 반 학생들의 몸무게를 조사하여 나타낸 것이다.

(단위: kg)

45	53	39	46	38
54	50	53	56	45
52	47	63	42	56
47	39	55	51	49
63	56	46	52	52
55	36	48	52	54
64	43	44	41	42

이 자료로 도수분포표를 만들어라.

몸무게(kg)	도수(명)
$35^{이상}$ ~ $40^{미만}$	
40 ~ 45	
45 ~ 50	
50 ~ 55	
55 ~ 60	
60 ~ 65	
합계	

Tip 도수분포표를 만들 때 계급의 개수가 너무 많거나 적으면 자료의 분포 상태를 알아보기 어렵다.
이때 계급의 크기가 커지면 계급의 개수가 적어지고, 계급의 크기가 작아지면 계급의 개수가 많아진다.

[03~05] 다음은 윤천이가 20일 동안 매일 100번의 자유투 연습을 하여 자유투 성공 횟수를 나타낸 것이다. 물음에 답하여라.

(단위: 회)

87	90	84	78	78
82	86	84	78	92
96	94	98	85	93
94	88	84	88	92

03 계급의 크기를 5회로 하여 다음 도수분포표를 완성하여라.

자유투 성공 횟수(회)	도수(일)
$75^{이상}$ ~ $80^{미만}$	
합계	

04 도수가 가장 작은 계급의 계급값을 구하여라.

05 자유투 성공 횟수가 85회 미만인 날은 며칠인지 구하여라.

유형 101 도수분포표의 이해

[06~09] 다음은 어느 보건소를 찾은 50명의 1분당 맥박 수를 조사하여 나타낸 도수분포표이다. 물음에 답하여라.

맥박 수(회)	도수(명)
$60^{이상}$ ~ $70^{미만}$	11
70 ~ 80	23
80 ~ 90	A
90 ~ 100	4
100 ~ 110	2
합계	50

06 A의 값을 구하여라.

07 맥박 수가 70회 이상 100회 미만인 사람 수를 구하여라.

08 맥박 수가 80회인 사람이 속하는 계급의 계급값을 구하여라.

09 맥박 수가 많은 쪽에서 10번째인 사람이 속하는 계급을 구하여라.

# 08 히스토그램

1. **히스토그램** : 도수분포표의 각 계급의 양 끝값을 가로축에 표시하고, 그 계급의 도수를 세로축에 표시하여 직사각형 모양으로 그린 그래프
2. **히스토그램을 그리는 순서**
   ① 가로축에는 계급의 양 끝값을, 세로축에는 도수를 차례로 써넣는다.
   ② 각 계급의 크기를 가로로, 도수를 세로로 하는 직사각형을 그린다.

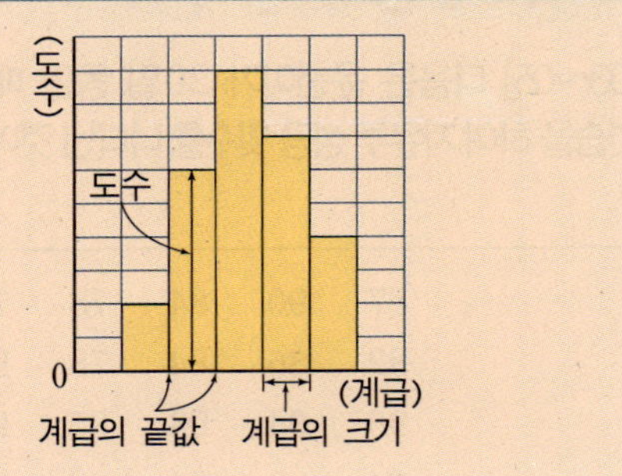

 ## 유형 102 히스토그램 그리기

[01~04] 다음 도수분포표를 보고 히스토그램을 그려라.

01

시간(분)	도수(명)
5이상 ~ 15미만	6
15 ~ 25	11
25 ~ 35	12
35 ~ 45	7
45 ~ 55	4
합계	40

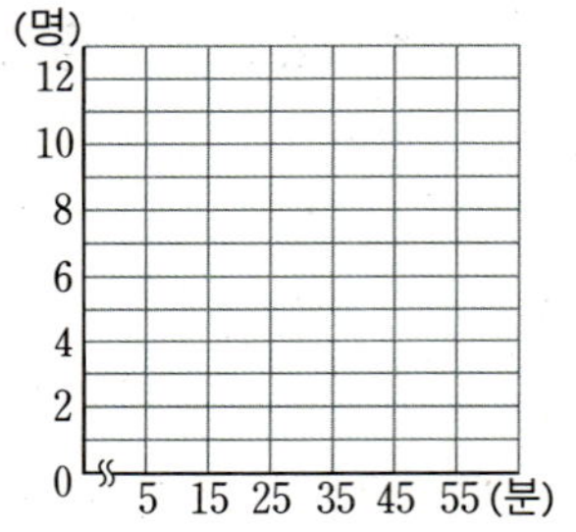

|해설| 계급의 크기가 모두 같으므로 직사각형의 가로의 길이는 모두 같게 그리고, 계급이 연속되어 있으므로 직사각형은 서로 붙여 그린다.

02

과학 성적(점)	도수(명)
40이상 ~ 50미만	1
50 ~ 60	4
60 ~ 70	10
70 ~ 80	12
80 ~ 90	7
90 ~ 100	5
합계	39

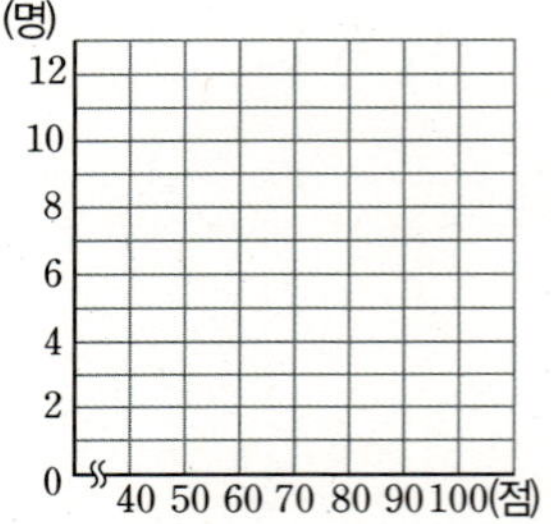

Tip
막대그래프와 히스토그램의 차이
막대그래프는 변량이 연속적이지 않을 때 사용하고, 히스토그램은 변량이 연속적일 때 사용한다.

Tip
히스토그램에서
직사각형의 개수 ⇨ 계급의 개수
직사각형의 가로의 길이 ⇨ 계급의 크기
직사각형의 세로의 길이 ⇨ 도수

03

횟수(회)	도수(명)
$70^{이상}$ ~ $75^{미만}$	3
75 ~ 80	6
80 ~ 85	10
85 ~ 90	8
90 ~ 95	5
합계	32

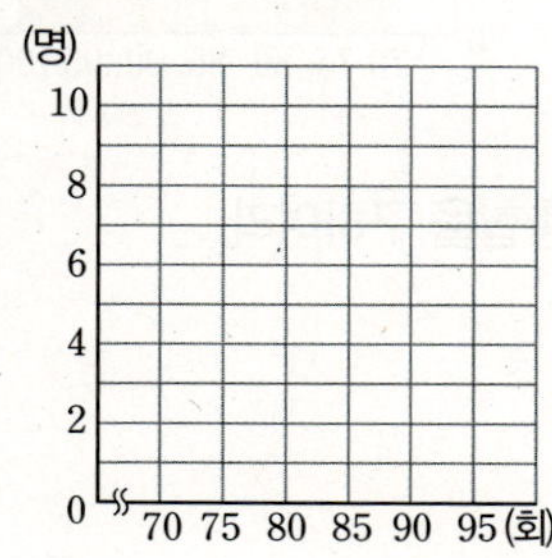

05

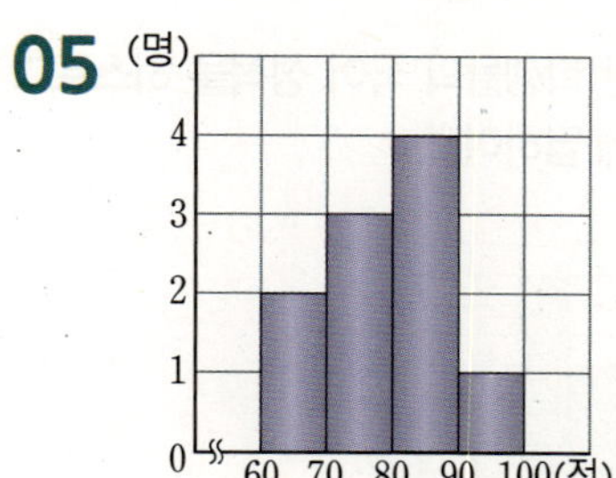

성적(점)	도수(명)
$60^{이상}$ ~ $70^{미만}$	
70 ~ 80	
80 ~ 90	
90 ~ 100	
합계	

04

무게(kg)	도수(명)
$40^{이상}$ ~ $45^{미만}$	6
45 ~ 50	9
50 ~ 55	14
55 ~ 60	8
60 ~ 65	3
합계	40

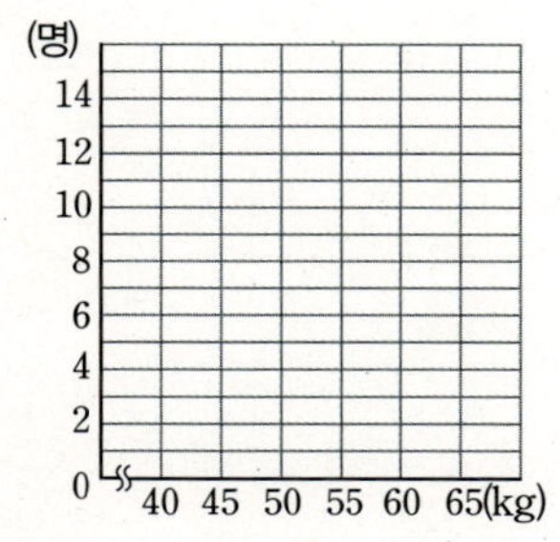

06

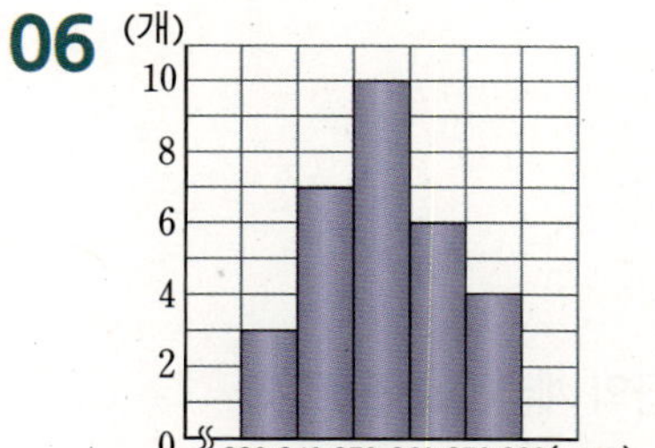

크기(mm)	도수(개)
합계	

[07~10] 다음은 수진이네 반 학생들의 국어 성적을 히스토그램으로 나타낸 것이다. 물음에 답하여라.

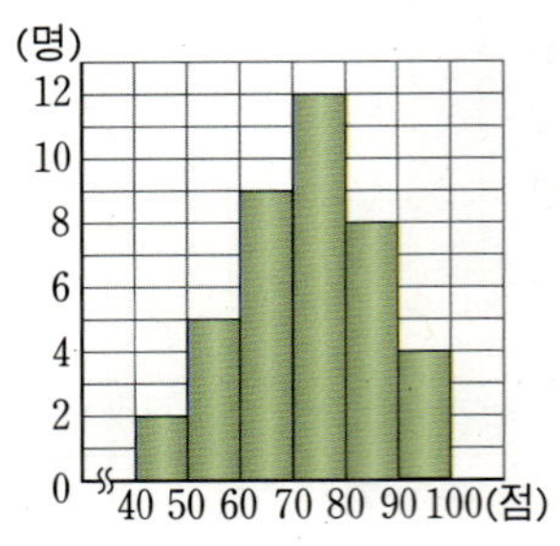

07 계급의 크기를 구하여라.

08 도수가 9인 계급을 구하여라.

09 도수가 가장 큰 계급의 계급값을 구하여라.

10 점수가 10번째로 높은 학생이 속하는 계급을 구하여라.

[11~14] 다음은 한국이네 반 학생들의 하루 동안의 운동 시간을 히스토그램으로 나타낸 것이다. 물음에 답하여라.

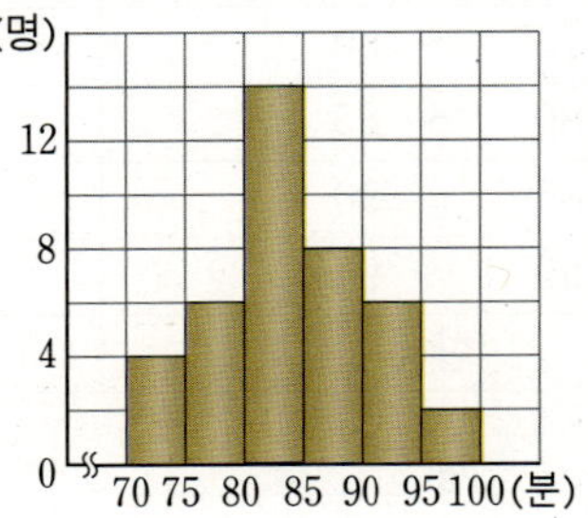

11 도수의 총합을 구하여라.

12 운동 시간이 70분 이상 80분 미만인 학생 수를 구하여라.

13 운동 시간이 85분 이상 95분 미만인 학생 수를 구하여라.

14 운동 시간이 90분 이상인 학생은 전체의 몇 %인지 구하여라.

09 히스토그램의 특징

1. 자료의 분포 상태를 쉽게 알아볼 수 있다.
2. 각 직사각형의 넓이는 세로의 길이인 각 계급의 도수에 정비례한다.
3. 도수의 총합은 모든 직사각형의 세로의 길이의 합과 같다.

(직사각형의 넓이의 합)
= {(각 계급의 크기)
   × (그 계급의 도수)}의 합
= (계급의 크기) × (도수의 총합)

 **104 히스토그램에서 직사각형의 넓이**

[01~03] 다음 히스토그램을 보고 물음에 답하여라.

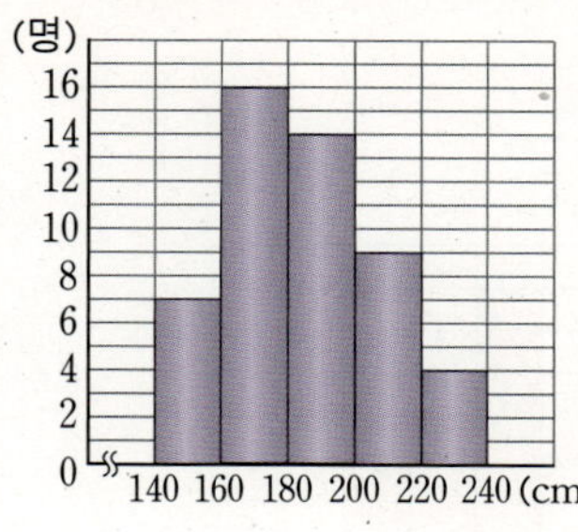

01 도수가 가장 작은 계급의 직사각형의 넓이를 구하여라.

02 모든 직사각형의 넓이의 합을 구하여라.

03 계급값이 170 cm인 계급의 직사각형의 넓이는 계급값이 230 cm인 계급의 직사각형의 넓이의 몇 배인지 구하여라.

[04~06] 다음 히스토그램을 보고 물음에 답하여라.

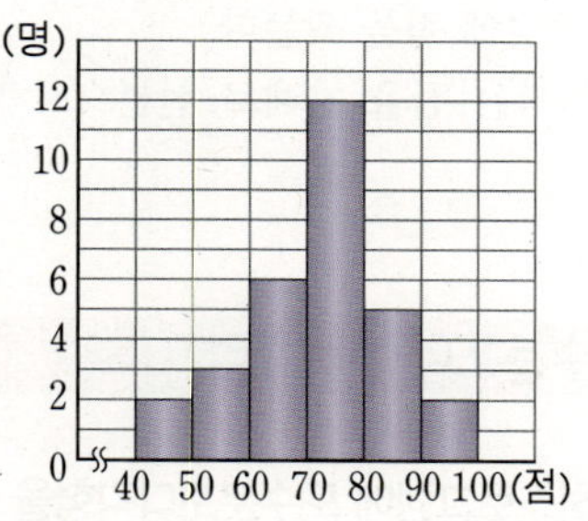

04 도수가 가장 큰 계급의 직사각형의 넓이를 구하여라.

05 모든 직사각형의 넓이의 합을 구하여라.

06 계급값이 75점인 계급의 직사각형의 넓이는 계급값이 95점인 계급의 직사각형의 넓이의 몇 배인지 구하여라.

10 도수분포다각형

1. **도수분포다각형** : 히스토그램에서 각 직사각형의 윗변의 중점을 차례로 선분으로 연결하여 나타낸 다각형 모양의 그래프
2. **도수분포다각형을 그리는 순서**
   ① 히스토그램에서 각 직사각형의 윗변의 중앙에 점을 찍는다.
   ② 히스토그램의 양 끝에 도수가 0이고 크기가 같은 계급이 하나씩 더 있는 것으로 생각하고 그 중앙에 점을 찍는다.
   ③ 위에서 찍은 점을 차례로 선분으로 연결한다.

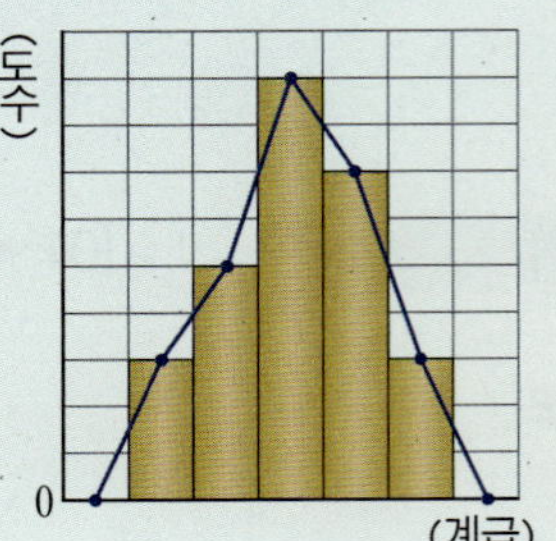

도수분포다각형에서 계급의 개수를 셀 때, 양 끝에 도수가 0인 계급은 세지 않는다.

유형 105 도수분포다각형 그리기

[01~04] 다음 히스토그램에 도수분포다각형을 그려라.

01

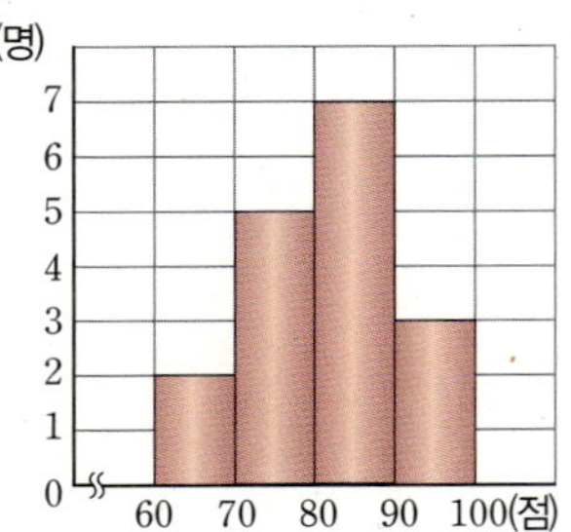

02

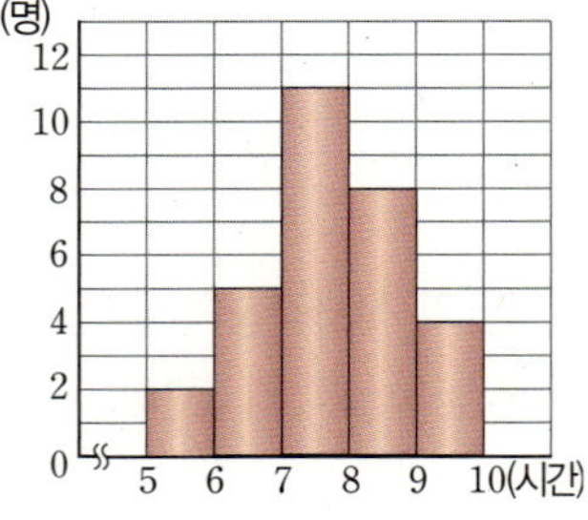

03

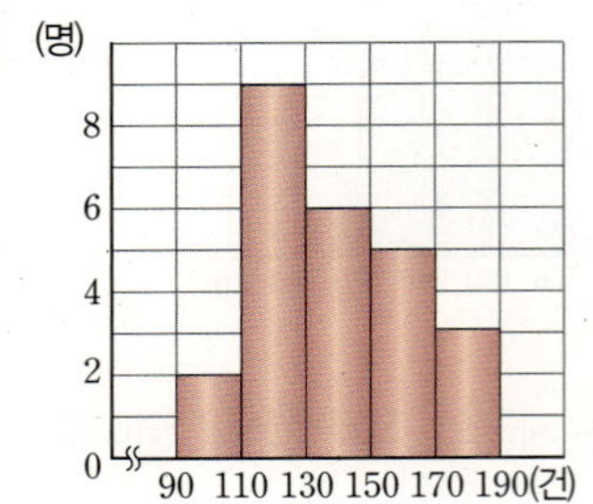

04

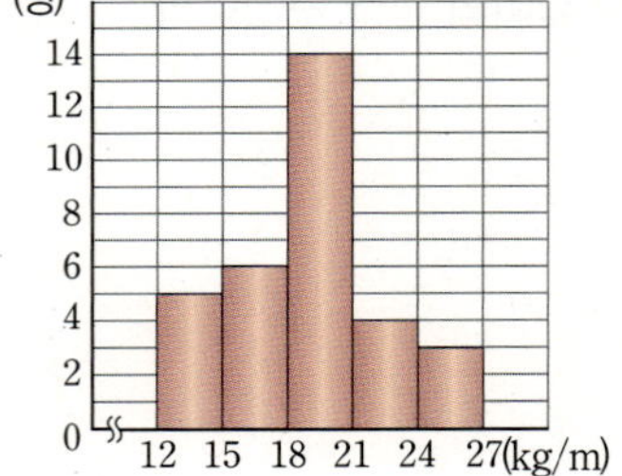

05

사진(장)	도수(명)
50 이상 ~ 60 미만	2
60 ~ 70	4
70 ~ 80	7
80 ~ 90	5
90 ~ 100	2
합계	20

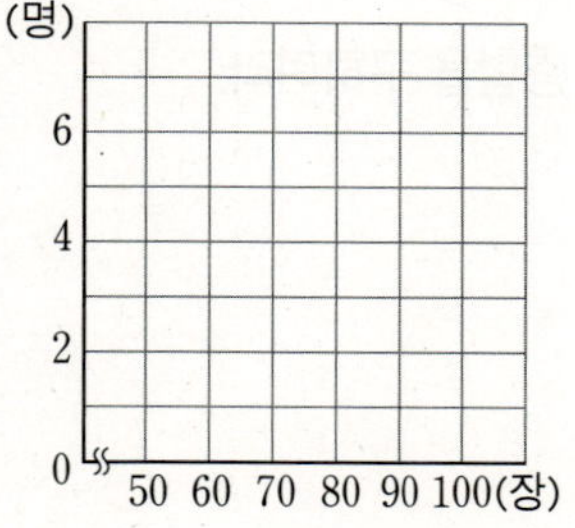

06

봉사 활동 시간(시간)	도수(명)
4 이상 ~ 5 미만	4
5 ~ 6	5
6 ~ 7	10
7 ~ 8	8
8 ~ 9	3
합계	30

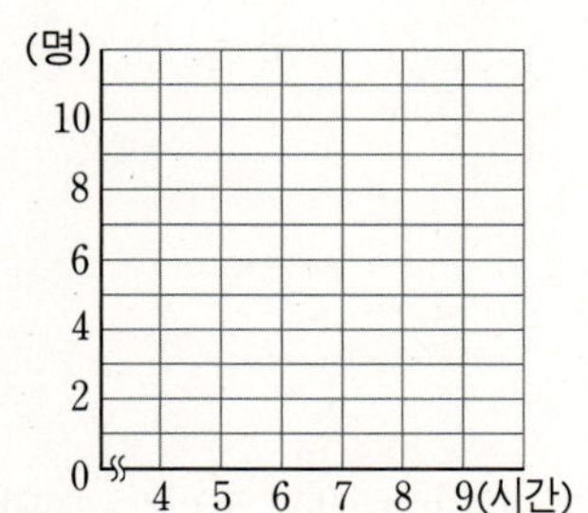

07

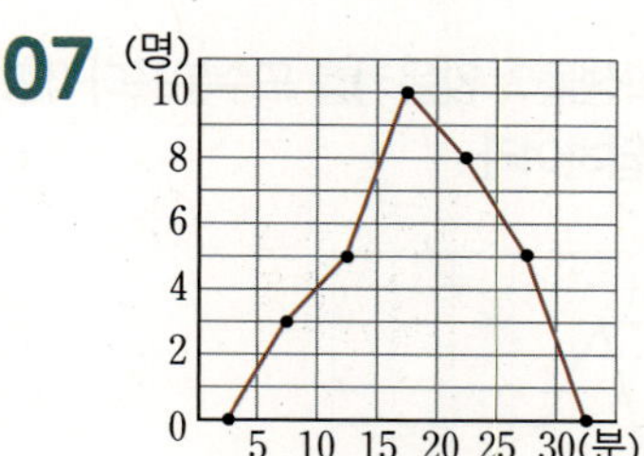

시간(분)	도수(명)
5 이상 ~ 10 미만	
합계	

08

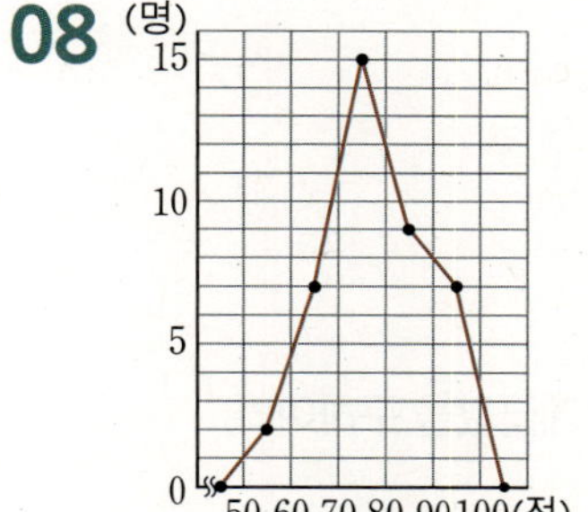

성적(점)	도수(명)
50 이상 ~ 60 미만	
합계	

[09~12] 다음은 준희네 반 학생들의 앉은키를 도수분포다각형으로 나타낸 것이다. 물음에 답하여라.

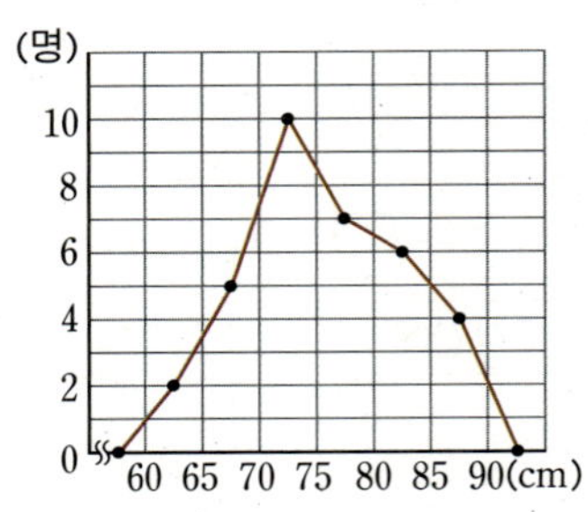

09 계급의 크기를 구하여라.

10 도수가 7인 계급을 구하여라.

11 도수가 가장 큰 계급의 계급값을 구하여라.

12 앉은키가 12번째로 큰 학생이 속하는 계급을 구하여라.

[13~16] 다음은 예림이네 반 학생들의 몸무게를 도수분포다각형으로 나타낸 것이다. 물음에 답하여라.

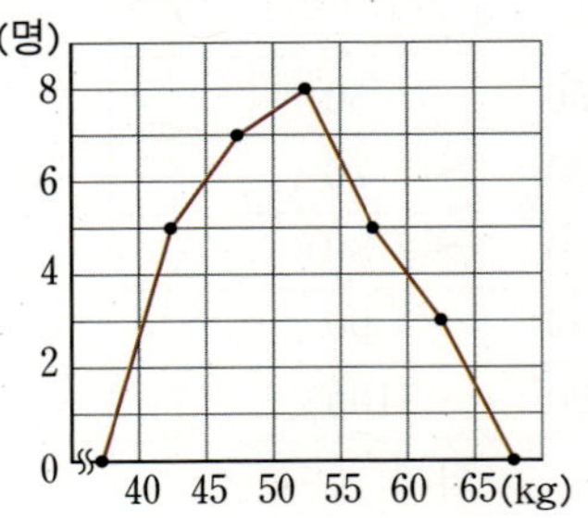

13 도수의 총합을 구하여라.

14 몸무게가 50 kg 미만인 학생 수를 구하여라.

15 몸무게가 55 kg 이상인 학생 수를 구하여라.

16 몸무게가 45 kg 이상 50 kg 미만인 학생은 전체의 몇 %인지 구하여라.

11 도수분포다각형의 특징

1. 자료의 분포 상태를 연속적으로 관찰할 수 있다.
2. 히스토그램의 직사각형의 넓이의 합과 도수분포다각형과 가로축으로 둘러 싸인 부분의 넓이는 서로 같다.

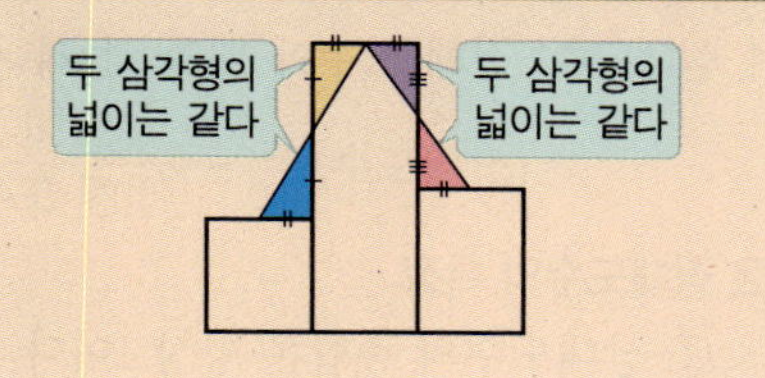

유형 107 도수분포다각형의 넓이

[01~02] 다음은 윤희네 반 학생들의 일주일 동안의 운동 시간을 도수분포다각형으로 나타낸 것이다. 물음에 답하여라.

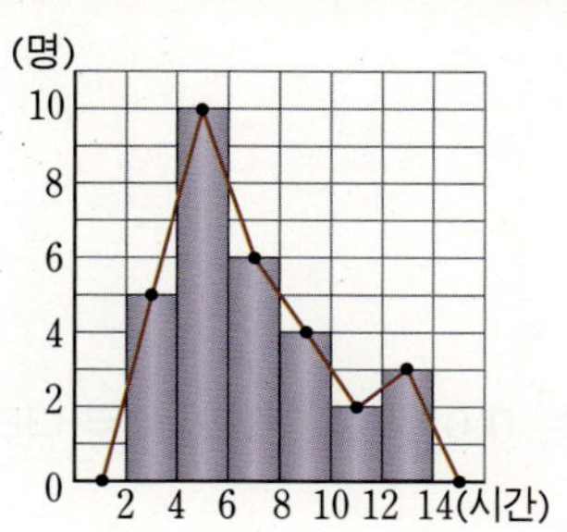

01 히스토그램에서 모든 직사각형의 넓이의 합을 구하여라.

|해설| 계급의 크기는 ☐ 시간이고 도수의 총합은 ☐ 이므로 구하는 넓이의 합은 ☐ 이다.

02 도수분포다각형과 가로축으로 둘러싸인 부분의 넓이를 구하여라.

|해설| 도수분포다각형과 가로축으로 둘러싸인 부분의 넓이는 히스토그램의 ☐ 의 넓이의 합과 같으므로 ☐ 이다.

[03~05] 다음 그림에서 도수분포다각형과 가로축으로 둘러싸인 부분의 넓이를 구하여라.

03

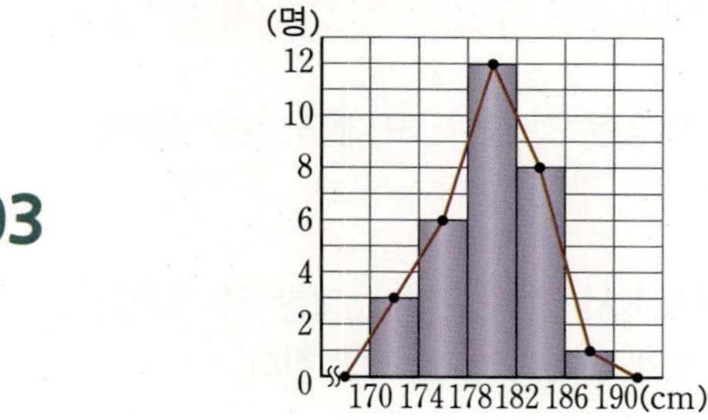

04

05

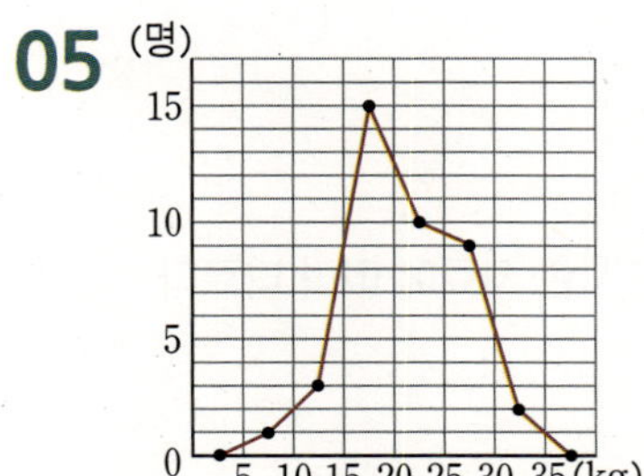

12 상대도수

---

1. 상대도수: 전체 도수에 대한 각 계급의 도수의 비율

$$(\text{상대도수})=\frac{(\text{그 계급의 도수})}{(\text{전체 도수})}$$

2. 상대도수의 특징
① 상대도수의 총합은 항상 1이다.
② 전체 도수가 다른 두 집단의 분포 상태를 비교할 때 편리하다.
③ 상대도수는 0 이상 1 이하의 수로 나타난다.

$$
\begin{aligned}
&(\text{상대도수의 총합})\\
&=\frac{(\text{각 계급의 도수의 총합})}{(\text{전체 도수})}\\
&=\frac{(\text{전체 도수})}{(\text{전체 도수})}\\
&=1
\end{aligned}
$$

유형 108 상대도수의 특징

[01~08] 다음 중 옳은 것에는 ○표, 옳지 않은 것에는 ×표를 하여라.

01 도수분포표에서 전체 도수에 대한 각 계급의 도수의 비율을 그 계급의 상대도수라고 한다. （　　）

02 상대도수는 그 값이 1보다 큰 경우도 있다. （　　）

03 하나의 도수분포표에서 상대도수가 같으면 도수도 같다. （　　）

04 상대도수는 그 계급의 도수에 정비례한다. （　　）

05 상대도수의 총합은 조사한 자료에 따라 다르다. （　　）

06 한 도수분포표에서 상대도수의 합은 1이다. （　　）

07 상대도수는 0 이상 1 이하의 수로 나타난다. （　　）

08 어떤 계급의 도수는 그 계급의 상대도수와 전체 도수를 곱한 값이다. （　　）

학교시험 필수예제

09 다음 중 옳지 <u>않은</u> 것은?
① 상대도수의 총합은 전체 도수에 따라 다르다.
② 각 계급의 상대도수는 그 계급의 도수에 정비례한다.
③ 상대도수는 각 계급의 도수가 전체 도수에서 차지하는 비율이다.
④ 어떤 계급의 도수와 상대도수를 알면 도수의 총합을 구할 수 있다.
⑤ 도수가 가장 큰 계급의 상대도수가 가장 크다.

 13 상대도수의 분포표

1. **상대도수의 분포표** : 각 계급의 상대도수를 나타낸 표
2. 상대도수를 알 때, 계급의 도수와 전체 도수 구하기
   ① (계급의 도수)＝(계급의 상대도수)×(전체 도수)
   ② (전체 도수)＝$\dfrac{(계급의\ 도수)}{(계급의\ 상대\ 도수)}$

계급	도수	상대도수
$0^{이상}$ ～ $3^{미만}$	2	$\dfrac{2}{10}=0.2$
3 ～ 6	5	$\dfrac{5}{10}=0.5$
6 ～ 9	3	$\dfrac{3}{10}=0.3$
합계	10	1

 **109** 상대도수와 도수 구하기

[01～04] 전체 도수가 100인 도수분포표에 대하여 다음을 구하여라.

01 어떤 계급의 도수가 10일 때, 이 계급의 상대도수

02 어떤 계급의 도수가 42일 때, 이 계급의 상대도수

03 어떤 계급의 상대도수가 0.15일 때, 이 계급의 도수

04 어떤 계급의 상대도수가 0.26일 때, 이 계급의 도수

[05～06] 다음 상대도수의 분포표에서 A의 값을 구하여라.

05

성적(점)	도수(명)	상대도수
$50^{이상}$ ～ $60^{미만}$	5	0.1
60 ～ 70	12	0.24
70 ～ 80	15	0.3
80 ～ 90	10	0.2
90 ～ 100	8	0.16
합계	50	A

06

무게(kg)	도수(명)	상대도수
$10^{이상}$ ～ $15^{미만}$	2	0.05
15 ～ 20	8	0.2
20 ～ 25	16	0.4
25 ～ 30	10	0.25
30 ～ 35	4	0.1
합계	40	A

07

시간(분)	도수(명)	상대도수
$0^{이상}$ ~ $10^{미만}$	1	$\frac{1}{25}=0.04$
10 ~ 20	3	$\frac{3}{25}=0.12$
20 ~ 30	8	$\frac{8}{25}=0.32$
30 ~ 40	7	
40 ~ 50	6	
합계	25	

08

횟수(회)	도수(명)	상대도수
$70^{이상}$ ~ $75^{미만}$	1	$\frac{1}{20}=0.05$
75 ~ 80	3	
80 ~ 85	9	
85 ~ 90	5	
90 ~ 95	2	
합계	20	

09

기록(초)	도수(명)	상대도수
$12^{이상}$ ~ $13^{미만}$	2	0.04
13 ~ 14	8	
14 ~ 15	19	
15 ~ 16	13	
16 ~ 17	5	
17 ~ 18	3	
합계	50	

10

성적(점)	도수(명)	상대도수
$60^{이상}$ ~ $70^{미만}$	$0.2 \times 50 = 10$	0.2
70 ~ 80	$0.3 \times 50 = 15$	0.3
80 ~ 90		0.38
90 ~ 100		0.12
합계	50	1

11

금액(만 원)	도수(명)	상대도수
$1^{이상}$ ~ $3^{미만}$	$0.28 \times 25 = 7$	0.28
3 ~ 5		0.4
5 ~ 7		0.2
7 ~ 9		0.08
9 ~ 11		0.04
합계	25	1

12

앉은키(cm)	도수(명)	상대도수
$70^{이상}$ ~ $75^{미만}$	2	0.05
75 ~ 80		0.25
80 ~ 85		0.3
85 ~ 90		0.15
90 ~ 95		0.15
95 ~ 100		0.1
합계	40	1

[13~15] 다음은 어느 과수원에서 생산된 사과의 무게를 조사하여 나타낸 상대도수의 분포표이다. 물음에 답하여라.

무게(g)			상대도수
$50^{이상}$ ~ $100^{미만}$			0.05
100 ~ 150			0.1
150 ~ 200			0.35
200 ~ 250			0.3
250 ~ 300			0.15
300 ~ 350			0.05
합계			1

13 무게가 100 g 이상 150 g 미만인 사과는 전체의 몇 %인지 구하여라.

|해설| 100 g 이상 150 g 미만인 계급의 상대도수가 0.1이므로

$$0.1 \times \boxed{} = \boxed{} (\%)$$

14 무게가 250 g 이상인 사과는 전체의 몇 %인지 구하여라.

15 무게가 150 g 이상 250 g 미만인 사과는 전체의 몇 %인지 구하여라.

[16~18] 다음은 상대도수의 분포표의 일부분이다. 이 자료의 전체 도수를 구하여라.

16

기록(m)		도수(명)	상대도수
$30^{이상}$ ~ $35^{미만}$		3	0.15
35 ~ 40		6	0.3
40 ~ 45			0.1

|해설| 30 m 이상 35 m 미만인 계급의 도수는 3이고 상대도수는 0.15이므로

$$(\text{전체 도수}) = \frac{(\text{그 계급의 도수})}{\boxed{}}$$

$$= \frac{3}{\boxed{}} = \boxed{} (\text{명})$$

17

성적(점)		도수(명)	상대도수
$60^{이상}$ ~ $70^{미만}$		2	0.05
70 ~ 80		10	0.25
80 ~ 90			0.1

18

혈액형	도수(명)	상대도수
O형		0.3
A형	28	0.35
B형		0.2

[19~23] 다음은 민서네 반 학생들의 키를 조사하여 나타낸 것이다. 물음에 답하여라.

키(cm)	도수(명)	상대도수
$130^{이상}$ ~ $140^{미만}$	4	0.1
140 ~ 150	12	0.3
150 ~ 160	18	C
160 ~ 170	B	0.15
합계	A	D

19 A의 값을 구하여라.

20 B의 값을 구하여라.

21 C의 값을 구하여라.

22 D의 값을 구하여라.

23 키가 150 cm 이상인 학생은 전체의 몇 %인지 구하여라.

[24~28] 다음은 어느 지역의 도시별 미세 먼지 농도를 조사하여 나타낸 것이다. 물음에 답하여라.

농도(μg/m^3)	도수(곳)	상대도수
$0^{이상}$ ~ $10^{미만}$	2	0.025
10 ~ 20	C	0.075
20 ~ 30	24	D
30 ~ 40		0.15
40 ~ 50	36	
합계	A	B

24 A의 값을 구하여라.

25 B의 값을 구하여라.

26 C의 값을 구하여라.

27 D의 값을 구하여라.

28 농도가 30 μg/m^3 미만인 곳은 전체의 몇 %인지 구하여라.

14 상대도수의 그래프

1. **상대도수의 그래프** : 상대도수의 분포표를 히스토그램이나 도수분포다각형 모양으로 나타낸 그래프
2. **상대도수의 그래프를 그리는 순서**
   ① 가로축에는 계급의 양 끝값을 써넣는다.
   ② 세로축에는 상대도수를 써넣는다.
   ③ 히스토그램이나 도수분포다각형과 같은 모양으로 그린다.

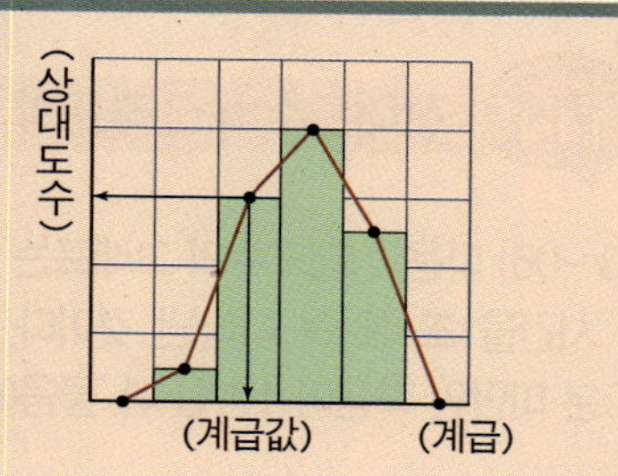

 **113** 상대도수의 그래프 그리기

[01~02] 다음 상대도수의 분포표를 이용하여 상대도수의 그래프를 도수분포다각형과 같은 모양으로 그려라.

01

기록(초)	상대도수
$14^{이상}$ ~ $16^{미만}$	0.05
16 ~ 18	
18 ~ 20	0.35
20 ~ 22	0.25
22 ~ 24	0.15
합계	1

|해설| 상대도수의 총합은 ☐이므로

기록이 16초 이상 18초 미만인 계급의 상대도수는

☐ − (0.05 + 0.35 + 0.25 + 0.15) = ☐

따라서 상대도수의 그래프를 그리면 다음과 같다.

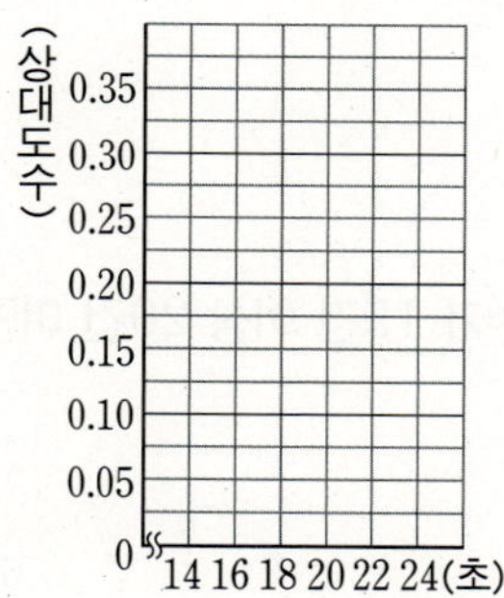

02

성적(점)	상대도수
$30^{이상}$ ~ $40^{미만}$	0.05
40 ~ 50	0.1
50 ~ 60	
60 ~ 70	0.3
70 ~ 80	0.2
80 ~ 90	0.1
합계	1

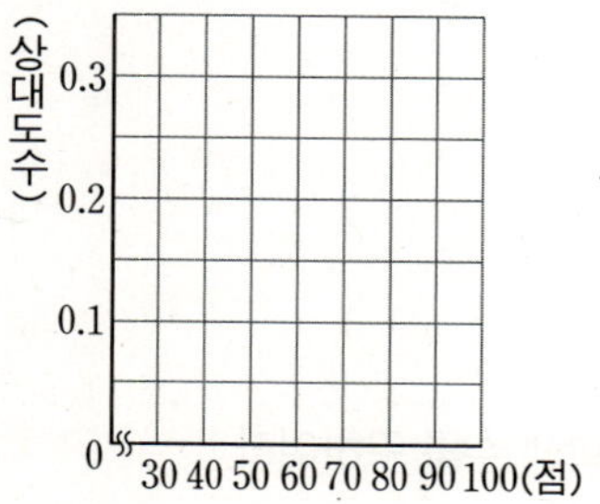

Tip 상대도수의 분포를 나타낸 그래프는 보통 도수분포다각형 모양의 그래프를 많이 이용한다.

[03~06] 다음 상대도수의 그래프는 수진이네 반 학생들의 운동 시간을 조사하여 나타낸 것이다. 운동 시간이 10분 이상 20분 미만인 학생이 4명일 때, 물음에 답하여라.

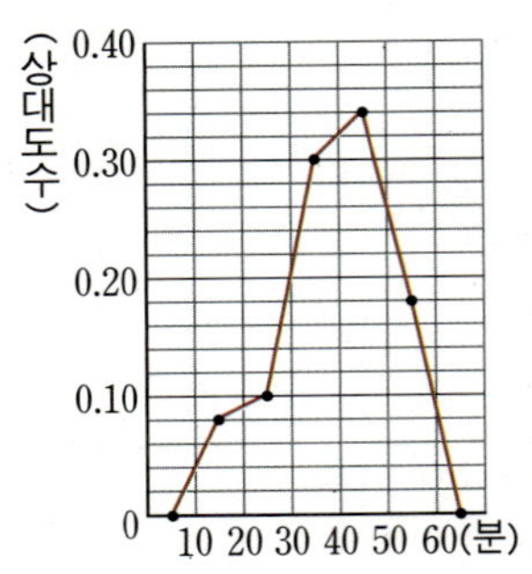

03 도수가 가장 작은 계급의 계급값을 구하여라.

04 전체 학생 수를 구하여라.

05 운동 시간이 20분 이상 30분 미만인 학생 수를 구하여라.

06 운동 시간이 40분 이상인 학생 수를 구하여라.

[07~10] 다음 상대도수의 그래프는 종광이네 반 학생들의 문자메시지 사용 건수를 조사하여 나타낸 것이다. 10건 이상 15건 미만인 학생이 10명일 때, 물음에 답하여라.

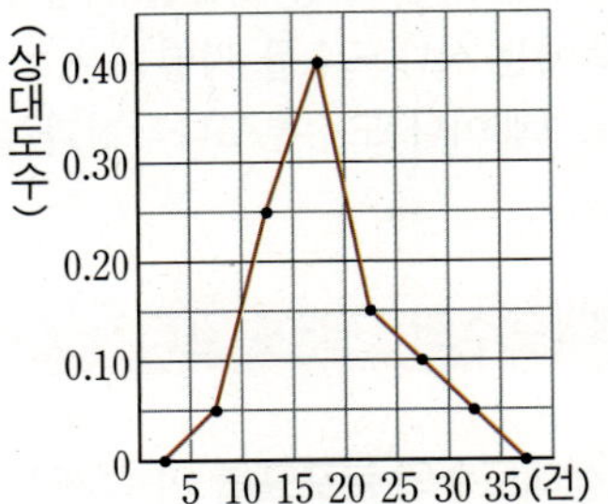

07 도수가 가장 큰 계급의 계급값을 구하여라.

08 전체 학생 수를 구하여라.

09 사용 건수가 15건 이상 20건 미만인 학생 수를 구하여라.

10 사용 건수가 25건 이상인 학생 수를 구하여라.

[11~14] 다음 상대도수의 그래프는 예림이네 반 학생들의 영어 성적을 조사하여 나타낸 것으로 일부가 훼손되었다. 성적이 40점 이상 50점 미만인 학생이 8명일 때, 물음에 답하여라.

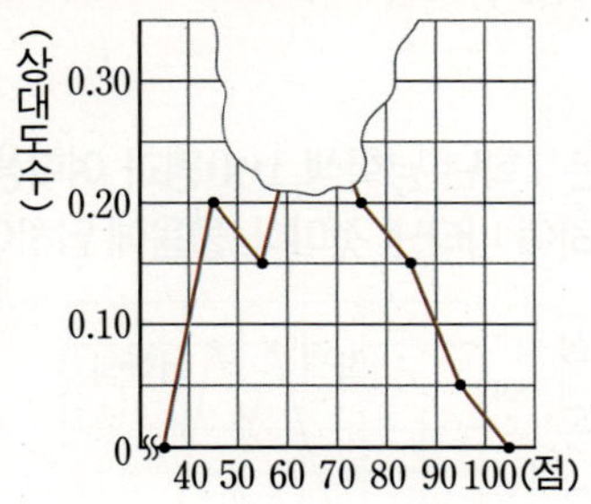

11 성적이 60점 이상 70점 미만인 계급의 상대도수를 구하여라.

12 전체 학생 수를 구하여라.

13 성적이 80점 이상 90점 미만인 학생 수를 구하여라.

14 성적이 70점 미만인 학생 수를 구하여라.

[15~18] 다음 상대도수의 그래프는 준희네 반 학생들의 컴퓨터 사용 시간을 조사하여 나타낸 것으로 일부가 훼손되었다. 사용 시간이 6시간 미만인 학생이 22명일 때, 물음에 답하여라.

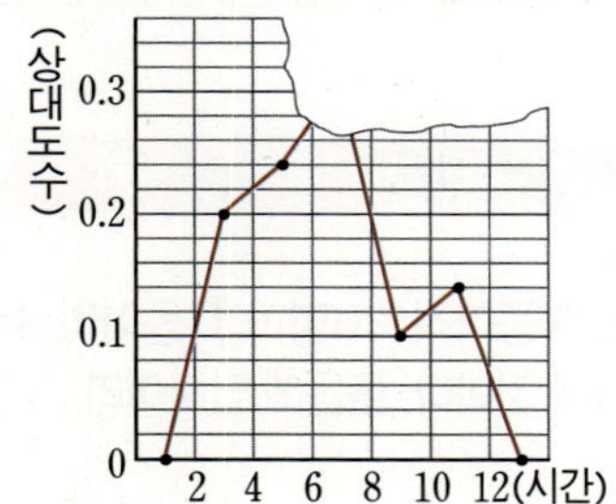

15 사용 시간이 6시간 이상 8시간 미만인 계급의 상대도수를 구하여라.

16 전체 학생 수를 구하여라.

17 사용 시간이 4시간 이상 6시간 미만인 학생 수를 구하여라.

18 사용 시간이 6시간 이상인 학생 수를 구하여라.

15 두 집단의 비교

1. 전체 도수가 다른 두 자료를 하나의 상대도수의 그래프로 나타내면 두 자료의 분포 상태를 쉽게 비교할 수 있다.
2. 전체 도수가 다른 두 자료를 비교할 때에는 도수를 그대로 비교하지 않고 상대도수를 구하여 각 계급별로 비교한다.

두 자료를 비교할 때에는 그래프를 겹쳐서 그릴 수 있는 도수분포다각형 모양의 그래프로 나타내는 것이 편리하다.

 유형 115 두 집단의 비교

[01~03] 다음은 A동아리 20명과 B동아리 40명의 몸무게를 조사하여 나타낸 것이다. 물음에 답하여라.

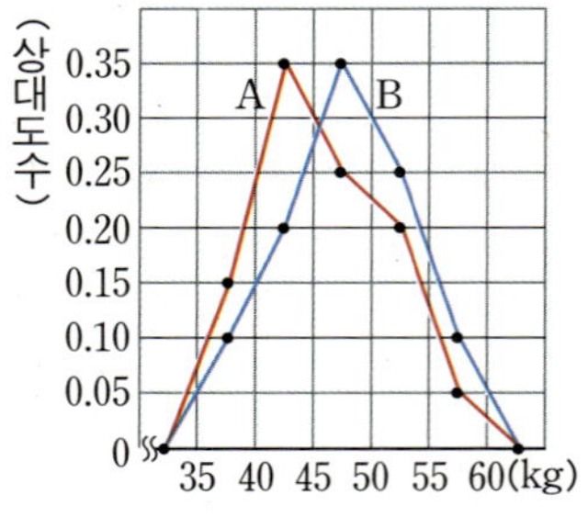

01 A동아리에서 몸무게가 40 kg 이상 45 kg 미만인 학생 수를 구하여라.

02 B동아리에서 몸무게가 40 kg 이상 45 kg 미만인 학생 수를 구하여라.

03 상대적으로 어느 동아리의 몸무게가 더 무겁다고 할 수 있는지 구하여라.

[04~06] 다음은 1학년 남학생 100명과 여학생 200명의 수학 성적을 조사하여 나타낸 것이다. 물음에 답하여라.

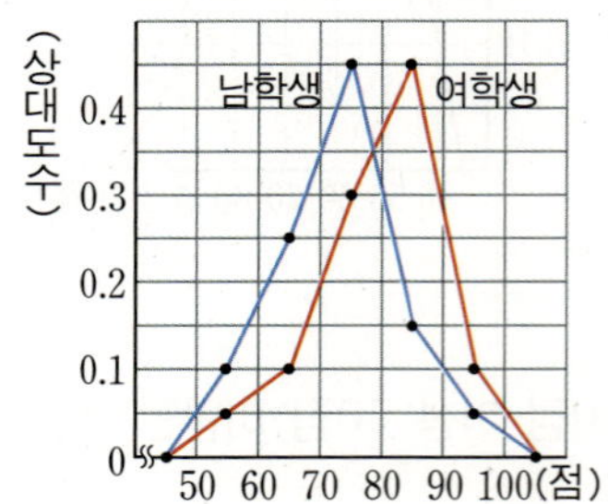

04 남학생에서 70점 이상 80점 미만인 학생 수를 구하여라.

05 여학생에서 70점 이상 80점 미만인 학생 수를 구하여라.

06 상대적으로 남학생과 여학생 중 누가 성적이 더 좋다고 할 수 있는지 구하여라.

01

다음 그림에서 교점의 개수를 a개, 교선의 개수를 b개라고 할 때, $a+b$의 값은?

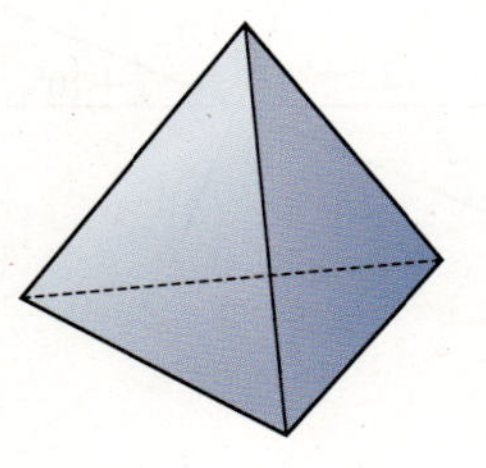

① 4　　　② 6　　　③ 8
④ 10　　　⑤ 12

02

그림과 같이 다섯 개의 점 A, B, C, D, E가 한 직선 위에 있을 때, 다음 중 $\overrightarrow{BD}$와 같은 것은?

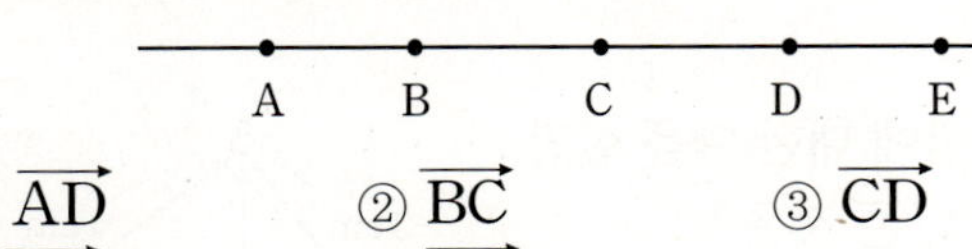

① $\overrightarrow{AD}$　　　② $\overrightarrow{BC}$　　　③ $\overrightarrow{CD}$
④ $\overrightarrow{CE}$　　　⑤ $\overrightarrow{DE}$

03

다음 그림과 같이 직선 l 위에 세 점 A, B, C가 있고 직선 l 밖에 한 점 P가 있다. 이 네 점 중 2점을 골라 만들수 있는 직선, 반직선, 선분의 개수를 각각 a, b, c라고 할 때, $a+b-c$의 값은?

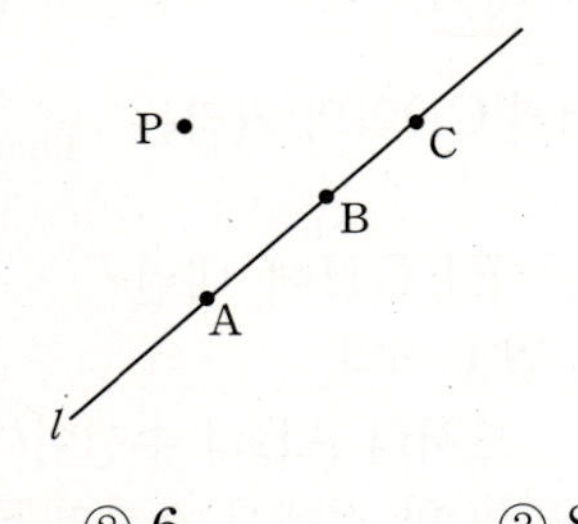

① 4　　　② 6　　　③ 8
④ 10　　　⑤ 12

04

다음 그림에서 점 M이 선분 BC의 중점일 때, □ 안에 알맞은 것을 써넣어라.

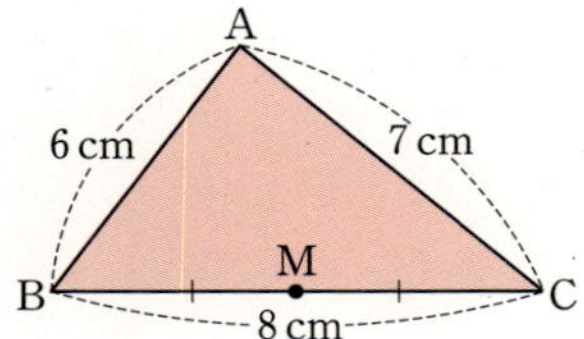

(1) 두 점 A와 B 사이의 거리는 $\overline{AB}=$ □ cm

(2) 두 점 B와 C 사이의 거리는 □ $=8$ cm

(3) 두 점 A와 C 사이의 거리는 □ $=$ □ cm

(4) $\overline{BM}=$ □ $=\dfrac{1}{2}$ □ $=$ □ cm

05

그림에서 점 M은 선분 AB의 중점이고 $\overline{AM}=3$ cm일 때, 다음을 구하여라.

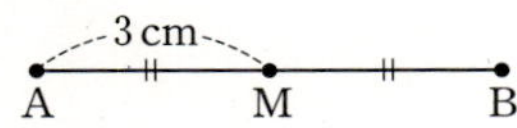

(1) $\overline{BM}$
(2) $\overline{AB}$

06

아래 그림에서 두 점 M, N은 선분 AB의 삼등분점이다. 점 O가 선분 AB의 중점일 때, 다음 중 옳지 <u>않은</u> 것은?

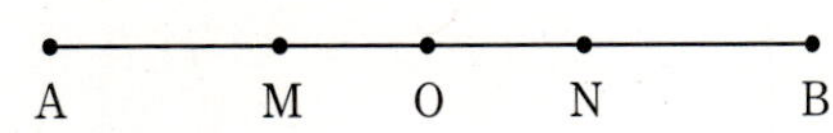

① $\overline{AO}=2\overline{BN}$　　　　② $\overline{MO}=\dfrac{1}{2}\overline{MN}$

③ $\overline{AN}=\overline{BM}$　　　　④ $\overline{MN}=\dfrac{1}{2}\overline{AN}$

⑤ $\overline{AB}=3\overline{AM}$

단원 종합 문제

[07~08] 다음 그림에서 $\angle x$, $\angle y$의 크기를 각각 구하여라.

07

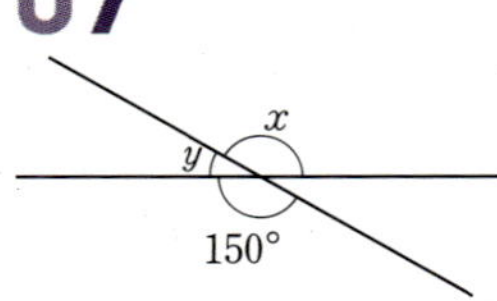

08

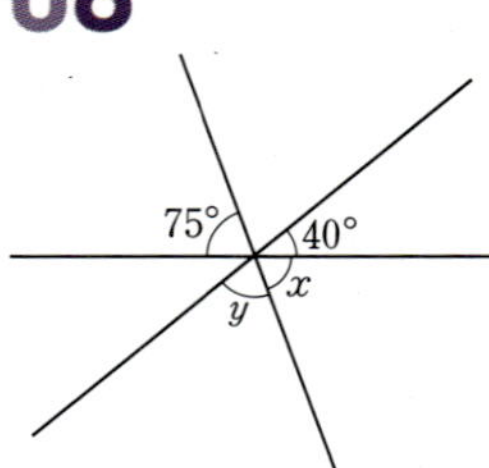

[09~10] 다음 그림에서 $\angle x$의 크기를 구하여라.

09

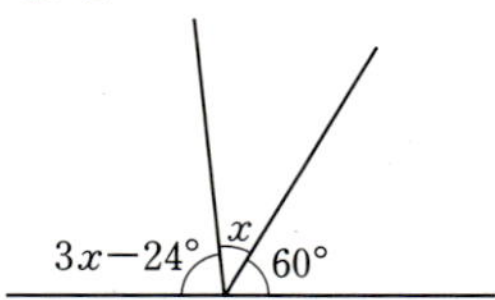

10

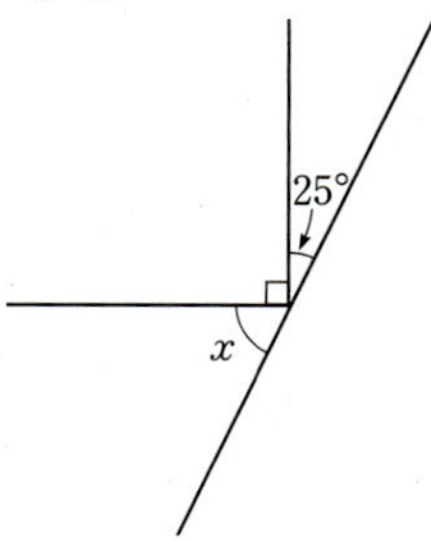

11

다음 그림에서 $\angle x$의 크기를 구하여라.

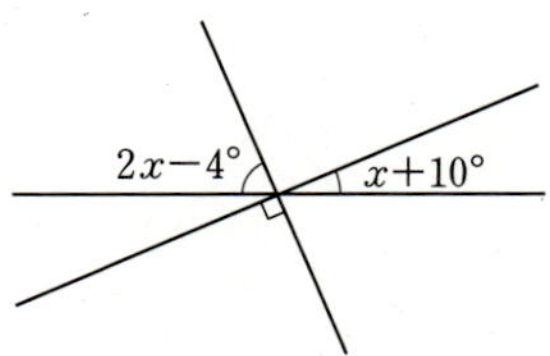

12

다음 그림에서 $\angle a$의 크기를 구하여라.

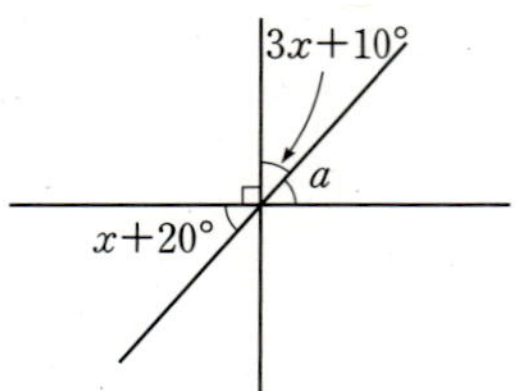

13

오른쪽 그림에 대한 다음 설명 중에 옳지 <u>않은</u> 것은?

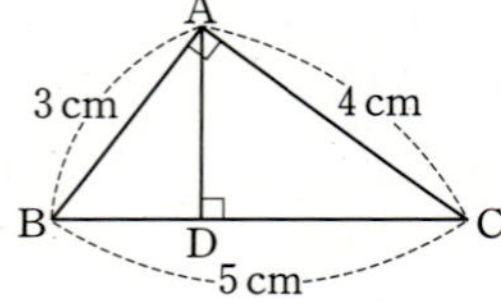

① $\angle ADC = \angle BAC = 90°$이다.
② $\overline{AB} \perp \overline{AC}$
③ $\overline{AD}$의 수선은 $\overline{BC}$이다
④ 점 A에서 $\overline{BC}$에 내린 수선의 발은 점 D이다.
⑤ 점 C와 $\overline{AB}$와의 거리는 5 cm이다.

14

오른쪽 그림과 같은 직육면체에 대한 설명으로 옳지 <u>않은</u> 것은?

① 점 A와 모서리 CD와의 거리는 6 cm이다.
② 점 C에서 면 EFGH에 내린 수선의 발은 점 G이다.
③ 모서리 CG는 모서리 AB의 수선이다.
④ 모서리 BC 위의 한 점에서 모서리 FG까지의 거리는 10 cm이다.
⑤ 모서리 EH의 수선은 모두 4개이다.

15

오른쪽 그림에서 다음 각의 크
기를 구하여라.

(1) ∠a의 동위각
(2) ∠b의 엇각
(3) ∠c의 엇각
(4) ∠f의 동위각

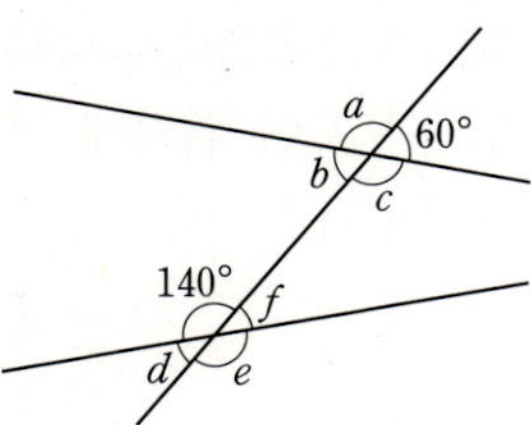

16

오른쪽 그림에서 ∠x의 모든
엇각의 크기의 합은?

① 125°
② 165°
③ 180°
④ 195°
⑤ 235°

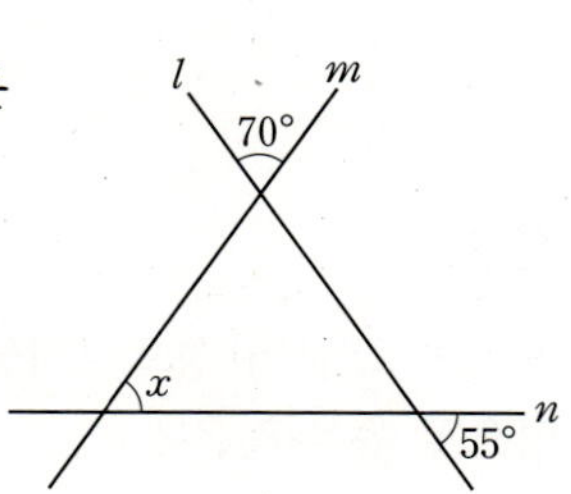

17

다음 그림에서 $l /\!/ m$일 때, ∠x의 크기는?

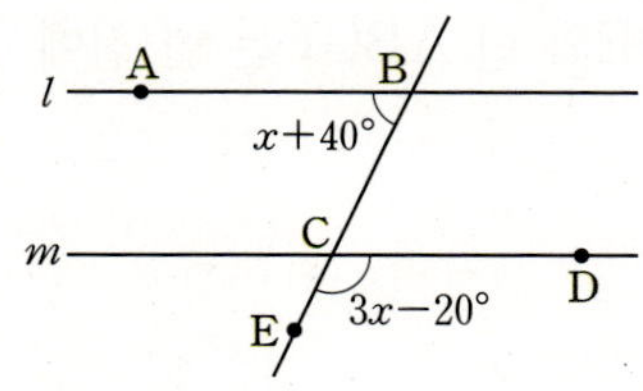

① 10°　　② 20°　　③ 30°
④ 40°　　⑤ 50°

18

다음 그림에서 $m /\!/ n$일 때, ∠a의 크기는?

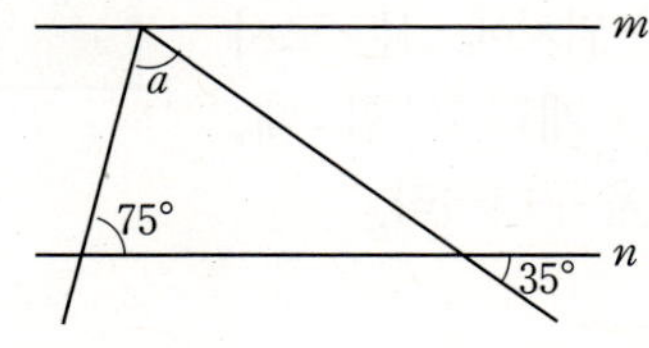

① 65°　　② 70°　　③ 75°
④ 80°　　⑤ 85°

19

다음 그림에서 $l /\!/ m$일때, ∠x의 크기는?

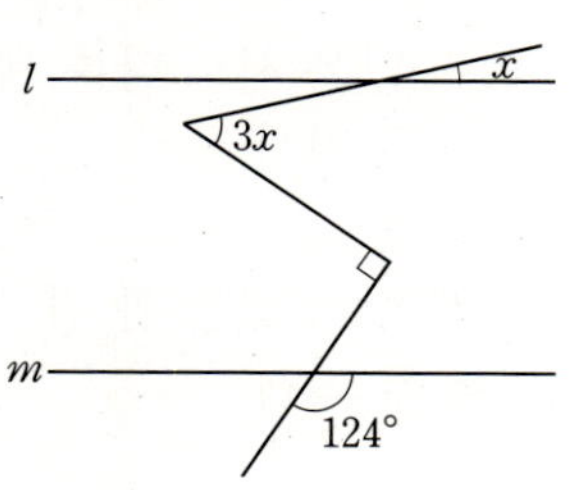

① 17°　　② 21°　　③ 24°
④ 29°　　⑤ 34°

20

다음 그림과 같은 직사각형 모양의 종이를 접었을때,
∠x의 크기를 구하여라.

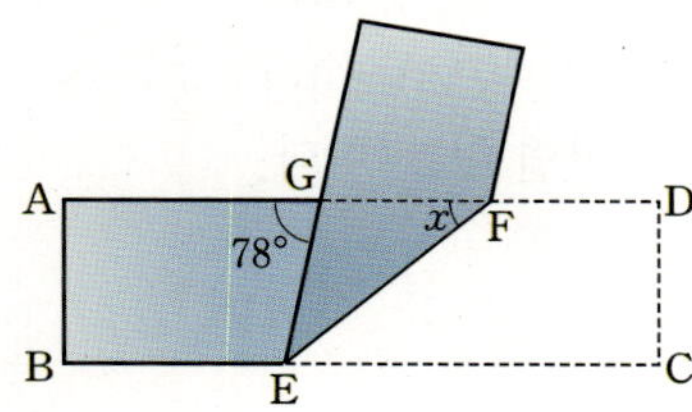

21

오른쪽 그림과 같은 정육각형에서 각
변을 포함하는 직선을 그을 때, $\overleftrightarrow{AB}$
와 한 점에서 만나는 직선의 개수는?

① 1개　　② 2개
③ 3개　　④ 4개
⑤ 5개

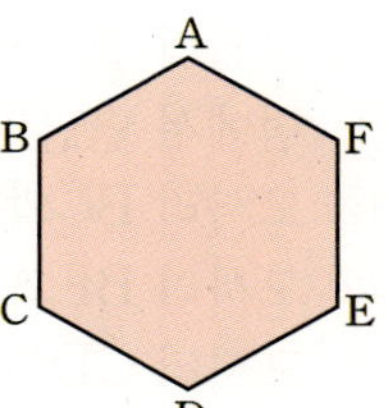

단원 종합 문제

22

다음 중 한 평면 위에 있지 <u>않은</u> 것은?

① 한 직선 위에 있지 않은 서로 다른 세 점
② 한 점에서 만나는 두 직선
③ 서로 평행한 두 직선
④ 한 직선과 그 직선 밖에 있는 한 점
⑤ 꼬인 위치에 있는 두 직선

23

공간에서 서로 다른 세 직선 l, n, m과 서로 다른 두 평면 P, Q에 대하여 다음 중 옳은 것은?

① $l /\!/ m$, $l \perp n$이면 $m \perp n$이다.
② $P \perp l$, $P /\!/ m$이면 $l /\!/ m$이다.
③ $P \perp l$, $P \perp m$이면 $l /\!/ m$이다.
④ $P /\!/ l$, $P /\!/ m$이면 $l /\!/ m$이다.
⑤ $P \perp l$, $P \perp Q$이면 $Q \perp l$이다.

24

오른쪽 그림의 직육면체에 대한 설명으로 옳은 것을 모두 고르면? (정답 2개)

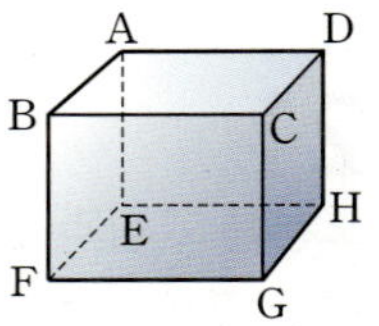

① 모서리 AB와 모서리 CD는 한 점에서 만난다.
② 모서리 BC와 모서리 FG는 평행하다.
③ 모서리 BF와 모서리 EH는 꼬인 위치에 있다.
④ 모서리 CD와 모서리 DH는 꼬인 위치에 있다.
⑤ 모서리 AB와 모서리 GH는 한 점에서 만난다.

25

오른쪽 그림과 같은 직육면체에서 $\overline{AC}$와 꼬인 위치에 있는 모서리의 개수는?

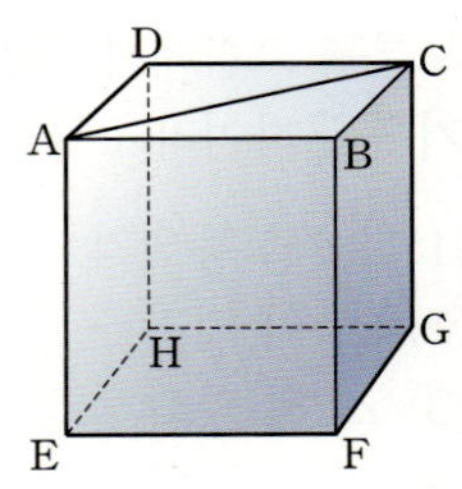

① 3개   ② 4개
③ 5개   ④ 6개
⑤ 7개

26

오른쪽 그림의 정오각기둥에 대한 설명으로 옳은 것은?

① $\overleftrightarrow{AB} /\!/ \overleftrightarrow{FJ}$
② 직선 AB와 직선 CD는 꼬인 위치에 있다.
③ 직선 GH는 면 BCHG에 포함된다.
④ 면 CDIH와 직선 AB는 꼬인 위치에 있다.
⑤ 면 ABCDE와 면 ABGF는 한 점에서 만난다.

27

오른쪽 그림과 같이 정육면체의 일부분을 잘라낸 입체도형에서 $\overline{AB}$에 대하여 평행한 모서리의 개수를 a개, 만나는 모서리의 개수를 b개, 꼬인 위치에 있는 모서리의 개수를 c개라고 할 때, $a+b-c$의 값을 구하여라.

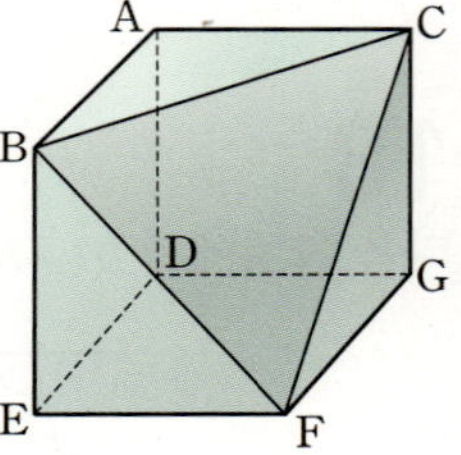

01

다음 중 작도에 대한 설명으로 옳지 <u>않은</u> 것은?

① 눈금 없는 자와 컴퍼스만을 사용한다.
② 컴퍼스는 원을 그리는 데 사용한다.
③ 컴퍼스는 주어진 선분의 길이를 재는데 사용한다.
④ 눈금 없는 자를 이용하여 선분을 긋는다.
⑤ 눈금 없는 자를 이용하여 주어진 길이를 옮긴다.

02

아래 그림은 ∠XOY와 크기가 같은 각을 작도한 것이다. 다음 중 옳지 <u>않은</u> 것은?

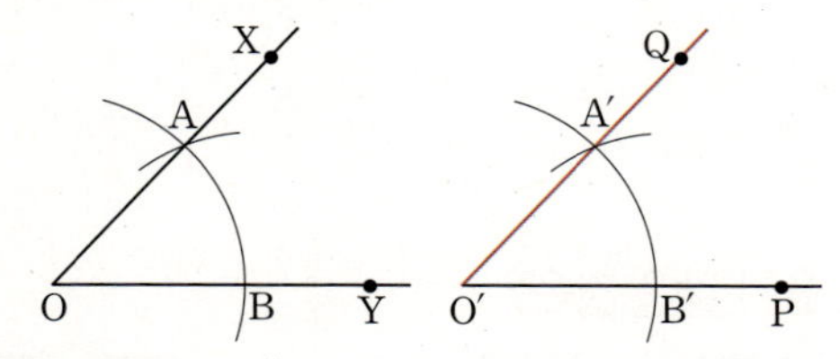

① $\overline{OA}=\overline{O'A'}$ ② $\overline{AB}=\overline{A'B'}$
③ $\overline{OA}=\overline{O'B'}$ ④ $\overline{O'A'}=\overline{A'B'}$
⑤ $\angle AOB=\angle A'O'B$

03

아래 그림은 선분 AB의 수직이등분선을 작도한 것이다. 다음 중 옳지 <u>않은</u> 것은?

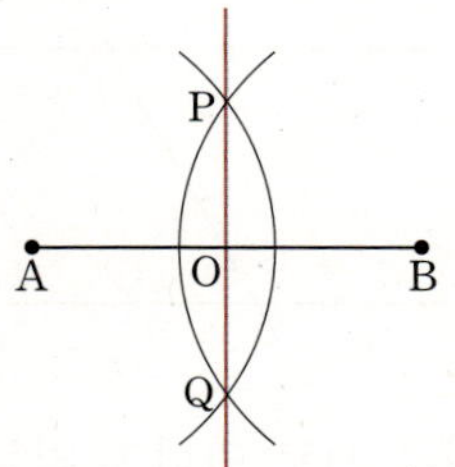

① $\overline{AP}=\overline{BP}$ ② $\overline{AP}=\overline{BQ}$ ③ $\overline{OA}=\overline{OB}$
④ $\overline{AB}=\overline{PQ}$ ⑤ $\angle AOP=90°$

04

다음 그림은 직선 l 위의 한 점 P를 지나면서 직선 l에 수직인 직선을 작도하는 과정이다. 작도 순서를 나열하여라.

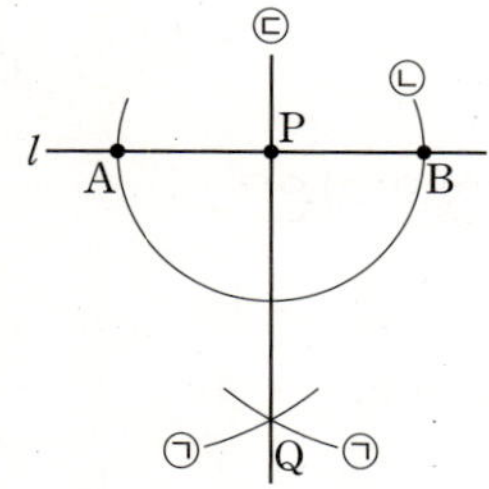

05

아래 그림은 직선 l 밖의 한 점 P에서 직선 l의 수선을 작도하는 과정이다. 다음 중 옳지 <u>않은</u> 것은?

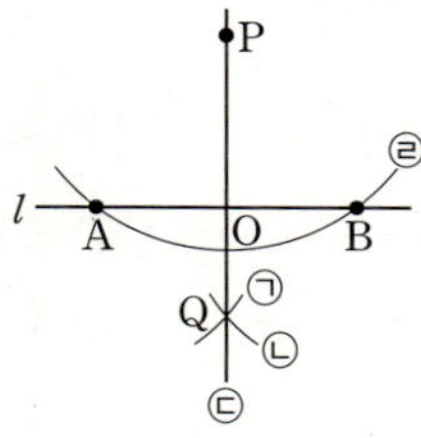

① $\overline{AO}=\overline{PO}$ ② $\overline{AQ}=\overline{BQ}$
③ $\angle AOP=90°$ ④ $\angle AOQ=\angle BOQ$
⑤ 작도 순서는 ㉣ → ㉠ → ㉡ → ㉢ (또는 ㉣ → ㉡ → ㉠ → ㉢) 순이다.

06

다음 중 선분을 4등분할 때, 이용되는 작도 방법은?

① 선분의 이동
② 크기가 같은 각의 작도
③ 정삼각형의 작도
④ 각의 이등분선의 작도
⑤ 선분의 수직이등분선의 작도

[07~08] 오른쪽 그림은 직각인 ∠AOB를 삼등분하는 과정이다. 물음에 답하여라.

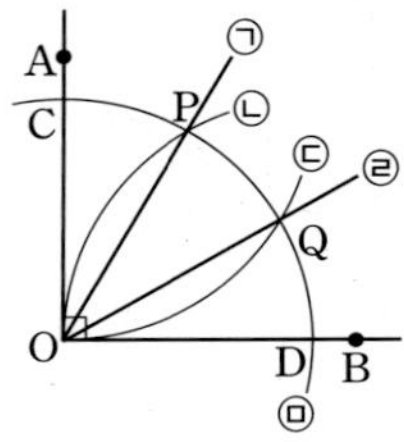

07

작도 순서로 옳지 <u>않은</u> 것은?

① ㅁ → ㄱ → ㄴ → ㄹ → ㄷ
② ㅁ → ㄴ → ㄱ → ㄷ → ㄹ
③ ㅁ → ㄴ → ㄷ → ㄱ → ㄹ
④ ㅁ → ㄷ → ㄴ → ㄱ → ㄹ
⑤ ㅁ → ㄷ → ㄹ → ㄴ → ㄱ

08

다음 중 옳지 <u>않은</u> 것은?

① $\angle COP = \angle DOQ$
② $\angle POQ = \dfrac{1}{3}\angle COD$
③ $\angle POB = 60°$
④ $\overline{OP} = \overline{PD}$
⑤ $\overline{CD} = 3\overline{CP}$

09

다음 중 눈금 없는 자와 컴퍼스만으로 작도할 수 <u>없는</u> 각은?

① 30°
② 100°
③ 120°
④ 150°
⑤ 180°

10

∠A의 크기가 주어질 때, 다음 중 △ABC가 하나로 결정되기 위한 조건이 <u>아닌</u> 것을 모두 고르면? (정답 2개)

① $\overline{AB}$, ∠B
② $\overline{AB}$, $\overline{AC}$
③ $\overline{AC}$, ∠C
④ ∠B, ∠C
⑤ $\overline{AC}$, $\overline{BC}$

[11~12] 오른쪽 그림은 점 P를 지나고 직선 AB에 평행한 직선을 작도한 것이다. 물음에 답하여라.

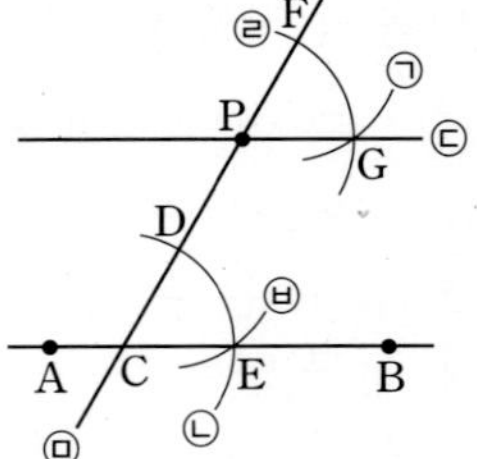

11

작도 순서로 옳은 것은?

① ㅁ → ㄴ → ㄹ → ㅂ → ㄱ → ㄷ
② ㅁ → ㄴ → ㅂ → ㄹ → ㄱ → ㄷ
③ ㅁ → ㄹ → ㄱ → ㄴ → ㅂ → ㄷ
④ ㅁ → ㄹ → ㄱ → ㅂ → ㄴ → ㄷ
⑤ ㅁ → ㄹ → ㄴ → ㄱ → ㅂ → ㄷ

12

다음 중 옳지 <u>않은</u> 것은?

① $\overline{CE} = \overline{CD}$
② $\overline{PF} = \overline{PG}$
③ $\overline{CD} = \overline{PF}$
④ $\overline{DE} = \overline{FG}$
⑤ $\overline{CD} = \overline{DE}$

13

다음 그림은 직선 l 밖의 한 점 P를 지나고 직선 l에 평행한 직선을 작도하는 과정이다. 이때 사용되는 평행선의 성질은?

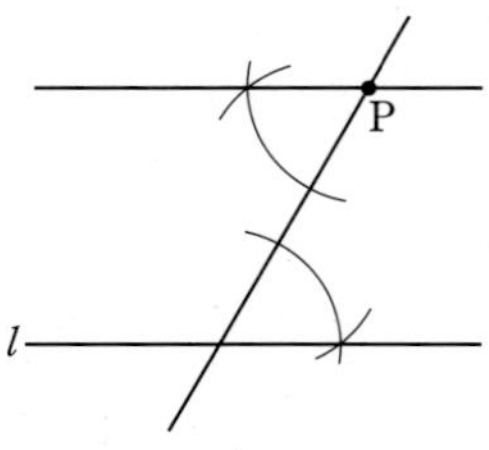

① 평행한 두 직선은 서로 만나지 않는다.
② 평행하지 않은 두 직선은 한 점에서 만난다.
③ 동위각의 크기가 같으면 두 직선은 평행하다.
④ 엇각의 크기가 같으면 두 직선은 평행하다.
⑤ 평행선의 성질을 사용하지 않는다.

14

다음 그림과 같이 한 변 BC와 그 양 끝각이 주어졌을 때, △ABC의 작도 순서로 옳은 것은?

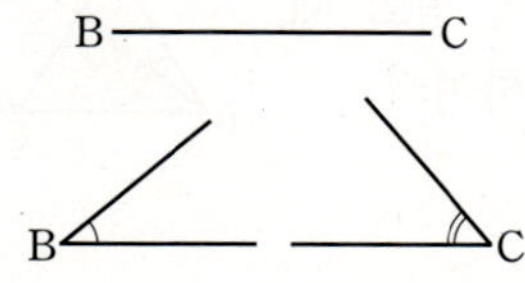

① $\overline{BC} \to \angle B \to \angle C$ ② $\angle B \to \overline{BC} \to \angle A$
③ $\angle B \to \angle C \to \overline{BC}$ ④ $\overline{BC} \to \angle A \to \angle C$
⑤ $\angle A \to \overline{BC} \to \angle B$

15

오른쪽 그림과 같이 선분 BC의 길이가 주어진 삼각형 ABC를 작도하려고 한다. 다음 조건이 주어질 때, 삼각형을 하나로 작도할 수 없는 것은?

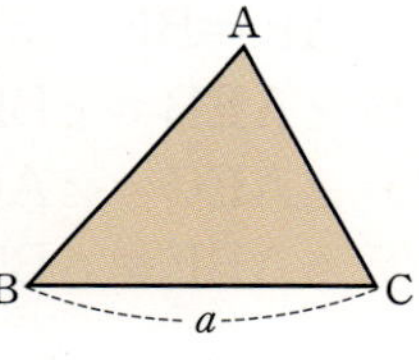

① $\overline{AC}$와 $\overline{AB}$ ② $\angle B$와 $\angle C$ ③ $\overline{AC}$와 $\angle A$
④ $\angle B$와 $\overline{AB}$ ⑤ $\angle A$와 $\angle C$

16

길이가 2 cm, 3 cm, 4 cm, 5 cm인 네 개의 선분이 주어졌을 때 작도 가능한 삼각형의 개수는?

① 1개 ② 2개 ③ 3개
④ 4개 ⑤ 5개

17

다음 중 △ABC가 하나로 결정되지 <u>않는</u> 것은?

① $\overline{AB}=2$, $\overline{BC}=5$, $\overline{CA}=8$
② $\overline{AB}=3$, $\angle B=60°$, $\overline{BC}=5$
③ $\overline{AB}=4$, $\overline{CA}=6$, $\angle A=20°$
④ $\angle A=40°$, $\angle B=60°$, $\overline{AB}=5$
⑤ $\angle A=38°$, $\overline{CA}=8$, $\angle C=76°$

18

다음 중 두 도형이 서로 합동인 것은?

① 반지름의 길이가 같은 두 원
② 세 각의 크기가 모두 같은 삼각형
③ 밑각의 크기가 같은 두 이등변삼각형
④ 넓이가 같은 두 직사각형
⑤ 한 변의 길이가 같은 두 마름모

19

다음 그림에서 △ABC≡△DEF일 때, 변 DE의 길이와 ∠B의 크기를 차례대로 나열하면?

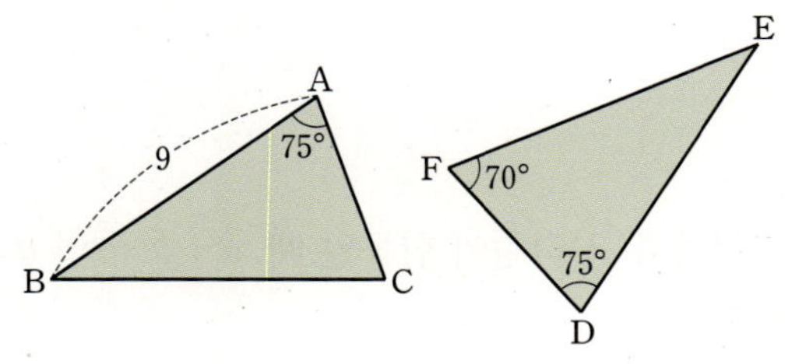

① 9, 35° ② 9, 70° ③ 9, 75°
④ 9, 105° ⑤ 7, 35°

20

다음 중 오른쪽 그림과 같은 삼각형과 합동인 것은?

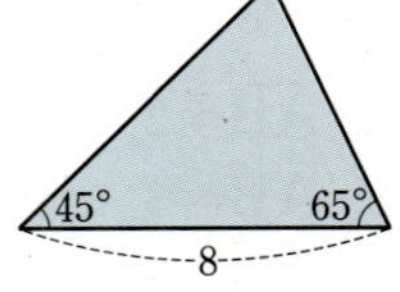

① 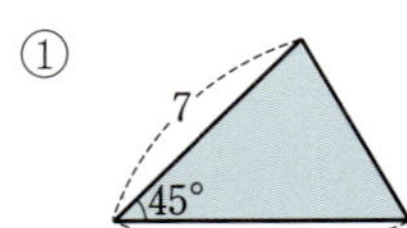

② 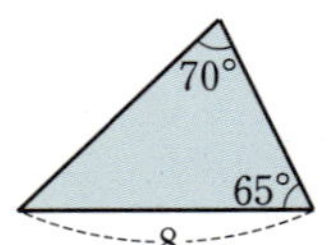 ③ 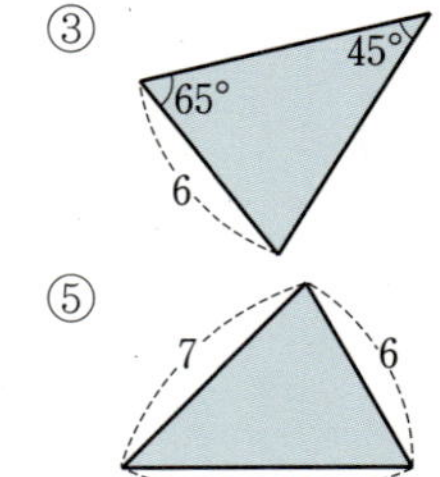

④ 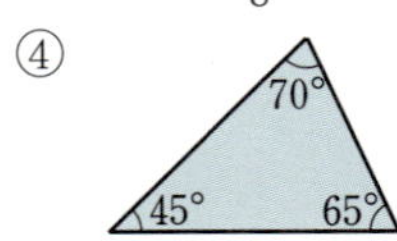 ⑤

21

다음 중 △ABC와 △DEF가 합동이 될 수 <u>없는</u> 것은?

① $\overline{AB}=\overline{DE}$, $\overline{BC}=\overline{EF}$, $\overline{AC}=\overline{DF}$
② $\overline{AB}=\overline{DE}$, $\angle C=\angle F$, $\overline{AC}=\overline{DF}$
③ $\overline{AB}=\overline{DE}$, $\angle B=\angle E$, $\overline{BC}=\overline{EF}$
④ $\overline{AB}=\overline{DE}$, $\angle A=\angle D$, $\angle B=\angle E$
⑤ $\overline{AC}=\overline{DF}$, $\angle B=\angle E$, $\angle C=\angle F$

22

다음 그림의 두 사각형이 합동일 때, $a+b+c+d$의 값을 구하여라.

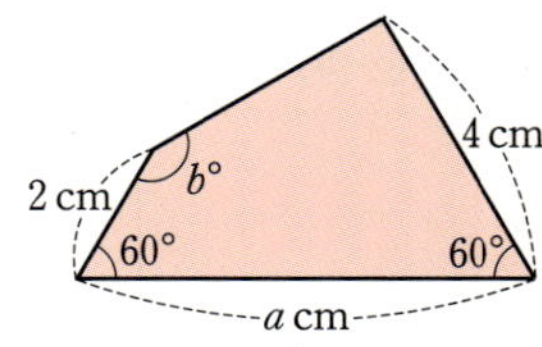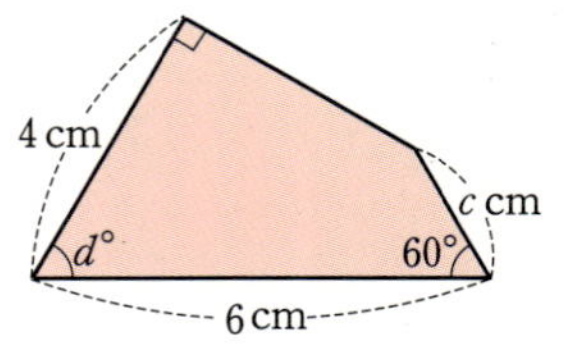

23

오른쪽 그림의 △ABC와 △ECD는 정삼각형이다. 점 C는 $\overline{BD}$ 위의 점일 때, $\angle x$의 크기를 구하여라.

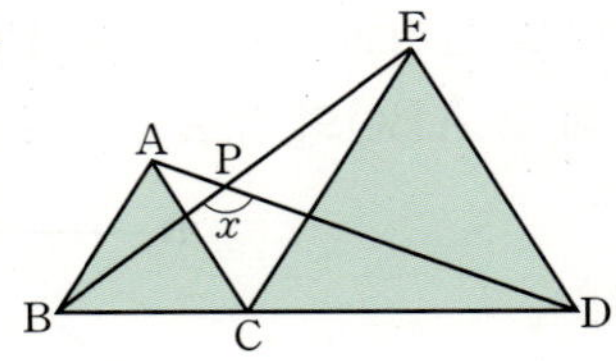

24

오른쪽 그림과 같은 정사각형 ABCD에서 $\overline{BE}=\overline{CF}$일 때, 다음 중 옳지 <u>않은</u> 것은?

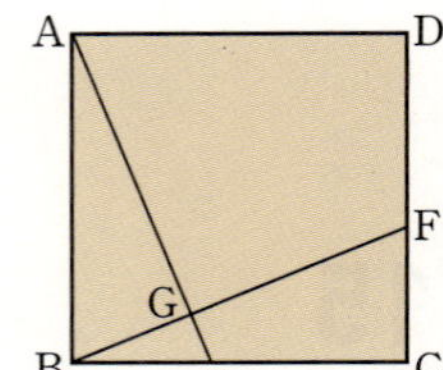

① $\overline{AB}=\overline{BC}$
② $\overline{AE}=\overline{BF}$
③ $\angle AEB=\angle BFC$
④ $\angle AEC=\angle AGF$
⑤ $\triangle ABE\equiv\triangle BCF$

25

한 변의 길이가 10 cm인 두 정사각형이 있다. 오른쪽 그림과 같이 한 정사각형의 대각선의 교점 O에 다른 정사각형의 한 꼭짓점이 놓여 있을 때, 색칠한 부분의 넓이는?

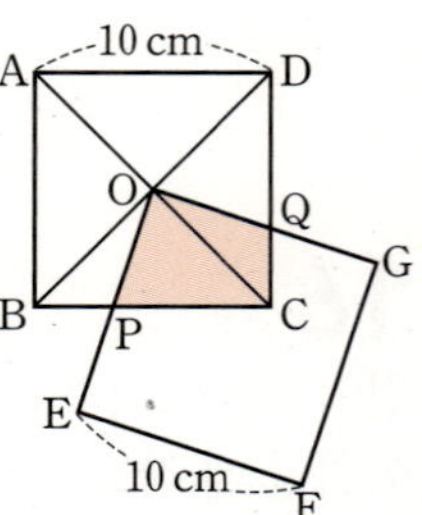

① 20 cm^2 ② 25 cm^2
③ 30 cm^2 ④ 35 cm^2 ⑤ 40 cm^2

01

다음 중 다각형이 <u>아닌</u> 것을 모두 고르면? (정답 2개)

① 정사각형   ② 직각삼각형
③ 정사면체   ④ 육각형
⑤ 원

02

삼각형의 꼭짓점의 개수를 m, 오각형의 변의 개수를 n 이라고 할 때, $m+n$의 값을 구하여라.

03

삼각형 ABC에서 ∠C의 외각의 크기가 95°일 때, ∠C 의 내각의 크기를 구하면?

① 55°   ② 65°   ③ 75°
④ 85°   ⑤ 95°

04

어떤 다각형에서 한 내각과 그 각에 대한 외각의 크기의 비가 $1:5$일 때, 내각의 크기를 구하면?

① 30°   ② 50°   ③ 80°
④ 100°   ⑤ 150°

05

오른쪽은 △ABC와 △ACD 에서 변의 길이가 같은 $\overline{AC}$를 붙여놓은 그림이다. ∠BCD 의 크기를 구하여라.

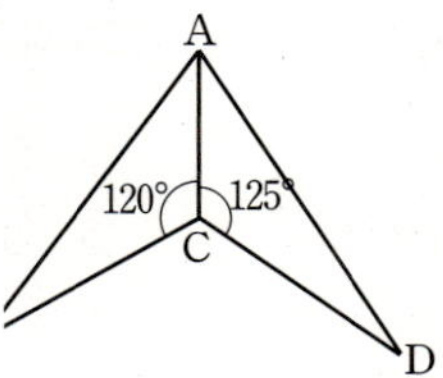

06

다음 중 정오각형에 대한 설명으로 옳지 <u>않은</u> 것은?

① 5개의 선분으로 둘러싸여 있다.
② 모든 변의 길이가 같다.
③ 모든 내각의 크기가 같다.
④ 한 내각과 한 외각의 크기는 서로 같다.
⑤ 꼭짓점의 개수는 5개이다.

07

다음의 두 조건을 만족하는 다각형의 이름을 말하여라.

> (가) 8개의 선분으로 둘러싸여 있다.
> (나) 변의 길이와 내각의 크기가 모두 같다.

08

한 꼭짓점에서 5개의 대각선을 그을 수 있는 다각형은?

① 육각형　　　② 칠각형　　　③ 팔각형
④ 구각형　　　⑤ 십각형

09

십각형에 대하여 다음을 구하여라.

(1) 꼭짓점의 개수
(2) 한 꼭짓점에서 그을 수 있는 대각선의 개수
(3) 대각선의 총 개수

10

다음 조건을 모두 만족하는 다각형은?

> (가) 모든 변의 길이가 같고 모든 내각의 크기가 같다.
> (나) 한 꼭짓점에서 그을 수 있는 대각선의 개수는 4개이다.

① 정오각형　　　② 육각형　　　③ 정칠각형
④ 팔각형　　　⑤ 정구각형

11

오른쪽 그림과 같은 팔각형의 대각선의 총 개수를 구하여라.

12

모든 변의 길이가 같고 모든 내각의 크기가 같은 다각형의 변의 개수가 11개라고 할 때, 다음을 구하여라.

(1) 다각형의 이름
(2) 다각형의 대각선의 총 개수

13

다음 중 대각선의 총 개수가 14개인 다각형은?

① 오각형　　　② 육각형　　　③ 칠각형
④ 팔각형　　　⑤ 구각형

14

어떤 다각형을 한 꼭짓점에서 대각선을 그었더니 7개의 삼각형으로 나누어졌다. 이 다각형의 대각선의 총 개수는?

① 9개　　　② 14개　　　③ 20개
④ 27개　　　⑤ 35개

15

대각선의 총 개수가 20개인 다각형의 변의 개수는?

① 7개　　　② 8개　　　③ 9개
④ 10개　　　⑤ 11개

16

다음은 삼각형의 내각의 크기의 합이 $180°$임을 보이는 과정이다. 빈칸에 알맞은 것을 구하여라.

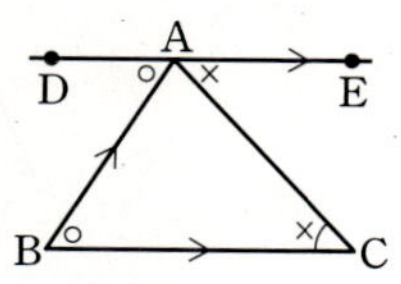

△ABC에서 $\overline{BC}$에 평행하고 꼭짓점 A를 지나는 직선 DE 를 긋자.

$\overrightarrow{BC} /\!\!/ \overrightarrow{DE}$이므로

$\angle B = \boxed{㉠}$ (엇각)

$\angle C = \angle CAE$ ($\boxed{㉡}$)

$\therefore \angle A + \angle B + \angle C$

$= \angle A + \boxed{㉠} + \angle CAE$

$= \angle DAE = \boxed{㉢}$

17

다음 그림에서 $\angle x$, $\angle y$, $\angle z$의 크기를 각각 구하여라.

(단, $\overline{AB} /\!\!/ \overline{CE}$)

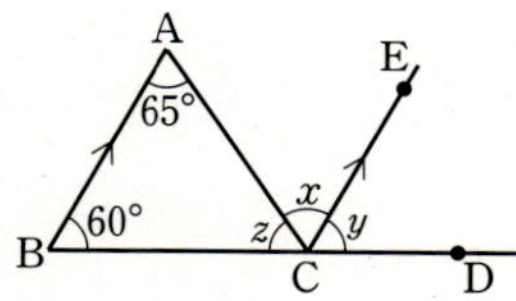

18

다음 그림에서 $\angle x$, $\angle y$의 크기를 각각 구하여라.

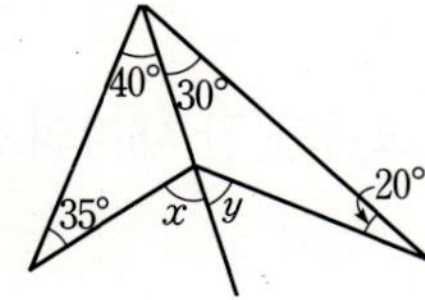

19

오른쪽 그림에서 $\angle x + \angle y$의 값을 구하면?

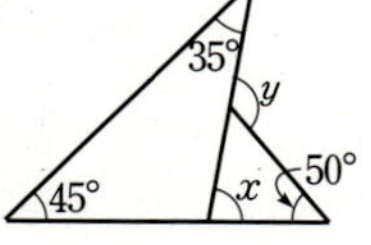

① $80°$ ② $100°$

③ $130°$ ④ $180°$

⑤ $210°$

[20~21] 다음 그림에서 $\angle x$의 크기를 구하여라.

20

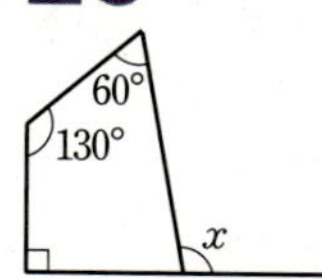

21

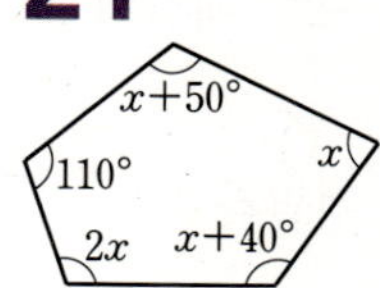

22

내각의 크기의 합이 다음과 같은 다각형을 구하여라.

(1) $720°$

(2) $1980°$

23

정십오각형의 내각의 크기의 합과 한 내각의 크기를 차례로 구하여라.

24

오른쪽 그림과 같은 오각형에서 $\angle x$ 의 크기를 구하면?

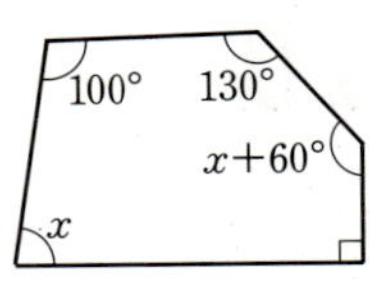

① $60°$ ② $65°$
③ $70°$ ④ $75°$
⑤ $80°$

25

다음 중 내각의 크기의 합이 $1440°$이고, 모든 내각의 크기가 같은 다각형은?

① 정사각형 ② 정육각형 ③ 정팔각형
④ 정십각형 ⑤ 정십이각형

26

한 꼭짓점에서 그을 수 있는 대각선의 개수가 9개인 다각형의 내각의 크기의 합을 구하면?

① $1440°$ ② $1620°$ ③ $1800°$
④ $1980°$ ⑤ $2160°$

27

다음 그림에서 표시한 각들의 크기의 합을 구하여라.

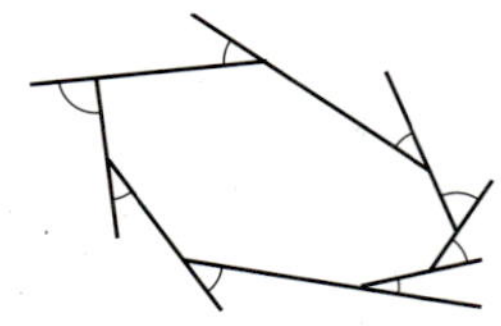

28

다음 그림에서 $\angle x$의 크기를 구하여라.

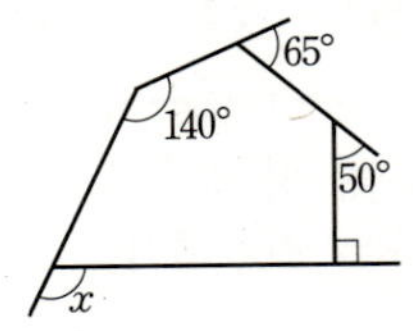

29

다음 정다각형의 한 외각의 크기를 구하고, 이를 이용하여 한 내각의 크기를 차례로 구하여라.

(1) 정삼각형
(2) 정오각형
(3) 정팔각형
(4) 정십이각형

30

다음 중 한 외각의 크기와 한 내각의 크기가 서로 같은 정다각형은?

① 정사각형 ② 정육각형 ③ 정팔각형
④ 정십각형 ⑤ 정십이각형

31

오른쪽 그림에서 $\overline{AC}$, $\overline{BD}$가 원 O의
지름이고 $\overline{OA}=5$ cm,
$\overline{CD}=4$ cm일 때, $\overline{AB}$의 길이를 구
하여라.

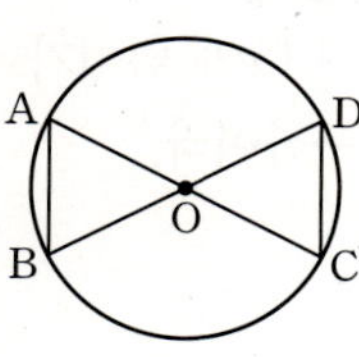

[32~33] 다음 그림에서 x의 값을 구하여라.

32

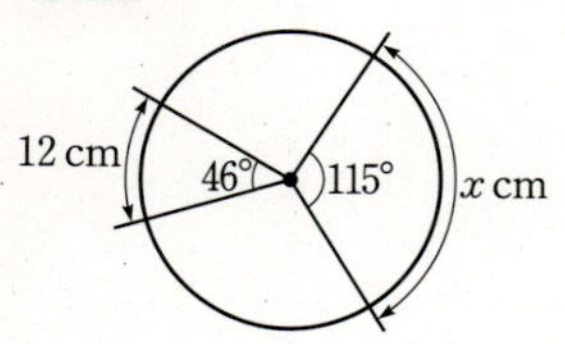

33

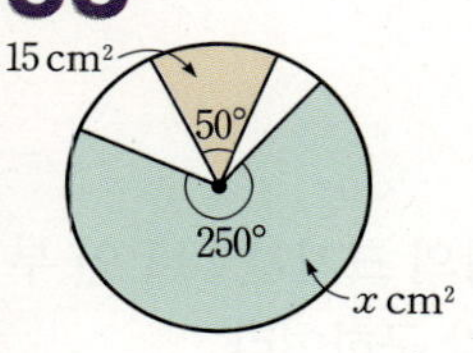

34

오른쪽 그림에서 $\angle COE$의 크기
를 구하여라.

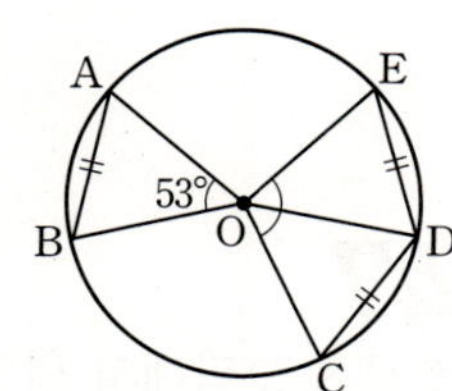

35

오른쪽 그림과 같은 원 O에서
$\overline{AD}/\!/\overline{OC}$, $\angle COB=40°$,
$\overset{\frown}{BC}=4\pi$ cm일 때, $\overset{\frown}{AD}$의 길
이를 구하여라.

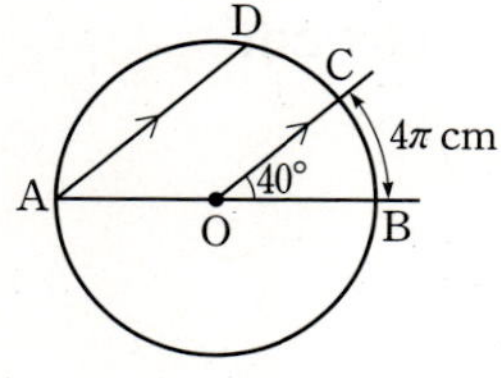

[36~37] 다음 부채꼴의 둘레의 길이 l과 넓이 S를 각각
구하여라.

36

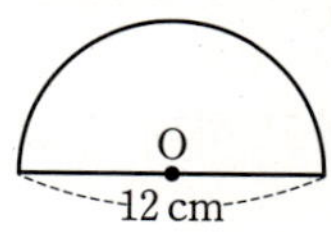

37

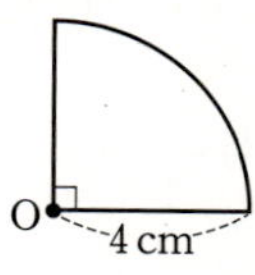

[38~39] 다음 부채꼴의 호의 길이 l과 넓이 S를 각각
구하여라.

38

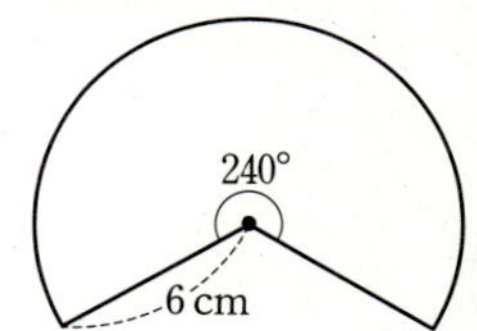

39

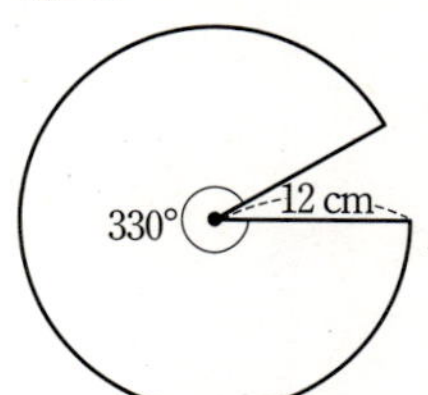

40

오른쪽 그림에서 색칠한 부분의
둘레의 길이와 넓이를 각각 구하
여라.

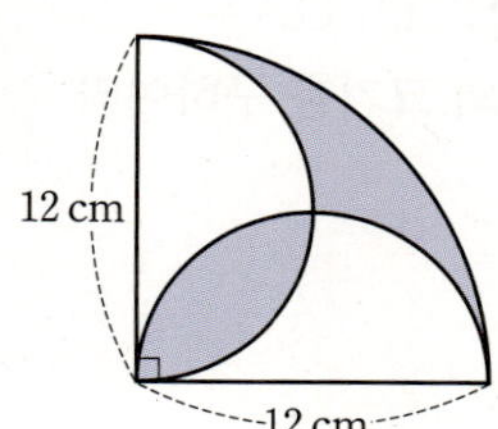

41

다음 설명 중 옳지 <u>않은</u> 것은?

① 평면 위의 한 점으로부터 일정한 거리에 있는 점들의 모임을 원이라고 한다.
② 원 위의 두 점을 연결한 선분을 현이라고 하며 가장 긴 현은 그 원의 지름이다.
③ 원 위의 두 점을 양 끝으로 하는 원의 일부분을 호라고 한다.
④ 원에서 두 반지름과 현으로 이루어진 도형을 부채꼴이라고 한다.
⑤ 부채꼴에서 두 반지름이 이루는 각을 중심각이라고 한다.

42

다음 그림의 원 O에서 $\overset{\frown}{AB}=6\,\text{cm}$, $\overset{\frown}{CD}=9\,\text{cm}$일 때, x의 값을 구하면?

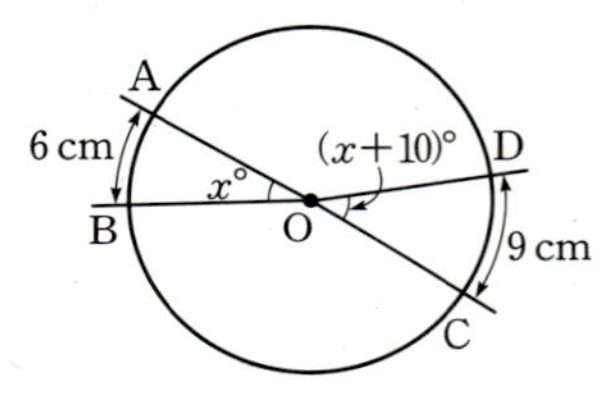

① 10　　② 15　　③ 20
④ 25　　⑤ 30

43

오른쪽 그림과 같이 원 O에서 $\overset{\frown}{AB}:$
$\overset{\frown}{BCD}:\overset{\frown}{DA}=1:3:2$일 때, $\angle AOD$
의 크기를 구하여라.

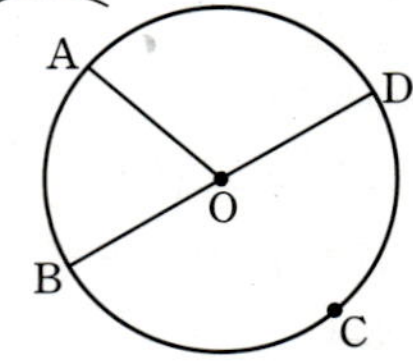

44

원 O의 넓이가 $49\pi\,\text{cm}^2$일 때, 이 원의 둘레의 길이를 구하여라.

45

반지름의 길이가 $6\,\text{cm}$인 부채꼴의 넓이가 $12\pi\,\text{cm}^2$일 때, 다음을 구하여라.

(1) 부채꼴의 중심각의 크기
(2) 부채꼴의 호의 길이

46

반지름의 길이가 $5\,\text{cm}$이고, 중심각의 크기가 $144°$인 부채꼴의 호의 길이 l과 넓이 S를 각각 구하여라.

47

오른쪽 그림에서 색칠한 부분의 넓이를 구하면?

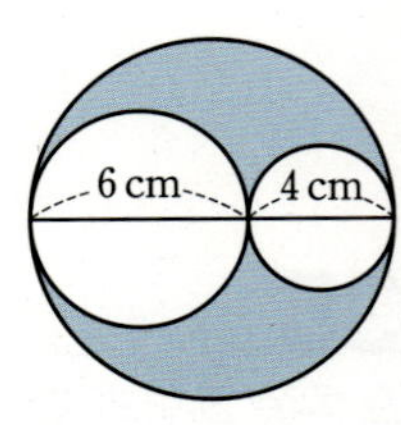

① $4\pi\,\text{cm}^2$　　② $9\pi\,\text{cm}^2$
③ $12\pi\,\text{cm}^2$　　④ $16\pi\,\text{cm}^2$
⑤ $36\pi\,\text{cm}^2$

단원 종합 문제

· 정답 및 풀이 **24**쪽

01

다음 입체도형 중 다면체인 것을 모두 고르면? (정답 2개)

① 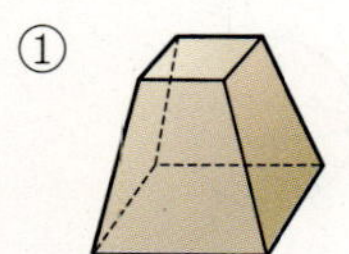 ② 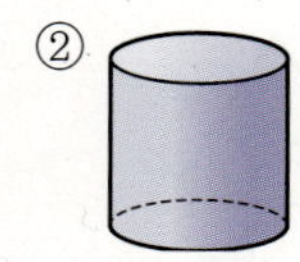 ③ 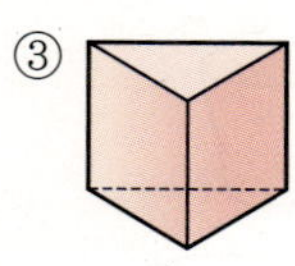

④ 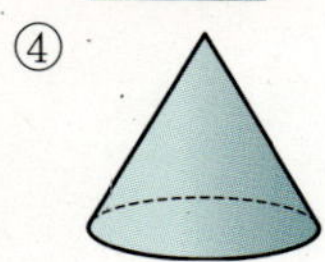 ⑤ 

02

다음 중 면의 개수가 가장 적은 다면체는?

① 오각뿔 ② 사각기둥 ③ 오각뿔대
④ 오면체 ⑤ 사각뿔대

03

다음 중 모서리의 개수가 10개인 다면체는?

① 사각기둥 ② 오각뿔 ③ 육각뿔대
④ 칠각뿔 ⑤ 팔각기둥

04

다음 조건을 모두 만족하는 입체도형을 구하여라.

(가) 다면체이다.
(나) 두 밑면은 합동인 칠각형이고, 서로 평행하다.
(다) 옆면의 모양은 직사각형이다.

05

다음 〈보기〉 중에서 다면체인 것을 모두 고른 것은?

보기
ㄱ. 사면체   ㄴ. 원기둥   ㄷ. 정육면체
ㄹ. 원뿔   ㅁ. 칠각뿔대   ㅂ. 구

① ㄱ, ㄷ, ㅁ   ② ㄱ, ㄷ, ㄹ   ③ ㄴ, ㄹ, ㅂ
④ ㄴ, ㅁ, ㅂ   ⑤ ㄷ, ㅁ, ㅂ

06

다음 중 다면체와 그 꼭짓점의 개수가 바르게 짝지어지지 **않은** 것은?

① 사각기둥 : 6개   ② 오각기둥 : 10개
③ 육각뿔 : 7개   ④ 칠각뿔대 : 14개
⑤ 팔각뿔대 : 16개

07

오른쪽 입체도형을 보고 물음에 답하여라.

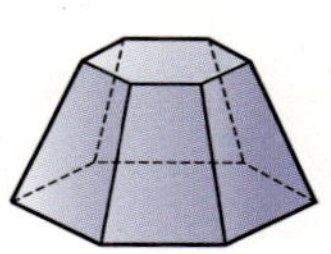

(1) 면, 꼭짓점, 모서리의 개수를 각각 구하여라.
(2) 옆면, 밑면의 모양을 각각 말하여라.
(3) 입체도형의 이름을 말하여라.

08

다음 중 팔면체인 것을 모두 고르면? (정답 2개)

① 사각뿔 ② 오각뿔대 ③ 육각기둥
④ 칠각뿔 ⑤ 팔각기둥

단원 종합 문제

09

다음 중 육각뿔대에 대한 설명으로 옳지 <u>않은</u> 것은?

① 면이 모두 8개인 팔면체이다.
② 두 밑면은 서로 평행하고 합동인 육각형이다.
③ 꼭짓점은 12개이다.
④ 모서리의 개수는 18개이다.
⑤ 옆면은 사다리꼴이다.

10

다음 중 오른쪽 그림의 다면체와 면의 개수가 같은 것은?

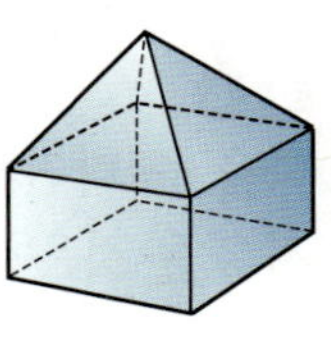

① 오각뿔대   ② 육면체
③ 팔각뿔   ④ 구각기둥
⑤ 정십이면체

11

다음의 다면체 중 꼭짓점의 개수가 <u>다른</u> 것을 고르면?

① 삼각기둥   ② 오각뿔   ③ 삼각뿔대
④ 사각기둥   ⑤ 정팔면체

12

면의 개수가 10개인 각뿔의 모서리의 개수를 x개, 꼭짓점의 개수를 y개라고 할 때, $x+y$의 값을 구하여라.

13

다음 중 회전체인 것을 모두 고르면? (정답 2개)

① 원뿔   ② 정사면체   ③ 원기둥
④ 육각뿔   ⑤ 원

14

다음 중 회전체가 <u>아닌</u> 것은?

①    ② 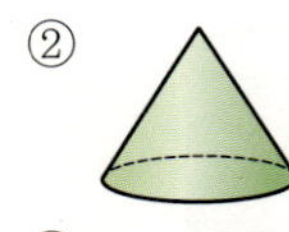   ③ 
④ 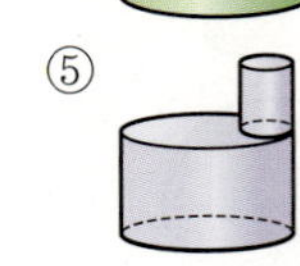   ⑤

15

오른쪽 그림의 입체도형은 다음 중 어느 평면도형을 회전시킨 것인가?

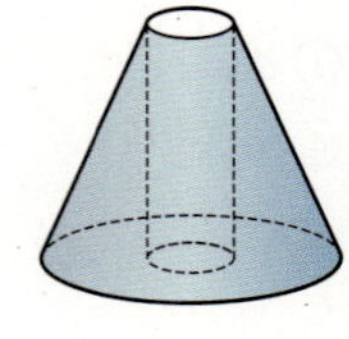

①   ② 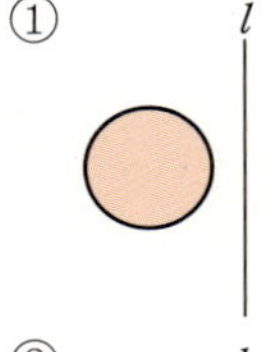
③ 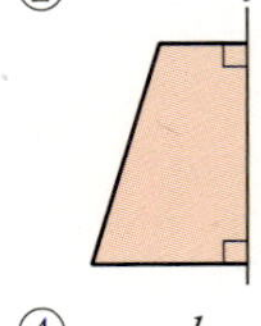   ④ 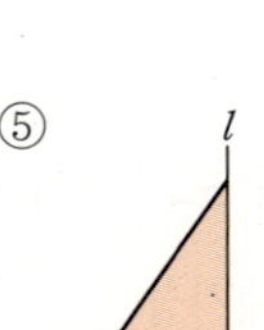   ⑤

16

오른쪽 그림과 같은 직사각형을 직선 DC를 축으로 하여 1회전시킬 때 만들어지는 회전체는?

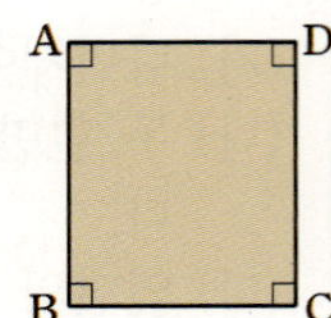

① 원뿔   ② 원기둥
③ 원뿔대   ④ 정이십면체
⑤ 구

17

다음 중 회전체와 그 회전체를 회전축을 포함하는 단면으로 잘랐을 때 생기는 단면의 모양이 옳게 짝지어진 것은?

① 원뿔 － 직각삼각형   ② 원기둥 － 사다리꼴
③ 구 － 원   ④ 반구 － 타원
⑤ 원뿔대 － 직사각형

18

다음 중 원뿔대를 한 평면으로 자를 때 생기는 단면이 아닌 것을 고르면?

① 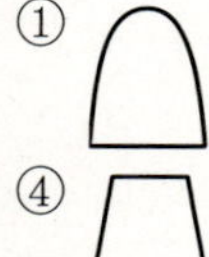   ② 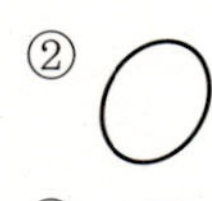   ③ 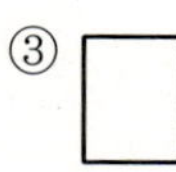
④   ⑤

19

다음 중 회전체에 대한 설명으로 옳지 <u>않은</u> 것은?

① 원뿔의 회전축은 하나뿐이다.
② 원뿔, 원뿔대, 원기둥, 구는 모두 회전체이다.
③ 회전체를 회전축을 포함하는 평면으로 자를 때 생기는 단면의 모양은 모두 합동이다.
④ 회전체를 회전축에 수직인 평면으로 자를 때 생기는 단면은 항상 합동인 원이다.
⑤ 구의 전개도는 그릴 수 없다.

20

다음 중 원뿔대에 대한 설명으로 옳지 <u>않은</u> 것은?

① 두 개의 밑면은 서로 평행하고 합동이다.
② 회전축에 수직인 평면으로 자를 때 생기는 단면은 항상 원이다.
③ 회전축을 포함한 평면으로 자를 때 생기는 단면은 사다리꼴이다.
④ 원뿔을 밑면에 평행한 평면으로 자를 때 원뿔이 아닌 부분을 말한다.
⑤ 밑면에 평행한 평면으로 자르면 두 개의 원뿔대로 나누어진다.

21

다음 중 구에 대한 설명으로 옳지 <u>않은</u> 것을 모두 고르면? (정답 2개)

① 반원의 지름을 지나는 직선을 축으로 1회전한 입체도형이다.
② 전개도는 그릴 수 없다.
③ 회전축은 하나뿐이다.
④ 평면으로 자를 때 단면의 모양은 항상 원이다.
⑤ 회전축에 수직인 평면으로 자를 때 단면의 모양은 항상 합동인 원이다.

22

다음 그림과 같은 원기둥을 회전축에 수직인 평면으로 자를 때의 단면의 넓이를 구하여라.

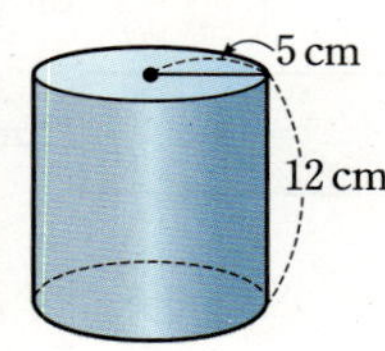

23

오른쪽 그림과 같은 회전체를 회전축을 포함한 평면으로 자를 때 생기는 단면의 넓이를 구하면?

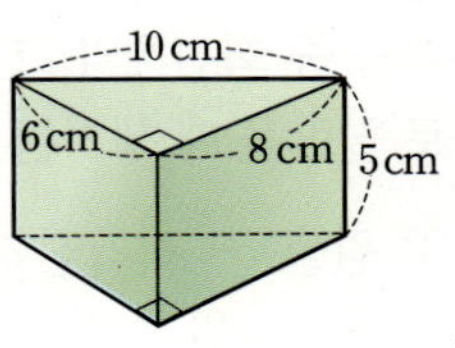

① 6 cm^2 ② 12 cm^2
③ 15 cm^2 ④ 18 cm^2
⑤ 30 cm^2

24

오른쪽 그림과 같이 원뿔을 밑면에 평행한 평면으로 잘라 두 부분으로 나눌 때, 원뿔이 아닌 부분의 전개도로 알맞은 것은?

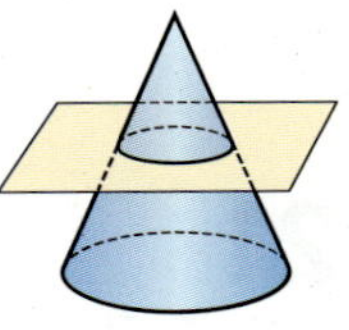

① 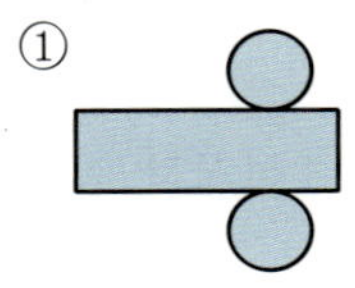 ② 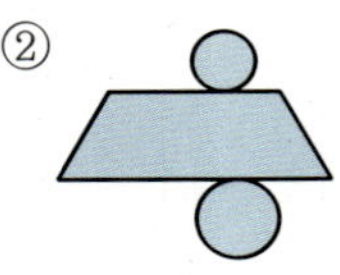 ③ 

④ 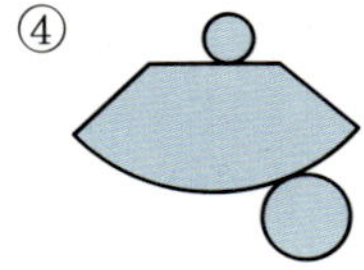 ⑤ 

25

다음 그림과 같은 전개도를 갖는 원기둥의 옆면의 넓이를 구하여라.

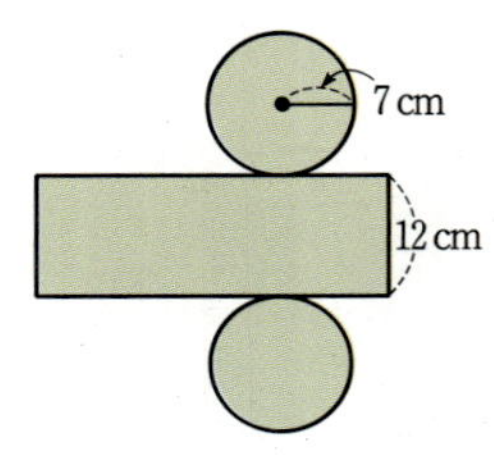

26

오른쪽 그림과 같은 각기둥에 대하여 다음을 구하여라.

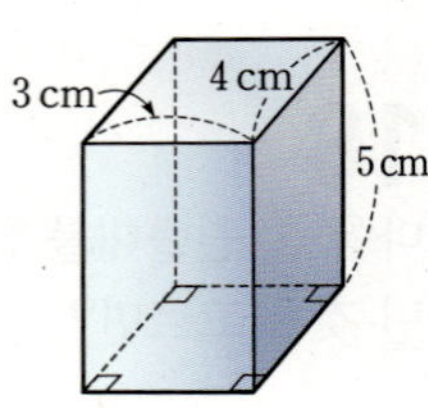

(1) 밑넓이
(2) 옆넓이
(3) 겉넓이

27

오른쪽 그림과 같은 각기둥의 겉넓이를 구하여라.

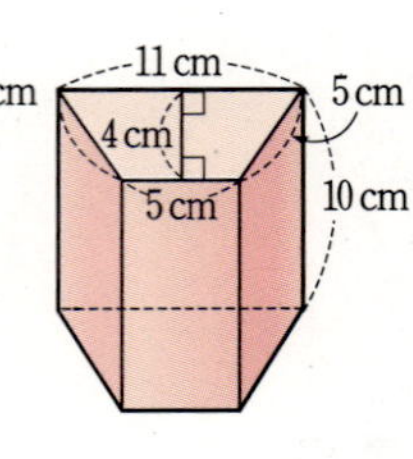

28

오른쪽 그림과 같은 각기둥의 겉넓이는?

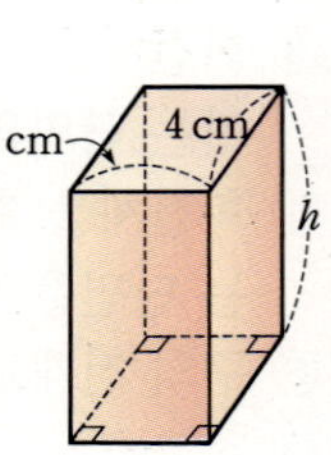

① 121 cm^2 ② 224 cm^2
③ 256 cm^2 ④ 289 cm^2
⑤ 324 cm^2

29

오른쪽 그림과 같은 사각기둥의 겉넓이가 108 cm^2일 때, 높이 h의 값을 구하면?

① 5 cm ② 6 cm
③ 7 cm ④ 8 cm
⑤ 9 cm

30

오른쪽 그림과 같은 원기둥에 대하여
다음을 구하여라.

(1) 밑넓이
(2) 옆넓이
(3) 겉넓이

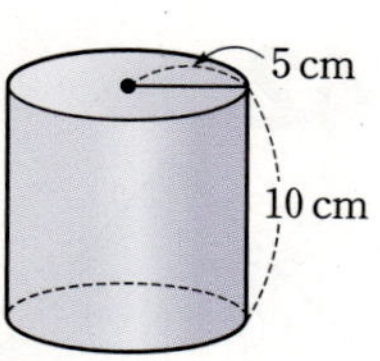

31

오른쪽 그림과 같은 원기둥의 겉넓이
를 구하여라.

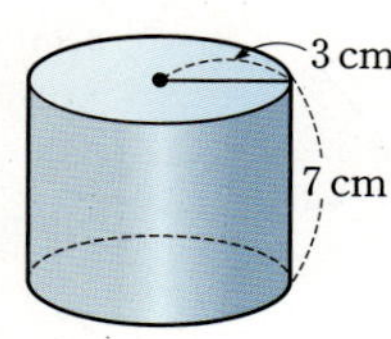

32

오른쪽 그림과 같은 원기둥의 겉넓이
를 구하여라.

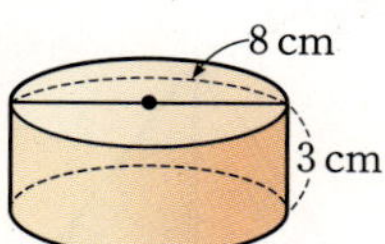

33

밑면인 원의 지름이 10 cm, 높이가 7 cm인 원기둥의
겉넓이를 구하면?

① 25π cm^2 ② 70π cm^2 ③ 100π cm^2
④ 120π cm^2 ⑤ 150π cm^2

34

오른쪽 그림과 같은 원기둥의 겉넓이가
54π cm^{2}일 때, 높이 h의 값을 구하면?

① 6   ② 7
③ 8   ④ 9
⑤ 10

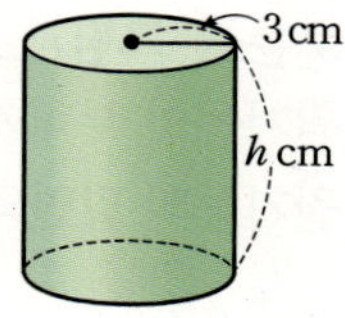

35

오른쪽 그림과 같은 각기둥의
부피를 구하여라.

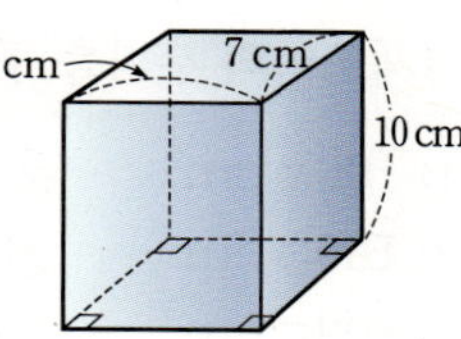

36

오른쪽 그림과 같은 각기둥의
부피를 구하면?

① 180 cm^3
② 260 cm^3
③ 281 cm^3
④ 350 cm^3
⑤ 365 cm^3

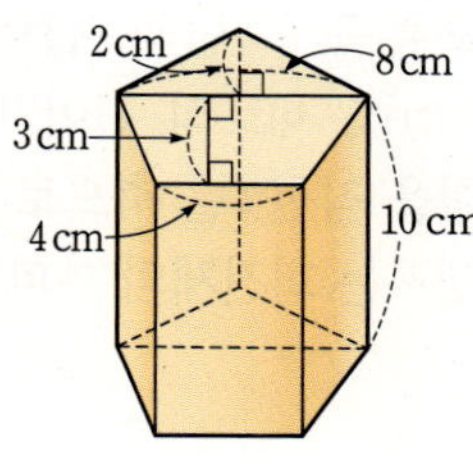

37

오른쪽 그림과 같은 입체도형의
부피를 구하여라.

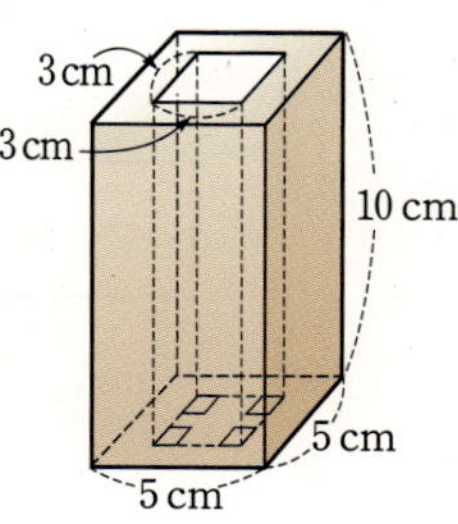

38

오른쪽 그림과 같이 높이가 6 cm인 원기둥의 부피가 150π cm^{3}일 때, 이 원기둥의 밑면의 반지름의 길이는?

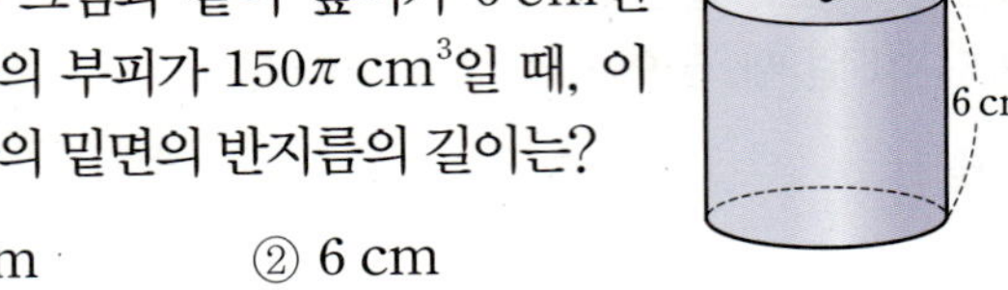

① 5 cm   ② 6 cm
③ 7 cm   ④ 8 cm
⑤ 9 cm

39

오른쪽 그림과 같은 가운데가 뚫린 입체도형의 부피를 구하면?

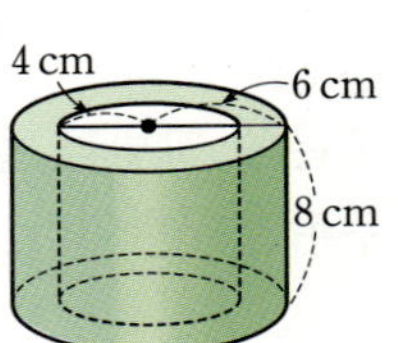

① 100π cm^3 ② 120π cm^3
③ 160π cm^3 ④ 180π cm^3
⑤ 200π cm^3

40

오른쪽 그림과 같이 가로의 길이가 6 cm, 세로의 길이가 11 cm인 직사각형을 직선 l을 축으로 하여 1회전시킬 때 생기는 회전체의 부피를 구하여라.

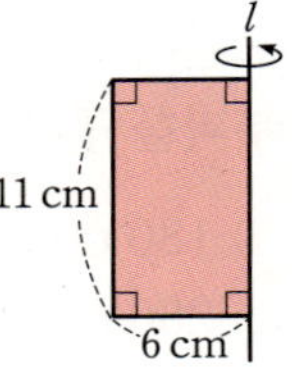

41

다음 그림과 같은 전개도를 갖는 원기둥의 부피를 구하여라.

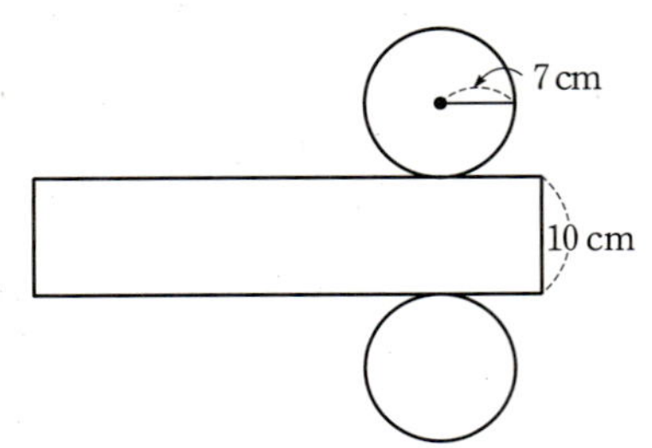

[42~43] 다음 그림과 같은 뿔의 겉넓이를 구하여라.

42

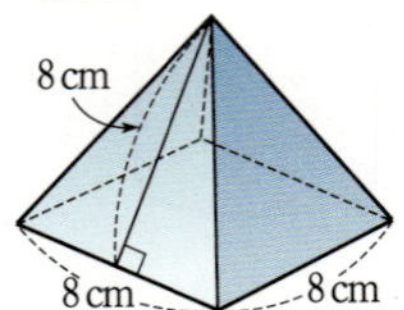

43

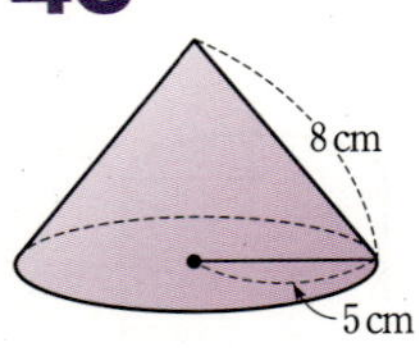

[44~45] 다음 그림과 같은 뿔의 부피를 구하여라.

44

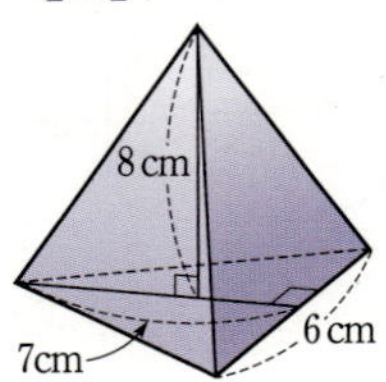

45

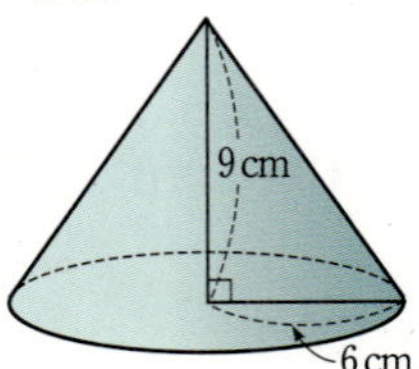

[46~47] 오른쪽 그림과 같은 사다
리꼴을 직선 l을 축으로 하여 1회전
시킬 때 생기는 입체도형에 대하여
다음을 구하여라.

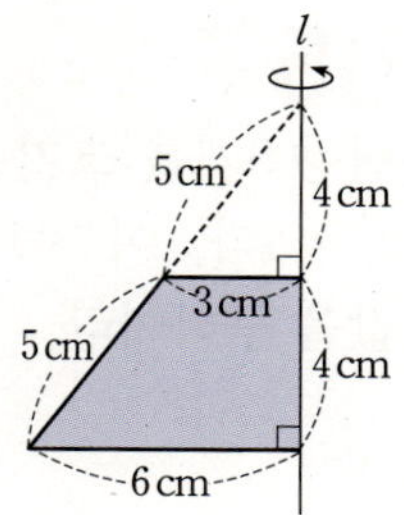

46
겉넓이

47
부피

[48~49] 오른쪽 그림과 같은 구에 대
하여 다음을 구하여라.

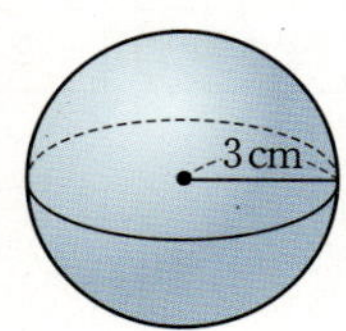

48
겉넓이

49
부피

[50~51] 오른쪽 그림은 구의 중심을
지나도록 구의 $\frac{1}{8}$ 을 잘라낸 입체도형이
다. 이 입체도형에 대하여 다음을 구하
여라.

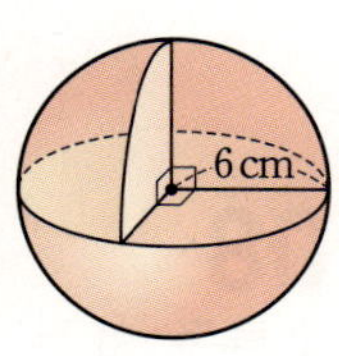

50
겉넓이

51
부피

52
오른쪽 그림과 같은 전개도를 갖는
정사각뿔의 겉넓이를 구하면?

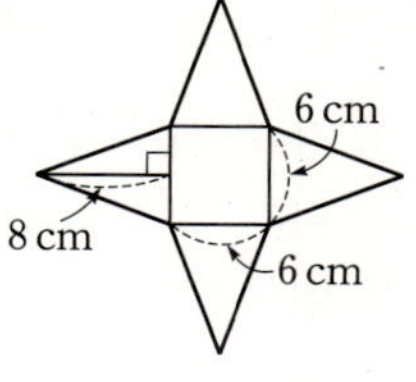

① 81 cm²   ② 121 cm²
③ 132 cm²   ④ 154 cm²
⑤ 180 cm²

53
오른쪽 그림과 같은 정사각뿔의 겉넓
이가 88 cm²일 때, 옆면인 이등변삼각
형의 높이 h의 값은?

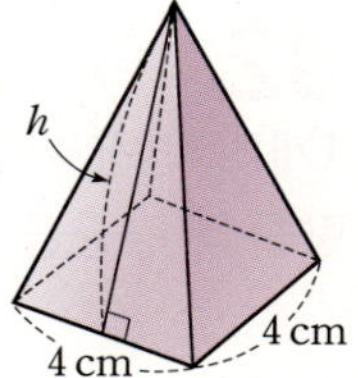

① 8 cm   ② 9 cm
③ 10 cm   ④ 12 cm
⑤ 15 cm

54
오른쪽 그림과 같은 원뿔의 겉넓이를
구하여라.

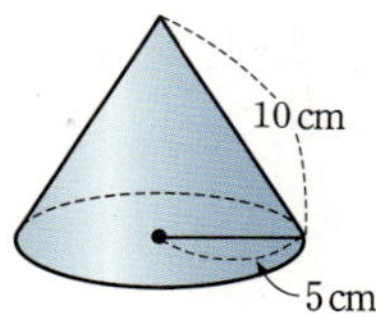

55
밑면의 반지름이 4 cm, 모선의 길이가 7 cm인 원뿔의
겉넓이를 구하면?

① 16π cm²   ② 28π cm²   ③ 37π cm²
④ 44π cm²   ⑤ 56π cm²

01

다음 설명 중 옳지 <u>않은</u> 것은?

① 자료 전체의 특징을 대표하는 값을 대푯값이라고 한다.
② 대푯값에는 평균, 중앙값, 최빈값 등이 있다.
③ 자료를 작은 값부터 크기순으로 나열할 때 중앙에 오는 값을 중앙값이라고 한다.
④ 중앙값은 항상 주어진 자료 중에 존재한다.
⑤ 변량 중에서 도수가 가장 큰 값을 최빈값이라고 한다.

02

4개의 변량 25, 9, 12, a의 중앙값이 17일 때, 이 변량들의 평균을 구하여라.

03

다음 중 주어진 자료의 중앙값과 최빈값이 서로 같은 것은?

① 1, 4, 2, 5, 3, 8   ② 6, 4, 7, 2, 6, 1
③ 3, 4, 3, 4, 5, 1   ④ 7, 8, 2, 5, 4, 1, 3
⑤ 8, 2, 4, 4, 4, 1, 1

04

다음 자료는 예림이네 반 학생 7명의 턱걸이 횟수를 조사하여 나타낸 것이다. 평균과 최빈값이 같을 때, x의 값을 구하여라.

(단위: 회)

$$12, 9, x, 9, 9, 8, 7$$

05

변량 5개를 크기순으로 나열하였더니 8, 10, 11, 13, x이었다. 이 자료의 평균과 중앙값이 같을 때, x의 값을 구하여라.

06

다음은 유림이네 반 학생 20명의 미술 수행 평가 점수를 조사하여 나타낸 것이다. 평균을 a점, 최빈값을 b점, 중앙값을 c점이라고 할 때, $a+b+c$의 값을 구하여라.

점수(점)	6	7	8	9	10	합계
학생수(명)	2	3	5	x	7	20

07

5개의 변량 x_1, x_2, x_3, x_4, x_5의 평균이 10일 때, 변량 $2x_1+1$, $2x_2+2$, $2x_3+3$, $2x_4+4$, $2x_5+5$의 평균은?

① 21   ② 22   ③ 23
④ 24   ⑤ 25

08

오른쪽 표는 수민이네 반 학생 30명의 국어 성적을 조사하여 나타낸 도수분포표이다. 국어 성적의 중앙값과 최빈값을 각각 구하여라.

성적(점)	학생 수(명)
40^{이상} ~ 50^{미만}	3
50 ~ 60	2
60 ~ 70	5
70 ~ 80	8
80 ~ 90	11
90 ~ 100	1
합계	30

09

다음은 어느 날 지민이네 반 학생 15명이 등교하는 데 걸린 시간을 조사하여 나타낸 것이다. 등교하는 데 걸린 시간의 중앙값과 최빈값을 구하여라.

(단위: 분)

15	21	8	3	32	12	21	16
26	15	16	5	21	14	32	

[10~11] 다음 표는 민서와 재희가 5회에 걸쳐 윗몸 일으키기를 한 횟수를 조사하여 나타낸 것이다. 물음에 답하여라.

민서(회)	26	28	36	34	26
재희(회)	32	22	30	24	32

10

으키기 횟수의 평균을 각각 구한 후, 어느 학생의 평균이 더 큰지 구하여라.

11

두 학생의 윗몸일으키기 횟수의 중앙값을 각각 구한 후, 어느 학생의 중앙값이 더 큰지 구하여라.

12

세 수 a, b, c의 평균을 M이라고 할 때, 세 수 $a+3$, $b+3$, $c+3$의 평균을 M으로 나타내어라.

13

보기에서 옳은 것을 모두 고른 것은?

보기

ㄱ. 자료 전체의 중심적인 경향이나 특징을 대표적인 하나의 수로 나타낸 값을 대푯값이라고 한다.

ㄴ. 자료를 작은 값부터 차례대로 크기순으로 나열하였을 때, 가운데 위치한 값을 중앙값이라고 한다.

ㄷ. 자료의 값 중에서 가장 많이 나타나는 값을 평균이라고 한다.

① ㄱ　　　　② ㄴ　　　　③ ㄱ, ㄴ
④ ㄱ, ㄷ　　　⑤ ㄱ, ㄴ, ㄷ

14

학생 16명이 1분 동안 줄넘기를 한 횟수를 작은 값부터 차례로 나열할 때, 9번째 학생의 횟수는 41회이고, 중앙값은 39회이다. 줄넘기 횟수가 39회인 학생 1명을 추가하여 17명의 줄넘기 횟수의 중앙값을 구하여라.

15

다음 중 주어진 자료의 대푯값으로 평균을 사용하기에 적절하지 <u>않은</u> 것은?

① 10, 11, 12, 13, 14　　② 8, 8, 8, 8, 8
③ 10, 20, 30, 40, 50　　④ 2, 2, 3, 3, 1000
⑤ 10, 10, 10, 20, 20

16

변량 a, b, c, 8, 9, 9, 12, 14의 중앙값이 11, 최빈값이 12일 때, $a+b+c$의 값을 구하여라.

17

오른쪽 표는 현서네 반 학생 30명의 좋아하는 과일을 조사하여 나타낸 것이다. 이 자료에 대한 최빈값을 구하여라.

과일	학생 수(명)
바나나	5
사과	7
딸기	8
수박	10

18

오른쪽 표는 예림이네 반 학생들의 국어 점수를 조사하여 만든 도수분포표이다. 국어 점수의 중앙값을 a점, 평균을 b점이라고 할 때, $a-b$의 값은?

성적(점)	학생 수(명)
$50^{이상} \sim 60^{미만}$	3
$60 \sim 70$	6
$70 \sim 80$	10
$80 \sim 90$	7
$90 \sim 100$	4
합계	30

① -2 ② -1 ③ 0
④ 1 ⑤ 2

19

8개의 변량 6, 14, 17, 3, x, 5, 16, 13의 중앙값이 11일 때, x의 값을 구하여라.

20

네 수 12, 8, 7, a의 평균이 11일 때, 네 수의 중앙값은?

① 8   ② 9   ③ 10
④ 11   ⑤ 12

21

다음은 어느 반 남학생과 여학생의 수학 수행평가 점수를 조사하여 나타낸 것이다. 물음에 답하여라.

(단, $1|2$는 12점을 나타내고, $0|1$은 10점을 나타낸다.)

잎(남학생)				줄기	잎(여학생)				
	9	8	3	0	6	6	9	9	
9	6	0	0	1	2	5	5	8	8
	0	0	0	2	0				

(1) 수학 수행평가 점수가 가장 낮은 학생은 남학생인가 여학생인가?
(2) 이 반 학생들의 수학 수행평가 점수 중 가장 많은 잎이 속한 줄기를 말하여라.
(3) 수학 수행평가 점수가 10점 이상인 학생의 수를 구하여라.

22

[22~23] 오른쪽 표는 워드프로세서 초급반 학생들의 한글 타자 입력 속도를 나타낸 것이다. 물음에 답하여라.

속도(타/분)	도수(명)
$0^{이상} \sim 100^{미만}$	6
$100 \sim 200$	14
$200 \sim 300$	A
$300 \sim 400$	7
$400 \sim 500$	1
합계	40

A의 값을 구하여라.

23

도수분포표에 대한 설명으로 옳지 <u>않은</u> 것은?

① 계급의 크기는 100이다.
② 0타 이상 100타 미만인 계급의 도수는 6이다.
③ 도수가 가장 큰 계급은 100타 이상 200타 미만이다.
④ 빨리 치는 순서로 3번째인 학생이 속한 계급의 도수는 6이다.
⑤ 300타 이상 치는 학생은 모두 8명이다.

[24~26] 오른쪽 표는 어느 학급 학생 20명의 여름방학 기간 중의 봉사활동 시간을 조사하여 나타낸 도수분포표이다. 물음에 답하여라.

시간(시간)	도수(명)
$0^{이상} \sim\ 5^{미만}$	2
5 ~10	6
10 ~15	7
15 ~20	4
20 ~25	1
합계	20

24
도수가 2인 계급의 계급값을 구하여라.

25
도수가 가장 큰 계급의 계급값을 구하여라.

26
봉사활동 시간이 10시간 미만인 학생의 수를 구하여라.

27
오른쪽 표는 어느 학급 남학생들의 팔굽혀펴기 횟수를 조사한 도수분포표이다. 도수가 가장 큰 계급의 계급값을 a회, 도수가 가장 작은 계급의 계급값을 b회라고 할 때, $a-b$의 값을 구하면?

횟수(회)	도수(명)
$0^{이상} \sim 10^{미만}$	2
10 ~20	5
20 ~30	A
30 ~40	13
40 ~50	6
50 ~60	3
합계	40

① 10　　② 20　　③ 30
④ 40　　⑤ 50

28
어떤 도수분포표에서 계급의 크기가 10이고, a 이상 b 미만인 계급의 계급값이 35일 때, $a+b$의 값을 구하면?

① 60　　② 70　　③ 80
④ 90　　⑤ 100

29
오른쪽 표는 어느 학급 학생들의 키를 조사한 도수분포표이다. 키가 150 cm 이상 160 cm 미만인 학생은 전체 학생의 몇 %인가?

키(cm)	도수(명)
$140^{이상} \sim 150^{미만}$	6
150 ~160	A
160 ~170	13
170 ~180	7
합계	40

① 27.5 %　　② 30 %　　③ 32.5 %
④ 35 %　　⑤ 37.5 %

[30~31] 오른쪽 표는 건우네 학교 학생들의 하루 동안 사용한 핸드폰 통화량을 조사하여 나타낸 도수분포표이다. 통화량이 9건 이상 12건 미만인 학생이 전체의 20%일 때, 물음에 답하여라.

통화량(건)	도수(명)
$0^{이상} \sim\ 3^{미만}$	22
3 ~ 6	
6 ~ 9	28
9 ~12	32
12 ~15	42
합계	

30
이 학교의 전체 학생의 수는?

① 150명　　② 155명　　③ 160명
④ 165명　　⑤ 170명

31
건우는 하루에 평균 5건의 전화를 한다. 건우가 속한 계급의 학생들은 전체의 몇 %인가?

① 15 %　　② 17.5 %　　③ 20 %
④ 22.5 %　　⑤ 25 %

32

다음은 어느 운동부 학생들의 키를 조사하여 나타낸 도수분포표이다. 키가 160 cm 미만인 학생의 수가 전체의 12 %일 때, 이 운동부 전체 학생의 수를 구하여라.

키(cm)	학생 수(명)
150^{이상}~155^{미만}	1
155 ~160	2
160 ~165	9
165 ~170	
170 ~175	
합계	

[33~34] 다음은 어느 학교 체육대회에서 50 m 달리기 종목에 참가한 20명의 기록을 조사하여 나타낸 도수분포표이다. 물음에 답하여라.

달리기(초)	도수(명)
6^{이상}~ 7^{미만}	4
7 ~ 8	6
8 ~ 9	5
9 ~10	A
10 ~11	2
합계	20

33

A의 값을 구하여라.

34

보기 중에서 옳은 것을 모두 찾아라.

> **보기**
> ㄱ. 계급의 개수는 5이다.
> ㄴ. 도수가 가장 큰 계급의 계급값은 7.5초이다.
> ㄷ. 달리기 기록이 9초 이상인 학생은 전체의 20 %이다.

35

오른쪽 그림은 어느 학급 학생들의 영어 성적을 조사하여 나타낸 히스토그램이다. 다음 설명 중 옳지 <u>않은</u> 것은?

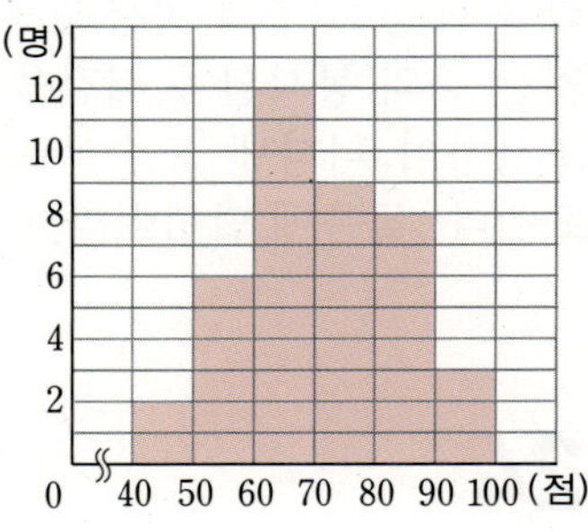

① 계급의 크기는 10이다.
② 전체 학생의 수는 40명이다.
③ 도수가 가장 큰 계급의 도수는 12명이다.
④ 도수가 가장 작은 계급의 계급값은 45점이다.
⑤ 영어 성적이 80점 이상 90점 미만인 학생은 전체의 22.5 %이다.

[36~37] 다음은 어느 학급 학생들의 몸무게를 조사하여 나타낸 히스토그램과 도수분포표이다. 물음에 답하여라.

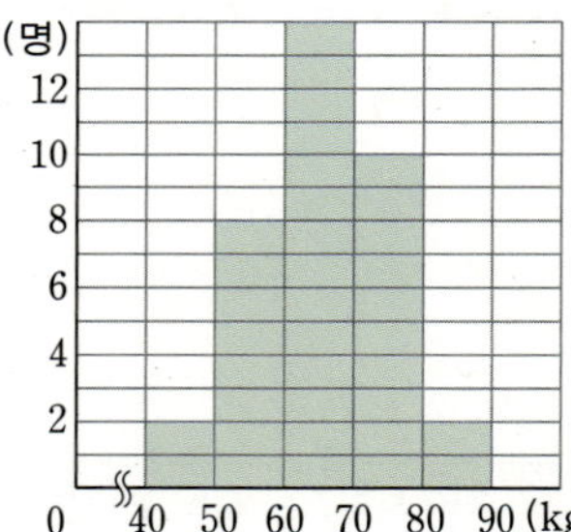

몸무게(kg)	학생 수(명)
40^{이상}~50^{미만}	2
50 ~60	A
60 ~70	14
70 ~80	10
80 ~90	2
합계	B

36

A, B의 값을 각각 구하여라.

37

직사각형의 넓이의 합을 구하여라.

[38~40] 오른쪽 그림은 어느 학급 학생들의 수학 성적을 조사하여 나타낸 히스토그램이다. 물음에 답하여라.

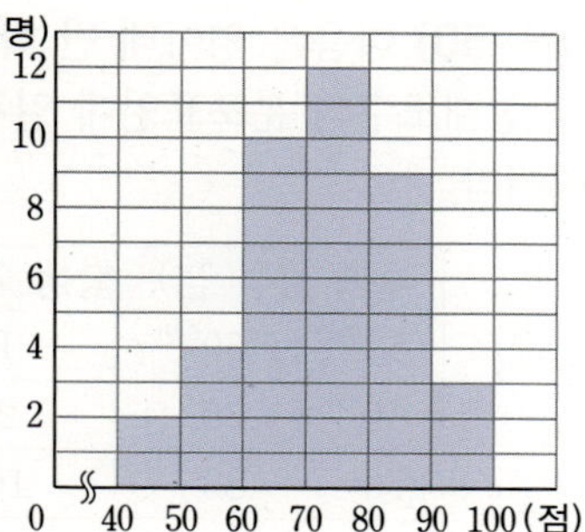

38
이 학급의 전체 학생의 수를 구하여라.

39
수학 성적이 5번째로 좋은 학생이 속하는 계급의 계급값을 구하여라.

40
수학 성적이 80점 이상인 학생은 전체의 몇 %인가?

① 7.5 % 　② 10 % 　③ 22.5 %
④ 25 % 　⑤ 30 %

[41~42] 오른쪽 그림은 어느 학급 학생들의 턱걸이 횟수를 조사하여 히스토그램으로 나타낸 것이다. 물음에 답하여라.

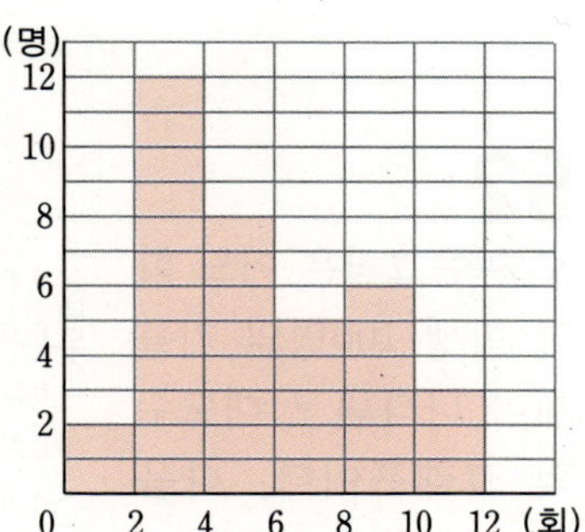

41
직사각형의 넓이의 합을 구하여라.

42
도수가 가장 큰 계급의 직사각형의 넓이는 도수가 가장 작은 계급의 직사각형 넓이의 몇 배인지 구하여라.

43
다음은 어느 학급 35명의 자기주도적 학습시간을 조사하여 나타낸 히스토그램인데 일부가 찢어졌다. 자기주도적 학습시간이 60분 이상 90분 미만인 학생의 수를 구하여라.

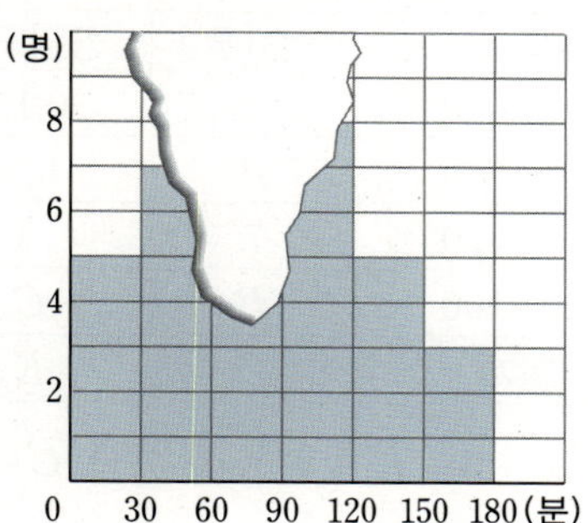

[44~45] 다음 그림은 어느 학급 학생들의 멀리뛰기 기록을 조사하여 나타낸 도수분포다각형이다. 물음에 답하여라.

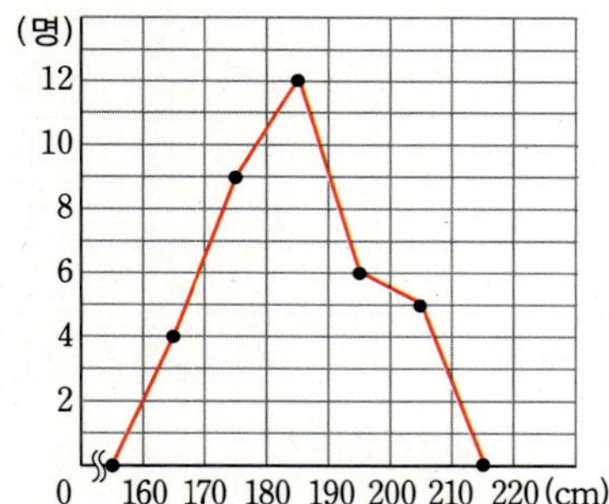

44
다음 설명 중 옳은 것은?

① 계급의 개수는 7개이다.
② 계급의 크기는 210 cm이다.
③ 이 학급의 전체 학생의 수는 36명이다.
④ 도수가 가장 큰 계급의 계급값은 180 cm이다.
⑤ 도수가 가장 작은 계급의 계급값은 215 cm이다.

45
멀리뛰기 기록이 상위 10등인 학생이 속한 계급의 계급값을 구하여라.

46

다음은 성진이네 반 학생들의 과학 성적을 조사하여 나타낸 상대도수의 분포표이다. $A \sim E$의 값으로 옳지 <u>않</u>은 것은?

성적(점)	도수(명)	상대도수
60^{이상} ~ 70^{미만}	3	0.15
70 ~ 80	A	0.4
80 ~ 90	7	
90 ~ 100	B	C
합계	D	E

① $A=8$ ② $B=2$ ③ $C=0.05$
④ $D=20$ ⑤ $E=1$

47

다음 표는 어느 반 학생들의 멀리던지기 기록을 조사하여 나타낸 상대도수의 분포표이다.

계급(m)	도수(명)	상대도수
0^{이상} ~ 10^{미만}	2	0.08
10 ~ 20	7	0.28
20 ~ 30	A	0.4
30 ~ 40	B	0.2
40 ~ 50	1	C
합계	D	1

다음 설명 중 옳지 <u>않</u>은 것은?

① 전체 학생의 수는 25명이다.
② 도수가 가장 큰 계급의 도수는 10명이다.
③ 6번째로 기록이 좋은 학생이 속한 계급의 계급값은 25 m이다.
④ 40 m 이상 던진 학생의 상대도수는 0.04이다.
⑤ 30 m 이상 던진 학생은 전체의 24 %이다.

48

어느 설문조사의 자료를 정리하여 표로 나타내었더니 어떤 계급의 도수가 108이고 그 상대도수가 0.12이었다. 이 설문조사에 응답한 사람의 수는?

① 800명 ② 850명 ③ 900명
④ 950명 ⑤ 1000명

[49~50] 다음은 영아네 반 학생들의 수학 성적을 나타낸 상대도수의 분포표인데 일부가 찢어졌다. 물음에 답하여라.

수학 성적(점)	학생 수(명)	상대도수
50^{이상} ~ 60^{미만}	1	0.04
60 ~ 70	2	
70 ~ 80	10	
80 ~ 90	8	
90 ~ 100		
합계		1

49

전체 학생의 수를 구하여라.

50

영아의 수학 성적은 92점이다. 영아가 속한 계급의 상대도수를 구하여라.

51

오른쪽 표는 어느 학급 40명의 수학 성적을 나타낸 상대도수의 분포표이다. 수학 성적이 15등인 학생이 속하는 계급의 계급값을 구하여라.

성적(점)	상대도수
50^{이상} ~ 60^{미만}	0.15
60 ~ 70	0.2
70 ~ 80	0.3
80 ~ 90	0.25
90 ~ 100	0.1
합계	1

52

오른쪽 그림은 어느 학교 학생 100명의 키를 재어 나타낸 상대도수의 그래프이다. 다음 중 옳지 <u>않</u>은 것은?

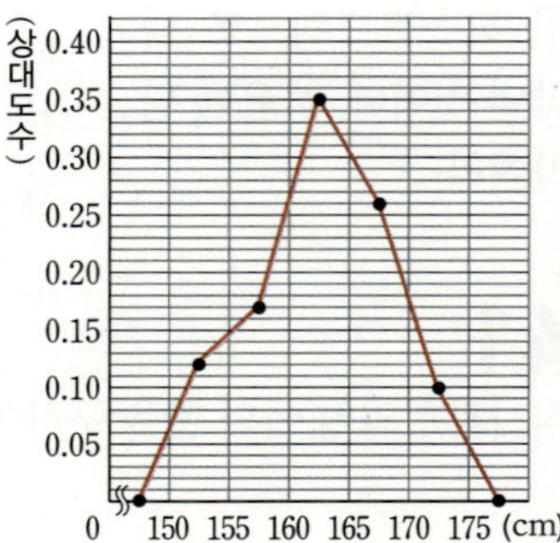

① 상대도수의 총합은 1이다.
② 계급의 도수가 클수록 상대도수는 크다.
③ 상대도수가 가장 큰 계급의 계급값은 162.5 cm이다.
④ 170 cm 이상 175 cm 미만인 학생은 전체의 0.1 %이다.
⑤ 160 cm 이상 170 cm 미만인 학생은 모두 61명이다.

[53~54] 다음은 가은이네 반 학생 40명의 하루 평균 자기주도적 학습 시간을 조사하여 나타낸 상대도수의 그래프이다. 물음에 답하여라.

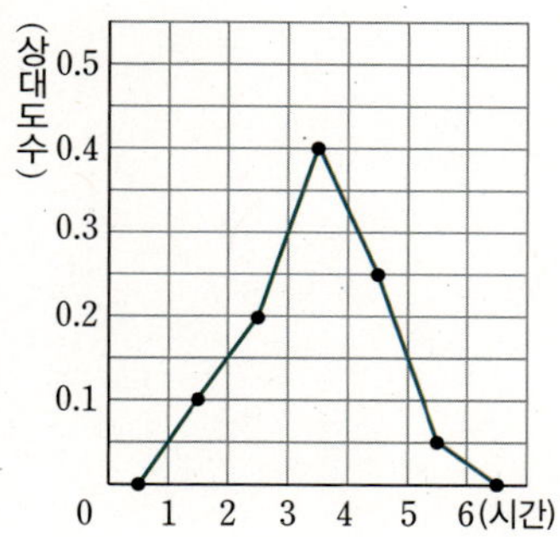

53

하루에 3시간 이상 4시간 미만으로 공부하는 학생의 수를 구하여라.

54

가은이는 공부를 많이 하는 순으로 10번째이다. 가은이가 속한 계급의 도수를 구하여라.

55

하루에 4시간 이상 공부하는 학생은 전체의 몇 %인가?

① 5 %   ② 25 %   ③ 30 %
④ 40 %   ⑤ 70 %

56

다음은 어느 학교 1학년 학생들의 수학 성적에 대한 상대도수의 그래프인데 일부가 찢어져 보이지 않는다. 수학 성적이 60점 이상 70점 미만인 학생의 수가 30명이라고 할 때, 이 학교의 1학년 전체 학생의 수를 구하여라.

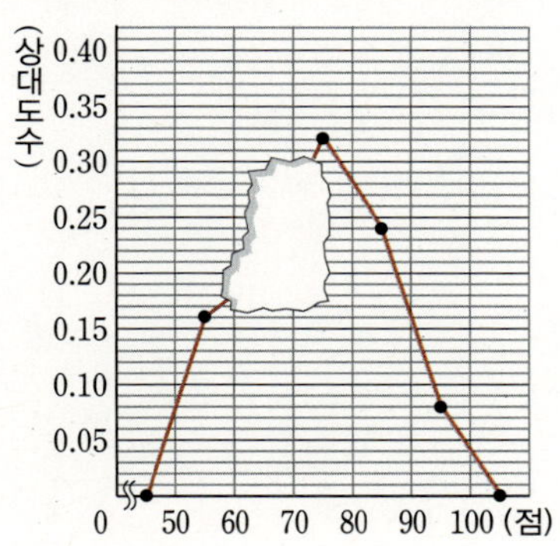

[57~58] 오른쪽 그림은 어느 학급 학생들의 수학 성적을 상대도수의 그래프로 나타낸 것이다. 물음에 답하여라.

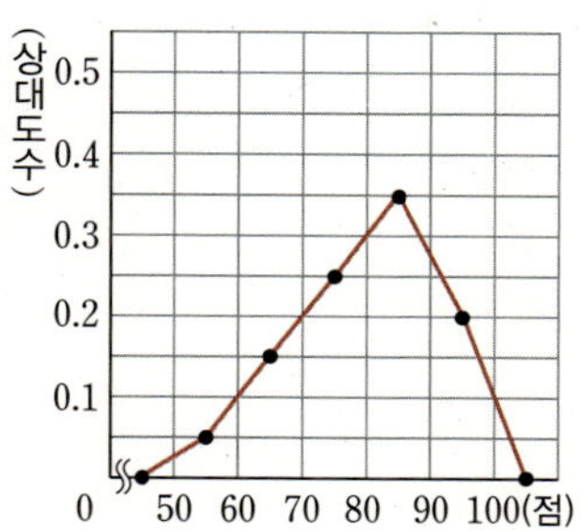

57

도수가 가장 큰 계급에 속한 학생의 수가 14일 때, 이 학급의 전체 학생의 수는?

① 30명   ② 35명   ③ 40명
④ 45명   ⑤ 50명

58

수학 성적이 90점 이상인 학생의 수는?

① 6명   ② 8명   ③ 10명
④ 12명   ⑤ 14명

[59~60] 오른쪽 그림은 같은 문항의 시험지로 치른 A, B 두 학교 학생 각각 50명, 100명의 수학 성적을 조사하여 나타낸 그래프이다. 물음에 답하여라.

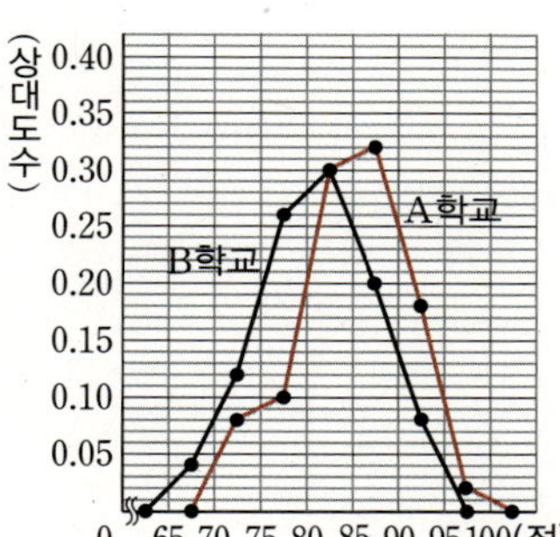

59

어느 학교 학생들의 수학 성적이 대체로 더 좋다고 말할 수 있는가?

60

상대도수의 차가 가장 큰 계급에서는 어느 학교가 몇 명 더 많은가?

원리 이해력 향상! 체계적 실력 향상!
연마
중학수학 1·2
정답 및 해설

Ⅰ. 기본 도형과 위치 관계

01. 도형 (본문 8쪽)

01 ○
02 ○
03 ×
04 ○
05 ×
06 ㉠, ㉣, ㉥, ㉧
07 ㉡, ㉢, ㉤, ㉦, ㉨

02. 교점과 교선 (본문 9쪽)

01 ○
02 ×
03 ○
04 ○
05 ×
06 8, 12
07 5, 8
08 12, 18
09 3, 2

03. 직선, 반직선, 선분 (본문 10쪽)

01 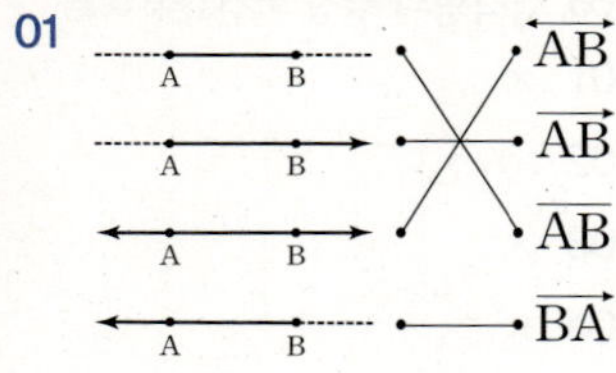
02 =
03 ≠
04 =
05 =
06 =
07 =
08 ≠
09 =
10 =
11 3개
12 4개
13 3개
14 6개
15 3개

16 3개
17 6개
18 8개

04. 두 점 사이의 거리 (본문 12쪽)

01 8
02 5
03 $\overline{AD}$, 10
04 $\overline{BD}$, 6
05 2
06 4
07 $\dfrac{1}{2}$
08 $\dfrac{1}{4}$
09 3
10 2
11 $\dfrac{1}{3}$
12 $\dfrac{1}{2}$
13 $\dfrac{2}{3}$
14 15
15 8
16 3
17 20
18 5 cm

05. 각 (본문 14쪽)

01 평각
02 둔각
03 예각
04 직각
05 ㉠, ㉢, ㉥, ㉨
06 ㉣
07 ㉡, ㉥, ㉦
08 ◎
09 120°
10 40°
11 40°
12 25°
13 20°
14 20°

15 22°
16 20°

06. 맞꼭지각 (본문 16쪽)

01 ∠DOE
02 ∠DOF
03 ∠EOC
04 ∠FOA
05 ∠FOB
06 30°
07 90°
08 30°
09 60°
10 120°
11 36°
12 50°
13 35°
14 30°
15 $\angle a=115°$, $\angle b=65°$
16 $\angle a=45°$, $\angle b=105°$
17 $\angle a=40°$, $\angle b=105°$
18 $\angle a=60°$, $\angle b=30°$

07. 수직 (본문 18쪽)

01 ⊥
02 수직이등분선
03 O
04 3
05 $\overline{DC}$
06 점 C
07 점 C
08 3 cm

08. 점과 직선, 점과 평면의 위치 관계 (본문 19쪽)

01 점 A는 직선 l 위에 있지 않다.
02 점 B는 직선 l 위에 있지 않다.
03 점 C는 직선 l 위에 있다.
04 점 D는 직선 l 위에 있다.

05 점 A, 점 B, 점 C
06 점 D, 점 E, 점 F
07 점 A는 면 BEFC 위에 있지 않다.
08 점 D는 면 ADFC 위에 있다.

09. 평면에서 두 직선의 위치 관계 (본문 20쪽)

01 직선 AB, 직선 DC
02 직선 AB, 직선 AD, 직선 BC
03 직선 DC
04 직선 AD
05 ⑤
06 ∥
07 ⊥
08 ∥

10. 공간에서 두 직선의 위치 관계 (본문 21쪽)

01 모서리 CD
02 모서리 AD
03 모서리 CD, 모서리 DE
04 모서리 AD, 모서리 AE
05 ○
06 ○
07 ○
08 ○
09 ×
10 모서리 AC, 모서리 AD, 모서리 BC, 모서리 BE
11 모서리 DE
12 모서리 CF, 모서리 DF, 모서리 EF
13 모서리 AB, 모서리 AC, 모서리 DE, 모서리 DF
14 모서리 BE, 모서리 CF
15 모서리 BC, 모서리 EF
16 모서리 AD, 모서리 AE, 모서리 BC, 모서리 BF
17 모서리 DC, 모서리 EF, 모서리 HG

18 모서리 CG, 모서리 DH, 모서리 EH, 모서리 FG

19 모서리 BC, 모서리 DC, 모서리 FG, 모서리 HG

20 모서리 AE, 모서리 BF, 모서리 DH

21 모서리 AB, 모서리 AD, 모서리 EF, 모서리 EH

11. 직선과 평면의 위치 관계 (본문 23쪽)

01 모서리 AB, 모서리 BC, 모서리 CD, 모서리 DA

02 모서리 EF, 모서리 FG, 모서리 GH, 모서리 HE

03 모서리 AE, 모서리 BF, 모서리 CG, 모서리 DH

04 면 ABCD, 면 ABFE

05 면 CGHD, 면 EFGH

06 면 AEHD, 면 BFGC

07 면 BFGC, 면 CGHD

08 면 ABFE, 면 AEHD

09 면 ABCD, 면 EFGH

12. 두 평면의 위치 관계 (본문 24쪽)

01 면 ABFE, 면 BFGC, 면 CGHD, 면 AEHD

02 면 EFGH

03 면 ABFE, 면 BFGC, 면 CGHD, 면 AEHD

04 모서리 AD

05 면 ABCD, 면 ABFE, 면 CGHD, 면 EFGH

06 면 AEHD

07 면 ABCD, 면 ABFE, 면 CGHD, 면 EFGH

08 모서리 CG

09 ⑤

10 면 ADEB, 면 BEFC, 면 ADFC

11 면 DEF

12 면 ADEB, 면 BEFC, 면 ADFC

13 면 ABC, 면 DEF, 면 ADEB, 면 ADFC

14 면 ABC, 면 DEF, 면 ADEB

15 면 ABC, 면 DEF

16 모서리 DF

17 모서리 AE, 모서리 AH, 모서리 BF, 모서리 BG

18 모서리 BG

19 모서리 BF, 모서리 EF, 모서리 FG

20 모서리 EF

21 면 AEH, 면 BFG

22 면 AEH

23 면 AEH, 면 BFG, 면 EFGH

13. 동위각과 엇각 (본문 26쪽)

01 ○

02 ○

03 ○

04 ×

05 ○

06 $\angle d = 130°$

07 $\angle d = 130°$

08 $\angle c = 115°$

09 $\angle b = 65°$

14. 평행선 (본문 27쪽)

01 $50°$

02 $120°$

03 $55°$

04 $55°$

05 $130°$

06 $35°$

07 $\angle a = 45°, \angle b = 75°$

08 $\angle a = 70°, \angle b = 115°$

09 $\angle a = 55°, \angle b = 125°$

10 $\angle a = 140°, \angle b = 90°$

11 $57°$

12 $60°$

13 $40°$

14 $30°$

15 $32°, 65°, 65°, 97°$

16 $105°$

17 $100°$

18 $60°$

19 $15°$

20 $245°$

21 $28°$

15. 평행선이 되기 위한 조건 (본문 30쪽)

01 ×

02 ○

03 ○

04 ○

05 ○

06 ×

07 $l \,/\!/\, n$

08 $p \,/\!/\, q$

09 $l \,/\!/\, n, \; p \,/\!/\, q$

10 $l \,/\!/\, m, \; p \,/\!/\, q$

11 $l \,/\!/\, n$

12 $l \,/\!/\, n, \; p \,/\!/\, q$

13 $l \,/\!/\, m, \; p \,/\!/\, r$

14 ⑤

Ⅱ. 작도와 합동

01. 작도 (본문 34쪽)

01 ○

02 ×

03 ○

04 ○

05 ×

06 자

07 컴퍼스

08 컴퍼스, $\overline{AB}$

02. 크기가 같은 각의 작도 (본문 35쪽)

01 ㉢, ㉡, ㉣

02 $\overline{OB}, \overline{PC}$

03 $\overline{CD}$

04 $\angle CPD$

05 ○

06 ○

07 ×

08 ○

09 ×

03. 삼각형 ABC (본문 36쪽)

01 ○

02 ○

03 ○

04 ×

05 ○

06 ○

07 ○

08 ×

09 ×

10 9개

04. 삼각형의 작도 (본문 37쪽)

01 ○

02 ×

03 ○

04 ○

05 ×

06 ○

07 ×

08 ○

05. 삼각형의 결정 조건 (본문 38쪽)

01 ×

02 ○

03 ×

04 ×

05 ×

06 ×

07 ○

08 ○

09 ×

06. 합동 (본문 39쪽)

01 ○

02 ○

03 ×

04 ×

05 ×

06 ○

07 ○

08 ×

09 ×

10 ⑤

11 9 cm

12 6 cm

13 50°

14 85°

15 45°

16 6 cm

17 3 cm

18 5 cm

19 130°

20 75°

07. 삼각형의 합동 조건 (본문 41쪽)

01 SSS 합동

02 SAS 합동

03 ASA 합동

04 ASA 합동

05 △GHI≡△LJK

06 △ABC≡△PRQ

07 △DEF≡△NMO

08 세 변의 길이, △NMO

09 두 변의 길이, △RQP

10 △GHI, △JKL

11 △ABC≡△ADC

12 △ABO≡△CDO

13 △ABC≡△CDA

14 △ABM≡△DCM

15 △ABC≡△ADE

16 △AOD≡△COB

Ⅲ. 평면도형의 성질

01. 다각형 (본문 46쪽)

01 ○

02 ×

03 ×

04 ○

05 삼각형, 3, 3

06 사각형, 4, 4

07 오각형, 5, 5

08 육각형, 6, 6

09 110°

10 70°

11 100°

12 80°

13 90°

14 120°

15 $\angle x=60°$, $\angle y=135°$

16 $\angle x=120°$, $\angle y=70°$

17 $\angle x=95°$, $\angle y=88°$

18 $\angle x=45°$, $\angle y=90°$

02. 정다각형 (본문 48쪽)

01 ○

02 ○

03 ×

04 ×

05 ○

06 ×

07 정오각형

08 정육각형

09 정팔각형

03. 다각형의 대각선의 개수 (본문 49쪽)

01 3, 1

02 3

03 5

04 7

05 9

06 3, 오각형

07 칠각형

08 구각형

09 십일각형

10 십삼각형

11 3, 2

12 9개

13 14개

14 35개

15 54개

16 65개

17 3, 3, 5, 오각형

18 팔각형

19 구각형

20 십일각형

21 정십삼각형

04. 삼각형의 세 내각의 크기의 합 (본문 51쪽)

01 55°

02 74°

03 60°

04 30°

05 27°

06 15°

07 60°

08 40°

09 87°

10 59°

11 90°

12 80°

13 90°

14 75°

15 72°

05. 삼각형의 한 외각의 크기 (본문 53쪽)

01 100°

02 135°

03 50°

04 40°

05 32°

06 40°

07 52°

08 35°

09 130°

10 90°

11 35°

12 140°

13 95°

14 100°

15 $2\angle x$, 40°

16 29°

17 40°

18 120°

19 84°

20 105°

21 114°

22 35°, 35°, 95°

23 95°

24 150°

25 80°

26 90°

27 30°

28 35°

06. 다각형의 내각의 크기의 합 (본문 57쪽)

01 3, 1

02 2, 2

03 2, 360°

04 3, 2

05 2, 3

06 3, 540°

07 900°

08 1080°

09 1440°

10 1800°

11 2340°

12 $n-2$, 4, 6, 육각형

13 구각형

14 십일각형

15 십삼각형

16 십사각형

17 90°

18 110°

19 105°

20 100°

21 83°

22 110°

23 100°

24 75°

07. 다각형의 외각의 크기의 합 (본문 60쪽)

01 360°, 360°, 110°

02 120°

03 80°

04 70°

05 47°

06 20°

08. 정다각형의 한 내각과 외각의 크기 (본문 61쪽)

01 90°

02 108°

03 135°

04 $144°$

05 정육각형

06 정구각형

07 정십이각형

08 정십오각형

09 $90°$

10 $72°$

11 $45°$

12 $36°$

13 $20°$

14 정십오각형

15 정십이각형

16 정구각형

17 정육각형

18 정삼각형

19 $210°$

20 $150°$

21 $132°$

22 $105°$

23 $180°$, 1, $90°$, $90°$, 4, 정사각형

24 정팔각형

25 정오각형

26 정구각형

27 11개

09. 원과 부채꼴 (본문 64쪽)

01 $\overline{AE}$

02 $\angle BOC$

03 $\angle COD$

04 $150°$

05 ○

06 ×

07 ×

08 ○

09 ×

10. 중심각의 크기와 호의 길이 (본문 65쪽)

01 15

02 120

03 9

04 12

05 75

06 30

07 $x=12$, $y=60$

08 $x=12$, $y=45$

09 $x=4$, $y=105$

10 $x=25$, $y=75$

11 $80°$

12 $90°$

13 $48°$

11. 중심각의 크기와 넓이 (본문 67쪽)

01 120

02 80

03 40

04 24

05 6

06 10

12. 중심각의 크기와 현의 길이 (본문 68쪽)

01 3

02 40

03 100

04 ○

05 ○

06 ×

07 ②

13. 원의 둘레의 길이와 넓이 (본문 69쪽)

01 8π cm, 16π cm²

02 10π cm, 25π cm²

03 20π cm, 100π cm²

04 6π cm, 9π cm²

05 14π cm, 49π cm²

06 18π cm, 81π cm²

07 (1) 10π cm
   (2) 6π cm
   (3) 16π cm

08 (1) 16π cm
   (2) 8π cm
   (3) 24π cm

09 (1) 5π cm
   (2) 5π cm
   (3) 10π cm
   (4) 20π cm

10 (1) 10π cm

(2) 6π cm
(3) 16π cm
(4) 32π cm

11 (1) 3π cm
   (2) 2π cm
   (3) 5π cm
   (4) 10π cm

12 (1) 4π cm
   (2) 2π cm
   (3) 6π cm
   (4) 12π cm

13 (1) 25π cm²
   (2) 9π cm²
   (3) 16π cm²

14 (1) 64π cm²
   (2) 16π cm²
   (3) 48π cm²

15 (1) $\dfrac{25}{2}\pi$ cm²
   (2) $\dfrac{25}{2}\pi$ cm²
   (3) 50π cm²
   (4) 50π cm²

16 (1) 25π cm²
   (2) 9π cm²
   (3) 64π cm²
   (4) 30π cm²

17 (1) $\dfrac{9}{2}\pi$ cm²
   (2) 2π cm²
   (3) $\dfrac{25}{2}\pi$ cm²
   (4) 15π cm²

18 (1) 8π cm²
   (2) 2π cm²
   (3) 18π cm²
   (4) 8π cm²

14. 부채꼴의 호의 길이 (본문 72쪽)

01 4π cm

02 2π cm

03 3π cm

04 3π cm

05 2π cm

06 4π cm

07 12π cm

08 $90°$

09 $240°$

10 $120°$

11 $72°$

12 $300°$

13 10 cm

14 12 cm

15 6 cm

16 12 cm

17 10 cm

18 $\left(\dfrac{9}{4}\pi+6\right)$ cm

19 $\left(\dfrac{10}{3}\pi+4\right)$ cm

20 $(2\pi+8)$ cm

21 8π cm

22 8π cm

23 $(4\pi+16)$ cm

24 $(6\pi+6)$ cm

25 $(4\pi+4)$ cm

15. 부채꼴의 넓이 (본문 75쪽)

01 24π cm²

02 4π cm²

03 $\dfrac{9}{2}\pi$ cm²

04 3π cm²

05 8π cm²

06 12π cm²

07 54π cm²

08 $90°$

09 $135°$

10 $40°$

11 $60°$

12 $90°$

13 10 cm

14 4 cm

15 5 cm

16 9 cm

17 8 cm

18 $\dfrac{27}{8}\pi$ cm²

19 $\dfrac{10}{3}\pi$ cm²

20 $(16-4\pi)$ cm²

21 $(64-16\pi)$ cm²

22 $(32\pi-64)$ cm²

23 $(32-8\pi)$ cm²

24 $\dfrac{9}{2}\pi$ cm²

25 2π cm²

16. 호의 길이와 넓이 사이의
관계 (본문 78쪽)

01 24π cm^2

02 54π cm^2

03 10π cm^2

04 60π cm^2

05 5π cm^2

06 16π cm^2

07 30π cm^2

08 6 cm

09 4 cm

10 5 cm

11 8 cm

12 10 cm

13 3 cm

14 9 cm

15 12 cm

16 60π cm^2

IV. 입체도형의 성질

01. 다면체 (본문 82쪽)

01 ◯

02 ×

03 ×

04 ◯

05 ◯

06 ×

07 ◯

08 ◯

09 사면체

10 오면체

11 육면체

12 오면체

13 칠면체

14 6, 9

15 8, 12

16 6, 10

17 6, 12

18 10, 15

02. 각뿔대 (본문 84쪽)

01 삼각형, 삼각뿔대

02 사각형, 사각뿔대

03 오각형, 오각뿔대

04 6 cm

05 4 cm

06 6 cm

07 삼각기둥, 사각기둥,
오각기둥

08 삼각형, 사각형, 오각형

09 직사각형, 직사각형,
직사각형

10 5개, 6개, 7개

11 6개, 8개, 10개

12 9개, 12개, 15개

13 삼각뿔, 사각뿔, 오각뿔

14 삼각형, 사각형, 오각형

15 삼각형, 삼각형, 삼각형

16 4개, 5개, 6개

17 4개, 5개, 6개

18 6개, 8개, 10개

19 삼각뿔대, 사각뿔대,
오각뿔대

20 사다리꼴, 사다리꼴,
사다리꼴

21 5개, 6개, 7개

22 6개, 8개, 10개

23 9개, 12개, 15개

24 육각뿔대

25 ③, ⑤

03. 정다면체 (본문 86쪽)

01 정사면체, 정육면체,
정팔면체, 정십이면체,
정이십면체

02 정삼각형, 정사각형,
정삼각형, 정오각형,
정삼각형

03 3개, 3개, 4개, 3개, 5개

04 4개, 8개, 6개, 20개, 12개

05 6개, 12개, 12개, 30개, 30개

06 4개, 6개, 8개, 12개, 20개

07 ◯

08 ◯

09 ×

10 ◯

11 ×

12 ×

13 ◯

14 정사면체, 정팔면체,
정이십면체

15 정육면체

16 정십이면체

17 정사면체, 정육면체,
정십이면체

18 정팔면체

19 정이십면체

20 정팔면체

04. 정다면체의 전개도 (본문 88쪽)

01 ◯

02 ◯

03 ×

04 정사면체

05 점 F

06 모서리 CE

07 ◯

08 ◯

09 ×

10 ×

11 ◯

12 정팔면체

13 점 G

14 모서리 EF

15 모서리 AJ(또는 모서리 GH)

05. 회전체 (본문 90쪽)

01 ◯

02 ◯

03 ◯

04 ◯

05 ×

06 ◯

07 ㉠

08 ㉢

09 ㉣

10
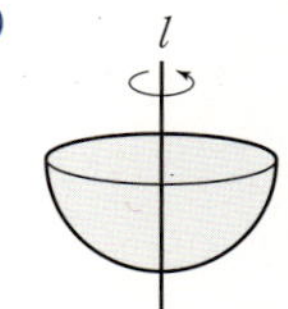

11

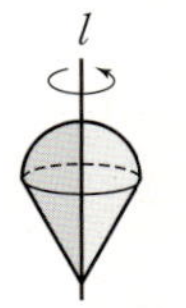

06. 회전체의 성질 (본문 92쪽)

01
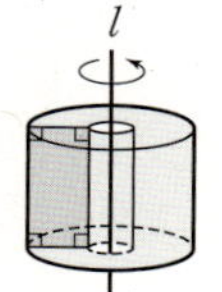

02
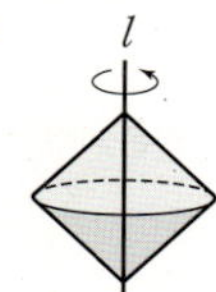

03

04

05

06

07

08

09
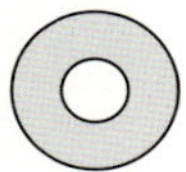

10
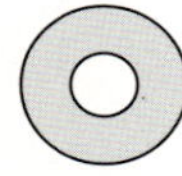

11 ㉡

12 ㉢

13 ㉠

14 ㉠

15 ㉤

16 ㉢

17 ㉡

18 ㉣

19 ㉠

20 ⑤

12
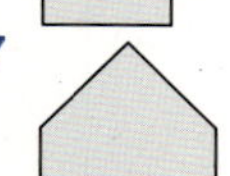

13
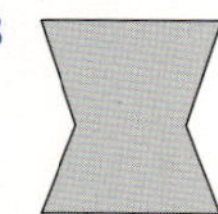

21 120 cm²

22 40 cm²

23 30 cm²

24 9π cm²

07. 회전체의 전개도 (본문 95쪽)

01 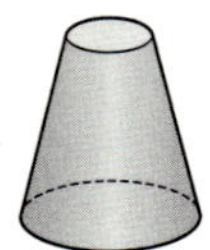

02 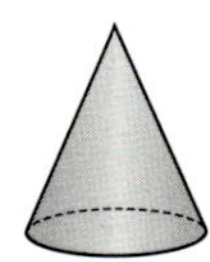

03 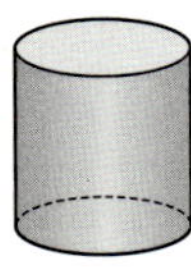

04 $x=3, y=6$

05 $x=2, y=4π$

06 $x=10π, y=8$

07 $x=6, y=2$

08 $x=8, y=6π$

09 $x=3, y=12π$

10 $x=8π, y=8$

11 ×

12 ×

13 ○

14 ○

15 ○

16 ○

08. 기둥의 겉넓이 (본문 97쪽)

01 (1) 30 cm²
   (2) 180 cm²
   (3) 240 cm²

02 (1) 16π cm²
   (2) 48π cm²
   (3) 80π cm²

03 (1) 6 cm²
   (2) 72 cm²
   (3) 84 cm²

04 (1) 6 cm²
   (2) 40 cm²
   (3) 52 cm²

05 (1) 14 cm²
   (2) 48 cm²
   (3) 76 cm²

---

06 (1) 37 cm²
   (2) 252 cm²
   (3) 126 cm²
   (4) 452 cm²

07 112 cm²

08 (1) 9π cm²
   (2) 30π cm²
   (3) 48π cm²

09 (1) 16π cm²
   (2) 56π cm²
   (3) 88π cm²

10 (1) 25π cm²
   (2) 80π cm²
   (3) 130π cm²

11 (1) 21π cm²
   (2) 100π cm²
   (3) 40π cm²
   (4) 182π cm²

12 (1) $\dfrac{9}{2}π$ cm²
   (2) 24π cm²
   (3) 48 cm²
   (4) $(33π+48)$ cm²

13 (1) 3π cm²
   (2) 18π cm²
   (3) 24 cm²
   (4) $(24π+24)$ cm²

09. 기둥의 부피 (본문 101쪽)

01 (1) 3 cm²
   (2) 4 cm
   (3) 12 cm³

02 (1) 18 cm²
   (2) 6 cm
   (3) 108 cm³

03 144 cm³

04 150 cm³

05 112 cm³

06 75 cm³

07 320 cm³

08 180 cm³

09 335 cm³

10 300 cm³

11 (1) 4π cm²
   (2) 4 cm
   (3) 16π cm³

12 (1) 9π cm²
   (2) 7 cm
   (3) 63π cm³

13 144π cm³

---

14 500π cm³

15 250π cm³

16 32π cm³

17 45π cm³

18 96π cm³

19 54π cm³

20 120π cm³

21 320π cm³

22 96π cm³

23 300π cm³

24 $(360-40π)$ cm³

10. 뿔의 겉넓이 (본문 105쪽)

01 (1) 25 cm²
   (2) 80 cm²
   (3) 105 cm²

02 (1) 9π cm²
   (2) 6π cm
   (3) 15π cm²
   (4) 24π cm²

03 64 cm²

04 120 cm²

05 340 cm²

06 (1) 90 cm²
   (2) 240 cm²
   (3) 330 cm²

07 (1) 180 cm²
   (2) 288 cm²
   (3) 468 cm²

08 16π cm²

09 56π cm²

10 132π cm²

11 (1) 45π cm²
   (2) 81π cm²
   (3) 126π cm²

12 (1) 80π cm²
   (2) 120π cm²
   (3) 200π cm²

11. 뿔의 부피 (본문 108쪽)

01 (1) 10 cm²
   (2) 6 cm
   (3) 20 cm³

02 (1) 36 cm²
   (2) 4 cm
   (3) 48 cm³

03 8 cm³

---

04 40 cm³

05 12 cm³

06 84 cm³

07 (1) $\dfrac{1000}{3}$ cm³
   (2) 72 cm³
   (3) $\dfrac{784}{3}$ cm³

08 (1) 160 cm³
   (2) 20 cm³
   (3) 140 cm³

09 (1) 18 cm²
   (2) 6 cm
   (3) 36 cm³

10 (1) 12 cm²
   (2) 8 cm
   (3) 32 cm³

11 (1) 9π cm²
   (2) 4 cm
   (3) 12π cm³

12 (1) 25π cm²
   (2) 12 cm
   (3) 100π cm³

13 48π cm³

14 96π cm³

15 21π cm³

16 75π cm³

17 (1) 96π cm³
   (2) 12π cm³
   (3) 84π cm³

18 (1) $\dfrac{1024}{3}π$ cm³
   (2) $\dfrac{128}{3}π$ cm³
   (3) $\dfrac{896}{3}π$ cm³

12. 구의 겉넓이 (본문 112쪽)

01 2, 4, 2, 16

02 36π cm²

03 100π cm²

04 (1) $\dfrac{1}{2}, \dfrac{1}{2}$
   (2) 4, 4, 16
   (3) 32, 48

05 (1) 192π cm²
   (2) 64π cm²
   (3) 256π cm²

06 (1) 350π cm²
   (2) 75π cm²
   (3) 425π cm²

07 (1) 18π cm^2
   (2) 15π cm^2
   (3) 33π cm^2

08 (1) 72π cm^2
   (2) 120π cm^2
   (3) 36π cm^2
   (4) 228π cm^2

13. 구의 부피 (본문 114쪽)

01 $\dfrac{4}{3}$, $\dfrac{32}{3}$

02 36π cm^3

03 $\dfrac{500}{3}\pi$ cm^3

04 $\dfrac{1}{2}$, $\dfrac{1}{2}$, $\dfrac{128}{3}$

05 512π cm^3

06 $\dfrac{3500}{3}\pi$ cm^3

07 (1) 18π cm^3
   (2) 12π cm^3
   (3) 30π cm^3

08 (1) 144π cm^3
   (2) 360π cm^3
   (3) 504π cm^3

09 18π cm^3

10 36π cm^3

11 54π cm^3

12 $1:2:3$

13 64개

V. 자료의 정리와 해석

01. 중앙값 (본문 118쪽)

01 4

02 17

03 69

04 23

05 4

06 33

07 5

08 ③

09 7, 6

10 9

11 6

12 5

13 35

14 2, 6

15 19

16 23

17 70

02. 최빈값 (본문 120쪽)

01 3

02 23

03 9

04 12

05 6, 6

06 2, 4

07 1, 8

03. 평균 (본문 79쪽)

01 8, 9, 20, 5

02 45

03 8

04 50

05 5

06 6

07 5

04. 줄기와 잎 그림 (본문 122쪽)

01 줄기와 잎 그림

02 7, 8, 9

03 7

04 96

05 1, 2, 5, 6, 7

06 3

07 46

08 20명

09 28명

10 13, 14, 15, 16, 17

11 0, 1, 1, 2

12 16

13 172 cm

14 6명

15 15명

16 7

17 6.3초

18 8초대

19 5명

20 9.4초

05. 줄기와 잎 그림의 이해 (본문 124쪽)

01 가장 낮은 학생 : 74점,
   가장 높은 학생 : 97점

02 줄기 : 십의 자리 숫자,
   잎 : 일의 자리 숫자

03 해설 참조

04 가장 적은 경우 : 6명,
   가장 많은 경우 : 33명

05 줄기 : 십의 자리 숫자,
   잎 : 일의 자리 숫자

06 해설 참조

07 해설 참조

08 10명

09 2

10 가장 많은 회원: 39세,
   가장 적은 회원: 19세

11 적은 편

12 해설 참조

13 2

14 4번째

15 5

06. 도수분포표 (본문 126쪽)

01 ㉢

02 ㉡

03 ㉢

04 ㉢

04 ㉣

06 80점 이상 90점 미만

07 65 kg 이상 75 kg 미만

08 10, 15, 12.5, 15, 20, 17.5

09 20, 10

10 5회

11 30분

12 90, 85, 100, 95

13 2, 6, 10, 14, 18

14 25, 75, 125, 175, 225, 275

15 52

07. 도수분포표의 이해 (본문 128쪽)

01 19, 6, 31, 32, 33, 36, 38,
   42, 43, 2

02 해설 참조

03 해설 참조

04 97.5회

05 7일

06 10

07 37명

08 85회

09 80회 이상 90회 미만

08. 히스토그램 (본문 130쪽)

01 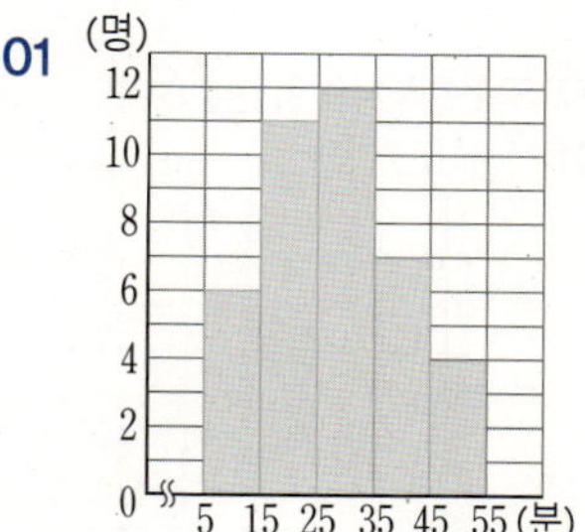

02 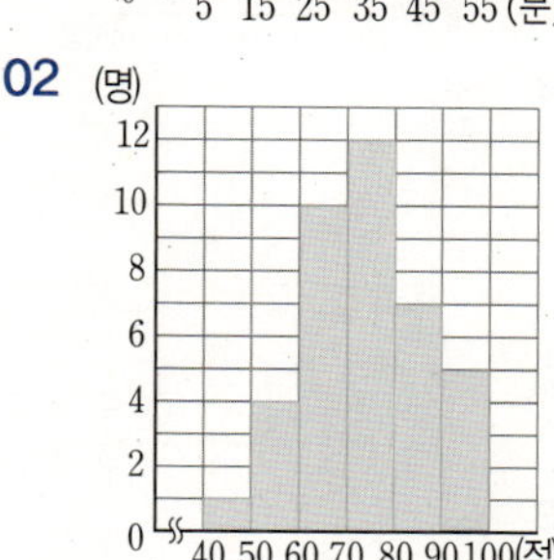

03 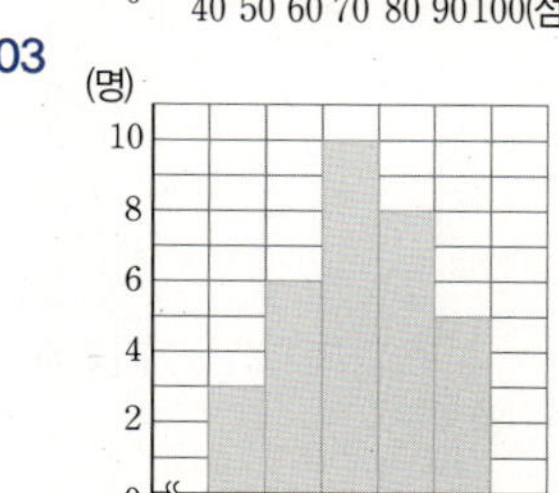

04 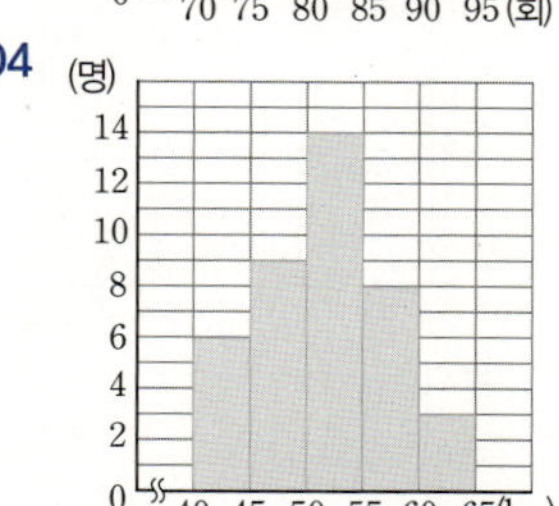

05 2, 3, 4, 1, 10

06 해설 참조

07 10점

08 60점 이상 70점 미만

09 75점

10 80점 이상 90점 미만

11 40명

12 10명

13 14명

14 20 %

09. 히스토그램의 특징 (본문 133쪽)

01 80

02 1000

03 4배

04 120

05 300

06 6배

10. 도수분포다각형 (본문 134쪽)

01 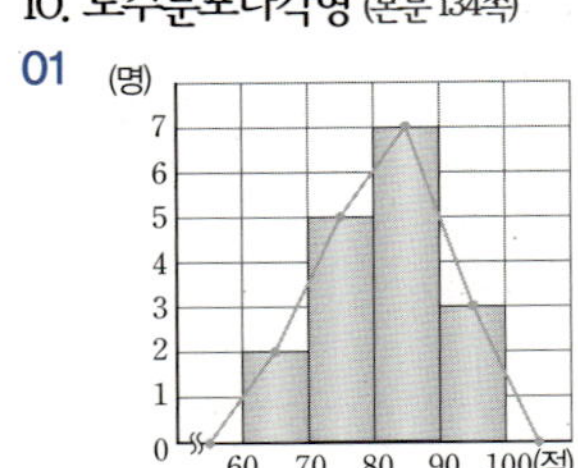

02 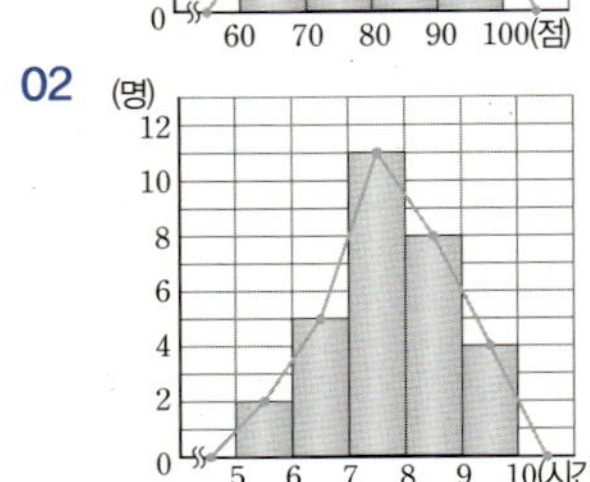

03 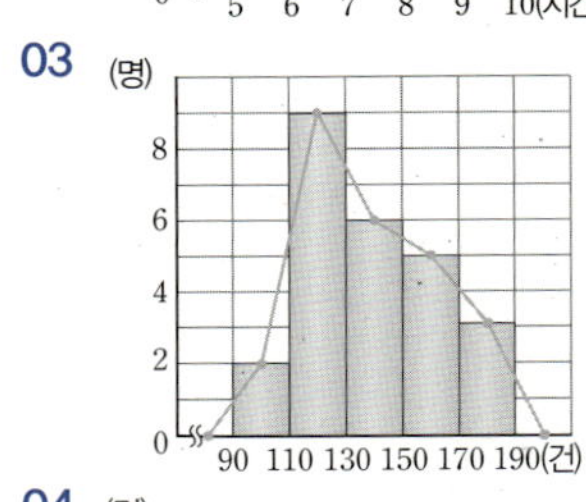

04 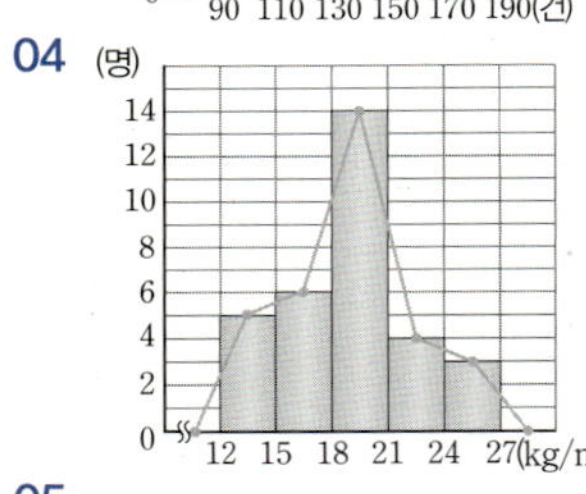

05 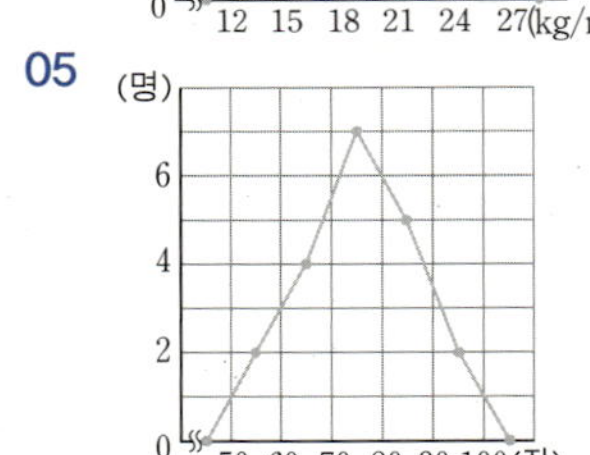

06 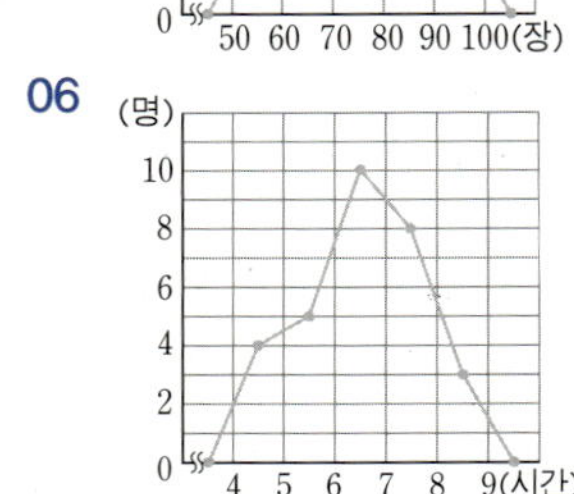

07 해설 참조

08 해설 참조

09 5 cm

10 75 cm 이상 80 cm 미만

11 72.5 cm

12 75 cm 이상 80 cm 미만

13 28명

14 12명

15 8명

16 25 %

11. 도수분포다각형의 특징 (본문 137쪽)

01 2, 30, 60

02 직사각형, 60

03 120

04 50

05 200

12. 상대도수 (본문 138쪽)

01 ○

02 ×

03 ○

04 ○

05 ×

06 ○

07 ○

08 ○

09 ①

13. 상대도수의 분포표 (본문 139쪽)

01 0.1

02 0.42

03 15

04 26

05 1

06 1

07 $\frac{7}{25}=0.28$, $\frac{6}{25}=0.24$, 1

08 $\frac{3}{20}=0.15$, $\frac{9}{20}=0.45$,
　　$\frac{5}{20}=0.25$, $\frac{2}{20}=0.10$, 1

09 0.16, 0.38, 0.26, 0.1,
　　0.06, 1

10 $0.38\times50=19$,

　　$0.12\times50=6$

11 $0.4\times25=10$,
　　$0.2\times25=5$,
　　$0.08\times25=2$,
　　$0.04\times25=1$

12 10, 12, 6, 6, 4

13 100, 10

14 20 %

15 65 %

16 상대도수, 0.15, 20

17 40명

18 80명

19 40

20 6

21 0.45

22 1

23 60 %

24 80

25 1

26 6

27 0.3

28 40 %

14. 상대도수의 그래프 (본문 143쪽)

01 1, 1, 0.2

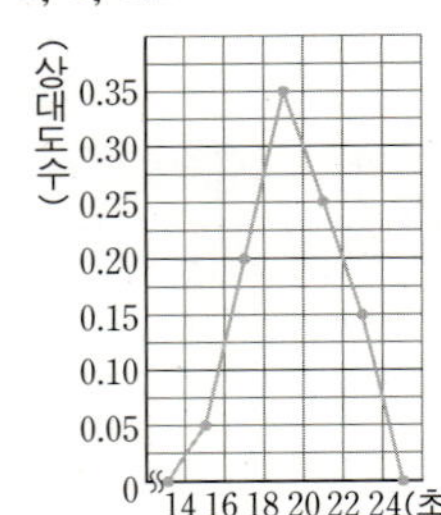

02 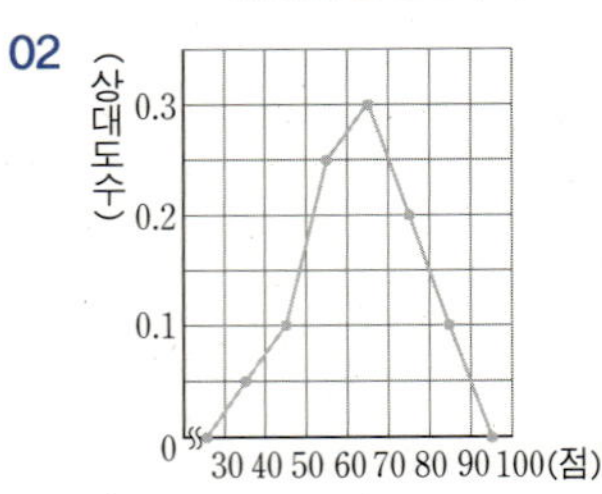

03 15분

04 50명

05 5명

06 26명

07 17.5건

08 40명

09 16명

10 6명

11 0.25

12 40명

13 6명

14 24명

15 0.32

16 50명

17 12명

18 28명

15. 두 집단의 비교 (본문 146쪽)

01 7명

02 8명

03 B동아리

04 45명

05 60명

06 여학생

Ⅰ. 기본 도형과 위치 관계

01. 도형 (본문 8쪽)

03 직육면체는 입체도형이다.

05 원기둥, 구 등과 같이 곡면으로 이루어
진 입체도형도 있다.

02. 교점과 교선 (본문 9쪽)

02 선과 면이 만나면 교점도 생긴다.

05 교점은 선과 선, 선과 면이 만나는 경우
에 생긴다.

03. 직선, 반직선, 선분 (본문 10쪽)

11 $\overline{AB}, \overline{AC}, \overline{BC}$로 3개이다.

12 $\overrightarrow{AB}, \overrightarrow{BA}, \overrightarrow{BC}, \overrightarrow{CB}$로 4개이다.

13 $\overleftrightarrow{AB}, \overleftrightarrow{AC}, \overleftrightarrow{BC}$로 3개이다.

14 $\overrightarrow{AB}, \overrightarrow{AC}, \overrightarrow{BA}, \overrightarrow{BC}, \overrightarrow{CA}, \overrightarrow{CB}$로 6개
이다.

15 $\overleftrightarrow{AB}, \overleftrightarrow{AC}, \overleftrightarrow{BC}$로 3개이다.

16 $\overline{AB}, \overline{AC}, \overline{BC}$로 3개이다.

17 $\overrightarrow{AB}, \overrightarrow{AC}, \overrightarrow{BA}, \overrightarrow{BC}, \overrightarrow{CA}, \overrightarrow{CB}$로 6개
이다.

18 $\overrightarrow{AB}, \overrightarrow{AD}, \overrightarrow{AE}, \overrightarrow{BD}, \overrightarrow{BE}, \overrightarrow{CD}, \overrightarrow{CE},$
$\overrightarrow{DE}$로 8개이다.

04. 두 점 사이의 거리 (본문 12쪽)

06 $\overline{AB}=2\overline{MB}=2\times2\overline{MN}=4\overline{MN}$

07 $\overline{AM}=\overline{MB}=2\overline{NB}$이므로
$\overline{NB}=\dfrac{1}{2}\overline{AM}$

08 $\overline{AB}=4\overline{MN}=4\overline{NB}$이므로
$\overline{NB}=\dfrac{1}{4}\overline{AB}$

10 $\overline{MN}=\overline{NB}$이므로
$\overline{MB}=2\overline{NB}$

11 $\overline{AB}=3\overline{AM}$이므로
$\overline{AM}=\dfrac{1}{3}\overline{AB}$

12 $\overline{AN}=2\overline{AM}$이므로
$\overline{AM}=\dfrac{1}{2}\overline{AN}$

13 $\overline{AM}=\overline{MN}=\overline{NB}$이므로
$\overline{MB}=\dfrac{2}{3}\overline{AB}$

14 $\overline{AM}=\dfrac{1}{2}\overline{AN}=\dfrac{1}{2}\times10=5(\text{cm})$
$\therefore \overline{AB}=3\overline{AM}=3\times5=15(\text{cm})$

15 $\overline{MB}=\dfrac{1}{2}\overline{AB}=\dfrac{1}{2}\times16=8(\text{cm})$

16 $\overline{AN}=\dfrac{1}{4}\overline{AB}=\dfrac{1}{4}\times12=3(\text{cm})$

17 $\overline{AB}=4\overline{NM}=4\times5=20(\text{cm})$

18 $\overline{AB}=\overline{AC}+\overline{CB}$
$\quad=2\overline{MC}+2\overline{CN}$
$\quad=2(\overline{MC}+\overline{CN})$
$\quad=2\overline{MN}$
$\therefore \overline{MN}=\dfrac{1}{2}\overline{AB}=\dfrac{1}{2}\times10=5(\text{cm})$

05. 각 (본문 14쪽)

09 $\angle x+60°=180°$
$\therefore \angle x=120°$

10 $\angle x+140°=180°$
$\therefore \angle x=40°$

11 $50°+\angle x+90°=180°$
$\therefore \angle x=40°$

12 $\angle x+90°+65°=180°$
$\therefore \angle x=25°$

13 $3\angle x+6\angle x=180°$
$9\angle x=180°$
$\therefore \angle x=20°$

14 $4\angle x+3\angle x+2\angle x=180°$
$9\angle x=180°$
$\therefore \angle x=20°$

15 $30°+(5\angle x+40°)=180°$
$5\angle x=110°$
$\therefore \angle x=22°$

16 $35°+\angle x+(5\angle x+25°)=180°$
$6\angle x=120°$
$\therefore \angle x=20°$

06. 맞꼭지각 (본문 16쪽)

06 $\angle AOB=\angle AOC-\angle BOC$
$\quad=90°-60°=30°$

07 $\angle COD=\angle FOA=90°$

08 $\angle DOE=\angle AOB=30°$

09 $\angle EOF=\angle BOC=60°$

10 $\angle EOC=\angle BOF$
$\quad=180°-60°=120°$

11 $2\angle x=72°$ $\therefore \angle x=36°$

12 $\angle x+20°=2\angle x-30°$ $\therefore \angle x=50°$

13 $\angle x+90°=125°$ $\therefore \angle x=35°$

14 $\angle x+3\angle x+2\angle x=180°$
$6\angle x=180°$ $\therefore \angle x=30°$

15 $\angle b=180°-115°=65°$

16 $30°+\angle b+45°=180°$
$\therefore \angle b=105°$

17 $40°+\angle b+35°=180°$
$\therefore \angle b=105°$

18 $60°+\angle b+90°=180°$
$\therefore \angle b=30°$

07. 수직 (본문 18쪽)

08 점 A와 변 BC 사이의 거리는
$\overline{DC}=3\text{ cm}$이다.

09. 평면에서 두 직선의 위치 관계 (본문 20쪽)

05 서로 다른 두 점을 지나는 직선은 하나
뿐이므로 한 평면 위에 있는 두 직선이
두 점에서 만나는 경우는 없다.

10. 공간에서 두 직선의 위치 관계 (본문 21쪽)

09 꼬인 위치에 있는 두 직선은 한 평면 위
에 있지 않다.

12. 두 평면의 위치 관계 (본문 24쪽)

09 꼬인 위치는 공간에서 두 직선의 위치
관계이다.

13. 동위각과 엇각 (본문 26쪽)

04 $\angle c$와 $\angle e$는 엇각이다.

14. 평행선 (본문 27쪽)

07 $\angle b+45°=120°$에서
$\angle b=75°$

08 $\angle b=45°+\angle a$
$\quad=45°+70°=115°$

09 $\angle a+30°=85°$에서
$\angle a=55°$
$\angle b=180°-\angle a$
$\quad=180°-55°=125°$

10 $\angle a=180°-40°=140°$
$\angle b+40°=130°$에서
$\angle b=90°$

11 $55°+\angle x+68°=180°$에서
$\angle x=57°$

12 $50°+\angle x+70°=180°$에서
$\angle x=60°$

13 $60°+80°+\angle x=180°$에서
$\angle x=40°$

14 $70°+80°+\angle x=180°$에서
$\angle x=30°$

16 $\angle x=35°+70°=105°$

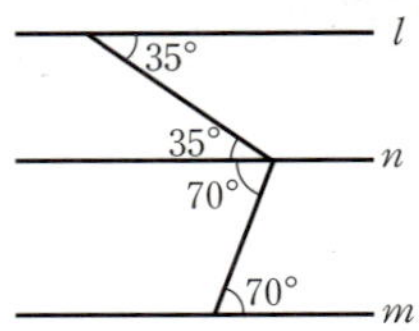

17 $\angle x=55°+45°=100°$

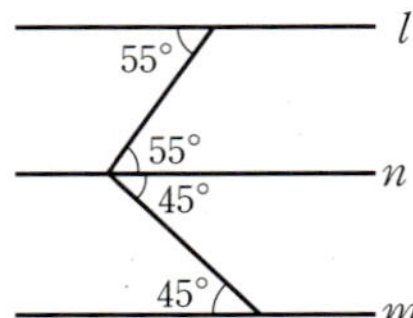

18 $\angle x+30°=90°$에서
$\angle x=60°$

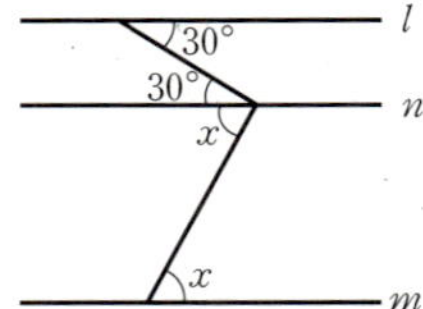

19 $\angle x+50°=65°$에서
$\angle x=15°$

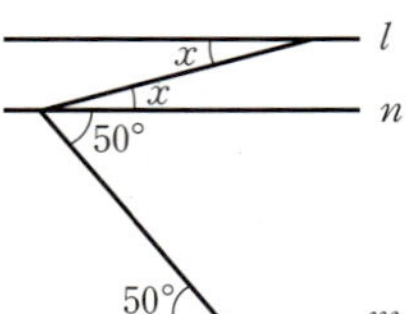

20 $\angle x=130°+115°=245°$

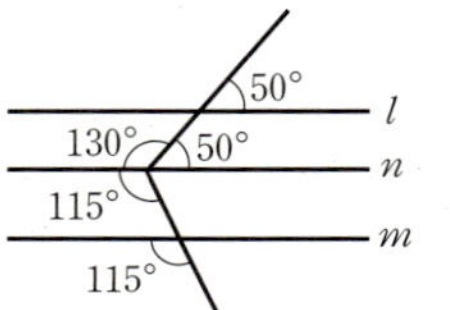

21 $\angle x+62°=90°$에서
$\angle x=28°$

15. 평행선이 되기 위한 조건 (본문 30쪽)

01 동위각의 크기가 다르므로 평행하지 않다.

02 $180°-120°=60°$가 되어 동위각의 크기가 같으므로 평행하다.

03 동위각의 크기가 같으므로 평행하다.

04 $180°-110°=70°$가 되어 엇각의 크기가 같으므로 평행하다.

05 맞꼭지각의 크기는 같으므로 엇각의 크기가 같게 되어 평행하다.

06 $180°-135°=45°$가 되어 엇각의 크기가 다르므로 평행하지 않다.

07 l과 n의 엇각이 같으므로 $l /\!/ n$

08 p와 q의 엇각이 같으므로 $p /\!/ q$

09 l과 n의 동위각, p와 q의 엇각이 같으므로 $l /\!/ n$, $p /\!/ q$

10 l과 m의 동위각, p와 q의 동위각이 같으므로 $l /\!/ m$, $p /\!/ q$

11 l과 n의 엇각이 같으므로 $l /\!/ n$

12 l과 n의 엇각, p와 q의 동위각이 같으므로 $l /\!/ n$, $p /\!/ q$

13 l과 m의 동위각, p와 r의 동위각이 같으므로 $l /\!/ m$, $p /\!/ r$

14 ⑤ $l /\!/ m$이면 $\angle d=\angle h$, $\angle f=\angle h$이므로 $\angle d+\angle f=2\angle h$
따라서 $\angle d+\angle f=180°$라고 할 수 없다.

Ⅱ. 작도와 합동

02. 크기가 같은 각의 작도 (본문 35쪽)

07 $\overline{OX}$와 $\overline{OY}$의 길이는 같다고 할 수 없다.

09 $\overline{OA}=\overline{OB}=\overline{O'A'}=\overline{O'B'}$
$\overline{AB}=\overline{A'B'}$

03. 삼각형 ABC (본문 36쪽)

04 $\overline{AC}$의 대각은 직각이다.

06 $2+3>4$이므로 삼각형의 세 변의 길이가 될 수 있다.

07 $4+6>8$이므로 삼각형의 세 변의 길이가 될 수 있다.

08 $3+5<9$이므로 삼각형의 세 변의 길이가 될 수 없다.

09 $5+8=13$이므로 삼각형의 세 변의 길이가 될 수 없다.

10 (i) 8 cm가 가장 긴 변의 길이이면
$x+5>8$ $\therefore x>3$
(ii) x cm가 가장 긴 변의 길이이면
$5+8>x$ $\therefore x<13$
따라서 $3<x<13$이므로 자연수 x는 9개이다.

04. 삼각형의 작도 (본문 37쪽)

01 두 변의 길이와 그 끼인각의 크기가 주어진 경우

02 두 변의 길이와 그 끼인각이 아닌 다른 한 각의 크기가 주어진 경우

03 세 변의 길이가 주어진 경우

04 한 변의 길이와 그 양 끝각의 크기가 주어진 경우

05 두 변의 길이와 그 끼인각이 아닌 다른 한 각의 크기가 주어진 경우

06 두 변의 길이와 그 끼인각의 크기가 주어진 경우

07 두 변의 길이와 그 끼인각이 아닌 다른 한 각의 크기가 주어진 경우

08 세 변의 길이가 주어진 경우

05. 삼각형의 결정 조건 (본문 38쪽)

01 $6+4=10$이므로 삼각형이 만들어지지 않는다.

02 세 변의 길이가 주어진 경우

03 $100°+80°=180°$이므로 삼각형이 만들어지지 않는다.

04 무수히 많은 삼각형이 만들어진다.

05 두 변의 길이와 그 끼인각이 아닌 다른 한 각의 크기가 주어진 경우

06 무수히 많은 삼각형이 만들어진다.

07 두 변의 길이와 그 끼인각의 크기가 주어진 경우

08 한 변의 길이와 그 양 끝각의 크기가 주어진 경우

09 $120°+60°=180°$이므로 삼각형이 만들어지지 않는다.

06. 합동 (본문 39쪽)

03 밑변의 길이와 높이가 같은 삼각형은 무수히 많다.

04 가로의 길이가 8 cm이고 세로의 길이가 2 cm인 직사각형과 가로의 길이가 4 cm이고 세로의 길이가 4 cm인 직사각형의 넓이는 같지만 합동은 아니다.

05 가로의 길이가 6 cm이고 세로의 길이가 2 cm인 직사각형과 가로의 길이가 4 cm이고 세로의 길이가 4 cm인 직사각형의 둘레의 길이는 같지만 합동은 아니다.

08 중심각의 크기도 같아야 합동이 된다.

09 정사각형인 경우와 마름모인 경우가 있을 수 있다.

10 ⑤ 대응하는 모든 각의 크기가 같다고 해서 두 도형이 합동이 되는 것은 아니다.

11 $\overline{BC}$의 대응하는 변은 $\overline{EF}$이므로
$\overline{BC}=\overline{EF}=9$ cm

12 $\overline{DE}$의 대응하는 변은 $\overline{AB}$이므로
$\overline{DE}=\overline{AB}=6$ cm

13 $\angle B$의 대응하는 각은 $\angle E$이므로
$\angle B=\angle E=50°$

14 $\angle$D의 대응하는 각은 $\angle$A이므로
$\angle$D$=\angle$A$=85°$

15 $\angle$F$=180°-(85°+50°)=45°$

16 $\overline{AD}$의 대응하는 변은 $\overline{EH}$이므로
$\overline{AD}=\overline{EH}=6$ cm

17 $\overline{FG}$의 대응하는 변은 $\overline{BC}$이므로
$\overline{FG}=\overline{BC}=3$ cm

18 $\overline{GH}$의 대응하는 변은 $\overline{CD}$이므로
$\overline{GH}=\overline{CD}=5$ cm

19 $\angle$B의 대응하는 각은 $\angle$F이므로
$\angle$B$=\angle$F$=130°$

20 $\angle$E$=\angle$A$=70°$
$\angle$G$=\angle$C$=85°$
$\therefore \angle$H$=360°-(70°+130°+85°)$
$=75°$

07. 삼각형의 합동 조건 (본문 41쪽)

03 $\angle$D$=180°-(70°+80°)=30°$

04 $\angle$A$=180°-(90°+40°)=50°$
$\angle$E$=180°-(40°+50°)=90°$

11 $\triangle$ABC와 $\triangle$ADC에서
$\overline{AB}=\overline{AD}$, $\overline{BC}=\overline{DC}$이고
$\overline{AC}$는 공통이므로
$\triangle$ABC$\equiv\triangle$ADC (SSS 합동)

12 $\triangle$ABO와 $\triangle$CDO에서
$\overline{AO}=\overline{CO}$, $\overline{BO}=\overline{DO}$이고
$\angle$AOB$=\angle$COD (맞꼭지각)이므로
$\triangle$ABO$\equiv\triangle$CDO (SAS 합동)

13 $\triangle$ABC와 $\triangle$CDA에서
$\overline{AB}=\overline{CD}$, $\overline{BC}=\overline{DA}$이고
$\overline{AC}$는 공통이므로
$\triangle$ABC$\equiv\triangle$CDA (SSS 합동)

14 $\triangle$ABM과 $\triangle$DCM에서
$\overline{AM}=\overline{DM}$, $\overline{AB}=\overline{DC}$이고
$\angle$BAM$=\angle$CDM$=90°$이므로
$\triangle$ABM$\equiv\triangle$DCM (SAS 합동)

15 $\triangle$ABC와 $\triangle$ADE에서
$\overline{AB}=\overline{AD}$, $\angle$ABC$=\angle$ADE이고
$\angle$A는 공통이므로
$\triangle$ABC$\equiv\triangle$ADE (ASA 합동)

16 $\triangle$AOD와 $\triangle$COB에서
$\overline{AO}=\overline{CO}$, $\overline{OD}=\overline{OB}$이고
$\angle$O는 공통이므로
$\triangle$AOD$\equiv\triangle$COB (SAS 합동)

⎰ Ⅲ. 평면도형의 성질 ⎱

01. 다각형 (본문 46쪽)

10 $180°-110°=70°$

11 $180°-80°=100°$

13 $180°-90°=90°$

14 $180°-60°=120°$

15 $\angle x=180°-120°=60°$
$\angle y=180°-45°=135°$

16 $\angle x=180°-60°=120°$
$\angle y=180°-110°=70°$

17 $\angle x=180°-85°=95°$
$\angle y=180°-92°=88°$

18 $\angle x=180°-135°=45°$
$\angle y=180°-90°=90°$

02. 정다각형 (본문 48쪽)

07 5개의 선분으로 둘러싸여 있는 다각형은 오각형이고, 모든 변의 길이와 모든 내각의 크기가 같은 다각형은 정다각형이다.
따라서 구하는 다각형은 정오각형이다.

08 꼭짓점의 개수가 6개인 다각형은 육각형이고, 모든 변의 길이와 모든 내각의 크기가 같은 다각형은 정다각형이다.
따라서 구하는 다각형은 정육각형이다.

09 8개의 내각을 가지고 있는 다각형은 팔각형이고, 모든 변의 길이와 모든 내각의 크기가 같은 다각형은 정다각형이다.
따라서 구하는 다각형은 정팔각형이다.

03. 다각형의 대각선의 개수 (본문 49쪽)

02 $6-3=3$

03 $8-3=5$

04 $10-3=7$

05 $12-3=9$

07 $n-3=4$에서 $n=7$

08 $n-3=6$에서 $n=9$

09 $n-3=8$에서 $n=11$

10 $n-3=10$에서 $n=13$

12 $\dfrac{6\times(6-3)}{2}=9$(개)

13 $\dfrac{7\times(7-3)}{2}=14$(개)

14 $\dfrac{10\times(10-3)}{2}=35$(개)

15 $\dfrac{12\times(12-3)}{2}=54$(개)

16 $\dfrac{13\times(13-3)}{2}=65$(개)

18 $\dfrac{n\times(n-3)}{2}=20$에서
$n\times(n-3)=40=8\times5$
$\therefore n=8$

19 $\dfrac{n\times(n-3)}{2}=27$에서
$n\times(n-3)=54=9\times6$
$\therefore n=9$

20 $\dfrac{n\times(n-3)}{2}=44$에서
$n\times(n-3)=88=11\times8$
$\therefore n=11$

21 (가)에 의하여 정다각형이다.
$\dfrac{n\times(n-3)}{2}=65$에서
$n\times(n-3)=130=13\times10$
$\therefore n=13$

04. 삼각형의 세 내각의 크기의 합 (본문 51쪽)

01 $\angle x+75°+50°=180°$
$\angle x+125°=180°$ $\therefore \angle x=55°$

02 $\angle x+64°+42°=180°$
$\angle x+106°=180°$ $\therefore \angle x=74°$

03 $\angle x+90°+30°=180°$
$\angle x+120°=180°$ $\therefore \angle x=60°$

04 $2\angle x+\angle x+90°=180°$
$3\angle x=90°$ $\therefore \angle x=30°$

05 $2\angle x+30°+(3\angle x+15°)=180°$
$5\angle x+45°=180°$, $5\angle x=135°$
$\therefore \angle x=27°$

06 $(5\angle x+5°)+3\angle x+(4\angle x-5°)$
$=180°$
$12\angle x=180°$ $\therefore \angle x=15°$

07 맞꼭지각의 크기는 같으므로
$\angle$C$=40°$
$\angle x+40°+80°=180°$
$\angle x+120°=180°$ $\therefore \angle x=60°$

08 $\triangle$ABC에서
$\angle$C$=180°-(90°+40°)=50°$
$\triangle$ADC에서
$\angle x=180°-(90°+50°)=40°$

09 $\triangle$CDE에서
$\angle$CED$=180°-(90°+27°)=63°$
$\angle$AEB$=\angle$CED$=63°$ (맞꼭지각)
$\triangle$ABE에서
$\angle x=180°-(30°+63°)=87°$

10 $\triangle$DEB에서
$\angle$DEB$=180°-(64°+40°)=76°$
$\angle$AEC$=\angle$DEB$=76°$ (맞꼭지각)
$\triangle$ACE에서
$\angle x=180°-(45°+76°)=59°$

11 세 내각의 크기를
$\angle x$, $2\angle x$, $3\angle x$라 하면
$\angle x+2\angle x+3\angle x=180°$
$6\angle x=180°$ $\therefore \angle x=30°$
따라서 가장 큰 각의 크기는

$3\angle x=90°$

12 세 내각의 크기를
$2\angle x,\ 3\angle x,\ 4\angle x$라 하면
$2\angle x+3\angle x+4\angle x=180°$
$9\angle x=180°$ ∴ $\angle x=20°$
따라서 가장 큰 각의 크기는
$4\angle x=80°$

13 세 내각의 크기를
$2\angle x,\ 3\angle x,\ 5\angle x$라 하면
$2\angle x+3\angle x+5\angle x=180°$
$10\angle x=180°$ ∴ $\angle x=18°$
따라서 가장 큰 각의 크기는
$5\angle x=90°$

14 세 내각의 크기를
$3\angle x,\ 4\angle x,\ 5\angle x$라 하면
$3\angle x+4\angle x+5\angle x=180°$
$12\angle x=180°$ ∴ $\angle x=15°$
따라서 가장 큰 각의 크기는
$5\angle x=75°$

15 세 내각의 크기를
$4\angle x,\ 5\angle x,\ 6\angle x$라 하면
$4\angle x+5\angle x+6\angle x=180°$
$15\angle x=180°$ ∴ $\angle x=12°$
따라서 가장 큰 각의 크기는
$6\angle x=72°$

05. 삼각형의 한 외각의 크기 (본문 53쪽)

01 $\angle x=60°+40°=100°$

02 $\angle x=90°+45°=135°$

03 $\angle x+70°=120°$에서 $\angle x=50°$

04 $\angle x+90°=130°$에서 $\angle x=40°$

05 $\angle x+58°=90°$에서 $\angle x=32°$

06 $3\angle x+\angle x=160°$, $4\angle x=160°$
∴ $\angle x=40°$

07 $(\angle x+20°)+\angle x=124°$
$2\angle x=104°$ ∴ $\angle x=52°$

08 $\angle x+50°=3\angle x-20°$
$2\angle x=70°$ ∴ $\angle x=35°$

09 $\angle x=70°+(180°-120°)$
$=70°+60°=130°$

10 $\angle x=40°+50°=90°$

11 $\angle x+(180°-110°)=105°$에서
$\angle x+70°=105°$ ∴ $\angle x=35°$

12 $\angle x=40°+(180°-80°)$
$=40°+100°=140°$

13 $\angle x=(180°-125°)+(180°-140°)$
$=55°+40°=95°$

14 $\angle x+30°=(180°-\angle x)+50°$
$2\angle x=200°$ ∴ $\angle x=100°$

16 $\angle DCB=\angle DBC=\angle x$이고

$\angle CAD=\angle CDA=2\angle x$이므로
$\angle x+2\angle x=87°$
$3\angle x=87°$ ∴ $\angle x=29°$

17 $\angle DCB=\angle DBC=\angle x$이고
$\angle CAD=\angle CDA=2\angle x$이므로
$\angle x+2\angle x=120°$
$3\angle x=120°$ ∴ $\angle x=40°$

18 $\angle DCB=\angle DBC=40°$
$\angle CAD=\angle CDA=40°+40°=80°$
∴ $\angle x=40°+80°=120°$

19 $\angle DCB=\angle DBC=28°$
$\angle CAD=\angle CDA=28°+28°=56°$
∴ $\angle x=28°+56°=84°$

20 $\angle DCB=\angle DBC=35°$
$\angle CAD=\angle CDA=35°+35°=70°$
∴ $\angle x=35°+70°=105°$

21 $\angle CDA=\angle CAD=76°$이므로
$\angle DBC=\angle DCB=\dfrac{1}{2}\times76°=38°$
∴ $\angle x=76°+38°=114°$

23 $\angle BAC=180°-(60°+70°)=50°$
이므로
$\angle CAD=\angle BAD=25°$
∴ $\angle x=70°+25°=95°$

24 $\angle BAD=\angle CAD=105°-60°=45°$
이므로
$\angle BAC=90°$
∴ $\angle x=60°+90°=150°$

25 $\angle BAC=110°-50°=60°$이므로
$\angle BAD=\angle CAD=30°$
∴ $\angle x=50°+30°=80°$

26 $\angle BAC=130°-50°=80°$이므로
$\angle BAD=\angle CAD=40°$
∴ $\angle x=180°-(50°+40°)=90°$

27 $\angle BAD=\angle CAD=95°-40°=55°$
∴ $\angle x=180°-(95°+55°)=30°$

28 $\angle DBC=\dfrac{1}{2}\times\{180°-(70°+50°)\}$
$=30°$
$\angle DCE=\dfrac{1}{2}\times(180°-50°)=65°$
$\triangle DBC$에서 $65°=30°+\angle x$
∴ $\angle x=35°$

06. 다각형의 내각의 크기의 합 (본문 57쪽)

07 $180°\times(7-2)=900°$

08 $180°\times(8-2)=1080°$

09 $180°\times(10-2)=1440°$

10 $180°\times(12-2)=1800°$

11 $180°\times(15-2)=2340°$

13 구하는 다각형을 n각형이라고 하면
$180°\times(n-2)=1260°$

$n-2=7$ ∴ $n=9$
따라서 구하는 다각형은 구각형이다.

14 구하는 다각형을 n각형이라고 하면
$180°\times(n-2)=1620°$
$n-2=9$ ∴ $n=11$
따라서 구하는 다각형은 십일각형이다.

15 구하는 다각형을 n각형이라고 하면
$180°\times(n-2)=1980°$
$n-2=11$ ∴ $n=13$
따라서 구하는 다각형은 십삼각형이다.

16 구하는 다각형을 n각형이라고 하면
$180°\times(n-2)=2160°$
$n-2=12$ ∴ $n=14$
따라서 구하는 다각형은 십사각형이다.

17 $\angle x+120°+70°+80°$
$=180°\times(4-2)$
$\angle x+270°=360°$ ∴ $\angle x=90°$

18 $\angle x+118°+110°+90°+112°$
$=180°\times(5-2)$
$\angle x+430°=540°$ ∴ $\angle x=110°$

19 $\angle x+70°+\angle x+140°+120°$
$=180°\times(5-2)$
$2\angle x+330°=540°$
$2\angle x=210°$ ∴ $\angle x=105°$

20 $(\angle x+40°)+130°+110°+120°$
$\qquad+(\angle x+20°)+\angle x$
$=180°\times(6-2)$
$3\angle x+420°=720°$
$3\angle x=300°$ ∴ $\angle x=100°$

21 $\angle x+142°+75°+(180°-120°)$
$=180°\times(4-2)$
$\angle x+277°=360°$ ∴ $\angle x=83°$

22 $\angle x+100°+120°+115°$
$\qquad+(180°-85°)=180°\times(5-2)$
$\angle x+430°=540°$ ∴ $\angle x=110°$

23 $\angle x+105°+\angle x+(180°-75°)$
$\qquad+(180°-50°)=180°\times(5-2)$
$2\angle x+340°=540°$
$2\angle x=200°$ ∴ $\angle x=100°$

24 $\angle x+100°+(180°-25°)$
$\qquad+2\angle x+60°=180°\times(5-2)$
$3\angle x+315°=540°$
$3\angle x=225°$ ∴ $\angle x=75°$

07. 다각형의 외각의 크기의 합 (본문 60쪽)

02 $\angle x+70°+80°+90°=360°$
$\angle x+240°=360°$ ∴ $\angle x=120°$

03 $(180°-\angle x)+110°+80°+70°$
$=360°$
$-\angle x+440°=360°$ ∴ $\angle x=80°$

04 $\angle x+70°+90°+80°+50°=360°$

$\angle x + 290° = 360°$ ∴ $\angle x = 70°$

05 $\angle x + (180° - 160°) + 95° + 85°$
$+ 63° + 50° = 360°$
$\angle x + 313° = 360°$ ∴ $\angle x = 47°$

06 $3\angle x + 55° + 50° + 3\angle x + 4\angle x$
$+ (180° - 125°) = 360°$
$10\angle x + 160° = 360°$
$10\angle x = 200°$ ∴ $\angle x = 20°$

08. 정다각형의 한 내각과 외각의 크기
(본문 61쪽)

01 $\dfrac{180° \times (4-2)}{4} = 90°$

02 $\dfrac{180° \times (5-2)}{5} = 108°$

03 $\dfrac{180° \times (8-2)}{8} = 135°$

04 $\dfrac{180° \times (10-2)}{10} = 144°$

05 구하는 정다각형을 정n각형이라고 하면
$\dfrac{180° \times (n-2)}{n} = 120°$
$180n - 360 = 120n$
$60n = 360$ ∴ $n = 6$

06 구하는 정다각형을 정n각형이라고 하면
$\dfrac{180° \times (n-2)}{n} = 140°$
$180n - 360 = 140n$
$40n = 360$ ∴ $n = 9$

07 구하는 정다각형을 정n각형이라고 하면
$\dfrac{180° \times (n-2)}{n} = 150°$
$180n - 360 = 150n$
$30n = 360$ ∴ $n = 12$

08 구하는 정다각형을 정n각형이라고 하면
$\dfrac{180° \times (n-2)}{n} = 156°$
$180n - 360 = 156n$
$24n = 360$ ∴ $n = 15$

09 $\dfrac{360°}{4} = 90°$

10 $\dfrac{360°}{5} = 72°$

11 $\dfrac{360°}{8} = 45°$

12 $\dfrac{360°}{10} = 36°$

13 $\dfrac{360°}{18} = 20°$

14 구하는 정다각형을 정n각형이라고 하면
$\dfrac{360°}{n} = 24°$에서 $24n = 360$
∴ $n = 15$

15 구하는 정다각형을 정n각형이라고 하면
$\dfrac{360°}{n} = 30°$에서 $30n = 360$
∴ $n = 12$

16 구하는 정다각형을 정n각형이라고 하면
$\dfrac{360°}{n} = 40°$에서 $40n = 360$
∴ $n = 9$

17 구하는 정다각형을 정n각형이라고 하면
$\dfrac{360°}{n} = 60°$에서 $60n = 360$
∴ $n = 6$

18 구하는 정다각형을 정n각형이라고 하면
$\dfrac{360°}{n} = 120°$에서 $120n = 360$
∴ $n = 3$

19 (정삼각형의 한 외각의 크기)
$= \dfrac{360°}{3} = 120°$
(정사각형의 한 외각의 크기)
$= \dfrac{360°}{4} = 90°$
∴ $\angle x = 120° + 90° = 210°$

20 (정사각형의 한 외각의 크기)
$= \dfrac{360°}{4} = 90°$
(정육각형의 한 외각의 크기)
$= \dfrac{360°}{6} = 60°$
∴ $\angle x = 90° + 60° = 150°$

21 (정오각형의 한 외각의 크기)
$= \dfrac{360°}{5} = 72°$
(정육각형의 한 외각의 크기)
$= \dfrac{360°}{6} = 60°$
∴ $\angle x = 72° + 60° = 132°$

22 (정팔각형의 한 외각의 크기)
$= \dfrac{360°}{8} = 45°$
(정육각형의 한 외각의 크기)
$= \dfrac{360°}{6} = 60°$
∴ $\angle x = 45° + 60° = 105°$

24 (한 외각의 크기)
$= 180° \times \dfrac{1}{3+1} = 45°$
$\dfrac{360°}{n} = 45°$에서 $n = 8$

25 (한 외각의 크기)
$= 180° \times \dfrac{2}{3+2} = 72°$
$\dfrac{360°}{n} = 72°$에서 $n = 5$

26 (한 외각의 크기)

$= 180° \times \dfrac{2}{7+2} = 40°$
$\dfrac{360°}{n} = 40°$에서 $n = 9$

27 n각형에서 이웃하는 내각과 외각의 크기의 합이 $180°$이므로
$180° \times n = 1980°$ ∴ $n = 11$
따라서 정십일각형이므로 변의 개수는 11개이다.

09. 원과 부채꼴 (본문 64쪽)

04 $100° + 50° = 150°$

06 지름으로 이루어진 부채꼴과 활꼴은 같다.

07 활꼴은 호와 현으로 이루어진 도형이다.

09 부채꼴은 두 반지름과 호로 이루어진 도형이다.

10. 중심각의 크기와 호의 길이 (본문 65쪽)

03 $20 : 60 = 3 : x$ ∴ $x = 9$

04 $45 : 90 = 6 : x$ ∴ $x = 12$

05 $3 : 9 = 25 : x$ ∴ $x = 75$

06 $5 : 25 = x : 150$ ∴ $x = 30$

07 $30 : 120 = 3 : x$ ∴ $x = 12$
$3 : 6 = 30 : y$ ∴ $y = 60$

08 $30 : 90 = 4 : x$ ∴ $x = 12$
$4 : 6 = 30 : y$ ∴ $y = 45$

09 $35 : 70 = x : 8$ ∴ $x = 4$
$8 : 12 = 70 : y$ ∴ $y = 105$

10 $25 : 125 = 5 : x$ ∴ $x = 25$
$5 : 15 = 25 : y$ ∴ $y = 75$

11 호의 길이는 중심각의 크기에 정비례하므로
$\angle AOB : \angle BOC : \angle COA$
$= 2 : 3 : 4$
∴ $\angle AOB = 360° \times \dfrac{2}{2+3+4}$
$= 360° \times \dfrac{2}{9} = 80°$

12 호의 길이는 중심각의 크기에 정비례하므로
$\angle AOB : \angle BOC : \angle COA$
$= 3 : 4 : 5$
∴ $\angle AOB = 360° \times \dfrac{3}{3+4+5}$
$= 360° \times \dfrac{3}{12} = 90°$

13 호의 길이는 중심각의 크기에 정비례하므로
$\angle AOB : \angle BOC : \angle COA$

$$=2:6:7$$
$$\therefore \angle \text{AOB}=360°\times\frac{2}{2+6+7}$$
$$=360°\times\frac{2}{15}=48°$$

11. 중심각의 크기와 넓이 (본문 67쪽)

01 $6:18=40:x$
$\therefore x=120$

02 $18:27=x:120$
$\therefore x=80$

03 $5:15=x:120$
$\therefore x=40$

04 $36:108=8:x$
$\therefore x=24$

05 $40:160=x:24$
$\therefore x=6$

06 $45:90=5:x$
$\therefore x=10$

12. 중심각의 크기와 현의 길이 (본문 68쪽)

06 현의 길이는 중심각의 크기에 정비례하지 않는다.

07 중심각의 크기와 호의 길이는 정비례하고, 현의 길이는 정비례하지 않는다.

13. 원의 둘레의 길이와 넓이 (본문 69쪽)

01 (둘레의 길이)$=2\pi\times4=8\pi(\text{cm})$
(넓이)$=\pi\times4^2=16\pi(\text{cm}^2)$

02 (둘레의 길이)$=2\pi\times5=10\pi(\text{cm})$
(넓이)$=\pi\times5^2=25\pi(\text{cm}^2)$

03 (둘레의 길이)$=2\pi\times10=20\pi(\text{cm})$
(넓이)$=\pi\times10^2=100\pi(\text{cm}^2)$

04 (둘레의 길이)
$=2\pi\times\frac{1}{2}\times6=6\pi(\text{cm})$
(넓이)$=\pi\times3^2=9\pi(\text{cm}^2)$

05 (둘레의 길이)
$=2\pi\times\frac{1}{2}\times14=14\pi(\text{cm})$
(넓이)$=\pi\times7^2=49\pi(\text{cm}^2)$

06 (둘레의 길이)
$=2\pi\times\frac{1}{2}\times18=18\pi(\text{cm})$
(넓이)$=\pi\times9^2=81\pi(\text{cm}^2)$

07 (1) $2\pi\times(3+2)=10\pi(\text{cm})$
(2) $2\pi\times3=6\pi(\text{cm})$
(3) (둘레의 길이)$=10\pi+6\pi$
$=16\pi(\text{cm})$

08 (1) $2\pi\times8=16\pi(\text{cm})$
(2) $2\pi\times4=8\pi(\text{cm})$
(3) (둘레의 길이)$=16\pi+8\pi$
$=24\pi(\text{cm})$

09 (1) $\frac{1}{2}\times2\pi\times5=5\pi(\text{cm})$
(2) $\frac{1}{2}\times2\pi\times5=5\pi(\text{cm})$
(3) $\frac{1}{2}\times2\pi\times10=10\pi(\text{cm})$
(4) (둘레의 길이)$=5\pi+5\pi+10\pi$
$=20\pi(\text{cm})$

10 (1) $2\pi\times5=10\pi(\text{cm})$
(2) $2\pi\times3=6\pi(\text{cm})$
(3) $2\pi\times8=16\pi(\text{cm})$
(4) (둘레의 길이)$=10\pi+6\pi+16\pi$
$=32\pi(\text{cm})$

11 (1) $\frac{1}{2}\times2\pi\times3=3\pi(\text{cm})$
(2) $\frac{1}{2}\times2\pi\times2=2\pi(\text{cm})$
(3) $\frac{1}{2}\times2\pi\times5=5\pi(\text{cm})$
(4) (둘레의 길이)$=3\pi+2\pi+5\pi$
$=10\pi(\text{cm})$

12 (1) $\frac{1}{2}\times2\pi\times4=4\pi(\text{cm})$
(2) $\frac{1}{2}\times2\pi\times2=2\pi(\text{cm})$
(3) $\frac{1}{2}\times2\pi\times6=6\pi(\text{cm})$
(4) (둘레의 길이)$=4\pi+2\pi+6\pi$
$=12\pi(\text{cm})$

13 (1) $\pi\times5^2=25\pi(\text{cm}^2)$
(2) $\pi\times3^2=9\pi(\text{cm}^2)$
(3) (넓이)$=25\pi-9\pi=16\pi(\text{cm}^2)$

14 (1) $\pi\times8^2=64\pi(\text{cm}^2)$
(2) $\pi\times4^2=16\pi(\text{cm}^2)$
(3) (넓이)$=64\pi-16\pi=48\pi(\text{cm}^2)$

15 (1) $\frac{1}{2}\times\pi\times5^2=\frac{25}{2}\pi(\text{cm}^2)$
(2) $\frac{1}{2}\times\pi\times5^2=\frac{25}{2}\pi(\text{cm}^2)$
(3) $\frac{1}{2}\times\pi\times10^2=50\pi(\text{cm}^2)$
(4) (넓이)$=50\pi+\frac{25}{2}\pi-\frac{25}{2}\pi$
$=50\pi(\text{cm}^2)$

16 (1) $\pi\times5^2=25\pi(\text{cm}^2)$
(2) $\pi\times3^2=9\pi(\text{cm}^2)$
(3) $\pi\times8^2=64\pi(\text{cm}^2)$
(4) (넓이)$=64\pi-25\pi-9\pi$
$=30\pi(\text{cm}^2)$

17 (1) $\frac{1}{2}\times\pi\times3^2=\frac{9}{2}\pi(\text{cm}^2)$
(2) $\frac{1}{2}\times\pi\times2^2=2\pi(\text{cm}^2)$
(3) $\frac{1}{2}\times\pi\times5^2=\frac{25}{2}\pi(\text{cm}^2)$
(4) (넓이)$=\frac{25}{2}\pi+\frac{9}{2}\pi-2\pi$
$=15\pi(\text{cm}^2)$

18 (1) $\frac{1}{2}\times\pi\times4^2=8\pi(\text{cm}^2)$
(2) $\frac{1}{2}\times\pi\times2^2=2\pi(\text{cm}^2)$
(3) $\frac{1}{2}\times\pi\times6^2=18\pi(\text{cm}^2)$
(4) (넓이)$=18\pi-8\pi-2\pi$
$=8\pi(\text{cm}^2)$

14. 부채꼴의 호의 길이 (본문 72쪽)

01 $2\pi\times12\times\frac{60°}{360°}=4\pi(\text{cm})$

02 $2\pi\times4\times\frac{90°}{360°}=2\pi(\text{cm})$

03 $2\pi\times3\times\frac{180°}{360°}=3\pi(\text{cm})$

04 $2\pi\times2\times\frac{270°}{360°}=3\pi(\text{cm})$

05 $2\pi\times8\times\frac{45°}{360°}=2\pi(\text{cm})$

06 $2\pi\times6\times\frac{120°}{360°}=4\pi(\text{cm})$

07 $2\pi\times9\times\frac{240°}{360°}=12\pi(\text{cm})$

08 $2\pi\times4\times\frac{x}{360°}=2\pi$
$\therefore x=90°$

09 $2\pi\times6\times\frac{x}{360°}=8\pi$
$\therefore x=240°$

10 $2\pi\times12\times\frac{x}{360°}=8\pi$
$\therefore x=120°$

11 $2\pi\times5\times\frac{x}{360°}=2\pi$
$\therefore x=72°$

12 $2\pi\times3\times\frac{x}{360°}=5\pi$
$\therefore x=300°$

13 $2\pi\times r\times\frac{72°}{360°}=4\pi$
$\therefore r=10(\text{cm})$

14 $2\pi\times r\times\frac{90°}{360°}=6\pi$
$\therefore r=12(\text{cm})$

15 $2\pi\times r\times\frac{240°}{360°}=8\pi$
$\therefore r=6(\text{cm})$

16 $2\pi\times r\times\frac{60°}{360°}=4\pi$
$\therefore r=12(\text{cm})$

17 $2\pi\times r\times\frac{144°}{360°}=8\pi$
$\therefore r=10(\text{cm})$

18 $2\pi\times6\times\frac{45°}{360°}+2\pi\times3\times\frac{45°}{360°}$
$+3+3$

$$=\frac{3}{2}\pi+\frac{3}{4}\pi+6=\frac{9}{4}\pi+6(\text{cm})$$

19
$$2\pi\times6\times\frac{60°}{360°}+2\pi\times4\times\frac{60°}{360°}$$
$$+2+2$$
$$=2\pi+\frac{4}{3}\pi+4=\frac{10}{3}\pi+4(\text{cm})$$

20
$$2\pi\times4\times\frac{90°}{360°}+4+4$$
$$=2\pi+8(\text{cm})$$

21 $4\times\left(2\pi\times4\times\dfrac{90°}{360°}\right)=8\pi(\text{cm})$

22 $2\times\left(2\pi\times8\times\dfrac{90°}{360°}\right)=8\pi(\text{cm})$

23
$$2\times\left(2\pi\times4\times\frac{90°}{360°}\right)+4\times4$$
$$=4\pi+16(\text{cm})$$

24
$$2\pi\times6\times\frac{90°}{360°}+2\pi\times3\times\frac{180°}{360°}+6$$
$$=3\pi+3\pi+6=6\pi+6(\text{cm})$$

25
$$2\pi\times4\times\frac{90°}{360°}+2\pi\times2\times\frac{180°}{360°}+4$$
$$=2\pi+2\pi+4=4\pi+4(\text{cm})$$

15. 부채꼴의 넓이 (본문 75쪽)

01 $\pi\times12^2\times\dfrac{60°}{360°}=24\pi(\text{cm}^2)$

02 $\pi\times4^2\times\dfrac{90°}{360°}=4\pi(\text{cm}^2)$

03 $\pi\times3^2\times\dfrac{180°}{360°}=\dfrac{9}{2}\pi(\text{cm}^2)$

04 $\pi\times2^2\times\dfrac{270°}{360°}=3\pi(\text{cm}^2)$

05 $\pi\times8^2\times\dfrac{45°}{360°}=8\pi(\text{cm}^2)$

06 $\pi\times6^2\times\dfrac{120°}{360°}=12\pi(\text{cm}^2)$

07 $\pi\times9^2\times\dfrac{240°}{360°}=54\pi(\text{cm}^2)$

08 $\pi\times4^2\times\dfrac{x}{360°}=4\pi$
$$\therefore x=90°$$

09 $\pi\times8^2\times\dfrac{x}{360°}=24\pi$
$$\therefore x=135°$$

10 $\pi\times9^2\times\dfrac{x}{360°}=9\pi$
$$\therefore x=40°$$

11 $\pi\times6^2\times\dfrac{x}{360°}=6\pi$
$$\therefore x=60°$$

12 $\pi\times12^2\times\dfrac{x}{360°}=36\pi$
$$\therefore x=90°$$

13 $\pi\times r^2\times\dfrac{36°}{360°}=10\pi,\ r^2=100$

$$\therefore r=10(\text{cm})$$

14 $\pi\times r^2\times\dfrac{180°}{360°}=8\pi,\ r^2=16$
$$\therefore r=4(\text{cm})$$

15 $\pi\times r^2\times\dfrac{216°}{360°}=15\pi,\ r^2=25$
$$\therefore r=5(\text{cm})$$

16 $\pi\times r^2\times\dfrac{120°}{360°}=27\pi,\ r^2=81$
$$\therefore r=9(\text{cm})$$

17 $\pi\times r^2\times\dfrac{135°}{360°}=24\pi,\ r^2=64$
$$\therefore r=8(\text{cm})$$

18
$$\pi\times6^2\times\frac{45°}{360°}-\pi\times3^2\times\frac{45°}{360°}$$
$$=\frac{9}{2}\pi-\frac{9}{8}\pi=\frac{27}{8}\pi(\text{cm}^2)$$

19
$$\pi\times6^2\times\frac{60°}{360°}-\pi\times4^2\times\frac{60°}{360°}$$
$$=6\pi-\frac{8}{3}\pi=\frac{10}{3}\pi(\text{cm}^2)$$

20
$$4\times4-\pi\times4^2\times\frac{90°}{360°}$$
$$=16-4\pi(\text{cm}^2)$$

21
$$8\times8-4\times\left(\pi\times4^2\times\frac{90°}{360°}\right)$$
$$=64-16\pi(\text{cm}^2)$$

22
$$2\times\left(\pi\times8^2\times\frac{90°}{360°}-\frac{1}{2}\times8\times8\right)$$
$$=32\pi-64(\text{cm}^2)$$

23
$$2\times\left(4\times4-\pi\times4^2\times\frac{90°}{360°}\right)$$
$$=32-8\pi(\text{cm}^2)$$

24
$$\pi\times6^2\times\frac{90°}{360°}-\pi\times3^2\times\frac{180°}{360°}$$
$$=9\pi-\frac{9}{2}\pi=\frac{9}{2}\pi(\text{cm}^2)$$

25
$$\pi\times4^2\times\frac{90°}{360°}-\pi\times2^2\times\frac{180°}{360°}$$
$$=4\pi-2\pi=2\pi(\text{cm}^2)$$

16. 호의 길이와 넓이 사이의 관계 (본문 78쪽)

01 $\dfrac{1}{2}\times6\times8\pi=24\pi(\text{cm}^2)$

02 $\dfrac{1}{2}\times9\times12\pi=54\pi(\text{cm}^2)$

03 $\dfrac{1}{2}\times10\times2\pi=10\pi(\text{cm}^2)$

04 $\dfrac{1}{2}\times15\times8\pi=60\pi(\text{cm}^2)$

05 $\dfrac{1}{2}\times5\times2\pi=5\pi(\text{cm}^2)$

06 $\dfrac{1}{2}\times8\times4\pi=16\pi(\text{cm}^2)$

07 $\dfrac{1}{2}\times12\times5\pi=30\pi(\text{cm}^2)$

08 $\dfrac{1}{2}\times r\times\pi=3\pi$

$$\therefore r=6(\text{cm})$$

09 $\dfrac{1}{2}\times r\times2\pi=4\pi$
$$\therefore r=4(\text{cm})$$

10 $\dfrac{1}{2}\times r\times4\pi=10\pi$
$$\therefore r=5(\text{cm})$$

11 $\dfrac{1}{2}\times r\times10\pi=40\pi$
$$\therefore r=8(\text{cm})$$

12 $\dfrac{1}{2}\times r\times14\pi=70\pi$
$$\therefore r=10(\text{cm})$$

13 $\dfrac{1}{2}\times r\times\pi=\dfrac{3}{2}\pi$
$$\therefore r=3(\text{cm})$$

14 $\dfrac{1}{2}\times r\times6\pi=27\pi$
$$\therefore r=9(\text{cm})$$

15 $\dfrac{1}{2}\times r\times20\pi=120\pi$
$$\therefore r=12(\text{cm})$$

16 부채꼴의 반지름의 길이를 r라고 하면
$$2\pi\times r\times\frac{150°}{360°}=10\pi$$
$$\therefore r=12(\text{cm})$$
$$\therefore (\text{넓이})=\frac{1}{2}\times12\times10\pi=60\pi(\text{cm}^2)$$

Ⅳ. 입체도형의 성질

02. 각뿔대 (본문 84쪽)

24 두 밑면이 서로 평행하고 옆면은 사다리꼴이므로 각뿔대이다.
이때 팔면체이므로 육각뿔대이다.

25 ③ 삼각기둥 ― 직사각형
⑤ 오각뿔 ― 삼각형

03. 정다면체 (본문 86쪽)

09 정다면체의 면의 모양은 정삼각형, 정사각형, 정오각형뿐이다.

11 정다면체는 각 꼭짓점에 모인 면의 개수도 같아야 한다.

12 정다면체는 모든 면이 합동이어야 한다.

20 각 면이 모두 합동이고 한 꼭짓점에 모이는 면의 개수가 같으므로 정다면체이다.
이때 정다면체 중에서 한 꼭짓점에 모이는 면의 개수가 4개인 것은 정팔면체이다.

04. 정다면체의 전개도 (본문 88쪽)

04

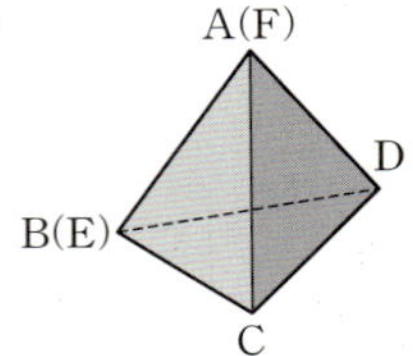

A(F)

B(E) ─ D

C

12

J(H)

A(G)

I ─ D

C(E)

B(F)

06. 회전체의 성질 (본문 92쪽)

20 어느 평면으로 잘라도 단면이 항상 원인 도형은 구이다.

21 단면은 직사각형이다.

$(\text{넓이})=12\times10=120(\text{cm}^2)$

22 단면은 삼각형이다.

$(\text{넓이})=\dfrac{1}{2}\times8\times10=40(\text{cm}^2)$

23 단면은 사다리꼴이다.

$(\text{넓이})=\dfrac{1}{2}\times(4+8)\times5=30(\text{cm}^2)$

24 단면은 원이다.

$(\text{넓이})=\pi\times3^2=9\pi(\text{cm}^2)$

07. 회전체의 전개도 (본문 95쪽)

05 $y=2\pi\times2=4\pi$

06 $x=2\pi\times5=10\pi$

08 $y=2\pi\times3=6\pi$

09 $y=2\pi\times6=12\pi$

10 $x=2\pi\times4=8\pi$

11 구의 회전축은 무수히 많다.

12 원뿔대의 두 밑면은 크기가 다르므로 합동이 아니다.

08. 기둥의 겉넓이 (본문 97쪽)

01 (1) $(\text{밑넓이})=\dfrac{1}{2}\times12\times5=30(\text{cm}^2)$

(2) $(\text{옆넓이})=(12+13+5)\times6=180(\text{cm}^2)$

(3) $(\text{겉넓이})=30\times2+180=240(\text{cm}^2)$

02 (1) $(\text{밑넓이})=\pi\times4^2=16\pi(\text{cm}^2)$

(2) $(\text{옆넓이})=(2\pi\times4)\times6=48\pi(\text{cm}^2)$

(3) $(\text{겉넓이})=16\pi\times2+48\pi=80\pi(\text{cm}^2)$

03 (1) $(\text{밑넓이})=\dfrac{1}{2}\times4\times3=6(\text{cm}^2)$

---

(2) $(\text{옆넓이})=(3+4+5)\times6=72(\text{cm}^2)$

(3) $(\text{겉넓이})=6\times2+72=84(\text{cm}^2)$

04 (1) $(\text{밑넓이})=2\times3=6(\text{cm}^2)$

(2) $(\text{옆넓이})=(2+3+2+3)\times4=40(\text{cm}^2)$

(3) $(\text{겉넓이})=6\times2+40=52(\text{cm}^2)$

05 (1) $(\text{밑넓이})=\dfrac{1}{2}\times(2+5)\times4=14(\text{cm}^2)$

(2) $(\text{옆넓이})=(2+5+5+4)\times3=48(\text{cm}^2)$

(3) $(\text{겉넓이})=14\times2+48=76(\text{cm}^2)$

06 (1) $(\text{밑넓이})=7\times7-3\times4=37(\text{cm}^2)$

(2) $(\text{바깥쪽의 옆넓이})=(7+7+7+7)\times9=252(\text{cm}^2)$

(3) $(\text{구멍 안쪽의 옆넓이})=(3+4+3+4)\times9=126(\text{cm}^2)$

(4) $(\text{겉넓이})=37\times2+252+126=452(\text{cm}^2)$

07 점선 부분의 겉넓이와 안으로 들어간 부분의 겉넓이가 같으므로

(겉넓이)
$=(\text{처음 직육면체의 겉넓이})$
$=(4\times4)\times2+(4+4+4+4)\times5$
$=32+80=112(\text{cm}^2)$

08 (1) $(\text{밑넓이})=\pi\times3^2=9\pi(\text{cm}^2)$

(2) $(\text{옆넓이})=(2\pi\times3)\times5=30\pi(\text{cm}^2)$

(3) $(\text{겉넓이})=9\pi\times2+30\pi=48\pi(\text{cm}^2)$

09 (1) $(\text{밑넓이})=\pi\times4^2=16\pi(\text{cm}^2)$

(2) $(\text{옆넓이})=(2\pi\times4)\times7=56\pi(\text{cm}^2)$

(3) $(\text{겉넓이})=16\pi\times2+56\pi=88\pi(\text{cm}^2)$

10 (1) $(\text{밑넓이})=\pi\times5^2=25\pi(\text{cm}^2)$

(2) $(\text{옆넓이})=(2\pi\times5)\times8=80\pi(\text{cm}^2)$

(3) $(\text{겉넓이})=25\pi\times2+80\pi=130\pi(\text{cm}^2)$

11 (1) $(\text{밑넓이})=\pi\times5^2-\pi\times2^2=21\pi(\text{cm}^2)$

(2) $(\text{바깥쪽의 옆넓이})=(2\pi\times5)\times10=100\pi(\text{cm}^2)$

(3) $(\text{구멍 안쪽의 옆넓이})=(2\pi\times2)\times10=40\pi(\text{cm}^2)$

(4) $(\text{겉넓이})=21\pi\times2+100\pi+40\pi=182\pi(\text{cm}^2)$

12 (1) $(\text{밑넓이})=\pi\times3^2\times\dfrac{1}{2}=\dfrac{9}{2}\pi(\text{cm}^2)$

(2) $(\text{곡면의 옆넓이})=\left(2\pi\times3\times\dfrac{1}{2}\right)\times8=24\pi(\text{cm}^2)$

---

(3) $(\text{평면의 옆넓이})=6\times8=48(\text{cm}^2)$

(4) $(\text{겉넓이})=\dfrac{9}{2}\pi\times2+24\pi+48=33\pi+48(\text{cm}^2)$

13 (1) $(\text{밑넓이})=\pi\times2^2\times\dfrac{270}{360}=3\pi(\text{cm}^2)$

(2) $(\text{곡면의 옆넓이})=\left(2\pi\times2\times\dfrac{270}{360}\right)\times6=18\pi(\text{cm}^2)$

(3) $(\text{평면의 옆넓이})=(2\times6)\times2=24(\text{cm}^2)$

(4) $(\text{겉넓이})=3\pi\times2+18\pi+24=24\pi+24(\text{cm}^2)$

09. 기둥의 부피 (본문 101쪽)

01 (1) $(\text{밑넓이})=\dfrac{1}{2}\times3\times2=3(\text{cm}^2)$

(2) $(\text{높이})=4\ \text{cm}$

(3) $(\text{부피})=3\times4=12(\text{cm}^3)$

02 (1) $(\text{밑넓이})=\dfrac{1}{2}\times(4+8)\times3=18(\text{cm}^2)$

(2) $(\text{높이})=6\ \text{cm}$

(3) $(\text{부피})=18\times6=108(\text{cm}^3)$

03 $(\text{밑넓이})=\dfrac{1}{2}\times(3+6)\times4=18(\text{cm}^2)$

$\therefore(\text{부피})=18\times8=144(\text{cm}^3)$

04 $(\text{밑넓이})=\dfrac{1}{2}\times(4+6)\times5=25(\text{cm}^2)$

$\therefore(\text{부피})=25\times6=150(\text{cm}^3)$

05 $(\text{밑넓이})=\dfrac{1}{2}\times8\times4+\dfrac{1}{2}\times8\times3=28(\text{cm}^2)$

$\therefore(\text{부피})=28\times4=112(\text{cm}^3)$

06 $(\text{밑넓이})=\dfrac{1}{2}\times6\times2+\dfrac{1}{2}\times6\times3=15(\text{cm}^2)$

$\therefore(\text{부피})=15\times5=75(\text{cm}^3)$

07 $(\text{밑넓이})=\dfrac{1}{2}\times(6+10)\times5=40(\text{cm}^2)$

$\therefore(\text{부피})=40\times8=320(\text{cm}^3)$

08 $(\text{밑넓이})=\dfrac{1}{2}\times(3+6)\times4=18(\text{cm}^2)$

$\therefore(\text{부피})=18\times10=180(\text{cm}^3)$

09 $(\text{밑넓이})=\dfrac{1}{2}\times(8+12)\times4+\dfrac{1}{2}\times(6+12)\times3=40+27=67(\text{cm}^2)$

$\therefore(\text{부피})=67\times5=335(\text{cm}^3)$

10 $(\text{밑넓이})=\dfrac{1}{2}\times5\times4+5\times4=30(\text{cm}^2)$

$\therefore(\text{부피})=30\times10=300(\text{cm}^3)$

11 (1) (밑넓이)$=\pi\times2^2=4\pi(\mathrm{cm}^2)$
(2) (높이)$=4$ cm
(3) (부피)$=4\pi\times4=16\pi(\mathrm{cm}^3)$

12 (1) (밑넓이)$=\pi\times3^2=9\pi(\mathrm{cm}^2)$
(2) (높이)$=7$ cm
(3) (부피)$=9\pi\times7=63\pi(\mathrm{cm}^3)$

13 (밑넓이)$=\pi\times4^2=16\pi(\mathrm{cm}^2)$
$\therefore$ (부피)$=16\pi\times9=144\pi(\mathrm{cm}^3)$

14 (밑넓이)$=\pi\times10^2=100\pi(\mathrm{cm}^2)$
$\therefore$ (부피)$=100\pi\times5=500\pi(\mathrm{cm}^3)$

15 (밑넓이)$=\pi\times5^2=25\pi(\mathrm{cm}^2)$
$\therefore$ (부피)$=25\pi\times10=250\pi(\mathrm{cm}^3)$

16 (밑넓이)$=\pi\times4^2=16\pi(\mathrm{cm}^2)$
$\therefore$ (부피)$=16\pi\times2=32\pi(\mathrm{cm}^3)$

17 (밑넓이)$=\pi\times3^2\times\dfrac{1}{2}=\dfrac{9}{2}\pi(\mathrm{cm}^2)$
$\therefore$ (부피)$=\dfrac{9}{2}\pi\times10=45\pi(\mathrm{cm}^3)$

18 (밑넓이)$=\pi\times4^2\times\dfrac{270}{360}=12\pi(\mathrm{cm}^2)$
$\therefore$ (부피)$=12\pi\times8=96\pi(\mathrm{cm}^3)$

19 (밑넓이)$=\pi\times6^2\times\dfrac{90}{360}=9\pi(\mathrm{cm}^2)$
$\therefore$ (부피)$=9\pi\times6=54\pi(\mathrm{cm}^3)$

20 (밑넓이)$=\pi\times6^2\times\dfrac{120}{360}=12\pi(\mathrm{cm}^2)$
$\therefore$ (부피)$=12\pi\times10=120\pi(\mathrm{cm}^3)$

21 (밑넓이)$=\pi\times7^2-\pi\times3^2=40\pi(\mathrm{cm}^2)$
$\therefore$ (부피)$=40\pi\times8=320\pi(\mathrm{cm}^3)$

22 (밑넓이)$=\pi\times4^2-\pi\times2^2=12\pi(\mathrm{cm}^2)$
$\therefore$ (부피)$=12\pi\times8=96\pi(\mathrm{cm}^3)$

23 (밑넓이)$=\pi\times6^2-\pi\times4^2=20\pi(\mathrm{cm}^2)$
$\therefore$ (부피)$=20\pi\times15=300\pi(\mathrm{cm}^3)$

24 (밑넓이)$=6\times6-\pi\times2^2$
$=36-4\pi(\mathrm{cm}^2)$
$\therefore$ (부피)$=(36-4\pi)\times10$
$=360-40\pi(\mathrm{cm}^3)$

10. 뿔의 겉넓이 (본문 105쪽)

01 (1) (밑넓이)$=5\times5=25(\mathrm{cm}^2)$
(2) (옆넓이)$=\left(\dfrac{1}{2}\times5\times8\right)\times4$
$=80(\mathrm{cm}^2)$
(3) (겉넓이)$=25+80=105(\mathrm{cm}^2)$

02 (1) (밑넓이)$=\pi\times3^2=9\pi(\mathrm{cm}^2)$
(2) (호의 길이)$=2\pi\times3=6\pi(\mathrm{cm})$
(3) (옆넓이)$=\dfrac{1}{2}\times5\times6\pi=15\pi(\mathrm{cm}^2)$
(4) (겉넓이)$=9\pi+15\pi=24\pi(\mathrm{cm}^2)$

03 (밑넓이)$=4\times4=16(\mathrm{cm}^2)$
(옆넓이)$=\left(\dfrac{1}{2}\times4\times6\right)\times4=48(\mathrm{cm}^2)$
$\therefore$ (겉넓이)$=16+48=64(\mathrm{cm}^2)$

04 (밑넓이)$=6\times6=36(\mathrm{cm}^2)$
(옆넓이)$=\left(\dfrac{1}{2}\times6\times7\right)\times4=84(\mathrm{cm}^2)$
$\therefore$ (겉넓이)$=36+84=120(\mathrm{cm}^2)$

05 (밑넓이)$=10\times10=100(\mathrm{cm}^2)$
(옆넓이)$=\left(\dfrac{1}{2}\times10\times12\right)\times4$
$=240(\mathrm{cm}^2)$
$\therefore$ (겉넓이)$=100+240=340(\mathrm{cm}^2)$

06 (1) (두 밑면의 넓이의 합)
$=3\times3+9\times9=90(\mathrm{cm}^2)$
(2) (옆넓이)$=\left\{\dfrac{1}{2}\times(3+9)\times10\right\}\times4$
$=240(\mathrm{cm}^2)$
(3) (겉넓이)$=90+240=330(\mathrm{cm}^2)$

07 (1) (두 밑면의 넓이의 합)
$=6\times6+12\times12=180(\mathrm{cm}^2)$
(2) (옆넓이)$=\left\{\dfrac{1}{2}\times(6+12)\times8\right\}\times4$
$=288(\mathrm{cm}^2)$
(3) (겉넓이)$=180+288=468(\mathrm{cm}^2)$

08 (밑넓이)$=\pi\times2^2=4\pi(\mathrm{cm}^2)$
(옆넓이)$=\dfrac{1}{2}\times6\times(2\pi\times2)$
$=12\pi(\mathrm{cm}^2)$
$\therefore$ (겉넓이)$=4\pi+12\pi=16\pi(\mathrm{cm}^2)$

09 (밑넓이)$=\pi\times4^2=16\pi(\mathrm{cm}^2)$
(옆넓이)$=\dfrac{1}{2}\times10\times(2\pi\times4)$
$=40\pi(\mathrm{cm}^2)$
$\therefore$ (겉넓이)$=16\pi+40\pi=56\pi(\mathrm{cm}^2)$

10 (밑넓이)$=\pi\times6^2=36\pi(\mathrm{cm}^2)$
(옆넓이)$=\dfrac{1}{2}\times16\times(2\pi\times6)$
$=96\pi(\mathrm{cm}^2)$
$\therefore$ (겉넓이)$=36\pi+96\pi=132\pi(\mathrm{cm}^2)$

11 (1) (두 밑면의 넓이의 합)
$=\pi\times3^2+\pi\times6^2=45\pi(\mathrm{cm}^2)$
(2) (옆넓이)$=\dfrac{1}{2}\times18\times(2\pi\times6)$
$-\dfrac{1}{2}\times9\times(2\pi\times3)$
$=108\pi-27\pi$
$=81\pi(\mathrm{cm}^2)$
(3) (겉넓이)$=45\pi+81\pi$
$=126\pi(\mathrm{cm}^2)$

12 (1) (두 밑면의 넓이의 합)
$=\pi\times4^2+\pi\times8^2=80\pi(\mathrm{cm}^2)$
(2) (옆넓이)$=\dfrac{1}{2}\times20\times(2\pi\times8)$
$-\dfrac{1}{2}\times10\times(2\pi\times4)$
$=160\pi-40\pi$
$=120\pi(\mathrm{cm}^2)$
(3) (겉넓이)$=80\pi+120\pi$
$=200\pi(\mathrm{cm}^2)$

11. 뿔의 부피 (본문 108쪽)

01 (1) (밑넓이)$=\dfrac{1}{2}\times5\times4=10(\mathrm{cm}^2)$
(2) (높이)$=6$ cm
(3) (부피)$=\dfrac{1}{3}\times10\times6=20(\mathrm{cm}^3)$

02 (1) (밑넓이)$=6\times6=36(\mathrm{cm}^2)$
(2) (높이)$=4$ cm
(3) (부피)$=\dfrac{1}{3}\times36\times4=48(\mathrm{cm}^3)$

03 (부피)$=\dfrac{1}{3}\times\left(\dfrac{1}{2}\times3\times4\right)\times4$
$=8(\mathrm{cm}^3)$

04 (부피)$=\dfrac{1}{3}\times(5\times4)\times6=40(\mathrm{cm}^3)$

05 (부피)$=\dfrac{1}{3}\times(3\times3)\times4=12(\mathrm{cm}^3)$

06 (부피)$=\dfrac{1}{3}\times(6\times6)\times7=84(\mathrm{cm}^3)$

07 (1) (부피)$=\dfrac{1}{3}\times(10\times10)\times10$
$=\dfrac{1000}{3}(\mathrm{cm}^3)$
(2) (부피)$=\dfrac{1}{3}\times(6\times6)\times6$
$=72(\mathrm{cm}^3)$
(3) (부피)$=\dfrac{1000}{3}-72=\dfrac{784}{3}(\mathrm{cm}^3)$

08 (1) (부피)$=\dfrac{1}{3}\times(8\times6)\times10$
$=160(\mathrm{cm}^3)$
(2) (부피)$=\dfrac{1}{3}\times(4\times3)\times5$
$=20(\mathrm{cm}^3)$
(3) (부피)$=160-20=140(\mathrm{cm}^3)$

09 (1) (밑넓이)$=\dfrac{1}{2}\times6\times6=18(\mathrm{cm}^2)$
(2) (높이)$=6$ cm
(3) (부피)$=\dfrac{1}{3}\times18\times6=36(\mathrm{cm}^3)$

10 (1) (밑넓이)$=\dfrac{1}{2}\times4\times6=12(\mathrm{cm}^2)$
(2) (높이)$=8$ cm
(3) (부피)$=\dfrac{1}{3}\times12\times8=32(\mathrm{cm}^3)$

11 (1) (밑넓이)$=\pi\times3^2=9\pi(\mathrm{cm}^2)$
(2) (높이)$=4$ cm
(3) (부피)$=\dfrac{1}{3}\times9\pi\times4=12\pi(\mathrm{cm}^3)$

12 (1) (밑넓이)$=\pi\times5^2=25\pi(\mathrm{cm}^2)$
(2) (높이)$=12$ cm
(3) (부피)$=\dfrac{1}{3}\times25\pi\times12$
$=100\pi(\mathrm{cm}^3)$

13 (부피)$=\dfrac{1}{3}\times(\pi\times4^2)\times9$
$=48\pi(\mathrm{cm}^3)$

14 (부피)$=\dfrac{1}{3}\times(\pi\times6^2)\times8$
$=96\pi(\mathrm{cm}^3)$

15 $(부피)=\dfrac{1}{3}\times(\pi\times3^2)\times7$
$\qquad=21\pi(\mathrm{cm}^3)$

16 $(부피)=\dfrac{1}{3}\times(\pi\times5^2)\times9$
$\qquad=75\pi(\mathrm{cm}^3)$

17 (1) $(부피)=\dfrac{1}{3}\times(\pi\times6^2)\times8$
$\qquad\quad=96\pi(\mathrm{cm}^3)$

(2) $(부피)=\dfrac{1}{3}\times(\pi\times3^2)\times4$
$\qquad\quad=12\pi(\mathrm{cm}^3)$

(3) $(부피)=96\pi-12\pi=84\pi(\mathrm{cm}^3)$

18 (1) $(부피)=\dfrac{1}{3}\times(\pi\times8^2)\times16$
$\qquad\quad=\dfrac{1024}{3}\pi(\mathrm{cm}^3)$

(2) $(부피)=\dfrac{1}{3}\times(\pi\times4^2)\times8$
$\qquad\quad=\dfrac{128}{3}\pi(\mathrm{cm}^3)$

(3) $(부피)=\dfrac{1024}{3}\pi-\dfrac{128}{3}\pi$
$\qquad\quad=\dfrac{896}{3}\pi(\mathrm{cm}^3)$

12. 구의 겉넓이 (본문 112쪽)

02 $(겉넓이)=4\pi\times3^2=36\pi(\mathrm{cm}^2)$

03 $(겉넓이)=4\pi\times5^2=100\pi(\mathrm{cm}^2)$

05 (1) 곡면의 넓이는 구의 겉넓이의
$\dfrac{3}{4}$이므로
(2) $(곡면의 넓이)=(4\pi\times8^2)\times\dfrac{3}{4}$
$\qquad\qquad\quad=192\pi(\mathrm{cm}^2)$
(2) 평면의 넓이는 반원의 넓이의 2배이므로
$(평면의 넓이)=\left(\pi\times8^2\times\dfrac{1}{2}\right)\times2$
$\qquad\qquad\quad=64\pi(\mathrm{cm}^2)$
(3) $(겉넓이)=192\pi+64\pi$
$\qquad\quad=256\pi(\mathrm{cm}^2)$

06 (1) 곡면의 넓이는 구의 겉넓이의
$\dfrac{7}{8}$이므로
$(곡면의 넓이)=(4\pi\times10^2)\times\dfrac{7}{8}$
$\qquad\qquad\quad=350\pi(\mathrm{cm}^2)$
(2) 평면의 넓이는 사분원의 넓이의
3배이므로
$(평면의 넓이)=\left(\pi\times10^2\times\dfrac{1}{4}\right)\times3$
$\qquad\qquad\quad=75\pi(\mathrm{cm}^2)$
(3) $(겉넓이)=350\pi+75\pi$
$\qquad\quad=425\pi(\mathrm{cm}^2)$

07 (1) $(반구의 겉넓이)$
$\qquad=(4\pi\times3^2)\times\dfrac{1}{2}=18\pi(\mathrm{cm}^2)$
(2) $(원뿔의 옆넓이)$
$\qquad=\dfrac{1}{2}\times5\times(2\pi\times3)=15\pi(\mathrm{cm}^2)$

(3) $(겉넓이)=18\pi+15\pi=33\pi(\mathrm{cm}^2)$

08 (1) $(반구의 겉넓이)$
$\qquad=(4\pi\times6^2)\times\dfrac{1}{2}=72\pi(\mathrm{cm}^2)$
(2) $(원기둥의 옆넓이)$
$\qquad=(2\pi\times6)\times10=120\pi(\mathrm{cm}^2)$
(3) $(밑면의 넓이)$
$\qquad=\pi\times6^2=36\pi(\mathrm{cm}^2)$
(4) $(겉넓이)=72\pi+120\pi+36\pi$
$\qquad\quad=228\pi(\mathrm{cm}^2)$

13. 구의 부피 (본문 114쪽)

02 $(부피)=\dfrac{4}{3}\pi\times3^3=36\pi(\mathrm{cm}^3)$

03 $(부피)=\dfrac{4}{3}\pi\times5^3=\dfrac{500}{3}\pi(\mathrm{cm}^3)$

05 $(부피)=\left(\dfrac{4}{3}\pi\times8^3\right)\times\dfrac{3}{4}=512\pi(\mathrm{cm}^3)$

06 $(부피)=\left(\dfrac{4}{3}\pi\times10^3\right)\times\dfrac{7}{8}$
$\qquad\quad=\dfrac{3500}{3}\pi(\mathrm{cm}^3)$

07 (1) $(반구의 부피)=\left(\dfrac{4}{3}\pi\times3^3\right)\times\dfrac{1}{2}$
$\qquad\qquad\quad=18\pi(\mathrm{cm}^3)$
(2) $(원뿔의 부피)=\dfrac{1}{3}\times(\pi\times3^2)\times4$
$\qquad\qquad\quad=12\pi(\mathrm{cm}^3)$
(3) $(부피)=18\pi+12\pi=30\pi(\mathrm{cm}^3)$

08 (1) $(반구의 부피)=\left(\dfrac{4}{3}\pi\times6^3\right)\times\dfrac{1}{2}$
$\qquad\qquad\quad=144\pi(\mathrm{cm}^3)$
(2) $(원기둥의 부피)=(\pi\times6^2)\times10$
$\qquad\qquad\quad=360\pi(\mathrm{cm}^3)$
(3) $(부피)=144\pi+360\pi$
$\qquad\quad=504\pi(\mathrm{cm}^3)$

09 $(부피)=\dfrac{1}{3}\times(\pi\times3^2)\times6$
$\qquad\quad=18\pi(\mathrm{cm}^3)$

10 $(부피)=\dfrac{4}{3}\pi\times3^3=36\pi(\mathrm{cm}^3)$

11 $(부피)=(\pi\times3^2)\times6=54\pi(\mathrm{cm}^3)$

12 $(원뿔의 부피):(구의 부피):(원기둥의 부피)$
$=18\pi:36\pi:54\pi$
$=1:2:3$

13 $(반지름의 길이가 4\,\mathrm{cm}인 쇠구슬의 부피)$
$=\dfrac{4}{3}\pi\times4^3=\dfrac{256}{3}\pi(\mathrm{cm}^3)$
$(반지름의 길이가 1\,\mathrm{cm}인 쇠구슬의 부피)$
$=\dfrac{4}{3}\pi\times1^3=\dfrac{4}{3}\pi(\mathrm{cm}^3)$
따라서 $\dfrac{256}{3}\pi\div\dfrac{4}{3}\pi=64$이므로 반지름의 길이가 $1\,\mathrm{cm}$인 쇠구슬 64개를 만들 수 있다.

01. 중앙값 (본문 118쪽)

08 크기순으로 나열하면 39, 43, 45, 56, 67이므로 중앙에 오는 중앙값은 45 kg이다.

10 크기순으로 나열하면 5, 7, 8, 10, 12, 15이므로 중앙값은 $\dfrac{8+10}{2}=9$

11 크기순으로 나열하면 4, 4, 5, 7, 7, 8이므로 중앙값은 $\dfrac{5+7}{2}=6$

12 크기순으로 나열하면 2, 4, 4, 6, 9, 10이므로 중앙값은 $\dfrac{4+6}{2}=5$

13 크기순으로 나열하면 17, 31, 34, 36, 36, 37이므로 중앙값은 $\dfrac{34+36}{2}=35$

15 $\dfrac{x+27}{2}=23$ $\quad\therefore\ x=19$

16 $\dfrac{21+x}{2}=22$ $\quad\therefore\ x=23$

17 $\dfrac{x+72}{2}=71$ $\quad\therefore\ x=70$

02. 최빈값 (본문 120쪽)

06 도수가 가장 큰 값은 2와 4이므로 최빈값은 2, 4이다.

07 도수가 가장 큰 값은 1과 8이므로 최빈값은 1, 8이다.

08 자료의 도수가 모두 같으면 최빈값은 없다.

03. 평균 (본문 121쪽)

02 $\dfrac{10+20+70+80}{4}=\dfrac{180}{4}=45$

03 $\dfrac{1+4+8+10+11+14}{6}=\dfrac{48}{6}=8$

04 $\dfrac{20+30+40+50+60+70+80}{7}$
$=\dfrac{350}{7}=50$

05 $\dfrac{4+8+3+5+4+7+4}{7}=\dfrac{35}{7}=5$

06 $\dfrac{4+8+5+5+3+5+8+10}{8}$
$=\dfrac{48}{8}=6$

07 $\dfrac{5+6+7+5+10+6+1+2+3+5}{10}$
$=\dfrac{50}{10}=5$

04. 줄기와 잎 그림 (본문 122쪽)

08 $3+5+7+5=20(명)$

09 $3+6+7+8+4=28(명)$

14 166보다 큰 변량은 168, 168, 170, 171, 171, 172이므로 유림이보다 키가 큰 학생은 모두 6명이다.

15 $3+2+6+4=15(명)$

19 8초 이하인 경우는 63, 65, 68, 72, 77로 모두 5명이다.

20 달리기 기록이 느린 순서로 나열해 보면 96, 95, 94, 91, …이므로 기록이 세 번째로 느린 학생의 기록은 9.4초이다.

05. 줄기와 잎 그림의 이해 (본문 124쪽)

03

[수학 성적]

(단, 7|4는 74점)

줄기	잎
7	4 6 7 9
8	0 0 1 2 4 5 8 9
9	2 3 6 6 7 7

06

[동아리별 회원 수]

(단, 0|6은 6명)

줄기	잎
0	6 8 9
1	2 3 5 5 9
2	2 4 6 8
3	0 2 3

07

[회원들의 나이]

(단, 1|9는 19세)

줄기	잎
1	9
2	0 1 4 7 8
3	3 4 5 9

08 $1+5+4=10(명)$

11 나이가 적은 순서대로 나열해 보면 19, 20, 21, 24, 27, …이므로 나이가 21세인 회원은 적은 쪽에서 3번째로 나이가 적은 편이다.

12

[문자메시지 발신 건수]

(단, 1|7은 17건)

줄기	잎
1	7 9
2	0 1 4 6 9
3	4 9
4	1 3 6 7
5	0 4

14 발신 건수가 많은 순서대로 나열해 보면, 54, 50, 47, 46, 43, …이므로 발신 건수가 46인 학생은 4번째로 발신 건수가 많다.

15 잎의 수가 가장 많은 줄기는 2이고, 줄기를 1에서부터 차례로 순위를 정하면 9번째인 잎이 속하는 줄기는 3이므로
$a=2$, $b=3$
$\therefore a+b=2+3=5$

06. 도수분포표 (본문 126쪽)

09 (계급의 크기)$=10-5=5(회)$

10 (계급의 크기)$=30-0=30(분)$

14 계급의 크기가 8이므로 계급값이 26인 계급의 변량 x의 범위는
$$26-\frac{8}{2}\leq x<26+\frac{8}{2}$$
$$\therefore 22\leq x<30$$
따라서 $a=22$, $b=30$이므로
$a+b=52$

07. 도수분포표의 이해 (본문 128쪽)

01

나이(세)	도수(명)	
$10^{이상}$ ~ $20^{미만}$	/	1
20 ~ 30	//// /	6
30 ~ 40	////	5
40 ~ 50	//	2
합계		14

02

몸무게(kg)	도수(명)	
$35^{이상}$ ~ $40^{미만}$	////	4
40 ~ 45	////	5
45 ~ 50	//// ///	8
50 ~ 55	//// ////	10
55 ~ 60	////	5
60 ~ 65	///	3
합계		35

03

자유투 성공 횟수(회)	도수(일)
$75^{이상}$ ~ $80^{미만}$	3
80 ~ 85	4
85 ~ 90	5
90 ~ 95	6
95 ~ 100	2
합계	20

04 도수가 가장 작은 계급은 95회 이상 100회 미만이므로 계급값은
$$\frac{95+100}{2}=97.5(회)$$

05 $3+4=7(일)$

06 도수의 총합이 50이므로
$A=50-(11+23+4+2)=10$

07 $23+10+4=37(명)$

08 맥박 수가 80회인 사람이 속하는 계급은 80회 이상 90회 미만이므로
계급값은 $\frac{80+90}{2}=85(회)$

09 100회 이상인 사람 : 2명
90회 이상인 사람 : $4+2=6(명)$
80회 이상인 사람 : $10+4+2=16(명)$
따라서 맥박 수가 많은 쪽에서 10번째인 사람이 속하는 계급은 80회 이상 90회 미만이다.

08. 히스토그램 (본문 130쪽)

06

크기(mm)	도수(개)
$230^{이상}$ ~ $240^{미만}$	3
240 ~ 250	7
250 ~ 260	10
260 ~ 270	6
270 ~ 280	4
합계	30

07 $50-40=10(점)$

09 도수가 가장 큰 계급은 70점 이상 80점 미만이므로 계급값은
$$\frac{70+80}{2}=75(점)$$

10 90점 이상인 학생 : 4명
80점 이상인 학생 : $8+4=12(명)$
따라서 점수가 10번째로 높은 학생이 속하는 계급은 80점 이상 90점 미만이다.

11 $4+6+14+8+6+2=40(명)$

12 $4+6=10(명)$

13 $8+6=14(명)$

14 $\frac{6+2}{40}\times100=20(\%)$

09. 히스토그램의 특징 (본문 133쪽)

01 계급의 크기는 20 cm이고, 도수가 가장 작은 계급의 도수는 4이므로 직사각형의 넓이는
$20\times4=80$

02 $20\times(7+16+14+9+4)$
$=20\times50=1000$

03 계급값이 170 cm인 계급의 도수는 16이고, 계급값이 230 cm인 계급의 도수는 4이므로
$$\frac{16}{4}=4(배)$$

04 계급의 크기는 10점이고, 도수가 가장 큰 계급의 도수는 12이므로 직사각형의 넓이는
$10\times12=120$

05 $10\times(2+3+6+12+5+2)$
$=10\times30=300$

06 계급값이 75점인 계급의 도수는 12이고, 계급값이 95점인 계급의 도수는 2이므로
$$\frac{12}{2}=6(배)$$

10. 도수분포다각형 (본문 134쪽)

07

시간(분)		도수(명)
$5^{이상}$ ~ $10^{미만}$		3
10 ~ 15		5
15 ~ 20		10
20 ~ 25		8
25 ~ 30		5
합계		31

08

성적(점)		도수(명)
$50^{이상}$ ~ $60^{미만}$		2
60 ~ 70		7
70 ~ 80		15
80 ~ 90		9
90 ~ 100		7
합계		40

09 $65-60=5(\text{cm})$

11 도수가 가장 큰 계급은 70 cm 이상 75 cm 미만이므로 계급값은
$$\frac{70+75}{2}=72.5(\text{cm})$$

12 85 cm 이상인 학생 : 4명
80 cm 이상인 학생 : $6+4=10$(명)
75 cm 이상인 학생 : $7+6+4=17$(명)
따라서 앉은키가 12번째로 큰 학생이 속하는 계급은 75 cm 이상 80 cm 미만이다.

13 $5+7+8+5+3=28$(명)

14 $5+7=12$(명)

15 $5+3=8$(명)

16 $\dfrac{7}{28}\times100=25(\%)$

11. 도수분포다각형의 특징 (본문 137쪽)

03 (넓이)$=4\times(3+6+12+8+1)$
$\qquad =4\times30=120$

04 (넓이)$=2\times(5+9+5+3+2+1)$
$\qquad =2\times25=50$

05 (넓이)$=5\times(1+3+15+10+9+2)$
$\qquad =5\times40=200$

12. 상대도수 (본문 138쪽)

02 상대도수는 그 값이 1을 넘을 수 없다.

05 상대도수의 총합은 항상 1이다.

09 ① 상대도수의 총합은 항상 1이다.

13. 상대도수의 분포표 (본문 139쪽)

01 (상대도수)$=\dfrac{10}{100}=0.1$

02 (상대도수)$=\dfrac{42}{100}=0.42$

03 (도수)$=0.15\times100=15$

04 (도수)$=0.26\times100=26$

14 250 g 이상인 계급의 상대도수의 합은
$0.15+0.05=0.2$이므로
$0.2\times100=20(\%)$

15 150 g 이상 250 g 미만인 계급의 상대도수의 합은
$0.35+0.3=0.65$이므로
$0.65\times100=65(\%)$

17 (전체 도수)$=\dfrac{2}{0.05}=40$(명)

18 (전체 도수)$=\dfrac{28}{0.35}=80$(명)

19 $A=\dfrac{4}{0.1}=40$

20 $B=0.15\times40=6$

21 $C=\dfrac{18}{40}=0.45$

22 상대도수의 총합은 1이므로 $D=1$

23 150 cm 이상인 계급의 상대도수의 합은 $0.45+0.15=0.6$이므로
$0.6\times100=60(\%)$

24 $A=\dfrac{2}{0.025}=80$

26 $C=0.075\times80=6$

27 $D=\dfrac{24}{80}=0.3$

28 30 $\mu\text{g/m}^3$ 미만인 계급의 상대도수의 합은 $0.025+0.075+0.3=0.4$이므로
$0.4\times100=40(\%)$

14. 상대도수의 그래프 (본문 143쪽)

02 성적이 50점 이상 60점 미만인 계급의 상대도수는
$1-(0.05+0.1+0.3+0.2+0.1)$
$=0.25$

03 상대도수가 가장 작은 계급의 도수가 가장 작으므로 10분 이상 20분 미만인 계급의 계급값은
$$\frac{10+20}{2}=15(분)$$

04 10분 이상 20분 미만인 계급의 상대도수는 0.08이고, 도수는 4이므로

(전체 학생 수)$=\dfrac{4}{0.08}=50$(명)

05 (학생 수)$=0.1\times50=5$(명)

06 (학생 수)$=(0.34+0.18)\times50$
$\qquad =26$(명)

07 상대도수가 가장 큰 계급의 도수가 가장 크므로 15건 이상 20건 미만인 계급의 계급값은
$$\frac{15+20}{2}=17.5(건)$$

08 10건 이상 15건 미만인 계급의 상대도수는 0.25이고, 도수는 10이므로
(전체 학생 수)$=\dfrac{10}{0.25}=40$(명)

09 (학생 수)$=0.4\times40=16$(명)

10 (학생 수)$=(0.1+0.05)\times40=6$(명)

11 상대도수의 총합은 1이므로 구하는 상대도수는
$1-(0.2+0.15+0.2+0.15+0.05)$
$=0.25$

12 40점 이상 50점 미만인 계급의 상대도수는 0.2이고, 도수는 8이므로
(전체 학생 수)$=\dfrac{8}{0.2}=40$(명)

13 (학생 수)$=0.15\times40=6$(명)

14 (학생 수)$=(0.2+0.15+0.25)\times40$
$\qquad =24$(명)

15 상대도수의 총합은 1이므로 구하는 상대도수는
$1-(0.2+0.24+0.1+0.14)=0.32$

16 6시간 미만인 계급의 상대도수의 합은 $0.2+0.24=0.44$이고, 도수는 22이므로
(전체 학생 수)$=\dfrac{22}{0.44}=50$(명)

17 (학생 수)$=0.24\times50=12$(명)

18 (학생 수)$=(0.32+0.1+0.14)\times50$
$\qquad =28$(명)

15. 두 집단의 비교 (본문 146쪽)

01 (학생 수)$=0.35\times20=7$(명)

02 (학생 수)$=0.2\times40=8$(명)

03 그래프가 오른쪽으로 치우칠수록 몸무게가 더 무겁다고 할 수 있으므로 B동아리의 몸무게가 상대적으로 더 무겁다.

04 (학생 수)$=0.45\times100=45$(명)

05 (학생 수)$=0.3\times200=60$(명)

06 그래프가 오른쪽으로 치우칠수록 성적이 더 좋다고 할 수 있으므로 여학생의 성적이 상대적으로 더 좋다.

01 ④   **02** ②   **03** ③
04 (1) 6   (2) $\overline{BC}$ (3) $\overline{AC}$, 7
     (4) $\overline{MC}$, $\overline{BC}$, 4
05 (1) 3 cm   (2) 6 cm   **06** ①
07 $\angle x=150°$, $\angle y=30°$
08 $\angle x=75°$, $\angle y=65°$ **09** 36°
10 65°   **11** 28°   **12** 35°
13 ⑤   **14** ③
15 (1) 140°   (2) 40°   (3) 140°   (4) 60°
16 ⑤   **17** ④   **18** ①
19 ②   **20** 39°   **21** ④
22 ⑤   **23** ③   **24** ②, ③
25 ④   **26** ③   **27** 3

01 교점의 개수는 $a=$(꼭짓점의 개수)$=4$,
교선의 개수는 $b=$(모서리의 개수)$=6$
이므로
$a+b=4+6=10$

02 시작점이 점 B이고 오른쪽으로 뻗어나
가는 반직선은 $\overrightarrow{BC}$ 또는 $\overrightarrow{BD}$ 또는 $\overrightarrow{BE}$
이다.

03 직선 PA, PB, PC, AB의 4개이므로
$a=4$
반직선 PA, PB, PC, AP, AB, BP,
BA, BC, CP, CB의 10개이므로
$b=10$
선분 PA, PB, PC, AB, AC, BC의
6개이므로 $c=6$
$\therefore a+b-c=4+10-6=8$
$\therefore a+b-c=4+10-6=8$

05 (1) $\overline{BM}=\overline{AM}=3$ cm
    (2) $\overline{AM}=\overline{BM}=\dfrac{1}{2}\overline{AB}$에서
      $\overline{AB}=2\overline{AM}=2\times3=6\,(\text{cm})$

06 ① $\overline{AO}=\overline{AM}+\overline{MO}$
      $=\overline{BN}+\dfrac{1}{2}\overline{BN}=\dfrac{3}{2}\overline{BN}$
    ② $\overline{MO}=\overline{AO}-\overline{AM}$
      $=\dfrac{1}{2}\overline{AB}-\dfrac{1}{3}\overline{AB}=\dfrac{1}{6}\overline{AB}$
      $\overline{MN}=\dfrac{1}{3}\overline{AB}$이므로
      $\overline{MO}=\dfrac{1}{2}\overline{MN}$

07 $\angle x=150°$ (맞꼭지각),
     $\angle y=180°-\angle x=30°$

08 $\angle x=75°$ (맞꼭지각),
     $\angle y=180°-(40°+\angle x)=65°$

09 평각의 크기는 180°이므로
     $3\angle x-24°+\angle x+60°=180°$에서
     $4\angle x=144$ $\therefore \angle x=36°$

10 평각의 크기는 180°이므로
     $\angle x+90°+25°=180°$ $\therefore \angle x=65°$

11 맞꼭지각의 크기는 같고, 평각의 크기는
180°이므로
     $2\angle x-4°+90°+\angle x+10°=180°$에서
     $3\angle x=84°$ $\therefore \angle x=28°$

12 $2\angle x+20°+90°+3\angle x+10°=180°$에서
     $4\angle x=60°$ $\therefore \angle x=15°$
     $\therefore \angle a=\angle x+20°=15°+20°=35°$

13 ⑤ 점 C와 $\overline{AB}$와의 거리는 $\overline{AC}=4$ cm
이다.

14 ③ 모서리 AB와 수직인 모서리는 AD,
AE, BC, BF이다.

15 (1) $\angle a$와 같은 위치에 있는 각은 140°
    (2) $\angle b$와 엇갈린 위치에 있는 각은
      $\angle f=40°$
    (3) $\angle c$와 엇갈린 위치에 있는 각은 140°
    (4) $\angle f$와 같은 위치에 있는 각은 60°

16 두 직선 l과 n에 대하여 $\angle x$의 엇각은 70°
에 이웃하는 각이므로
     ($\angle x$의 엇각)$=180°-70°=110°$
두 직선 l과 m에 대하여 $\angle x$의 엇각은 55
°에 이웃하는 각이므로
     ($\angle x$의 엇각)$=180°-55°=125°$
따라서 엇각의 크기의 합은
$110°+125°=235°$

17 $l\,/\!/\,m$이므로
     $\angle DCB=\angle ABC=\angle x+40°$이고
     $\angle DCB+\angle DCE=180°$에서
     $\angle x+40°+3\angle x-20°=180°$
     $4\angle x=160°$ $\therefore \angle x=40°$

18 꺾인 점을 지나고 두 직선과 평행한 직선
을 각각 그어 엇각의 성질을 이용하면
     $2\angle x+56°=90°$
     $2\angle x=34°$ $\therefore \angle x=17°$

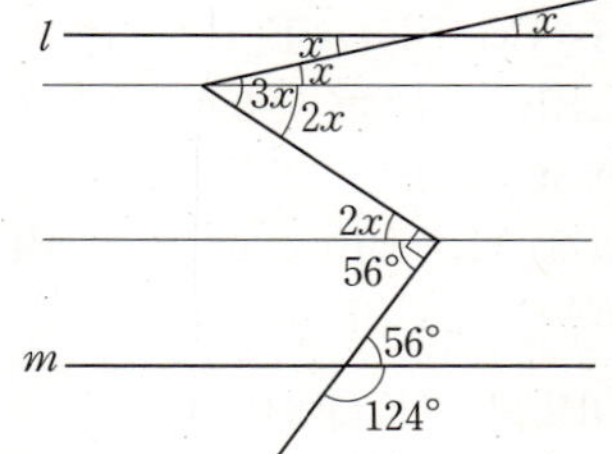

19 $\angle a+35°+75°=180°$ $\therefore \angle a=70°$

20 평행선에서 엇각의 크기가 같으므로
     $\angle AGE=\angle GEC=78°$,
     $\angle FEC=\angle GFE=\angle x$
접은 각의 크기가 같으므로
     $\angle GEF=\angle FEC=\angle x$
     $2\angle x=78°$ $\therefore \angle x=39°$

21 $\overleftrightarrow{AB}$와 만나는 직선은 $\overleftrightarrow{CD}$, $\overleftrightarrow{EF}$, $\overleftrightarrow{BC}$,
$\overleftrightarrow{AF}$의 4개다.

22 ⑤ 꼬인 위치에 있는 두 직선은 한 평면
위에 있지 않다.

23 ①, ②, ④ 꼬인 위치에 있을 수 있다.
     ⑤ 직선 l이 평면 P에 포함되거나,
      $Q\,/\!/\,l$일 수 있다.

24 ① 모서리 AB와 모서리 CD는 평행하다.
     ④ 모서리 CD와 모서리 DH는 한 점에
      서 만난다.
     ⑤ 모서리 AB와 모서리 GH는 평행하다.

25 모서리 DH, BF, HG, EF, EH, FG
의 6개이다.

26 ① 직선 AB와 직선 FJ는 꼬인 위치에
      있다.
     ② 직선 AB와 직선 CD는 한 점에서 만
      난다.
     ④ 면 CDIH와 직선 AB는 한 점에서
      만난다.
     ⑤ 면 ABCDE와 면 ABGF는 한 직
      선에서 만난다.

27 $\overline{AB}\,/\!/\,\overline{ED}\,/\!/\,\overline{GF}$이므로 $a=2$
$\overline{AB}$와 한 점에서 만나는 모서리는 $\overline{AC}$,
$\overline{AD}$, $\overline{BC}$, $\overline{BF}$, $\overline{BE}$로 5개이므로 $b=5$
$\overline{AB}$와 평행하지도 만나지도 않는 모서
리는 $\overline{CG}$, $\overline{CF}$, $\overline{DG}$, $\overline{EF}$로 4개이므로
$c=4$
$\therefore a+b-c=2+5-4=3$

---

01 ⑤   **02** ④   **03** ④
04 ⓛ→㉠→㉢   **05** ①
06 ⑤   **07** ①   **08** ⑤
09 ②   **10** ②   **11** ①
12 ⑤   **13** ④   **14** ①
15 ③   **16** ③   **17** ①
18 ①   **19** ①   **20** ②
21 ②   **22** 218   **23** 120°
24 ④   **25** ②

01 컴퍼스는 원을 그리고 선분의 길이를 재고, 옮기는 데 사용하며 눈금없는 자는 두 점을 이은 선분을 긋거나 주어진 선분을 연장하는 데 사용한다.

02 ④ $\overline{O'M'} \neq \overline{A'B'}$

03 점 A, B를 중심으로 반지름의 길이가 같은 두 원은 반지름의 길이에 따라 두 교점을 이은 선분 PQ의 길이가 달라지므로
④ $\overline{AB} \neq \overline{PQ}$

04 ㉡ → ㉠ → ㉢ 순으로 작도를 한다.

05 ① $\overline{AO} = \overline{BO}$ 이지만 $\overline{AO} \neq \overline{PO}$ 이다.

06 선분을 이등분한 후 또 다시 각각 이등분하면 선분을 4등분할 수 있다.

07 ㉤ → ㉠ → ㉡ → ㉣ → ㉢과 같이 삼등분선을 ㉡보다 먼저할 수 없다.

08 ⑤ $\overline{CD} \neq 3\overline{CP}$

09 45°를 작도할 때 필요한 것은 선분의 수직이등분선의 작도와 각의 이등분선의 작도 ㉠, ㉢이다.

10 ① $90° \times \dfrac{1}{3} = 30°$
③ $90° + 30° = 120°$
④ $120° + 30° = 150°$
⑤ 180°는 평각이므로 작도할 수 있다.

11 가장 먼저 점 P를 지나는 직선을 긋고 직선 l과 이루는 각의 크기를 컴퍼스로 재어 크기가 같은 각을 작도하면 ㉤ → ㉡ → ㉣ → ㉥ → ㉠ → ㉢ 순이다.

12 ⑤ $\overline{CD} \neq \overline{DE}$

13 엇각의 크기가 같으면 두 직선은 평행하다는 성질을 이용하여 작도한 것이다.

14 $\overline{BC} \to \angle B \to \angle C$ 또는
$\angle B \to \overline{BC} \to \angle C$
또는 $\angle C \to \overline{BC} \to \angle B$ 순으로 작도한다.

15 $\overline{BC}$가 주어진 경우이므로
① $\overline{AC}$와 $\overline{AB}$가 주어지면 세 변의 길이가 주어진 경우이므로 삼각형은 하나로 작도할 수 있다.
② $\angle B$와 $\angle C$는 양 끝각이므로 하나로 작도할 수 있다.
③ $\overline{AC}$와 $\angle A$에서 $\angle A$는 끼인각이 아니므로 하나로 작도할 수 없다.
④ $\angle B$와 $\overline{AB}$는 두 변의 길이와 끼인각의 크기가 주어진 경우이므로 하나로 작도할 수 있다.

⑤ $\angle A$와 $\angle C$에서 $\angle A$는 $\overline{BC}$의 양 끝각이 아니지만 삼각형 ABC에서 $\angle A$와 $\angle C$의 크기가 주어지면 $\angle B$의 크기가 결정되므로 삼각형을 하나로 작도할 수 있다.

16 작도 가능한 삼각형의 세 변의 길이를 순서쌍으로 나타내면
(2, 3, 4), (2, 4, 5), (3, 4, 5)의 3개이다.

17 삼각형의 가장 긴 변이 나머지 두 변의 길이의 합보다 짧아야 하므로
① $\overline{AB} = 2$, $\overline{BC} = 5$, $\overline{CA} = 8$은 삼각형이 되지 않는다.

18 ① 두 원은 반지름의 길이가 같으면 크기와 모양이 완전히 같아지므로 합동이다.

19 $\overline{DE} = \overline{AB} = 9$
$\angle B = \angle E = 180° - (70° + 75°) = 35°$

20 ② 한 변의 길이가 8이고
양 끝각의 크기는 65°와
$180° - (70° + 65°) = 45°$
대응하는 양 끝각의 크기가 같으므로 ASA 합동이다.

21 $\overline{AB} = \overline{DE}$, $\angle C = \angle F$, $\overline{AC} = \overline{DF}$는 $\angle C = \angle F$가 끼인각이 아니므로 합동이 아니다.

22 $a = 6$, $c = 2$, $d = 60$,
$b = 360 - (90 + 60 + 60) = 150$
$\therefore a + b + c + d = 6 + 150 + 2 + 60$
$= 218$

23 $\overline{AC} = \overline{BC}$, $\overline{CD} = \overline{CE}$,
$\angle ACD = \angle ACE + 60° = \angle BCE$이므로
$\triangle ACD \equiv \triangle BCE$(SAS 합동)
$\angle ACD = 120°$이므로
$\angle CAD + \angle ADC = 180° - 120° = 60°$
$\angle x = 180° - (\angle CBE + \angle ADC)$
$= 180° - (\angle CAD + \angle ADC)$
$= 120°$

24 $\triangle ABE$와 $\triangle BCF$에서
$\overline{AB} = \overline{BC}$, $\overline{BE} = \overline{CF}$,
$\angle ABE = \angle BCF = 90°$이므로
$\triangle ABE \equiv \triangle BCF$ (SAS 합동)
따라서 $\overline{AE} = \overline{BF}$, $\angle AEB = \angle BFC$,
$\angle BAE = \angle CBF$이다.

25 $\triangle OBP$와 $\triangle OCQ$에서
$\angle OBP = \angle OCQ = 45°$, $\overline{OB} = \overline{OC}$
$\angle BOP = \angle COQ = 90° - \angle POC$

$\therefore \triangle OBP \equiv \triangle OCQ$ (ASA 합동)
따라서 색칠한 부분의 넓이는
$\triangle OPC + \triangle OCQ$
$= \triangle OPC + \triangle OBP = \triangle OBC$
$= \dfrac{1}{4} \times$ (사각형 ABCD의 넓이)
$= \dfrac{1}{4} \times 100 = 25 (\text{cm}^2)$

Ⅲ. 평면도형의 성질   155~160쪽

01 ③, ⑤   **02** 8   **03** ④
04 ①   **05** 115°   **06** ④
07 정팔각형   **08** ③
09 (1) 10개 (2) 7개 (3) 35개
10 ③   **11** 20개
12 (1) 정십일각형 (2) 44개
13 ③   **14** ④   **15** ②
16 ㉠ ∠BAD, ㉡ 엇각, ㉢ 180°
17 $\angle x = 65°$, $\angle y = 60°$, $\angle z = 55°$
18 $\angle x = 75°$, $\angle y = 50°$ **19** ⑤
20 100°   **21** 68°
22 (1) 육각형 (2) 십삼각형
23 2340°, 156°   **24** ⑤
25 ④   **26** ③   **27** 360°
28 115°   **29** (1) 120°, 60° (2) 72°, 108° (3) 45°, 135° (4) 30°, 150°
30 ①   **31** 4 cm
32 30   **33** 75   **34** 106°
35 10π cm
36 $l = (6\pi + 12)$ cm, $S = 18\pi$ cm²
37 $l = (2\pi + 8)$ cm, $S = 4\pi$ cm²
38 $l = 8\pi$ cm, $S = 24\pi$ cm²
39 $l = 22\pi$ cm, $S = 132\pi$ cm²
40 둘레의 길이 : 18π cm, 넓이 : $(36\pi - 72)$ cm²   **41** ④
42 ③   **43** 120°   **44** 14π cm
45 (1) 120° (2) 4π cm
46 $l = 4\pi$ cm, $S = 10\pi$ cm²
47 ③

---

01 다각형인 것 : ①, ②, ④
다각형이 아닌 것 : ③, ⑤

02 $m = 3$, $n = 5$이므로 $m + n = 8$

03 다각형의 한 꼭짓점에서 내각과 외각의

크기의 합이 $180°$이므로
$180°-95°=85°$

04 (내각의 크기)$+$(외각의 크기)$=180°$이
므로

내각의 크기는 $180°\times\dfrac{1}{6}=30°$

05 $\angle$ACB의 외각의 크기는
$180°-120°=60°$, $\angle$ACD의 외각의
크기는 $180°-125°=55°$이다.
따라서 $\angle$BCD$=60°+55°=115°$

06 ④ 한 내각의 크기와 외각의 크기의 합은
$180°$이고 항상 같지는 않다.

07 (가)조건에서 팔각형이고, (나)조건에서
정다각형이므로
두 조건을 만족하는 다각형은 정팔각형
이다.

08 n각형의 한 꼭짓점에서 그을 수 있는 대
각선의 개수는 $(n-3)$개이므로
$n-3=5$에서 $n=8$
따라서 팔각형이다.

09 (2) n각형의 한 꼭짓점에서 이웃하지 않
은 꼭짓점에 그을 수 있는 대각선의
개수는 $(n-3)$개이므로
$10-3=7$(개)
(3) $\dfrac{10\times(10-3)}{2}=35$(개)

10 (가)의 조건에서 정다각형이고, (나)의 조
건에서 $4+3=7$, 즉 칠각형이므로 조건
을 만족하는 다각형은 정칠각형이다.

11 $\dfrac{8\times(8-3)}{2}=20$(개)

12 (2) 정십일각형의 대각선의 총 개수는
$\dfrac{11\times(11-3)}{2}=44$(개)

13 n각형이라고 하면
$\dfrac{n(n-3)}{2}=14$에서 $n=7$
따라서 칠각형이다.

14 n각형의 한 꼭짓점에서 대각선을 그었
을 때, 나누어지는 삼각형의 개수는
$(n-2)$개이므로 $n-2=7$에서 $n=9$
구각형의 대각선의 총 개수는
$\dfrac{9(9-3)}{2}=27$(개)

15 n각형이라고 하면
$\dfrac{n(n-3)}{2}=20$, $n(n-3)=40$
$8\times5=40$이므로 $n=8$
따라서 팔각형이고 변의 개수는 8개이다.

16 $\triangle$ABC에서 $\overline{\text{BC}}$에 평행하고 꼭짓점 A
를 지나는 직선 DE를 긋자.
$\overline{\text{BC}}\,/\!/\,\overrightarrow{\text{DE}}$이므로
$\angle$B$=\boxed{\angle\text{BAD}}$ (엇각),
$\angle$C$=\angle$CAE ($\boxed{\text{엇각}}$)
$\therefore\ \angle$A$+\angle$B$+\angle$C
$=\angle$A$+\boxed{\angle\text{BAD}}+\angle$CAE
$=\angle$DAE$=\boxed{180°}$

17 $\angle x=\angle$A$=65°$ (엇각),
$\angle y=\angle$B$=60°$ (동위각)
$\therefore\ \angle z=180°-\angle$A$-\angle$B
$=180°-65°-60°=55°$

18 $\angle x=40°+35°=75°$,
$\angle y=30°+20°=50°$

19 $\angle x=35°+45°=80°$,
$\angle y=80°+50°=130°$
$\therefore\ \angle x+\angle y=80°+130°=210°$

20 $\angle x=180°-(360°-60°-130°-90°)$
$=100°$

21 $(\angle x+50°)+110°+2\angle x$
$\qquad\qquad+(\angle x+40°)+\angle x=540°$
$5\angle x+200°=540°$
$\therefore\ \angle x=68°$

22 구하는 다각형을 n각형이라 하면
(1) $180°\times(n-2)=720°$, $n-2=4$
$\therefore\ n=6$
따라서 육각형이다.
(2) $180°\times(n-2)=1980°$, $n-2=11$
$\therefore\ n=13$
따라서 십삼각형이다.

23 (내각의 크기의 합)
$=180°\times(15-2)=2340°$
(한 내각의 크기)$=\dfrac{2340°}{15}=156°$

24 오각형의 내각의 크기의 합은
$180°\times(5-2)=540°$이므로
$100°+\angle x+90°+(\angle x+60°)+130°$
$=540°$
$2\angle x=160°$
$\therefore\ \angle x=80°$

25 $180°\times(n-2)=1440°$에서 $n=10$이
고 모든 내각의 크기가 같으므로 정십각
형이다.

26 n각형의 한 꼭짓점에서 그을 수 있는 대
각선이 9개이므로
$n-3=9$ $\therefore\ n=12$
따라서 십이각형의 내각의 크기의 합은
$180°\times(12-2)=1800°$

27 다각형의 외각의 크기의 합은 $360°$이다.

28 $\angle x=360°-(180°-140°)$
$\qquad\quad-65°-50°-90°=115°$

29 (1) (한 외각의 크기)$=\dfrac{360°}{3}=120°$,
(한 내각의 크기)$=180°-120°=60°$
(2) (한 외각의 크기)$=\dfrac{360°}{5}=72°$,
(한 내각의 크기)$=180°-72°=108°$
(3) (한 외각의 크기)$=\dfrac{360°}{8}=45°$,
(한 내각의 크기)$=180°-45°=135°$
(4) (한 외각의 크기)$=\dfrac{360°}{12}=30°$,
(한 내각의 크기)$=180°-30°=150°$

30 정다각형에서 (한 내각의 크기)와 (한 외
각의 크기)의 합은 $180°$이므로, 두 각이
같으면 모두 $90°$이다.
한 외각의 크기 $\dfrac{360°}{n}=90°$에서 $n=4$

31 $\angle$AOB$=\angle$COD (맞꼭지각)이므로,
같은 크기의 중심각에 대한 현의 길이는
같다.
즉, $\overline{\text{AB}}=\overline{\text{CD}}=4$ cm이다.

32 중심각의 크기와 호의 길이는 정비례하
므로
$x:12=115°:46°$, $x:12=5:2$
$\therefore\ x=30$

33 중심각의 크기와 부채꼴의 넓이는 정비
례하므로
$x:15=250°:50°$, $x:15=5:1$
$\therefore\ x=75$

34 $\overline{\text{AB}}=\overline{\text{CD}}=\overline{\text{DE}}$이므로
$\angle$AOB$=\angle$COD$=\angle$DOE$=53°$
$\therefore\ \angle$COE$=53°+53°=106°$

35 $\overline{\text{AD}}\,/\!/\,\overline{\text{OC}}$이므로
$\angle$COB$=\angle$DAO$=40°$ (동위각),
$\overline{\text{OA}}=\overline{\text{OD}}$이므로
$\angle$ADO$=\angle$DAO$=40°$이고,
$\angle$AOD$=180°-40°-40°=100°$
$\overparen{\text{AD}}:\overparen{\text{BC}}=100°:40°=5:2$이므로
$\overparen{\text{AD}}:4\pi=5:2$ $\therefore\ \overparen{\text{AD}}=10\pi$ cm

36 $l=\dfrac{1}{2}\times2\pi\times6+12=6\pi+12$ (cm)
$S=\dfrac{1}{2}\times\pi\times6^2=18\pi$ (cm²)

37 $l=\dfrac{1}{4}\times2\pi\times4+4+4=2\pi+8$ (cm)
$S=\dfrac{1}{4}\times\pi\times4^2=4\pi$ (cm²)

38 $l=2\pi\times6\times\dfrac{240°}{360°}=8\pi\,(\text{cm})$

$S=\dfrac{1}{2}\times6\times8\pi=24\pi\,(\text{cm}^2)$

39 $l=2\pi\times12\times\dfrac{330°}{360°}=22\pi\,(\text{cm})$

$S=\dfrac{1}{2}\times12\times22\pi=132\pi\,(\text{cm}^2)$

40 둘레의 길이는

$\left(2\pi\times6\times\dfrac{180°}{360°}\right)\times2+2\pi\times12\times\dfrac{90°}{360°}$

$=12\pi+6\pi=18\pi\,(\text{cm})$

구하는 넓이는 도형을 이동
하면 오른쪽 그림과 같은
도형의 넓이와 같으므로 

$\pi\times12^2\times\dfrac{90°}{360°}-\dfrac{1}{2}\times12\times12$

$=36\pi-72\,(\text{cm}^2)$

41 ④ 두 반지름과 호로 이루어진 도형이 부
채꼴이다.

42 부채꼴의 중심각의 크기와 호의 길이는
정비례하므로
$x°:(x+10)°=6\,\text{cm}:9\,\text{cm}$
$9x=6(x+10)$
$3x=60$
$\therefore x=20$

43 호의 길이에 대한 중심각의 크기는 정비
례하고 각 호에 대한 중심각의 비는
$1:3:2$이므로
$$\angle\text{AOD}=360°\times\dfrac{2}{6}=120°$$

44 반지름의 길이를 r cm라고 하면
$\pi\times r^2=49\pi \quad \therefore r=7\,\text{cm}$
따라서 원의 둘레의 길이는
$2\pi\times7=14\pi\,(\text{cm})$

45 (1) 중심각의 크기를 x라 하면
$$\pi\times6^2\times\dfrac{x}{360°}=12\pi \quad \therefore x=120°$$
(2) 호의 길이는
$$2\pi\times6\times\dfrac{120°}{360°}=4\pi\,(\text{cm})$$

46 $l=2\pi\times5\times\dfrac{144°}{360°}=4\pi\,(\text{cm})$

$S=\pi\times5^2\times\dfrac{144°}{360°}=10\pi\,(\text{cm}^2)$

47 큰 원의 지름이 10 cm이므로 색칠한 부
분의 넓이는
$\pi\times5^2-\pi\times3^2-\pi\times2^2=12\pi\,(\text{cm}^2)$

---

01 ①, ③	**02** ④	**03** ②
04 칠각기둥	**05** ①	
06 ①	**07** (1) 8개, 12개, 18개	
(2) 사다리꼴, 육각형	(3) 육각뿔대	
08 ③, ④	**09** ②	**10** ③
11 ④	**12** 28	**13** ①, ③
14 ⑤	**15** ③	**16** ②
17 ③	**18** ③	**19** ④
20 ①	**21** ③, ⑤	**22** 25π cm^2
23 ②	**24** ③	**25** 168π cm^2
26 (1) 24 cm^2	(2) 120 cm^2	
(3) 168 cm^2	**27** 94 cm^2	
28 ⑤	**29** ②	
30 (1) 25π cm^2	(2) 100π cm^2	
(3) 150π cm^2	**31** 60π cm^2	
32 56π cm^2	**33** ④	
34 ①	**35** 630 cm^3	
36 ②	**37** 160 cm^3	
38 ①	**39** ③	**40** 396π cm^3
41 490π cm^3	**42** 192 cm^2	
43 65π cm^2	**44** 56 cm^3	
45 108π cm^3	**46** 90π cm^2	
47 84π cm^3	**48** 36π cm^2	
49 36π cm^3	**50** 153π cm^2	
51 252 cm^3	**52** ③	
53 ②	**54** 75π cm^2	**55** ④

01 다면체는 다각형인 면으로만 둘러싸인
입체도형이고, ② 원기둥, ④ 원뿔, ⑤
구는 곡면과 평면으로 둘러싸여 있다.

02 면의 개수를 구하면
① 6개, ② 6개, ③ 7개, ④ 5개, ⑤ 6개

03 모서리의 개수를 구하면
① 12개, ② 10개, ③ 18개, ④ 14개, ⑤
24개

04 각기둥은 두 밑면이 합동인 정다각형이
고, 옆면은 직사각형인 다면체이다. 따라
서 밑면이 칠각형이므로 칠각기둥이다.

05 다각형인 면으로만 둘러싸인 입체도형은
㉠, ㉢, ㉤뿐이다. 나머지는 둘러싸인 면
중에 곡면이 있다.

06 ① 사각기둥의 꼭짓점의 개수는 8개이다.

08 면의 개수에 따라 다면체를 분류하면

---

① 오면체, ② 칠면체, ③ 팔면체, ④ 팔
면체, ⑤ 십면체

09 ② 육각뿔대의 두 밑면은 서로 평행하지
만 합동이 아니다.

10 주어진 입체도형의 면의 개수는 9개이고
선택지의 도형의 면의 개수를 각각 구하
면 ① 7개, ② 6개, ③ 9개, ④ 11개, ⑤
12개

11 꼭짓점의 개수를 구하면
① $3\times2=6$(개)
② $5+1=6$(개)
③ $3\times2=6$(개)
④ $4\times2=8$(개)
⑤ 6개

12 면의 개수가 10개인 각뿔은 구각뿔이다.
따라서 모서리의 개수는 $x=9\times2=18$
꼭짓점의 개수는 $y=9+1=10$
$\therefore x+y=18+10=28$

13 한 직선을 축으로 평면도형을 한 바퀴 회
전시킬 때 생기는 입체도형은 원뿔, 원기
둥, 원뿔대, 구 등이 있다.
①, ③ : 회전체
②, ④ : 다면체
⑤ : 평면도형

14 ① 원뿔대, ② 원뿔, ③ 구, ④ 도넛 모양
의 회전체
⑤ 한 직선을 축으로 평면도형을 회전시
켜 생기는 입체도형이 아니다.

15 ①　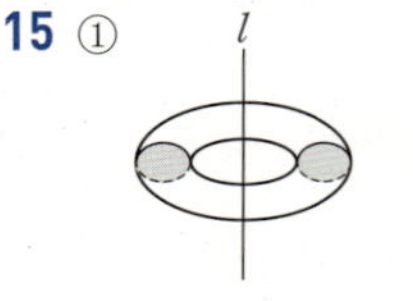　②　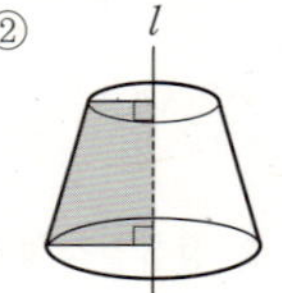

③　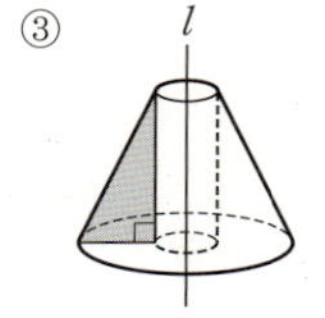　④　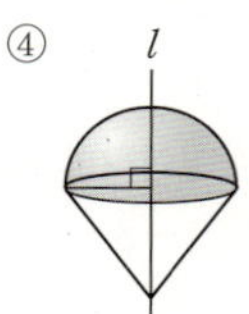

⑤　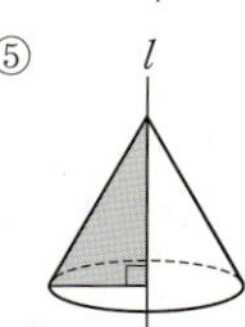

16 직사각형의 한 변을 회전축으로 1회전시
킨 회전체는 원기둥이다.

17 ① 원뿔 － 이등변삼각형
② 원기둥 － 직사각형
④ 반구 － 반원
⑤ 원뿔대 － 사다리꼴

---

18 원뿔대를 평면으로 자를 때 자르는 위치와 방향에 따라 여러 가지 모양의 단면이 생긴다.

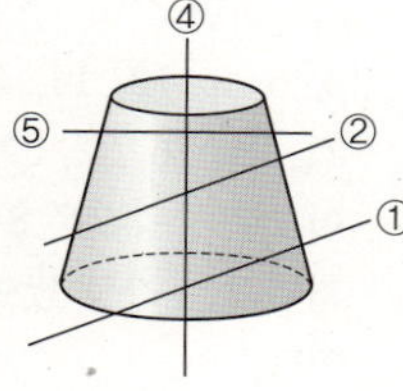

보기와 같은 단면이 생기도록 하는 평면의 위치와 방향은 오른쪽 그림과 같다.

19 ④ 회전체를 회전축에 수직인 평면으로 자를 때 생기는 단면은 원이지만 꼭 합동은 아니다.

20 ① 원뿔대의 두 개의 밑면은 서로 평행하지만 합동은 아니다.

21 ③ 구의 회전축은 무수히 많다.
⑤ 구를 회전축에 수직인 평면으로 자를 때 단면의 모양은 항상 원이지만 합동은 아니다.

22 회전축에 수직인 평면으로 자를 때의 단면은 원이고, 반지름이 $5\,$cm이므로 넓이를 구하면
$$\pi\times5^2=25\pi\,(\mathrm{cm}^2)$$

23 회전축을 포함한 평면으로 자를 때 생기는 단면은 이등변삼각형이고 밑변의 길이가 $6\,$cm, 높이가 $4\,$cm이므로 넓이를 구하면
$$\frac{1}{2}\times6\times4=12\,(\mathrm{cm}^2)$$

24 ① 원기둥의 전개도
③ 원뿔대의 전개도

25 (밑면의 둘레의 길이)$=2\pi\times7=14\pi$이므로
옆면의 넓이는 $14\pi\times12=168\pi\,(\mathrm{cm}^2)$

26 (1) $\dfrac{1}{2}\times6\times8=24\,(\mathrm{cm}^2)$
(2) $(6+8+10)\times5=120\,(\mathrm{cm}^2)$
(3) $24\times2+120=168\,(\mathrm{cm}^2)$

27 $(3\times4)\times2+(3+4+3+4)\times5$
$=24+70=94\,(\mathrm{cm}^2)$

28 $\left(\dfrac{5+11}{2}\times4\right)\times2$
$\qquad\qquad +(5+5+5+11)\times10$
$=64+260=324\,(\mathrm{cm}^2)$

29 $(3\times4)\times2+(3+4+3+4)\times h=108$
이므로
$24+14h=108$
$14h=84$
$\therefore h=6\,$cm

30 (1) $\pi\times5^2=25\pi\,(\mathrm{cm}^2)$

(2) $(2\pi\times5)\times10=100\pi\,(\mathrm{cm}^2)$
(3) $25\pi\times2+100\pi=150\pi\,(\mathrm{cm}^2)$

31 $(\pi\times3^2)\times2+(2\pi\times3)\times7$
$=18\pi+42\pi=60\pi\,(\mathrm{cm}^2)$

32 $(\pi\times4^2)\times2+(2\pi\times4)\times3$
$=32\pi+24\pi=56\pi\,(\mathrm{cm}^2)$

33 (밑넓이)$=\pi\times5^2=25\pi\,(\mathrm{cm}^2)$,
(옆넓이)$=10\pi\times7=70\pi\,(\mathrm{cm}^2)$이므로
(겉넓이)$=25\pi\times2+70\pi$
$\qquad\qquad=120\pi\,(\mathrm{cm}^2)$

34 (밑넓이)$=\pi\times3^2=9\pi\,(\mathrm{cm}^2)$,
(옆넓이)$=2\pi\times3\times h=6\pi h\,(\mathrm{cm}^2)$이므로
겉넓이를 구하면
$18\pi+6\pi h=54\pi$
$6\pi h=36\pi$
$\therefore h=6$

35 $9\times7\times10=630\,(\mathrm{cm}^3)$

36 (밑넓이)$=\dfrac{1}{2}\times8\times2+\dfrac{4+8}{2}\times3$
$\qquad\qquad=8+18=26\,(\mathrm{cm}^2)$
따라서 (부피)$=26\times10=260\,(\mathrm{cm}^3)$

37 큰 정사각기둥에서 작은 정사각기둥의 부피를 뺀다.
즉, $5\times5\times10-3\times3\times10=250-$
$90=160\,(\mathrm{cm}^3)$

38 $\pi\times r^2\times6=150\pi$이므로
$r^2=25$
$\therefore r=5$

39 큰 원기둥의 부피에서 작은 원기둥의 부피를 뺀다.
$\pi\times6^2\times8-\pi\times4^2\times8=288\pi-128\pi$
$\qquad\qquad\qquad\qquad=160\pi\,(\mathrm{cm}^3)$

40 주어진 회전체는 밑면의 반지름의 길이가 $6\,$cm, 높이가 $11\,$cm인 원기둥이므로 부피를 구하면
$\pi\times6^2\times11=396\pi\,(\mathrm{cm}^3)$

41 주어진 도형은 밑면의 반지름의 길이가 $7\,$cm, 높이가 $10\,$cm인 원기둥이므로 부피를 구하면
$\pi\times7^2\times10=490\pi\,(\mathrm{cm}^3)$

42 (밑넓이)$=8\times8=64\,(\mathrm{cm}^2)$,
(옆넓이)$=\left(\dfrac{1}{2}\times8\times8\right)\times4$
$\qquad\qquad=128\,(\mathrm{cm}^2)$이므로
(겉넓이)$=64+128=192\,(\mathrm{cm}^2)$

43 (밑넓이)$=\pi\times5^2=25\pi\,(\mathrm{cm}^2)$,
옆면의 부채꼴의 호의 길이는

$2\pi\times5=10\pi\,(\mathrm{cm})$이므로
(옆넓이)$=\dfrac{1}{2}\times8\times10\pi=40\pi\,(\mathrm{cm}^2)$
$\therefore$ (겉넓이)$=25\pi+40\pi=65\pi\,(\mathrm{cm}^2)$

44 (밑넓이)$=\dfrac{1}{2}\times7\times6=21\,(\mathrm{cm}^2)$이고,
높이가 $8\,$cm이므로
(부피)$=\dfrac{1}{3}\times21\times8=56\,(\mathrm{cm}^3)$

45 $\dfrac{1}{3}\times\pi\times6^2\times9=108\pi\,(\mathrm{cm}^3)$

46 회전체는 원뿔대이므로
(밑넓이)$=\pi\times3^2+\pi\times6^2=45\pi\,(\mathrm{cm}^2)$
(옆넓이)$=\dfrac{1}{2}\times10\times12\pi-\dfrac{1}{2}\times5\times6\pi$
$\qquad\qquad=60\pi-15\pi=45\pi\,(\mathrm{cm}^2)$
따라서
(겉넓이)$=45\pi+45\pi=90\pi\,(\mathrm{cm}^2)$

47 큰 원뿔의 부피에서 위에 잘려지는 원뿔의 부피를 뺀다.
$\dfrac{1}{3}\times\pi\times6^2\times8-\dfrac{1}{3}\times\pi\times3^2\times4$
$=96\pi-12\pi=84\pi\,(\mathrm{cm}^3)$

48 $4\pi\times3^2=36\pi\,(\mathrm{cm}^2)$

49 $\dfrac{4}{3}\times\pi\times3^3=36\pi\,(\mathrm{cm}^3)$

50 구의 겉넓이의 $\dfrac{7}{8}$에 중심각의 크기가 $90°$인 부채꼴 3개의 넓이를 더하여 구한다.
$(4\pi\times6^2)\times\dfrac{7}{8}+\left(\pi\times6^2\times\dfrac{1}{4}\right)\times3$
$=126\pi+27\pi=153\pi\,(\mathrm{cm}^2)$

51 구의 부피의 $\dfrac{7}{8}$을 구한다.
$\left(\dfrac{4}{3}\times\pi\times6^3\right)\times\dfrac{7}{8}=252\pi\,(\mathrm{cm}^3)$

52 $(6\times6)+\left(\dfrac{1}{2}\times6\times8\right)\times4$
$=132\,(\mathrm{cm}^2)$

53 $4\times4+\left(\dfrac{1}{2}\times4\times h\right)\times4=88$
$\therefore h=9\,$cm

54 밑넓이는 $\pi\times5^2=25\pi\,(\mathrm{cm}^2)$이고
옆면의 부채꼴의 호의 길이는
$2\pi\times5=10\pi\,(\mathrm{cm})$이므로
옆넓이는 $\dfrac{1}{2}\times10\times10\pi=50\pi\,(\mathrm{cm}^2)$
따라서 겉넓이는
$50\pi+25\pi=75\pi\,(\mathrm{cm}^2)$

55 $(\pi\times4^2)+\dfrac{1}{2}\times7\times(2\pi\times4)$
$=16\pi+28\pi=44\pi\,(\mathrm{cm}^2)$

01 ④	**02** 17	**03** ⑤
04 9	**05** 13	**06** 27
07 ③		
08 중앙값 : 75점, 최빈값 : 85점		
09 중앙값 : 16분, 최빈값 : 21분		
10 민서	**11** 재희	**12** $M+3$
13 ③	**14** 39회	**15** ④
16 34	**17** 수박	**18** ②
19 9	**20** ③	
21 (1) 남학생 (2) 1 (3) 13명		
22 12	**23** ④	**24** 2.5시간
25 12.5시간		**26** 8명
27 ③	**28** ②	**29** ④
30 ③	**31** ④	**32** 25명
33 $A=3$	**34** ㄱ, ㄴ	**35** ⑤
36 $A=8$, $B=36$		**37** 360
38 40명	**39** 85점	**40** ⑤
41 72	**42** 6배	**43** 7명
44 ③		**45** 195 cm
46 ③	**47** ③	**48** ③
49 25명	**50** 0.16	**51** 75점
52 ④	**53** 16명	**54** 10명
55 ③	**56** 150명	**57** ③
58 ②	**59** A학교	
60 B학교, 21명		

01 ④ 변량이 짝수일 때, 중앙값은 주어진 자료 중에 존재하지 않을 수도 있다.

02 중앙값이 17이므로 $12 \leq a \leq 25$이고
$\dfrac{12+a}{2}=17$에서 $a=22$

$\therefore$ (평균)$=\dfrac{25+9+12+22}{4}=17$

03 자료의 값을 작은 것부터 차례로 나열하여 중앙값, 최빈값을 각각 구하면
① 1, 2, 3, 4, 5, 8
　　중앙값 : 3.5, 최빈값 : 없다
② 1, 2, 4, 6, 6, 7
　　중앙값 : 5, 최빈값 : 6
③ 1, 3, 3, 4, 4, 5
　　중앙값 : 3.5, 최빈값 : 3, 4
④ 1, 2, 3, 4, 5, 7, 8
　　중앙값 : 4, 최빈값 : 없다
⑤ 1, 1, 2, 4, 4, 4, 8
　　중앙값 : 4, 최빈값 : 4

04 주어진 자료의 최빈값이 9이므로 평균도 9이다.

즉, $\dfrac{12+9+x+9+7+9+8}{7}=9$

에서

$\dfrac{54+x}{7}=9$, $54+x=63$

$\therefore x=9$

05 8, 10, 11, 13, x에서 중앙값이 11이므로 평균도 11이다.

즉, $\dfrac{8+10+11+13+x}{5}=11$에서

$\dfrac{42+x}{5}=11$, $42+x=55$

$\therefore x=13$

06 $2+3+5+x+7=20$이므로 $x=3$

$a=\dfrac{12+21+40+27+70}{20}=8.5$

도수가 가장 큰 점수는 10이므로 $b=10$

$\dfrac{20}{2}=10$, $\dfrac{20}{2}+1=11$이므로 중앙값은 작은 값부터 크기순으로 나열하면 10번째와 11번째 자료이다.

10번째 자료의 점수는 8, 11번째 자료의 점수는 9이므로

$c=\dfrac{8+9}{2}=8.5$

$\therefore a+b+c=8.5+10+8.5=27$

07 $\dfrac{x_1+x_2+\cdots+x_5}{5}=10$이므로

$x_1+x_2+\cdots+x_5=50$

따라서 $2x_1+1$, $2x_2+2$, $\cdots$, $2x_5+5$의 평균은
(평균)

$=\dfrac{(2x_1+1)+(2x_2+2)+(2x_3+3)+(2x_4+4)+(2x_5+5)}{5}$

$=\dfrac{2(x_1+x_2+x_3+x_4+x_5)+15}{5}$

$=\dfrac{2\times 50+15}{5}=23$

08 $\dfrac{30}{2}=15$, $\dfrac{30}{2}+1=16$이므로 중앙값은 작은 값부터 크기순으로 나열하면 15번째와 16번째 자료가 속하는 계급 70~80의 계급값인

$\dfrac{70+80}{2}=75(점)$

최빈값은 도수가 가장 큰 계급 80~90의 계급값인

$\dfrac{80+90}{2}=85(점)$

09 주어진 자료를 작은 값부터 크기순으로

나열하면
3, 5, 8, 12, 14, 15, 15, 16, 16, 21, 21, 21, 26, 32, 32
이므로 중앙값은 8번째 값인 16분이고, 최빈값은 가장 많이 나오는 값인 21분이다.

10 민서의 평균을 구하면
$\dfrac{26+28+36+34+26}{5}$

$=\dfrac{150}{5}=30(회)$

재희의 평균을 구하면
$\dfrac{32+22+30+24+32}{5}$

$=\dfrac{140}{5}=28(회)$

따라서 민서의 평균이 더 크다.

11 민서의 횟수를 크기순으로 나열하면
26, 26, 28, 34, 36이므로 중앙값은 28회이다.

재희의 횟수를 크기순으로 나열하면
22, 24, 30, 32, 32이므로 중앙값은 30회이다.

따라서 재희의 중앙값이 더 크다.

12 세 수 a, b, c의 평균이 M이므로

$M=\dfrac{a+b+c}{3}$, $a+b+c=3M$

따라서 세 수 $a+3$, $b+3$, $c+3$의 평균은
(평균)

$=\dfrac{(a+3)+(b+3)+(c+3)}{3}$

$=\dfrac{(a+b+c)+9}{3}=\dfrac{3M+9}{3}$

$=\dfrac{3(M+3)}{3}$

$=M+3$

13 자료 전체의 중심적인 경향이나 특징을 대표적인 하나의 수로 나타낸 값을 대푯값이라고 한다. 대푯값에는 평균, 중앙값, 최빈값이 있다.

ㄷ. 최빈값에 대한 설명
따라서 옳은 것은 ㄱ, ㄴ이다.

14 학생 16명이 1분 동안 줄넘기를 한 횟수를 작은 값부터 차례로 나열할 때, 8번째와 9번째 학생의 횟수의 평균이 중앙값이므로 8번째 학생의 줄넘기 횟수를 x회라고 하면

$\dfrac{x+41}{2}=39$

$\therefore x=37$

이때 줄넘기 횟수가 39회인 학생이 들어

오면 이 학생은 17명 중 9번째 학생이 되
므로 17명의 줄넘기 횟수의 중앙값은 39
회이다.

15 평균은 극단적인 값이 없는 자료에서 대
푯값으로 유용하며 극단적인 값이 있는
경우에는 중앙값이 대푯값으로 적절하다.
또한, 인기도 또는 성향 등을 파악할 때에
는 최빈값이 적절하다.
④ 극단적인 값 1000이 있으므로 평균
   은 202로서 자료의 특징을 나타내는
   데 한계가 있다.
   중앙값을 대푯값으로 사용하는 것이
   적절하다.

16 최빈값이 12이고 9가 2개이므로 a, b, c
중 적어도 두 수는 12이어야 한다.
$a=12$, $b=12$라 하고, c를 제외한 7개
의 변량을 크기순으로 나열하면
8, 9, 9, 12, 12, 12, 14
중앙값이 11이므로 $9<c<12$이어야
하고
$$\frac{c+12}{2}=11$$
$$\therefore c=10$$
$$\therefore a+b+c=12+12+10=34$$

17 학생 수가 가장 많은 것은 수박이다.
따라서 최빈값은 수박이다.

18 도수분포표에서 중앙에 있는 두 값인 15
번째와 16번째는 모두 70 이상 80 미만
인 계급에 속하므로 중앙값은 이 계급의
계급값인 75(점)이다.
(평균)
$$=\frac{55\times3+65\times6+75\times10+85\times7+95\times4}{30}$$
$$=\frac{2280}{30}=76(점)$$
$$\therefore a-b=75-76=-1$$

19 x를 제외한 나머지 수를 작은 값부터 크
기순으로 나열하면
3, 5, 6, 13, 14, 16, 17
중앙값이 11이므로 x는 6과 13 사이의
수이다.
$$11=\frac{x+13}{2}$$
$$\therefore x=9$$

20 $\frac{12+8+7+a}{4}=11$이므로
$27+a=44$ $\therefore a=17$
$$\therefore (중앙값)=\frac{8+12}{2}=10$$

21 (3) 수학 수행평가 점수가 10점 이상인

남학생은 $4+3=7$(명), 여학생은
$5+1=6$(명)이므로 수학 수행평가
점수가 10점 이상인 학생은 모두 13
명이다.

22 $A=40-(6+14+7+1)=40-$
$28=12$

23 ④ 빨리 치는 순서로 3번째인 학생이 속
한 계급은 300타 이상 400타 미만이
므로 이 계급의 도수는 7이다.

24 도수가 2인 계급은 0시간 이상 5시간 미만
이고 이 계급의 계급값은
$$\frac{0+5}{2}=2.5(시간)$$

25 도수가 가장 큰 계급은 10시간 이상 15
시간 미만으로 모두 7명이다. 이 계급의
계급값은
$$\frac{10+15}{2}=12.5(시간)$$

26 봉사활동 시간이 0시간 이상 5시간 미만
인 학생의 수가 2명,
5시간 이상 10시간 미만인 학생의 수가
6명이므로
봉사활동 시간이 10시간 미만인 학생의
수는 총 8명이다.

27 $A=40-(2+5+13+6+3)=40-$
$29=11$
도수가 가장 큰 계급은 30회 이상 40회
미만이고
이 계급의 계급값은 $a=35$
도수가 가장 작은 계급은 0회 이상 10회
미만이고
이 계급의 계급값은 $b=5$
$$\therefore a-b=35-5=30$$

28 $a=35-\frac{10}{2}=30$, $b=35+\frac{10}{2}=40$
$$\therefore a+b=30+40=70$$
[다른 풀이]
$(계급값)=\dfrac{(계급의\ 양\ 끝값의\ 합)}{2}$이
므로
$$35=\frac{a+b}{2}\ \therefore a+b=70$$

29 $A=40-(6+13+7)=14$
$(백분율)=\dfrac{14}{40}=35(\%)$

30 전체 학생의 수를 x명이라고 하면
$$\frac{32}{x}\times100=20$$
$20x=3200$
$$\therefore x=160$$

31 건우가 속한 계급은 3건 이상 6건 미만
이고 이 계급의 도수를 A라고 하면
$A=160-(22+28+32+42)$
   $=36(명)$
$$\therefore (백분율)=\frac{36}{160}\times100=22.5(\%)$$

32 키가 160 cm 미만인 학생의 수가
$1+2=3$(명)이므로
전체 학생의 수를 x명이라고 하면
$$\frac{3}{x}\times100=12,\ 12x=300$$
$$\therefore x=25$$

33 $A=20-(4+6+5+2)=3$

34 ㄴ. 도수가 가장 큰 계급은 7초 이상 8초
미만이다. 이 계급의 계급값은
$$\frac{7+8}{2}=7.5(초)$$
ㄷ. 달리기 기록이 9초 이상인 학생은
$3+2=5$(명)이다.
$$\therefore (백분율)=\frac{5}{20}=25(\%)$$
따라서 옳은 것은 ㄱ, ㄴ이다.

35 ① 계급의 크기는 $50-40=10$이다.
② 전체 학생의 수는
   $2+6+12+9+8+3=40$(명)이다.
③ 도수가 가장 큰 계급의 도수는 12명
   이다.
④ 도수가 가장 작은 계급의 계급값은
   $$\frac{40+50}{2}=45(점)이다.$$
⑤ 영어 성적이 80점 이상 90점 미만인
   학생의 수가 8명이므로
   $$\frac{8}{40}\times100=20(\%)이다.$$

36 $A=8$, $B=2+8+14+10+2=36$

37 (직사각형의 넓이의 합)
$={(각\ 계급의\ 크기)\times(그\ 계급의\ 도수)}$
   의 합
$=(계급의\ 크기)\times(도수의\ 합)$
$\therefore (직사각형의\ 넓이의\ 합)=10\times36$
$\qquad\qquad\qquad\qquad=360$

38 (전체 학생의 수)
$=2+4+10+12+9+3=40$(명)

39 수학 성적이 5번째로 좋은 학생이 속한
계급은 80점 이상 90점
미만이므로 계급값은
$$\frac{80+90}{2}=85(점)이다.$$

40 수학 성적이 80점 이상인 학생의 수가
12명이므로

$\dfrac{12}{40} \times 100 = 30(\%)$이다.

41 (직사각형의 넓이의 합)
$=\{(각 계급의 크기) \times (그 계급의 도수)\}$의 합
$=(계급의 크기) \times (도수의 합)$
$\therefore$ (직사각형의 넓이의 합)
$=2 \times (2+12+8+5+6+3)$
$=72$

42 2회 이상 4회 미만인 계급의 도수가 12회로 가장 크고, 0회 이상 2회 미만인 계급의 도수가 2회로 가장 작다.
또, 직사각형의 넓이는 도수에 정비례하므로 $12 \div 2 = 6$에서 도수가 가장 큰 계급의 직사각형의 넓이는 도수가 가장 작은 계급의 직사각형의 넓이의 6배이다.

43 (60분 이상 90분 미만인 학생의 수)
$=35-(5+7+8+5+3)=7$(명)

44 ① 계급의 개수는 5개이다.
② 계급의 크기는 10 cm이다.
④ 도수가 가장 큰 계급의 계급값은 185 cm이다.
⑤ 도수가 가장 작은 계급의 계급값은 165 cm이다.

45 멀리뛰기 기록이 상위 10등인 학생이 속한 계급은 190 cm 이상 200 cm 미만이므로
계급값은 $\dfrac{190+200}{2}=195$(cm)이다.

46 $D=\dfrac{3}{0.15}=20$
$A=0.4 \times 20=8$
$B=20-(3+8+7)=2$
$C=\dfrac{2}{20}=0.1$
$E=1$

47 $D=\dfrac{2}{0.08}=25$
$A=25 \times 0.4=10$
$B=25 \times 0.2=5$
$C=\dfrac{1}{25}=0.04$
③ 6번째로 기록이 좋은 학생이 속한 계급은 30 m 이상 40 m 미만이고 이 계급의 계급값은 35 m이다.

48 (전체 도수)$=\dfrac{(그\ 계급의\ 도수)}{(상대도수)}$
$=\dfrac{108}{0.12}=900$(명)

49 (전체 학생의 수)$=\dfrac{1}{0.04}=25$(명)

50 (영아가 속한 계급의 도수)
$=25-(1+2+10+8)=4$(명)이고
이 계급의 상대도수는 $\dfrac{4}{25}=0.16$이다.

51 각 계급의 도수를 차례로 구하면 6, 8, 12, 10, 4이므로 수학 성적이 15등인 학생이 속하는 계급은 70점 이상 80점 미만이다. 이 계급의 계급값은
$\dfrac{70+80}{2}=75$(점)

52 ④ 상대도수는 백분율이 아니다.
$0.1 \times 100=10(\%)$

53 3시간 이상 4시간 미만 공부하는 학생의 상대도수는 0.4이고 전체 학생의 수가 40명이므로 이 계급에 속한 학생의 수는 $0.4 \times 40=16$(명)이다.

54 공부를 많이 하는 순으로 10번째인 가은이가 속한 계급은 4시간 이상 5시간 미만이고 상대도수가 0.25이므로
그 계급의 도수는 $0.25 \times 40=10$(명)이다.

55 (4시간 이상 공부하는 학생의 상대도수)
$=(4시간 이상 5시간 미만인 계급의 상대도수)+(5시간 이상 6시간 미만인 계급의 상대도수)$
$=0.25+0.05=0.3$
따라서 30 %이다.

56 (60점 이상 70점 미만인 계급의 상대도수)
$1-(0.16+0.32+0.24+0.08)=0.2$
$\therefore$ (전체 학생의 수)$=\dfrac{30}{0.2}=150$(명)

57 80점 이상 90점 미만의 상대도수가 0.35로 가장 크다.
따라서
(전체 학생의 수)$=\dfrac{14}{0.35}=40$(명)

58 90점 이상 100점 미만인 계급의 상대도수가 0.2이므로
$0.2 \times 40=8$(명)이다.

59 A학교의 그래프가 대체로 오른쪽으로 치우쳐 있으므로 A학교 학생들의 성적이 더 좋다고 말할 수 있다.

60 상대도수의 차가 가장 큰 계급은 75점 이상 80점 미만이다.
A학교의 상대도수는 0.1이고 총 도수가 50명이므로
$0.1 \times 50=5$(명)
B학교의 상대도수는 0.26이고 총 도수가 100명이므로
$0.26 \times 100=26$(명)이다.
따라서 B학교가 21명이 더 많다.

원리 이해력 향상! 체계적 산출 향상!
연마
중학수학
1·2

유형No.	유형	총 문항수	틀린 문항수	채점결과
055	중심각의 크기와 호의 길이	10		○△×
056	호의 길이의 비가 주어진 경우	3		○△×
057	중심각의 크기와 넓이	6		○△×
058	중심각의 크기와 현의 길이	7		○△×
059	원의 둘레의 길이와 넓이	6		○△×
060	원에서 색칠한 부분의 둘레의 길이	6		○△×
061	원에서 색칠한 부분의 넓이	6		○△×
062	부채꼴의 호의 길이	17		○△×
063	부채꼴에서 색칠한 부분의 둘레의 길이	8		○△×
064	부채꼴의 넓이	17		○△×
065	부채꼴에서 색칠한 부분의 넓이	8		○△×
066	호의 길이와 넓이 사이의 관계	16		○△×
067	다면체	13		○△×
068	다면체의 꼭짓점과 모서리의 개수	5		○△×
069	각뿔대의 이름	3		○△×
070	각뿔대의 높이	3		○△×
071	각기둥, 각뿔, 각뿔대의 비교	19		○△×
072	정다면체	20		○△×
073	정다면체의 전개도	15		○△×
074	회전체 찾기	6		○△×
075	회전체의 겨냥도	7		○△×
076	회전체의 단면	20		○△×
077	회전체의 단면의 넓이	4		○△×
078	회전체의 전개도	10		○△×
079	회전체의 이해	6		○△×
080	기둥의 전개도와 겉넓이	2		○△×
081	각기둥의 겉넓이	5		○△×
082	원기둥의 겉넓이	6		○△×
083	각기둥의 부피	10		○△×
084	원기둥의 부피	14		○△×

유형No.	유형	총 문항수	틀린 문항수	채점결과
085	뿔의 전개도와 겉넓이	2		○△×
086	각뿔의 겉넓이	5		○△×
087	원뿔의 겉넓이	5		○△×
088	각뿔의 부피	10		○△×
089	원뿔의 부피	8		○△×
090	구의 겉넓이	8		○△×
091	구의 부피	13		○△×
092	줄기와 잎 그림	20		○△×
093	줄기와 잎 그림으로 나타내기	6		○△×
094	줄기와 잎 그림의 이해	9		○△×
095	도수분포표	14		○△×
096	도수분포표 만들기	5		○△×
097	도수분포표의 이해	4		○△×
098	히스토그램 그리기	6		○△×
099	히스토그램의 이해	8		○△×
100	히스토그램에서 직사각형의 넓이	6		○△×
101	도수분포다각형 그리기	8		○△×
102	도수분포다각형의 이해	8		○△×
103	도수분포다각형의 넓이	5		○△×
104	상대도수의 특징	9		○△×
105	상대도수와 도수 구하기	12		○△×
106	상대도수의 분포표에서의 백분율	3		○△×
107	도수의 총합 구하기	3		○△×
108	상대도수의 분포표의 이해	10		○△×
109	상대도수의 그래프 그리기	2		○△×
110	상대도수의 그래프의 이해	16		○△×
111	두 집단의 비교	6		○△×